艺术与人文丛书

文化探究

跨学科视域中的
多元对话

廖明君等 著

上海文艺出版社

资助基金

黄冈师范学院湖北省"楚天学者计划"特聘教授科研经费

"艺术与人文丛书"编委会名单

编委会主任
王立兵　陈向军

主　编
胡绍宗　廖明君

编委会成员
（按姓氏笔画排列）

马志斌　王立兵

王　锋　方圣德

刘晨晨　许晓明

李修建　汪小洋

张士闪　陈向军

陈孟昕　胡绍宗

钟劲松　袁朝晖

黄厚明　彭　锦

程　征　廖明君

总　序

在中国地形图上，大别山就像一只从西北向东南爬行的巨大蝎子，它的尾巴经桐柏山断断续续与秦岭山脉相连，横亘在长江中下游平原与华北平原之间，成为淮河流域与长江流域的分水岭，也成为中国北方与南方之间重要的地理分界线。

大别山地势较高，南北两侧水系较为发达，分别注入长江和淮河，其西南山麓包含着整个鄂东地区。由大别山主脉发源向西、向南以及向东注入长江的主要河流有倒水、举水、巴河、蕲河、浠水等五大水系，每一个水系都接纳了很多支流。这里是鄂东农耕先民们世代繁衍生息的地方，自古就是一个重要的文化地理单元。它背列重山，襟带大江，据云梦洞庭之阔，扼长江东去之喉，具有承东启西、纵贯南北、通江达海的区位地理优势。在历史上，鄂东大别山的东、西部就是北方文化南迁的重要通道。鄂豫交界的南阳盆地是接纳隋唐以前关中及中原族群南来长江及以南地区的重要通道。从这里出发，经过襄阳，一条路线是顺着鄂中大洪山西边，沿汉水下游，过荆州，入洞庭；另一条路线是走大洪山以东，穿过"随枣走廊"，进入今天的鄂东大别山丘陵地带。

自古以来，鄂东就是中国政治文化的重要地区之一。南北通达的"光黄古道"与东西纵横的长江漕运在这里划上了一个呈东西南北通达结构的交会点。元末明初之后，来自江西的移民从这里开始了长达几百年"江西填湖广""湖广填四川"的移民潮，随后朱明王朝不懈的军垦运动，进一步奠定了鄂东山地、河湖、洲畈地区早期人口分布的格局。明中后期开始至清康熙朝，鄂东蕲、黄两府的经济和人口一起快速增长。

　　复杂的人文地理历史背景书写了深厚的鄂东民间文化。这里孕育了一大批在中国历史文化各个领域有影响力的大家。如中国佛教禅宗四祖道信、五祖弘忍、六祖慧能，活字印刷术发明人毕昇，医圣李时珍，现代地质科学家李四光，文化学者与民主战士闻一多，国学大师黄侃，哲学家熊十力等。苏东坡谪居黄州四年，他寻诗访友的足迹又为这里的人文历史图景叠加了一层清晰的文化经纬。

　　呈现在读者面前的这套"艺术与人文丛书"，大部分的选题来自鄂东地区，分别涉及传统村落、民居建筑、民间手工艺、民俗信仰、生产生活等领域。这些选题既可包括在现行高校学科体系下的美术、设计等艺术专业的实践范畴之中，也可纳入人类学、社会学思考的理论视域之下。丛书中的大多数学者都出身美术的实践性术科，在课堂教学和学术田野之间往来行走，因此这些选题是他们教学的延伸，自然取经"由技而道"的学术之路。

虽然这些研究还有些青涩，但却饱含着一个个热心人对于田野的激情和对于学术的执着，保持着一种与乡村社会接触过程中鲜活的感受。

亲近田野就是一种学术优越。以宏阔的视野和高深的理论观照学术固然有高度，但与田野同在也有其亲近感。近些年来，黄冈师范学院美术学院积极回应区域社会对于高校的呼唤，投身于鄂东黄冈的地域经济与文化建设中，把学术的田野划在鄂东大地上，把研究者的身影摆进地方建设的队列中。这里的年轻学者，一直行走在鄂东的乡村田野中。在学校高层次人才引进工程中，他们受惠于热心学者的帮助，陆续找到了各自研究的方向，也积累了一些成果。截至2019年，黄冈师范学院美术学院教师团队已经成功获批国家社科基金、国家艺术基金、教育部人文社科、省社科研究项目20多项。目前这些项目都在陆续结题，成果也在陆续整理中。为了赓续鄂东悠久而深厚的地域文脉，发挥优秀传统文化的引领作用，学院决定甄选一批优秀研究成果，出版"艺术与人文丛书"，推动黄冈师范学院艺术与人文学科的建设，助力地方社会建设，实现高校的时代担当。

大别山从西向东奔来，在黄梅这个地方收住了脚步，驻足在长江边上，与对岸的锦绣庐山隔江相望。而江北的黄梅东山并不羡慕庐山的无限风光，却在自己的小山里涵养了禅宗四祖、五祖，并从这里送走了一代宗师六祖慧能，东山因此有灵。地方高校的优势在于地方特色的彰显，在于担负起地方社会文化经济的任务。身处鄂东的年轻学者自觉走进乡村魅力田野，参照艺术人类学和中国乡村的研究范式，坚持以人文为视角，强调以艺术为对象，扎根鄂东社会，注重田野调查，努力从学理上探讨鄂东艺术与人文的相关问题，也为艺术人类学和中国乡村研究提供鲜活的学术个案和理论探究，逐渐走出了更大的空间。"艺术与人文丛书"的出版只是一个起步，相信未来会有更多更好的成果涌现。

丛书主编　胡绍宗

目　录
Contents

目 录

CONTENTS

/ 前 言 /

    这本小书，收录的是刊发于《民族艺术》杂志"学术访谈"专栏的我与诸多专家学者的学术对话。

    光阴似箭，蓦然间，我离开《民族艺术》杂志来到广西民族大学工作已快六年了。

    六年在一个人短暂的生命历程中已不算短暂，但与二十四年相比，却依然算不上漫长。从1991年开始到2014年，我在《民族艺术》杂志工作了二十四年。

    回想起来，我与《民族艺术》杂志有缘，实属偶然。1991年6月，硕士研究生毕业后，在导师胡光舟先生的帮助下，经广西社会科学院文学研究所所长丘振声先生推荐，我有幸入职《民族艺术》杂志。这里所谓"有幸"并非客套，而是我内心真实的感受。因为如果就专业而言，毕业于中国古代文学专业的我，是难有机会入职《民族艺术》杂志的。从古代文学到民族艺术，不能说没有一点关联，但确实也是跨学科跨得有点大。或者，这正是人生奇妙之所在。也因此，我一直感念《民族艺术》杂志的主办单位广西艺术研究所（现广西民族文化艺术研究院），感念接收我到《民族艺术》杂志工作的潘健先生（广西艺术研究所副所长、《民族艺术》杂志主编）。

1991年6月底，我从桂林来到南宁，开始了新的工作——主业是编辑，每期（季度）完成五万字左右的编稿量，其他时间则可以自行进行学术研究。1995年8月，因为单位人事变动，我开始负责主持《民族艺术》杂志的编务工作。

《民族艺术》杂志创刊于1985年，最初是一份以中国少数民族艺术为主要对象、以学术研究为主兼及文学创作的综合性期刊。从1990年开始，《民族艺术》杂志也开始了转型，从一份学术研究与文学创作杂糅的综合性期刊向纯学术期刊转化，其重心也开始向传统文化艺术转移，对傩文化艺术的研究成为重中之重。

而在这期间，我个人的学术研究也实现了拓展与转型。

研究生学习期间，我在导师的指导下从跨学科也就是生命哲学的视角来探究李贺诗歌。最早的一篇论文《死与生的探求——李贺"鬼"诗新论》刊发于《广西师范大学学报》1990年第2期。来到《民族艺术》杂志工作后，编稿之余，我进一步修改硕士毕业论文《生命哲学的诗化——李贺诗歌研究》，并在此基础上继续从跨学科的视域来深化拓展李贺诗歌研究，相关成果陆续刊发于《暨南学报》《中国诗学》等学术期刊，最终成果《生死攸关——李贺诗歌的哲学解读》也于2005年由东方出版社收入"诗性智慧丛书"予以出版。与此同时，出于工作需要，也受到从事民族文化特别是壮族文化研究的前辈学者的感召，我开始进行民族文化艺术尤其是岭南地区民族文化的研究。针对民族文化的综合性和层叠性，我沿袭跨学科的研究方法，并很快也取得了一些成果。除了《生命·时间·生命——射日、逐日等太阳神话哲学内蕴初探》《师公〈大酬雷〉文化内蕴初探》等论文得以发表，专著《壮族生殖崇拜文化》《壮族自然崇拜文化》也相继得以出版。

不少师友惊诧于我的学术转型，觉得有些不可思议。其实，我之所以能够比较顺利地拓展学术研究领域，乃是得力于跨学科研究方法的运用。基于这样的学术研究经历，我在有机会主持《民族艺术》杂志时，也就非常注意倡导跨学科的学术风格。因此，我们调整了《民族艺术》杂志的办刊宗旨，提出了"跨民族、大艺术、多学科"（亦即"多民族、大艺术、跨学科"）的办刊方针，既将之前的少数民族拓展为各民族、将艺术拓展为以传统为主的文化艺术，更通过"跨学科"来汇集相关学者，共同倡导跨学科的研究理念，一起构建跨学科研究的学术共同体。一方面，在栏目设置上努力打破国内学术期刊论文集化的格局，另一方面则试图通过特色专栏来推出相关研究成果。其中，"学术访谈"专栏不但开设的时间比较长久，达到的效果也特别突出。

从1998年第2期开始，到2014年第6期结束，《民族艺术》杂志"学术访谈"专栏原则上每期邀请一位学者围绕特定的研究领域进行多维度的学术对话，前后坚持了16年，一共推出了65篇学术对话，展示了相关专家学者最新研究成果和最为前沿的学术理念。

正是因为遵循了跨学科研究的定位，《民族艺术》杂志"学术访谈"专栏推出的学术对话，不但每期都令读者先睹为快，还逐渐成为学界的标杆，不少学者把能够成为《民族艺术》杂志"学术访谈"专栏的对话者作为学术研究的一个目标。2009年，承蒙中央民族大学张海洋教授错爱，《民族艺术》杂志"学术访谈"专栏所刊发的对话得以收入"经典学术对话丛书·民族学人类学系列"，由民族出版社出版，受到了学术界的关注与好评。

也正是由于坚持了跨学科研究的学术定位，《民族艺术》杂志才能够从众多的学术期刊中脱颖而出，在国内外学界具有较大的影响力，团结了一大批老、中、青专家学者，拥有了较为广泛的跨学科的读者群，连续入选中文社会科学引文索引来源期刊（CSSCI）、全国中文核心期刊（北大）、中国权威学术期刊（RCCSE）和中国人文社会科学核心期刊，并获得国家社会科学基金的资助，被中国社会科学院、北京大学、南京大学、复旦大学、香港中文大学、台湾"中央研究院"、哈佛大学、东京大学、墨尔本大学、剑桥大学等国内外千余家高校和研究机构收藏，成为具有较大影响的权威性学术期刊。

2014年9月，因工作需要，我离开《民族艺术》杂志，作为民族艺术学科方向带头人被引进到广西民族大学；2017年，我有幸受聘为黄冈师范学院湖北省"楚天学者计划"特聘教授。为了推进学科建设，黄冈师范学院与上海文艺出版社组织编撰出版"艺术与人文丛书"，经编委会倡议，现得以将刊发于《民族艺术》杂志"学术访谈"专栏的文章分别结集为《文化探究：跨学科视域中的多元对话》《艺术探索：跨学科视域中的多维对话》收入"艺术与人文丛书"出版。

曾有朋友问过我，作为一位学者，为什么还乐于花费许多时间和精力主编一份学术期刊去"为他人做嫁衣裳"？现在想来，除了客观上能够为学界搭建一个有特色的高水准的学术平台，就主观而言，能够借助《民族艺术》杂志与一流的专家学者进行交流和合作，能够通过"学术访谈"专栏与诸多学者进行学术对话，然后因此而能够拥有一批一流的学界朋友，也是我乐于办好《民族艺术》杂志、办好"学术访谈"专栏的内在动因。

因此，在《文化探究：跨学科视域中的多元对话》出版之际，特别感谢多年来支持我的工作赐稿予《民族艺术》杂志的学界朋友，当然也要感谢参与"学术访谈"的各位专家学者。更希望在将来还能有机会与各位学界朋友重续前缘，在跨学科研究的视域下继续就相关文化问题进行交流与对话。

我在黄冈师范学院的工作，得到了学校领导和有关部门的热情关照，更是得到美术学院特别是胡绍宗院长的大力支持，"今楚有才"学术团队也给我提供了许多帮助，上海文艺出版社副总编辑杨婷女士为本书的出版颇费心思，在此一并致以衷心的感谢！

在一个少数民族地区、边疆地区、经济欠发达地区，特别是同时还是一个学术边缘地区的广西，想要通过一份杂志来团结一批充满活力的专家学者、构建一个跨学科研究的学术共同体、打造一个独具特色的学术平台、树立一个颇具影响的学术品牌，绝非易事。二十四年的办刊历程，不敢说是历尽艰辛，却也充满了酸甜苦辣。有学界朋友建议我以"构建跨学科研究的《民族艺术》共同体"为题，总结编辑、主编《民族艺术》杂志二十四年的经历，从学术发展史的视角来展示一份学术期刊与一个学术共同体的成长与发展历程。这确实是个让人心动的好倡议。但愿，在不远的将来，我有机会付诸行动，把自己主编《民族艺术》杂志的理念和心得、把《民族艺术》杂志与众多学者共同成长的历程以及《民族艺术》杂志刊发的重要论文和推出的重点作者细细道来，奉献给读者诸君。

廖明君

2020年春于南宁

口传史诗的误读

朝戈金 廖明君

朝戈金，蒙古族，中国社会科学院大学教授、博士生导师，中国社会科学院学部委员、文哲学部主任，民族文学研究所所长，第七届国务院学科评议组成员。兼任中国少数民族文学学会会长、中国民俗学会荣誉会长、中国蒙古文学学会荣誉理事长、国际哲学与人文科学理事会（CIPSH）主席、国际史诗研究学会（ISES）会长、美国民俗学会国际荣誉会士。

研究成果百种以多种文字刊布于中国、美国、俄罗斯、日本、蒙古国、马来西亚等国。获得国际突厥学研究院的威廉奖章、中国社会科学院优秀科研成果奖等多种国际国内学术荣誉称号和奖项。

廖明君（以下简称"廖"）：中国的口传史诗蕴藏丰富，研究史诗的学者也不算少。眼下你正致力于向国内介绍西方的史诗理论，也在研究中形成了一些自己的学术思考。那么在你看来，我们史诗研究中都有些什么问题？

朝戈金（以下简称"朝"）：国内的史诗研究，从初创到发展，与其他某些学科在这个问题上有共通点，就是理论思考相对比较薄弱，而在具体的材料工作上有我们的优势。但是，你也可以看出来，这个所谓的优势，实际上正是我们的不足。就史诗研究而言，我们做了很多描述性的工作，但我们在学术意识上相当缺乏理论层次上的抽绎和方法论上的深拓。

廖：那你认为我们首先需要解决的是哪些理论问题？

朝：当然是如何正确地理解口传史诗的基本特性问题。我们多年以来，大体上是用研究书面文学的方法来研究口传史诗的。这也能有所建树，但是离全面准确地把握研究对象还有相当的距离。而脱离口头传统去解读作品，也就不可避免地走入一种学术阐释的"误区"。然而，长期以来，这样的"误读"已经成了一种惯势，不光是少数民族的"三大史诗"和其他史诗的研究多是沿着这样的路子在走，而且在外国文学研究与文艺理论研究中，也同样没有说清楚这个基本问题。比如，仅仅面对一个记录下来的文本时，人们往往没有充分地意识到民间口传史诗和文人的书面史诗之间有多么大的差别，也就难以从相关的语境中去把握文本背后的深层含义。

廖：按我的理解，这种差别会体现在诸多方面。以研究文人书面文学的方法去解读和剖析民间口头文学，难免隔靴搔痒，这个道理是容易接受的。而你这里谈到"误读"，我想，在某种意义上也对我国史诗研究提出了一种严肃的学术质疑，引人深思。可关键是怎样去精细地做这种分别彰明的工作。

朝：这正是要害所在。以文本来说，书面文学研究的基础，往往是一个"权威的精校本"。文人作品一经文字出版，进入流通，就可以说是大体固定下来了。而口传文学不同，特别是大型叙事文学样式，如史诗，就更不是这样。活形态的口头文学传统，是随时处于变动之中的。所以它就没有一个所谓"权威的"版本。国外的田野调查，特别是美国著名学者米尔曼·帕里和艾伯特·洛德在30年代及以后在南斯拉夫所做的史诗田野工作，通过大量的实证研究手段，再清楚不过地表明，在当地穆斯林的史诗演唱传统中，他们没有发现两次相同的表演。即使是同一位歌手的同一曲目的两次演唱，彼此间也有差别。每次演唱的，都是a song，而又是the song，即是某一首歌的一次演唱，同时又是"这"一首歌。也是从这个意义上说，西方的学者认为，我们现在见到的荷马史诗，不过是整个希腊史诗演唱传统中得以流传下来的比较晚近的和比较完善的一个版本而已。

廖：其实西方的荷马史诗研究，也只能以这个文本为基础。那么西方的学者是怎样从文本背后，追根溯源地寻找其口头来源的呢？

朝：这是个好问题。对于许多已经湮灭了的史诗传统而言，研究者的工作也只能面对留存下来的文字记录本而展开。荷马史诗和中世纪欧洲英雄史诗的研究，都只能这样进行。这就是为什么从一开始，西方史诗的研究就是以文本为中心的历史缘由。不过西方学者大多治学精细严谨，他们从荷马史诗中发现了一些与同时代的文人创作很不同的特征，比如荷马大量使用重复的片语——"飞毛腿阿卡琉斯""灰眼睛的雅典娜女神"等；同时还发现荷马史诗的句式是高度简约的；少数句式的不同组合，就可以变幻出数百种不同的变体。当然整个工作远不是这么简单，不过是沿着这个方向深入的。最后，他们的学术推断是：荷马史诗是古希腊口头史诗演唱传统的产物，它是由许多代"荷马"们共同完成的作品。

廖：众所周知，我国的若干少数民族中，都一直保持着活形态的口传史诗传统。对我们而言，去确证文本背后的口头传统，其意义何在呢？还有，我们在进行文本研究的时候，需要从国外的同行那里借鉴哪些有益的经验呢？

朝：在很多情况下，我们确实不需要去确证我们的史诗传统是否具有口头的属性，因为那是明摆着的，用不着去费劲。对我们而言，去深入地分析文本及周围的语境，才能抓住问题的关键。我们知道，是演唱文本和语境共同创造了意义。以往我们的研究，过于侧重在文本的分析上。这样的偏好，是对书面文学的研究方法过分依赖的结果，也是对口头文艺样式独特性的普遍忽视。所以，我认为，要步出目前史诗研究的误区，一则要高度重视文本背后的口头传统，对民间史诗的口承特质形成明晰的自觉认识；一则要对史诗文本的"误读"从方法论上加以矫正，才能廓清研究观念的错误与概念的含混。

廖：那是不是可以这样说，我们在艺人研究、传承研究、演唱研究诸方面，还有一定的欠缺，但是在史诗的文本研究方面，还是取得一定的成绩？

朝：偏重文本分析，是我们以往研究中的倾向，但这不等于说我们就做好了这项研究。口传史诗的文本形态极为多样。我们以往因为对口传文学的特殊性认识得不够，所以在文本研究上，也出现了一些混乱。比如，我们就没有注意区分不同类型文本之间的差异。以我比较熟悉的蒙古英雄史诗的文本为例子来说，其文本有由个别识文断字的艺人自己抄录的，有来源不明的历史上流传下来的手抄本，有王公贵族雇人抄写的本子，有讲述记录抄本，现场记录抄本，还有用现代的录音装置在现场录制的本子等等。有的西方学者经过田野作业，证明口述记录本的讲述因素更为充盈，细节描写更为充分。比较接近演唱原貌的，应该说是录音装置的记录。不过使用这些装置对艺人会产生什么样的潜在影响，也还缺少准确的评估。而我们的一些学者，是依赖出版的文本进行解读的。这里就又产生了另外的问题：这些出版本是依据什么原则来加工的？加工的成分有多大？这些环节往往是模糊不清的。我们知道《江格尔》的有些本子是作为文学读物出版的，它没有考虑忠实于原始演唱的问题。有的还是汇编本，已经失去了具体文本的真实面貌，因而其科研利用价值也要打很大的折扣。

廖：这样看来，在口传史诗的文本问题上，确实存在着很多认识上不够明晰的地方。文本之外，语境也同样重要。你认为，在史诗语境研究上，有哪些方面是应该特别强调的呢？

朝：史诗语境包含着很多因素，这里挑主要的几条大略谈谈。国外近年来很盛行"表演理论"（performance theory），即是与早期更偏重于文本分析的"口头程式理论"（oral formulaic theory）有一定亲缘关系的学派。表演理论强调表演过程及其含义，虽然关于"表演"概念的阐释，该学派内部还有一定的分歧，但却在下面的问题上形成了共识，即民间叙事的含义不仅含括在它的文本之中，而且还主要地蕴含在与文本相关的民族志表演之中。表演理论的代表人物是美国学者鲍曼（Richard Bauman），他在《故事、表演和事件》[1]中，把理论的焦点放

---

[1] *Story, Performance, and Event*, Cambridge University Press, 1986.——编者注

在了讲述故事的行为本身上。在其理论构架中，有三个层次：被叙述的事件、叙述的文本和叙述的事件。后两个概念比较好理解，分别指故事的文本和讲述当时的社会文化氛围，这大体相当于我们习惯使用的文本和语境。而第一个概念"被叙述的事件"（narrated events, the events recounted in the narratives），则是指在一次讲述过程中被陆续补入的事件。这样一来，显然就把演唱活动作为研究对象整体化和精细化了。

廖：一种民俗学的理论，能自圆其说是一回事；它的学术价值和可靠程度，它的普适性和可操作性，又是另外一回事。表演理论或者相关的学说，在操作方法上给了我们哪些启迪呢？它在多大程度上可以为我们的研究提供某种参照呢？

朝：很显然，你的提问是有感而发的。我们的学术界，确实存在过某种跟风倾向，将某种境外的新理论或者视为金科玉律，或者视为荒诞不经，缺少的倒是客观和公允。我们当然绝没有让国外同行牵着鼻子走的义务，但也不应当闭门造车，将人家早说过的话，又当新见解说一遍。在学术领域，这是幼稚可笑的。至于表演理论本身，它是在大量田野作业的基础上产生的，也确实出色地解决了一些基本问题。比如，在怎样捕获讲述过程中的全部信息，并获得对它们的完整理解上；在田野作业中设定什么样的经验框架，并发现民间叙事与表演的内在联系上，它无疑具有一定的参考价值。在具体操作中，它强调表演行为的参与者之间的认同和互动作用，看重表演行为的潜在含义，评估表演中各种因素之间的关系和彼此的影响，描述构成事件的各种行为的出场顺序，解析被叙述事件和叙述事物的本质，并在上述观察研究的基础上，进行故事文本的解读。在这些环节与层面上，我们的史诗研究并没有完全展开。根据常识就可以知道，史诗的演唱，从来就不是单向的传递信息过程。作为参与者，史诗艺人与观众不仅共享着大量"内部的知识"，而且在他们之间随时存在着大量极为复杂的交流和互动过程。史诗的含义，是由特定的史诗演唱传统所界定的。所以，一次特定的史诗演唱的意义，不仅要从叙述的文本中获得，还应该观察某一史诗得以传承并流布其间的语境。否则，全面理解史诗，全面描述史诗的文化意义，就是一句空话。

廖：说到这里，问题已经开始清晰起来了。以往我们的史诗研究，偏重研究的是"作为文学文本的史诗"，并没有充分意识到应把史诗看作是口传形态的文艺样式，没有充分考虑到它同时还是一种民俗事象，具有书面文学以外的诸多属性。

朝：这些正是我们研究中的症结所在。其实问题主要还不是我们遗漏了哪些环节，而是我们在方法论上缺了课。史诗是民俗学研究的一个重要对象，民俗学是研究"民众的知识"的。我们也见到在某些著述中，描述了民众的知识，例如民众是怎么看待史诗的，在民众心目中史诗具有什么样的功能等，但是也就停止在这个层次上。在如何解释这种民众知识上，我们所获甚微。尤其应当引起重视的是，这些解释既没有理论框架，也没有经验框架。细琐的具体事件的描写，是不能够代替高屋建瓴的理论观照的。

廖：理论上的发展不充分，与田野作业的水平相关。按说我们是做了不少实地调查的，就以动用的人力而言，大概没有哪个国家能超过我们。这一个世纪内，我们有过大西南的民族志调查，有过解放区的记录整理工作，1949年以后，更有难以计数的人参与到民间文学的收集整理工作中，实际经验应该已经积累得很多了。现在看起来，还很难说我们的田野作业的水平达到了一个怎样的高度。

朝：这里存在着互相制约的问题。因为没有扎实的理论准备，就很难从田野作业中抽绎出基本规律。没有规范的田野作业方法，又很难产生出理论层次上的学术成果。还是回到史诗的话题上，我们的史诗搜集工作，多年以来，取得了可喜的成绩，就是记录下来大量的文本。可是我认为欠缺也不少。史诗的实地调查，不是拿台录音机，跑下去找个艺人，请他演唱，录下音来，回来一整理，就算万事大吉的。这样做，我们顶多可以说是记录下了某个作品的一次演唱的文本，环绕着文本的被叙述的事件和叙述的事件，都被轻易放过了。这样一个孤立的文本，可资利用的价值就比较有限了。没有理论的指导，就没法形成学科的规范，就不容易从现场的表演中发现问题，至于进一步去解析这些问题，也自然无从谈起。当然，田野作业预设的目标和具体操作的方法，没有一成不变的套路。工作的框架和方法要依对象的特征而定，而且要根据具体情况随时做出调整和矫正。不过话还要说回来，还没听说哪个要动身去做田野的人是没有预期目标的，有的只是这种预设的高低之分。

廖：这样说来，在史诗的田野作业上，我们还比较缺少深细的思考，缺少理论的规划。就你的视野所及，你能说说这方面的成功范例吗？

朝：这可以从两个方面谈，一个是田野作业的方法，特别是一些为验证某些推想而作的实证性考察。另一个是文本的后期整理方法。先讲田野作业的方法："口头程式理论"学派的两位创立者帕里和洛德，曾经在塞尔维亚-克罗地亚地区进行过多次史诗田野调查，为了解释荷马史诗的创作问题，进而解释口传史诗的基本创作问题，他们需要在活形态的史诗传统中进行大量的田野工作。那么，他们选择研究对象的原则是什么呢？首先，是寻找与基督教文化的史诗传统距离比较远的口头传统，这样得出的结果，会更有说服力，所以他们选择了塞尔维亚-克罗地亚地区的穆斯林史诗演唱传统作为考察对象。在具有文化亲缘关系的若干传统之间寻找相似点，自然比在很不同的传统之间寻找相似点容易些，但它在更大范围内的适用性，就值得推敲了。其次，是以若干地点为圆心，进行相当精细的调查，以期对歌手个人的风格、某特定地区的演唱传统，形成理性的认识。再次，是对同一位歌手的所有演唱曲目进行完整的记录，这样会形成不同歌手演唱的同一个故事的不同版本。另外，还注意对同一位歌手在不同时期演唱的同一个故事的记录，以验证歌手是简单地重复还是每次演唱都会出现一个新的文本。还有，运用不同的技术手段进行记录，例如录音记录和口述记录，以评估这些版本之间是否存在差异，以及产生这些差异的原因。再有，对歌手的个人资料，进行详尽的记录。此外，还注重考察观众在史诗演唱过程中，如何能动地影响了歌手的演唱。最后，运用一些特别的实证模型，去验证对史诗创作某些基本规律的推断，当然还有其他的一些环节，只是全都涉及，会太过琐细，也难于尽述。

廖：有这样的规模和规划，搜集上来的材料，再利用起来，当然会比较可靠。但他们有自己的方向和意图，也不一定都适合我们。对我们而言，关键问题是如何从这里学习一些基本的规则和技巧。我们国家的学者，从事田野作业也有很长的历史了，也应该能够从自己的经历中总结出一些宝贵的经验。

朝：你的评析很对。若是我们的口头传统，成为人家的试验田，我们的学科，成为人家的"派出所"，那是我们自己没有出息，得怨我们自己了。但是这种田野作业的思路，对我们还是会有启发意义的。下边再简单讲讲他们的整理工作。身为哈佛大学教授的洛德，亲自主持了他们田野作业资料的整理和出版工作，其成果就是从1953年开始陆续出版的多卷本《塞尔维亚-克罗地亚英雄歌》。在此之前，经他们记录并特别收藏在哈佛大学"帕里特藏中心"的塞尔维亚-克罗地亚的口传史诗文本，已经有大约1500小时时长。以前两卷为例，可以看出他们的工作规程。这些史诗的材料得自新帕扎尔地区。在印行了诗歌原文之后，还含括了他们自身的田野作业经历的介绍，列出了帕里特藏中心的目录索引，并辑有与一些原唱歌手们的交谈——他们的歌就印在书中，还附有一些极有助益的摘要和注释。此外，洛德还很清楚地交待了这两卷英雄歌的入选标准及其细则，其大意是：在考察一种口头史诗传统时，很有必要以研究个别歌手的演唱作品作为开端，随后着手考虑同一地区的其他歌手，这样你就可以既将那位歌手视为个体，而同时又了解到他与他所从属的那个歌手群体的关系。鉴于这番考虑，就要按地区遴选文本。在每一地区的范围内，又将属于同一歌手的歌归为一组。这样的整理出版工作，无疑是给钻研于各个领域的史诗研究家，提供了前所未有的标本，使学者们拥有了一个统一集中的史诗参照系，可以让他们去考察程式的、主题的、故事范型（story pattern）的形态变异。这种变异就发生在一块圈定的文化地理区域之内，一个地区的口头传统之中，从一首歌到另一首歌，从一位歌手到另一位歌手。

廖：这样的史诗搜集和整理，果然有我们所未及之处。不光是史诗，我们的其他民间文学作品的搜集整理，也可以参考其成功的地方。这一番谈论，使我对你所说的"误读"体会尤其深刻，就是民间文艺学的门类真是很驳杂，需要大量专门的知识来探讨和钻研它，拿我们刚才讨论过的口传史诗来说，就有这样的复杂多样的层面，过于简单划一的方法论，忽视对象自身的文化特质，肯定无法产生深入的学术思考，也就很难取得真正有学术水准的科研成果。

朝：这也是我们的史诗研究以往用心不够的地方。也有的时候，我们是对有些意味深长的现象熟视无睹了。比如，我们就没有认真地问过自己：史诗歌手何以能流畅地演唱成千上万的诗行？他们是怎样学习和记忆这些体制宏长的史诗的？

我们知道，大多数的民间史诗歌手是文盲，他们显然不是靠念诵文本来实现演唱的。如果不是靠逐字逐句记忆诗歌作品，那他们究竟凭借的是什么办法？对这些问题，我们从来也没有好好地回答过。我们在前面对这个问题已有所涉及，这里再稍加详细地介绍一下。有些学者通过大量的田野作业证明，口传史诗的歌手在学习演唱的时候，从一开始就没有逐字逐句地记诵史诗文本，而是学习口传史诗创编的"规则"：他们需要大量地掌握结构性的单元——这有时表现为程式，有时是更大的单元——"典型场景"或是"故事范型"。在歌手的心目中，史诗最小的叙事单元往往不是学者理念中的"词汇"，而是"大词"——有时是整个句子，有时是高度程式化的段落等。就拿"程式"来说，它通常被理解为一组在相同的韵律条件下经常被用来表达一个特定的基本观念的"片语"。像我们前面提到的"飞毛腿阿卡琉斯"就是这样的程式。其复现率，即其多次反复出现的频度，是使这一"片语"成其为程式的表征。它的基本功能是帮助歌手在演唱现场即兴创编史诗，使他不用深思熟虑地去"遣词造句"，而能游刃有余地将演唱的语流转接在传统程式的贯通与融汇之中，一到这里就会脱口而出，所以程式也就成了口传史诗的某种标志。有的西方学者因此提出，在一部面目不清的史诗作品里，若是程式的复现频度超过了20%，就可以断定它是口头的作品。这种机械的做法遭到了普遍的批评，但也给了我们启示。

廖：我打断你一下。在中国的少数民族史诗遗产里，有这种很难断定是书面的还是口头的史诗吗？若是有，我们是用什么办法来界定它的？通过这些分析工作，我们形成了自己的绝招了吗？

朝：我们很少有这种面目模糊的文本。用文字记录口传作品，与文人书面创作之间，还是有很大的距离的。有曾经引起争论的作品，例如出版于1716年的"北京木刻版"蒙古文《格斯尔》。有人甚至认为它是"长篇小说"，不过这种说法没有得到广泛的支持。而坚信它是民间口传作品的学者，也没有拿出过硬的论据。其实从口传作品的特性入手，例如刚才讲到的几个结构性叙事单元入手，是有可能说清楚这类问题的。程式的复现率是一个标尺，典型场景是另一个。例如"聚会–宴饮"，是几乎每一章《江格尔》的起首和结束的场景，还有如备马、武器、战斗等，都有传统的叙事套路。分析它们怎样既严格遵循套式，又在限度之内变异，是很有趣味的工作。主题或曰故事范型的分析，更能够看出口传史诗的基本结构法则。蒙古史诗研究的"巨人"，是德国学者瓦尔特·海西希，一位著述极丰的英国皇家学会会员，他总结出蒙古史诗有14个"母题丛"，这是个很大的突破。"母题丛"之说也还有待于进一步完善，比如其欠缺之一是没有涉及结构要素的功能方面，但它确实是概括出了蒙古史诗的结构法则。像这样深有见地的成果，不是由国内学者概括归纳出来的，也是一种遗憾吧。

廖：这样谈话很有意思。随着话题的深入，术语也越来越专门化了。概念分类上的精细，是学科深化的标志之一。从这里我们就可以看出别人都做了哪些工作、取得了什么样的收获。

朝：史诗不同于其他民间叙事样式的地方，还在于它大多是韵文的，这给它带来一些特别的属性。在口传史诗研究中，我们大约从来也没有涉及"跨行"的问题。在蒙古史诗中，我特别注意到，从叙述单元的角度讲，它的每一行，都表达着一个完整的意思，有时候也使用类似"对句"的办法，但极少出现文人诗歌中那种将意思转接到下一行的情况。在中外口传史诗中，这是一个相当普遍的特征。为什么？这就联系到创作过程中思维的内在活动规律了。对于口传史诗的表演者来讲，什么是他的基本表述单元，是解答这类问题的关键。还有，"声音范型"起什么样的引导作用？当表演者在某个段落里使用某个特定韵律的时候，特定的声音范型是如何引导他选择合适的程式以完成表达的？对这类问题的分析和解答，是口传史诗研究者不能推托的任务。口传史诗在句法上与文人史诗有很大的差异，荷马史诗与维吉尔的《埃涅阿斯记》《贝奥武甫》与密尔顿的《失乐园》，在句法构造上有着明显的不同。在口传史诗里，包含着常项和变项成分，通过变项部分的替换，口头诗人得以在现场表演的压力下，"流畅地"讲述故事。句法上的"俭省"和平行式的广泛运用，就是基于这种压力而来的。从这个意义上说，史诗演唱有点像组装传统观念的部件，只不过远不是那么简单。

廖：你上面所谈到的是否也是一种"重章复沓"的特色？这在史诗以外的样式里，也都可以见到。远的如《诗经》，近的如各类民谣，可见它是各类口头韵文创作中的一个"通则"。具体到史诗上，它有哪些别处所无的特点？

朝：这正是我想接着讲的话题。史诗与其他民间口承样式在这一点上的表现是不同的。我们首先应该牢记，史诗是一个民族的精神和理想的镜子，是一个民族历史生活和文化传承的镜子，它巨大的包容性，就同时决定了它的规模。篇幅短小的史诗是有的，例如蒙古族有大约300行长度的文本。这种文本不外有几种可能，它或者是史诗形成时期的不够成熟和完备的形式，或者是成熟时期较大作品潮流中的异数，或者是史诗衰落期的微弱回响，也有可能是经历了历史风云漫卷而遗落下来的残片——一些大型作品各个部分之间具有相对独立性的也很常见。相对于大型史诗作品的常式来讲，它是某种非常式，它的即兴创编的特色也往往不很明显。史诗传统是否比较成熟、比较兴盛，应通过两个显著的标志来判断：一个是看作品的篇幅是否比较宏大，一个是看是否有一批出色的、极富创造力的表演者。与此两点相连带的，是看是否存在着一个相对固定的"接受群"。对"接受群"，不能作狭隘的理解。这里先不多说。

就"重章复沓"这一点来讲，史诗与民歌类样式有相当的差异。它不大可能采用替换某些"变项"而层层递进或循环往复的语言手段，作为长篇叙事艺术，它的节奏要舒缓得多，它的篇幅决定了它既要在句式上、在程式上俭省，又要在限度之内变异。这种变异，不是基于避免在叙述中重复，而是表演者并不死记硬背每一句诗行。越是有天分的有创造力的表演者，越有规模可观的曲目单，越有能力表演篇幅宏大的作品，而同时更不是靠记忆力吃饭。依靠背诵而演唱个把文本的情况也有，这种现象的形成有比较复杂的机制，留待以后在别的场合另作分析。从西方学者的田野作业报告和我个人的田野作业经历来看，优秀的史诗演唱者都不是靠记诵，也不是靠复颂，而是靠创编来完成表演的。

廖：说到这里，可不可以这样去理解：史诗的大的构架是恒长不变的，而每次表演的具体表述却有所不同？若是这样，倒是让我产生了另外一个疑问，就是史诗搜集变成没有止境的工作了。你前面也讲到，口传史诗是没有权威的文本的，而文本分析毕竟是史诗分析工作的核心，那学者当从什么地方入手呢？他们应该如何正确阐释和解读作品呢？

朝：这也是从书面文学研究思路而来的疑问。我们在民俗学研究中，在描述一种民俗事象的时候，并不把它看作是某项活动的"标准版"，而要对它作出限定，就是说它是我们在特定时空下观察到的一次具体的活动。我们是通过该具体的活动来研究该活动的传承性质的，史诗研究也不例外。不过，对于史诗文本意义的阐述，是依据着整个语境而做出的。这个语境，是某一艺人与其他艺人共同构成的，是他与他之前的许多代艺人和许多代听众共同创造和共同享用的。

这也就是为什么文本的意义，要通过语境来阐发的缘故。当荷马史诗中出现"玫瑰指的黎明"，或是"绿色的恐惧"的时候，它所传达的意义，远比我们从字面上看到的要丰富，它与整个相关联的事物产生共振，它还指代某些特殊的信息，是某些事件将要出现的预示。从这个意义上说，孤立地对某个文本作出的分析，所能挖掘出的意义就比较有限。说到这里，我想特别强调一点，我们绝没有轻视某个具体文本的意思。"一般"正是通过"个别"而存在的，许许多多的具体演唱活动共同构成了那个令我们神往不已的口头传统。

廖：谢谢你的这一番议论。我们的谈话，从口传史诗的文本开始，接着讨论了史诗的语境关联及其田野作业的方法论，进而讨论了口头传统中史诗的文化特质，可以说，话题比较广泛，其中不乏新鲜见解，有些环节上还比较深细。我想这也是你对我国史诗研究中的"误读"问题所作的一番审慎的反思。希望今后还能看到你在这些方面的论述，也希望史诗研究界能够对口传史诗的文化基质予以高度重视。我们只有在学术观念上作出合乎我国各民族口头传统的更新与判断，并且在田野作业与方法论上形成自觉的矫正，才能推动中国史诗研究的理论建构和深拓发展。

朝：也要谢谢你和《民族艺术》，让我有机会在此表述我的观点，得以与史诗研究专家们交流意见，谢谢。

（原载《民族艺术》1999年第1期）

中国文化精神的本体论阐释

刘士林　廖明君

刘士林，上海交通大学城市科学研究院院长、教授、博士生导师。兼任国务院发展研究中心东方文化与城市研究所学术委员会委员、国家教育国际化试验区指导委员会委员、中国商业史学会中国大运河专业委员会主任委员、光明日报城乡调查研究中心副主任、浙江省城市治理研究中心首席专家等。

主持国家社会科学基金重大项目"大运河文化建设研究"等。著有《中国诗性文化》《苦难美学》《都市文化原理》《城市中国之道》等。

廖明君（以下简称"廖"）：作为一名活跃在当代中国学术界的青年学者，你的一个主要领域是中国文化与中国诗学的研究。在这个领域中你除了过去出版的《中国诗哲论》等三部系列专著外，最近又在江苏人民出版社出版了《中国诗性文化》，这部书长达50余万言，可谓是你在这一领域中的集大成之作，其中你比较系统地提出并论述了"中国诗性文化"这一新观念，所以首先请你谈谈这个概念的具体含义。

刘士林（以下简称"刘"）：当我们进行这次对话的时候，人类文明也正在迅速地进入一个新的千年纪元中。在这种时刻对中国传统文化的精神内涵进行讨论，本身就是一件意味深长的事情。从语义学的角度讲，"中国诗性文化"这个概念构成中，关键在于其中的"性"字。在汉语言的哲学语境，"性"的本意是"体"，它相当于西方人讲的"逻各斯"或者"理念"，也可以用时下人们比较喜欢的"本体"来替换它。在这个意义上，所谓的"诗性文化"就可以理解为一种以"诗"为本体结构而转换出来的文化形态。它本身当然也意味着我所进行的正是一种对中国文化精神的本体论阐释，正如我在1992年出版的《中国诗哲论》中指出的：中国文化的本体精神是诗，中国文化的根本秘密正在于中国诗学中。也就是说，中国文化的根本精神，实际上不仅可以，而且必须从中国诗学角度才能得到本体论意义上的阐释与研究。

廖："中国诗性文化"的确是一个极具原创性和学术魅力的课题，尤其是当我们看到一种文化的本体结构竟然与诗学紧密联系在一起时，因为根据一般看法，文化本身只是人类用来征服自然的实用工具，弗洛伊德甚至把文化称为人类的假肢。而讨论本体论问题的一个基本前提就是本体论语境的建构，为了避免讨论中的"代码错乱"问题，能否首先解释一下你是如何理解一种文化的本体存在，以及如何进行一种文化的本体论阐释的？

刘：哲学家蒯因有一句名言叫"本体论的问题在于它的素朴性"。这句话对我启发很大，但是我对它还作了一些重要修正，就是说它的简洁明了，不仅只是一个需要从逻辑上进行辨析的问题，而且更应该从它在历史上的本源结构来说明。因此一种文化的本体存在，也就是我们通过逻辑批判与历史追溯所能抵达的精神源头。它主要包括这样两方面的工作，一是通过对理性主义的逻辑批判清理出原始的精神结构，二是通过对"文明中心论"的文化批判还原出人类最初的文化形态。在我的研究中，我借用了维柯的两个术语，前者我称之为"诗性智慧"，后者我称之为"诗性文化"。但是从严格意义上说，这样两种已经永远消逝的事物，实际上都是"不可言说"的，我们习惯的那种实体主义哲学观走到这里也就山穷水尽了，在这种时刻是结构主义的本体观使我获得了深刻的启示：结构主义认为"本质就是结构关系"，那种实体性的本质是不存在的。也就是说，我们可以通过对"逻辑思维"与"诗性智慧"、"文明时代"与"诗性文化"的结构关系之阐释来把握两者的本体内涵。在这个基础上，我综合了雅斯贝斯的轴心时代以及张光直对夏商周的卓越研究，为人类文明的发生还原出一个具有"素朴性"的历史框架，我称之为"青铜–轴心时代"，在西方历史上它相当于大洪水到古希腊时期，在中国则是对中国古代社会影响深远的"三代社会"。至于我的本体论阐释与一般学者的不同之处，我采用的是"为道日损"的方法。由于"本体论的问题在于它的素朴性"，所以在"青铜—轴心时代"的历史变革中，不是哪个民族获得的文明新产物越多就越具代表性，而恰恰是谁丧失得越少谁的"诗性文化"内涵才更加丰富，也就是说更加具有本体论研究的资格。

廖：这样看来，中华民族显然就是那个"丢东西"最少的了。我感到这里实际上涉及的是人类文明如何起源的问题，你既然以一种新的文化本体观为出发点，我想在文明起源问题上，一定也有自己的看法。而据我所知，关于文明的起源也一直是学术界所关心的，你能否结合中国诗性文化的发生，谈一下你对文明起源问题的有关观点？

刘：中国诗性文化观念的产生，实际上也正基于我提出的文明起源研究的新解释框架。关于文明的起源，在哲学语境中，其根本性的标志在于人的精神意识的产生，它所提出的问题是"人类是如何同自然分离的？"，导致这一历史巨变的根本原因，则是原始食物链的突然断裂，由此引发了关于自然资源再分配的物种战争，这种食物之争是所有原植物种走上进化之旅的逻辑起点。对人类来说也是如此，一是第四纪冰川以及大洪水时代对原始食物资源的巨大破坏，正是在食物再分配过程中人类开始与自然界分离；二是青铜时代原始公有制的瓦解以及轴心期私有制的成熟，它加剧了人类社会内部食物分配的激烈竞争，促发了人类个体精神生命的觉醒。中国文明正是在对食物匮乏与分配的持续应战中，创造出了以生命伦理学为本体内涵的中国诗性文化。至于这种挑战为何产生了不同的文明形态，我是以马克思的三个生产理论为基础来说明的，即通过对早期文明在物质生产方式、人自身生产方式以及精神生产方式的差异角度，来解答远古各民族为何在这一时期走上了不同的发展道路。而吸取了考古学界特别关注早期文明"精神特征"的新史学方法，在物质生产与人自身生产的基础上，我又特别强调地阐释了精神生产方式在文明起源过程中的重要性。

从精神生产的角度看,精神生产的第一个对象显然就是"诗性智慧"。根据人类学家关于原始思维的有关论述,以及通过对早期文明的跨文化比较研究,诗性智慧实际上就是一种"永生的信仰"或者"不死的神话"。但另一方面,我们显然也难说它就是人的"类意识",因为它尚不是能够明确区别人与自然的对象意识或理性意识。在我看来,人类的"元意识"实际上正是轴心时代产生的个体死亡意识,它彻底割断了人与自然、个体与群体混沌不分的天然纽带;同时按照唯物主义的说法,它还是人与自身最大的分裂与对立,即它还产生了人的自我反思能力即雅斯贝斯特别看重的人的哲学意识。这对于拥有永生信仰的原始思维无疑是毁灭性的打击。个体的生命活动也正是在这种焦虑而痛苦的挤压中才内在地凝结为一个不同于动物的自我意识结构。而如何处理这样一种精神挑战,也正是人类共通的诗性智慧开始裂变并形成各不相同的文明类型的根源。以人类四大最古老的文明为例,古希腊作为人类正常的儿童,它在肯定个体化的精神照耀下,把死亡意识变为人的精神本质自我实现的对象,从而成功地摆脱了个体的"死生大事",其精神方式我称为死亡哲学,即死亡正是人的本质的最高体现;古埃及同样是被死亡意识所征服的民族,其影响最大的即来世论,他们把全部财富和聪明才智都运用于金字塔和木乃伊上,我称之为死亡伦理学;印度在轴心期则产生了以悲观智慧为核心的佛教,它的基本观念即死生两者皆空,其精神方式是一种死亡宗教学。这三种反应方式的共同特点是完全背弃了诗性智慧的永生信仰,只有中国文明直承了诗性智慧的生命精神,表现为一种不死的智慧。与古希腊哲学的理性反思方式不同,它以一种直觉方式把死亡融为生命的一部分。与古印度以物我两空的宗教体验来超越感性之躯的畏死情绪不同,它以清醒的现实人伦义务为人生意义来贬低个体生死的重要性;与古埃及的死亡伦理学更是绝然相反,它以群体的延续为第一义,把个人的生死消解在族类生生不息的历史绵延之中。所以它在本质上是一种以"生命"为最高理念的生命伦理学。这也是我将中国文化命名为诗性文化的根源。

廖：你从精神生产角度来解释原始诗性文化在"青铜-轴心时代"的变异与发展，在理论视角上显然具有极大的独特性，比起我们习惯的"存在决定意识"这一精神现象阐释学，它的一个优点是在理论叙述上更加微小化，因而能够更直接地解释对象自身的一些精神特质。但是有时候它也有不足之处，也就是容易因此而失彼，甚至导致精神现象同它的物质基础方面脱节。你是如何看待以及解决这个问题的？

刘：我对这个问题的方法，可以简称为"有'物'"而不"唯'物'"，即在承认物质基础与精神现象内在联系的前提下，争取把理论本身推向一个更加纯粹、更加自律的"知识学"境界。具体到文明起源研究中，我认为"青铜-轴心时代"不同的物质条件，只是使人类文明生成了各不相同的精神要素的间接背景。在解释四大文明的精神结构特点时，我正是通过它们在自然环境、气候条件、不同的"觅食"方式等差异来进行的。但另一方面，如果仅仅局限在这种"宏大"的元叙事中，那么很多具体的问题就会被遮蔽。所以在强调这种下层的物质基础同时，我更关注的是在这个基础上还发生了些什么。也可以说，我对物质基础的"元叙事"与精神生产的"微小叙事"作了逻辑区分，严格规定了各自的有效范围，以避免两种方法之间经常发生的相互"缠绕"问题。

廖：我在《哲学动态》上读到你的一个"治学笔谈"，其中你提及中国学术史一直忽略对学术研究"认知图式"的考察与批判，我对这一问题也有同感。在听了你上面的解释后，我感到你对"理论工具"的批判意识十分自觉，这一点对于推动中国学术研究走向"知识学"形态无疑是很有意义的。现在请你具体谈一谈，在阐述中国诗性文化方面除了上述从精神生产角度的论述外，从物质基础的角度，你还作了哪些方面的说明？

刘：我想把这个问题转化一下，变成为什么恰恰是中国，而不是其他文明才具有充当"诗性文化"的研究资格。一言以蔽之，它是由中国文化的历史存在本身决定的，这就是它最坚实的"基础"。首先，根据张光直对三代历史的卓越研究，只有中国文明在这个时代是以一种"连续性"的方式演进的。而其他文明在本质上都是一种"断裂性"的，它们对史前文化的遗弃与否定远远大于继承与肯定。只有在中国"连续性"文明中，大量的原始文化内容被继承与保存下来，并发展成为以诗歌为核心的中国文化表象系统，因此以中国文明为对象来阐释诗性文化的历史变迁，是最恰当不过的了。张光直有句耐人寻味的话，认为"中国的形态很可能是全世界向文明转进的主要形态，而西方的形态实在是个例外"。讲的也正是这个意思。其次，是中国文明在轴心时代遭受的破坏最小，这可以通过对诗性智慧与理性思维在这一时期的相互关系来了解。西方在轴心时代一个最引人注意的现象就是柏拉图要把诗人（以荷马史诗为代表的诗性智慧）驱逐出文明的"理想国"之外，因为诗性智慧与文明时代所需要的理性是背道而驰的。相反，在中国轴心期时代，虽然也发生过如孔子删诗（《诗经》即中国诗性智慧的遗产）之类的事件，但孔子删诗与西方那种彻底击溃诗性智慧的方式不同，而是要以这种方式来延续它的存在。在中国轴心时代虽然也发生了从"诗云"（诗性智慧）到"子曰"（哲学）的转换，但是从当时与后来影响甚大的儒、道、墨三家来看，它们不仅直接继承着诗性智慧而来，而且其核心思想始终也没有发生颠覆性的变异。相反的是，那些代表着文明向度的新兴思潮，如法家、名家却遭到了历史的失败命运。

廖：在中国诗性文化的研究中，你从维柯《新科学》中借鉴来的诗性智慧显然是核心中的核心。这个范畴本来就很重要，它不仅直接否定了文明中心论逻辑构架的合法性，而且对整个近现代学术史都发生了重要影响。从1992年出版的《中国诗哲论》开始，你就不断地在各种场合使用它，但是我发现你与维柯的用法有着很大区别，所以请你谈谈维柯理论的学术意义，以及你对它进行改造的原因。

刘：应该说在国内我是最早使用它的学者之一。在维柯关于诗性智慧的论述中，有四点看法比较重要：一是他把诗性智慧看作人类在原始时代的共同本源，这就为跨文化的文明起源研究建立了一个"知识学"的起点，文化人类学尤其是文学人类学之所以能够是"可能的",正根源于此。二是他关于诗性智慧的描述与文化人类学视野中的原始思维高度一致,而他经常谈到的玄学女神与神学诗人,实际上也正是原始时代的诗人,这就为从诗学角度来阐释文明的发生,即我所谓的"诗学人类学"提供了一个历史学前提。三是他明确指出人类文化的第一个形态是诗性文化,用维柯的话说,"这一切全是诗性的"。这就从逻辑上区分开诗性智慧与理性思维、文明时代与原始时代在精神结构上的本体论差异,为我们扬弃文化研究中的文明中心史观提供了理论基础。四是"起源决定本质"的文化史观,即文明时代的精神形态,完全可以而且也正应该从诗性智慧中去寻根。这对于把握人类文化深层结构的统一性,无疑是具有方法论意义的。

但我的用法与维柯也有不小的差距。维柯对文化研究的贡献显然是巨大的,但两百多年的风雨沧桑过去,它也暴露出一些严重的缺陷。首先,在各种人文科学都获得长足发展的今天,他天才般的远见卓识也就显得有些粗糙和简陋。诸如他提出的诗性智慧、诗性文化等,就可以根据文化人类学对原始思维和生活方式的研究,以便获得更准确、严密的本体内涵。其次是《新科学》对史前文明的"精神特征"注意不够,正如俞伟超指出的,这本是一切旧考古学的通病。在这方面,则非常有必要借助各门现代人文科学的研究成果,对之进行必要的补充和现代性阐释,使历史研究达到"历史的精神真实"层面。再次,也是我最关心的问题,维柯虽然提出了诗性文化观念,建立了"起源决定本质"的方法论,但局限于西方人的历史经验和文化视野,却未能把这个问题阐释好。一方面是受西方思维方式影响,维柯仍有比较明显的文明中心论色彩,例如他把诗性智慧看作是"粗糙的玄学""粗野本性"等;另一方面是西方诗性文化本身不够典范,它在青铜-轴心时代的断裂性演进方式,在原始时代与文明时代之间开掘了一道鸿沟,并直接导致了维柯本人的一个颠倒行为,即把轴心时代中已经变形的、瓦解的诗性智慧(荷马史诗),当作了"诗性智慧的萌芽"。其后果十分严重,它导致了人们把诗性智慧当作理性思维的感性初级阶段,而诗性智慧的本体结构也就被遮蔽起来。由此看来,要想正确阐释诗性智慧的本体内涵,首先必须从这两方面的批判入手。需要提醒的是：仅仅摒弃掉文明中心论这先入之见仍是不够的，还必须以一种更为典范的诗性文化为研究对象，才能真正使理论思维触及诗性智慧的存在本身。因此不论从何种意义上讲，对诗性智慧的解释权都不可能在西方人手中。我就是希望以自己的努力来继续讲这个话题。

廖：我注意到，你所说的"诗性智慧"，实际上并不完全等同于我们今天文艺学语境中的"诗歌"或"诗学"，实际上两者之间的差别还很大。如果说，诗性智慧是一种原始人的诗学，或者说文明人的诗歌正是诗性智慧的结余，那么在它们之间究竟存在着一种什么样的关系？中国诗性智慧又是如何从一种文化形态转换为一种文本形态的呢？

刘：关于中国诗学与中国文化的关系，我的一个总的看法就是，中国文化起源于青铜–轴心时代的食物分配活动，而这一活动的主持人就是中国原始诗人，它的仪式系统则是中国原始诗学。我是通过对"诗"的汉语源考释找到这个答案的。在甲骨文中"寺"为"诗"的初文，而"寺"的内涵从手从足，与一般解释不同的是，我认为这里的"手足"分别是用来分配食物与土地的"实体"度量单位，所以"寺"本意是指分配食物与土地这样一种原始政治学。《礼记·礼运》中的"夫礼之初，始诸饮食"，讲的就是这个意思。在没有文字的时代中，这种分配制度的代码是一种"手舞足蹈"的"身体语言"，也就是作为中国诗歌源头的仪式歌舞。随着在社会发展中原始分配制度的变迁，这套烦琐的仪式歌舞也就走向衰亡。从现有的史料出发，主要是因为春秋时代的诗礼分家与秦汉之交的诗乐分家。诗礼分家使诗性智慧从一种宗教歌舞转化为政治性的仪式歌舞，也可以说由"巫风"转变为"国风"；而在经历中国历史上的周秦之变后，作为上古文化仪式集大成的周礼崩坏，周六诗只剩下了光秃秃的歌辞，它被汉代儒生整理出来也就是文本形态的《诗经》。虽说如此，其中的原始痕迹也还是可以找到蛛丝马迹。例如上古典籍中讲到的"大师教六诗"即作为中国诗学开山纲领的"风、赋、比、兴、雅、颂"，实际上就是六种典型的原始仪式歌舞。根据我的考证，其中的"风"与"比"为古代的生殖歌舞，其功能在于刺激生命再生产的情欲本能以延续种族；其中的"赋"与"兴"为古代劳动歌舞，其主要目的在于刺激生产劳动的热情以及消除分配过程中的冲突与矛盾，以保证物质再生产的良性循环；而"雅"诗与"颂"诗也是这一诗性政治功能的延伸，前者在于弥补周天子与诸侯国之矛盾，后者意在维护周部族内部的安定团结。只是由于文明时代的中国诗学解释学过于倾向于"意义"，所以它们作为原始歌舞的本来面目也就不为人知了。

廖：随着中西文化交流的深入，在今天的任何一种研究中，中西比较好像总是不可避免的，比如讲中国的"天人合一"，就必须与西方的"天人对立"联系起来，而讲西方的"宗教文化"也必须与中国的"宗法文化"结合起来才能讲出特点，这大概就是结构主义强调的不存在"本质"，只存在"结构关系"的高明之处。为了能够更准确地理解中国诗性智慧的内涵，请你在中西比较的意义上，谈一下它的基本特质。

刘：前面已经讲到，从精神生产角度，人类在轴心时代产生的个体死亡意识，在哲学意义上就是自然的对象化与个体的主体化进程。在对它的回应中，中西文明形成了各不相同的精神结构。首先在对主体化问题的态度上，古希腊以死亡哲学的精神方式，勇敢地承担起个体生命"有死"的悲剧本质。在西方思想史上，从开始有了哲学，也就首先产生了对死亡的哲学思考。不仅对死亡的沉思在古希腊被看作是人类摆脱童年时代的标志，直到海德格尔仍然认为只有通过冥思死亡才能获得人的"此在"。究其实质，西方人的路数即在使生命主体化、理性化的进程中，克服了死亡带来的畏惧与焦虑，从此走上了与诗性智慧完全不同的生命之路。而中国诗性智慧与此迥然不同，当青铜时代死亡意识逐渐觉醒时，它所采取的态度就是把死亡意识，连同必然要产生它的个体化形式一同拒绝。从当时经验的角度，它只能是对诗性智慧中永生信仰的回归。这种生命冲动表现于人自身的再生产上，就是对主体化这样一种生产方式的拒绝，因为只要成为一个以理性为本体内涵的主体存在，必然就会导致个体与自然、与群体以及个体与自我的分裂与对立，并从此坠入生死选择的宿命中。与古希腊文明高扬理性本体，在与死亡的对峙及蔑视中回应文明的挑战截然不同，中国文明则是以否定主体化的方式，尽力取消生命内部在文明时代逐渐展开的二元对立，并试图以重建生命诗性感受的方式，来寻回那已经永远消失的诗性智慧的永恒与自由。

其次是对对象化问题的态度。西方文明由于主体化完成得非常彻底，个体最后被生产成为一种理性主体，所以理性之外的所有存在，也都被充分地对象化成理性的对象，成为与理性只有抽象的联系，而缺乏生命有机关系的僵死世界。这就发展出西方文明那种冷酷地征服自然、改造自然的技术性精神-实践方式。中国文明则正与此相反，由于主体化的不发达，所以不仅主体不能成为主体，对象也不能充分地发展为对象本身。对中国文明来说，由于征服、改造对象，同时也就是征服、改造生命本身，所以为了保持生命本身的自由，也就首先必须给宇宙万物以自由。因此，其对对象化的态度就只能是一种满怀痛苦的接受，即在社会利益上不得不接受它，而在心理利益上又不得不对它予以拒斥，所以与征服自然的西方文明不同，中国文明首先要做的是征服自身，即放弃那种由主体化而来的对象化企图，以此来尽量减少人与自然之间的矛盾对立。由此我推论出诗性智慧的本体内涵即非主体化与非对象化，同时我还把这种非主体化的个体称为诗性主体。

廖：按照马克思《资本论》的看法，人的生命活动方式，或者说劳动，必须能够完成人与自然之间的"物质变换"，但是根据你的论述，我不禁产生这样一个疑问：非主体化的个体如何完成其与自然的"物质变换"？或者说那种不与自然对立、分裂的诗性主体如何利用自然，如何从对象上获取生活资料以维系其类的延续性？难道一个民族的存在方式，可以以这样一种充满审美内涵的诗性智慧为根基么？

刘：是的，你所提出的问题正是诗性文化能否成立的一个重要前提。我想从两个方面来回答，首先中国民族主体化程度的不发达是有着很深的历史渊源的。在面临轴心时代的个体化问题时，西方比较彻底地斩断了母系时代的血缘关系，在个体之间建立了以利益为纽带的契约关系，它突出了个体的独立性，充分完成了主体化即个体对自身生命的占有。而整个中国青铜时代，血缘与宗法观念都在社会生活中占据着举足轻重的地位。周代父权政治的确立，只不过将以母系为核心的宗法观转换为父系中心体制，周礼为轴心时代的生命编就的是一种更沉重、烦琐的网络，它根本不可能催化出真正独立的主体来。虽然它也从道德角度强调个体的义务、责任等，但与西方那种充分发展的理性主体相比，我们只能说这是一种不彻底的个体化形式，这也正是我称之为诗性主体的原因。

而诗性主体如何完成它与自然之间必须展开的物质交换呢？这正是中国诗性文化的本体论秘密。在这一关键问题上，马克思关于劳动方式的研究，使我获得了极大的启示：首先是农业文明与工业文明这两种劳动方式的根本区别。在前者生产者依赖于自然，主体与对象之间的"物质变换"是这样一种过程，人的本质力量所实现的不仅是主体的劳动逻辑，同时更是对象固有的目的的展开。例如农民种庄稼在满足主体生活需要的同时，他也实现了种子"长成庄稼"这一自然目的性。而在工业文明的劳动逻辑中，主体与对象之间所发生的"物质变换"过程，则意味着它把对象生产为与自身相异的东西，例如化学工业。所以马克思说，农业劳动，与工业文明中的异化劳动不同，是一种"深深地领带有机体的成长过程"，它是一种把自然再生产为自然、把人再生产为人、把世界澄明为世界的自由劳动机制，这也就是中国诗性文化主体所依据的生命活动方式。其次，马克思在《巴黎手稿》中还揭示了这两种生产观念的不同，一种是审美建造方式，其目的在于把对象世界生产为世界本身；另一种为理性建造方式，其宗旨在于把对象世界生产为人本身或人本学的自然界。如果说，后者体现为主体的无限膨胀与自然的恶性损耗，那么只有前一种生产方式，才是"在最无愧于和最适合于他们的人类本性的条件下来进行这种物质变换"。正是从马克思的劳动理论出发，我找到了中国诗性主体之所以能够存在的最深刻的根据，完成了我对中国民族生命活动方式不同于西方技术文明方式的本体论论证。

廖：在论述中国诗性文化的本体内涵时，你经常使用的一个术语叫"生命伦理学"，你着眼于它是建立在以永生信仰为核心的诗性智慧基础上，尤其用它来表示与西方伦理学的根本不同，因为后者是建立在死亡哲学的基础上。但据我所知，生命伦理学这一概念源于西方的医学伦理学，所以请你谈一谈生命伦理学与西方伦理学有什么根本区别。

刘：中国民族从诗性智慧出发，很早就洞悉了这样一个道理：主体只要生成，就必然要异化自身为对象、为异己的存在。道家讲"成也毁也"、儒家讲"君子不器"都如此。如何才能使个体在主体化进程中，不走向生命本身的内在分裂，不走向另一种与它本身完全不同的存在，正是中国生命伦理学的核心问题。其中正显示着中西伦理精神的本体论差异：西方伦理学建立在个体的死亡意识之上，是个体在上环境割裂开来的条件下完成的。在这些生命单子之间，才有所谓的契约性的伦理与法律性的社会关系。它特别强调个体的自由意志、自我选择与责任，从康德、卢梭到萨特，强调的都是这种自我决定论的伦理学。独立的个体与个体之间的社会契约，是西方伦理学的核心。前者的基础是主体性，后者的基础是主体间性。前者最终归结为个体自由意志，后者则归结为国家意志即法律。只有充分独立的个体，才可能有西方的伦理学。而中国伦理学与此不同，它虽讲社会群体，但其联结纽带却是血缘和文化，所以它绝不是杜维明讲的社会伦理学，而只是一种未发展的人与人之间的未发展的社会关系。它虽也讲个体，但却不是对象化了的个体，而是一种"己"，是他自身固有的东西。与康德伦理学认为人心中有一种道德律，主体的伦理行为实现的正是这一先验原则不同，在中国伦理学中，即使我们成为圣人，其所成仍然是我们本身，甚至只是"未失去其本心"。人所展开的宇宙也就恰好是宇宙按其内在规定性成为宇宙自身。所以生命伦理学在本质上正是诗性主体自身生产所遵循的生产关系或意识形态。

廖：最后还有一个问题，你用了很大的篇幅讨论在文化研究中很少见的"死生解脱"问题，它几乎成为你最重要的人文关怀，请问这是为什么？

刘：这个问题既简单又复杂，其复杂处我在书中已经作了大量论述。简而言之，这正根源于对文化精神本体的不同价值态度，即它是一种实用工具，还是一种本体性的问题。作为后者，它的作用就是帮助个体摆脱死生恐怖，提供一种真正的精神安慰。当然关于这一点，也并非我的发明，在陈寅恪关于王国维之死的有关阐释中，已经讲得极为清楚了。

（原载《民族艺术》1999年第4期）

中国简帛学：走向世界的民族之学

邢文 廖明君

邢文，西南交通大学人文学院特聘教授、博士生导师、副院长，美国达特茅斯学院亚洲研究资深讲席教授、终身教授，达特茅斯中国书法与手稿文化研究所所长，美国国家社会科学学会理事、国际委员会主席，国家技术书法学学会会长、中国手稿文化学会会长，中、美若干国家基金评委，CSSCI与A&HCI期刊编委。

著有《帛书周易研究》等中英文论著十余种，全国首届优秀博士学位论文作者，获有"中国美术奖"、美国NEH等中、美学术大奖。

廖明君（以下简称"廖"）：越是民族性的东西，越是具有世界性。中国的出土简帛研究日益成为国际汉学的显学，正说明了这一点。听说你去年在国际会议上正式提出要建立"中国简帛学"，北京大学也正式启动了由你主持的"中国简帛学"专项课题，不知是否是想从民族学术的国际化这一方向努力？

邢文（以下简称"邢"）：正是如此。从空间上来看，出土简帛研究作为一门民族性、专业性极强的学问，正在国际汉学界出人意料地走红；从时间上来看，世纪之交的中国学术界与国际汉学界，正在进入一个激动人心的简帛时代。一个世纪以前，殷墟甲骨文的发现，证实了《史记·殷本纪》的基本可信，使一个世纪的学者深受其益；近一个世纪之后，大量出土的简帛文献，使我们日益认识到古代学术的真面目，引导我们走出疑古时代，呼唤着新世纪像罗振玉、王国维这样的学术大师。我完全同意你的意见：越是具有民族特色的地方知识，越是易于国际化。这是值得所有从事民族文化与艺术研究的学者重视的。"中国简帛学"的提出，国际简帛研究中心的成立，都是希望能在新世纪，在国际文化的大格局中，增添中华文化的份额，使我们的民族文化能够成为人类共享的精神资源。

廖：新世纪的到来，全球经济的一体化，确实为东西方各民族不同文化的融合、发展提供了良好的机遇。民族文化的发展，此时应该有更重要的意义：东西方文明的碰撞，如能以对话、兼容代替冲突，则将为人类的和平与发展做出重要贡献。让我们回到访谈的主题：你所要建立的中国简帛学，应该怎样理解为一门世界性的学科呢？

邢：具有全球意义的学问，往往首先是独具特色的地方知识。美国哈佛大学哈佛-燕京学社即将在苏州召开的"文明对话（Dialogue of Civilizations）"的国际学术讨论会，其副标题即为"地方知识的全球意义（Global Significance of Local Knowledge）"。这为中国简帛学的全球意义作了一个极为贴切的注脚。中国简帛学首先是一门民族特色极强的专门之学，涉及中国古代的经学、史学、文学、语言、文字、音韵、版本、校勘等专门之学。这些学问都是国际汉学界最有兴趣的研究领域。这方面的例子很多。敦煌学所以能成为一门国际性的学科，主要原因之一即在于此。德国汉堡大学的Michael Friedrich教授对于瑶族文献的研究[1]，也是一个这样的例子。当然，具体谈到中国简帛学的国际性，应该结合其内容与构成来看。

廖：不妨请就你所说的经学与简帛学的关系举一些例子。

邢：经学是传统中国学术中最重要的一门学问，也是海外汉学家用力最勤的一门学问。就中国最重要的经典而言，我们今天对于《易》《书》《诗》《礼》《乐》《春秋》的认识，无一不受出土简帛的影响：湖南长沙马王堆汉墓帛书《周易》的出土、上海博物馆购藏战国楚简《周易》以及安徽阜阳双古堆汉简

---

[1] Botschaften an die Gotter: *religiose Handschriften der Yao, Sudchina, Vietnam, Laos, Thailand, Myanmar. hrsg.von Thomas O.* Hollmann and Michael Friedrich. Wiesbaden: Harrassowitz, 1999.——编者注

《周易》的即将发表，无疑已经改变并将继续改变我们对于群经之首《周易》的认识；湖北江陵王家台秦简《归藏》的发现，更是把中国经学的起源推向"前《周易》时代"，改写着中国经典与经学形成的历史；对于今、古文《尚书》的认识，湖北荆门郭店楚墓竹简提供了崭新的研究线索；关于《诗经》与《诗》论，上海博物馆从香港购回的楚简有着不见于世传的珍贵材料；《礼记》与礼学的考察，湖北荆门郭店楚墓竹简与甘肃武威汉简各具不同的视角；楚简《性自命出》与《乐》的再认识，帛书《春秋事语》与《左传》的关系，无不强调着出土简帛之于中国经学的重要意义。西方汉学家对于经学与出土简帛的这一层关系已有足够的重视，美国、德国已有关于帛书《周易》的多部论著出版，在东亚、北美与欧洲的学术研讨会上，海外汉学家对于各主要经典与出土简帛的关系也多有讨论。

廖：《易》《书》《诗》《礼》《乐》《春秋》向来是中国最重要的经典，现在有出土的简帛文献作为研究的参照，使我们能够看见千年以前中国经典的真迹，确实是我们这一代学人的幸事。听说你执行编辑的《中国哲学》第二十辑《郭店楚简研究》上了畅销书排行榜，而且很快出了第二版，这也是中国学术出版界的佳话。郭店楚墓竹简以《老子》与儒家文献著名，可见出土简帛的意义恐怕不仅仅止于经学。

邢：的确如此。《中国哲学》自创刊以来即发表国内第一流专家的研究成果，在国内外学术界享有极高的声誉，为海内外各重要汉学图书馆所必藏。姜广辉教授作为《中国哲学》的主编，敏锐地捕捉到学术界的最新动向，所以能有第二十辑的成功。这不仅是刊物的成功，而且也是研究材料的成功。郭店楚墓竹简《老子》不见"绝仁弃义"之说，并与大量的儒家典籍同出，说明先秦时期的儒道关系并不像传统学术界所认为的那样对立。至少在荆楚之地的《老子》传派，其思想倾向与今本《老子》以至马王堆帛书《老子》所见皆多有不同，有其明显的地域特征。郭店楚墓竹简所见先秦儒、道关系，马王堆汉墓帛书所见汉初黄、老之学与道法家的关系等，都为认识先秦以至汉初的诸子之学提供了极为珍贵的材料。此外，湖北云梦秦简与江陵张家山汉简的出土，以丰富而珍贵的法律文书从根本上改变了我们对于中国古代法律的传统认识，填补了秦、汉法律研究的空白；湖南长沙走马楼吴简，更是以逾十万枚简的空前数量，为三国孙吴的政治经济研究提供了惊人的材料；山东临沂银雀山汉简、江苏连云港尹湾汉简以至马王堆汉墓帛画、帛书与文学赋体的研究，银雀山、张家山汉简与兵书的研究，马王堆简帛、武威汉简与古代医书的研究，张家山汉简与算数之学，马王堆帛书与天文、数术，等等，都是出土简帛与有关学科密切关联、亟待继续研究的例子。不难发现，21世纪的古代中国研究，政治、经济、法律、文学、史学、哲学、医学、科技等各个方面，已经不能离开大量出土的简帛文献而发展。

廖：可以说，出土简帛为我们勾画了一幅宏阔生动、内容丰富的中国古代学术发展的全景图画。

邢：这也是建立中国简帛学的条件所在。

廖：能否从学科的研究内容与研究方法两个方面具体介绍一下？

邢：可以。一门学科的建立，不但应有其建立的必要条件，而且也要有其建立的充分条件。从研究内容上看，中国简帛学是一门涉及学科门类最多的跨学科的专门之学。例如，敦煌悬泉置新出两万余枚汉简，内容涉及政治、经济、文化、哲学、法律、军事、财务、邮政、农业、人口、医药、数术等各个方面；额济纳河以南原居延简出土地，出土简牍近两万枚，内容除诏书、律令、哲学、军事文书之外，又有屯田、水利、交通、地理、数学、小学及少数民族生活等方面材料；即使是数量远逊于此的湖北云梦睡虎地秦简，其中的法律文书也以法律的形式反映了当时社会生活的各个方面。可以说，几乎人文科学、社会科学的每一个分支与领域以及自然科学的许多方面，简帛材料均已涉及或可能涉及，而这些被涉及的内容，无不需要专门的简帛学知识加以整理、释读。从研究方法上看，出土简帛的整理、释读与保护，不仅需要古文字学、古文献学与文学、历史、哲学等方面的知识与方法，而且也需要自然科学尤其是现代数码科技的许多理论与方法的参与。很明显，就学科门类而言，没有一门已有的学科可以包括、替代中国简帛学的研究内容。这是建立中国简帛学的必要性。已经出土的、可以称之超级丰富的简帛材料，作为一种专业性极强的独特的研究对象，则为中国简帛学的建立准备了充分的条件。

廖： 从学科建设的角度来看，你提出建立中国简帛学的原创意义与学术价值已经为学术界所认可，教育部也请专家论证、审核了你的课题，并拨付了专项基金。这是非常值得庆贺的，能否介绍一下课题的主要内容？

邢： 谢谢。就课题内容而言，这一课题的目的是建立、完善高等学校中国简帛学的教学体系与手段，进而通过课程的教学，为海内外学术界培养出能够自如运用出土简帛材料从事研究或专门从事简帛学研究的专业人才。课题将组织编写第一部《中国简帛学》高校教材，编辑《中国简帛学教学参考资料》，其内容包括海内外简帛专家的论文选集与中国出土简帛图片代表性材料的选编，在北京大学正式开设相应的研究生课程、主办中国简帛学专题名家讲座、成立简帛研究中心与简帛研究工作室，组织编写"中国简帛学专题研究"丛书。所有这些内容，都将是开放的、国际性的学术活动。不论是教材的编写还是教学参考资料的编辑，都会充分吸收国际简帛学界的最新成果，反映国际汉学界的新成果、新方法；简帛学专题名家讲座，一定也会邀请海外简帛名家来北大主讲；"中国简帛学专题研究"丛书的设计与选题，也是我们与国际简帛研究中心、美国哈佛大学与达慕思大学的汉学专家共同研究确立的；具体的撰写，会以国内学者为主体，同时包括海外的专家。此外，《中国简帛学》教材也将出版英文版。

廖： 看来中国简帛学课题设计的本身，已经注意到学科的国际化。这样的课题在组织、运作上，应该谋求国内外有关方面的支持与配合。

邢： 这一点非常重要。事实上，中国简帛学课题得到了北京大学中国考古学研究中心及古代文明研究中心主任李伯谦教授，北京大学考古文博院院长暨考古系主任高崇文教授，楚简及古文字研究专家葛英会教授，国际简帛研究中心主任庞朴教授，国际简帛研究中心副主任、美国达慕思大学Sarah Allan教授的有力支持与参与。清华大学思想文化研究所及国际汉学研究所所长李学勤教授、哈佛大学哈佛–燕京学社社长杜维明教授、国际儒学联合会秘书长暨国际简帛研究中心副主任姜广辉教授等，对本课题都非常支持，提出过一些很好的意见与建议。教育部、国务院学位委员会及时审批了对本课题的巨额资助。学界泰斗、著名简帛学家饶宗颐先生为本课题赐题了"中国简帛学"。国际简帛研究中心也在积极联络世界各国的简帛学者，策划国际性的简帛研究课题，筹建国际简帛研究的资料中心，使中国简帛学真正成为一种国际性的学术研究领域。

廖： 作为简帛研究的后起之秀，你提出建立的新学科、负责主持的专项课题能够得到国内外简帛研究的一流学者的支持与参与，应该说是非常幸运的。你的《帛书周易研究》给我留下过深刻印象。此书能在国家古籍整理出版规划小组的全国评选中名列榜首，并在一年之后即由人民出版社重印，说明你简帛研究的非凡成就与能力已经得到认可。《周易》是群经之首，是西方传教士最早翻译的中国经典之一，也是具有全球意义的东方经典。马王堆汉墓帛书、上海博物馆从香港收购的战国竹简中都有《周易》。从《周易》在海外的影响来看，帛书与竹简本《周易》的出土对于海外的中国简帛研究，是不是会有较大的推动作用？

邢： 我曾经看过一则资料，说中国经典在海外翻译次数最多、印行数量最大的就是《周易》，可见《周易》作为"群经之首"在海内外都是名副其实的。中国简帛学走向世界，《周易》研究会起到重要作用。马王堆帛书《周易》出土之后，在美国与欧洲，我见到的翻译与研究著作已有三种。近年在湖北江陵王家台又发现了《归藏》秦简，是传说中的商代的《易》书，当然是研究《周易》的重要材料。国内论文刚发表两三篇，海外论文就有一两篇问世，可见中国出土简帛研究也有一种"全球化"的趋势。美国学术院邀请我做研究员，与达慕思大学Robert G.Henricks教授合作，就是做这样的出土《易》类简帛研究。该项目是由美国学术院、美国国家科学院与美国社会科学院联合主持的高级研究项目，可见中国出土简帛的研究，尤其是《周易》类简帛研究在美国受重视的程度。上海博物馆从香港购回的《周易》楚简，是目前所知最早的《周易》写本，其经文部分有前所未闻的红色与黑色的符号，海内外学者都在翘首等待材料的发表。不难预料，上海藏简的公布，无疑会在海内外掀起新的简帛研究热潮。

廖：能不能谈谈你的《帛书周易研究》？

邢：非常感谢。《帛书周易研究》已由人民出版社印了两次，海外学者也发表有长篇书评，有兴趣的读者不难自己去了解与评论。如果要谈，我倒是愿意介绍两篇尚未发表的文章。

廖：我想读者也一定会有兴趣。

邢：这两篇文章的思想在写作《帛书周易研究》时已经产生，近来日益自信，先后在有关学术研讨会上发表。一是在姜广辉教授与台湾大学的黄俊杰教授联合举办的"中国经典诠释传统"海峡两岸学术研讨会上，我比较今本《周易》与马王堆帛书《周易》的卦序，认为卦序实际上是对易卦进行诠释的重要形式；《周易》的成书，在某种意义上即是重排卦序的结果，是对先秦古《易》的诠释与整理；一部易学史，在某种意义上也是一部卦序重排的历史；出土简帛所见先秦卦序的表现与思想，实际上是中国经学诠释传统的滥觞。

廖：这就是说，你把一部中国经学史的源头，追溯到出土简帛的卦序上？

邢：是这样。文章发表后会请你指教。另外一篇将用英文发表，是在欧洲与美国的学者联合举办的"出土文献研讨会"上的发言。我主要根据出土简帛所见卦画的图形分析，指出先秦古《易》不仅存在多种流派，而且各流派均有典籍传流；这些不同流派的《易》类典籍，构成了《周易》的不同来源，《周易》也因此成为一部先秦《易》学的集大成的作品。

廖： 卦画和卦序在出土简帛上，可能都是最容易忽视的东西，可一旦被你抓住，就能研究得出改变学术界传统认识的具有原创意义的重大结论。这种特点在《帛书周易研究》中就有表现，刚才你介绍的两篇文章更是具有代表性，反映了你在简帛研究方面完全不同寻常的研究才能。刚才你谈到上海博物馆从香港购回的楚简《周易》上有红色、黑色的符号，不知道是否也有十分重大的意义？

邢： 谢谢。上海博物馆的这一批竹简，几乎在地球上的任何一个地方，只要我停下来讨论简帛，就有学者询问其详。其实我关于上海藏简的知识，主要也是来自《文汇报》上的一篇报道，即《文汇报》1999年1月5日的一篇《战国竹简露真容》。上博所藏《周易》竹简上面的红色与黑色符号一定有其特殊的意义，但具体是什么意义，只有等到材料发表时才能研究。现在我们只能推断两点：一、上博《周易》上的红色与黑色符号，说明上博购藏的《周易》是与我们已知的各种《周易》不同的一个传本，属于一支新的《周易》传派；二、如果上博购藏的《周易》没有传文，说明这种红色与黑色的符号只与《周易》经文的构成有关，也就是说，只与《周易》的卦画、卦名、卦序、卦辞、爻辞有关，而在这几个因素中，最可能有关的，就是卦画、卦序两者，也就是说最可能与《周易》经文中非文字的部分有关。当然，红色与黑色向来有其阴阳意义，不能排除它们的卜筮意义，甚至其与早期卦气说的关系等等。

廖： 真是希望上海的这批竹简能早日发表。你能否谈谈它们与郭店楚墓竹简的关系？

邢： 这个题目很大，现在只能谈最表层的问题。上博藏简与郭店楚墓竹简在内容上有重合之篇，如两者都有《缁衣》。根据湖北的考古学家介绍，两者的出土地点应该也是非常接近的；上海博物馆的专家也曾专门赴湖北江陵地区勘察。郭店楚墓竹简出土以后引起海内外学术界的高度关注，达慕思大学在楚简发表的当月即在美国召开了第一个国际学术研讨会。其后，国际儒学联合会、中国社会科学院历史研究所、美国哈佛大学哈佛–燕京学社、武汉大学中国文化研究院、日本东方学会、日本中国出土资料研究会等单位分别多次先后组织大型国际学术研讨会，以郭店楚墓竹简为讨论主题。所谓"中国简帛学"，就是我在去年十月由武汉大学中国文化研究院、哈佛大学哈佛–燕京学社、国际儒学联合会等单位联合主办的"郭店楚简国际学术研讨会"的大会发言上提出来的。附带说一句，贵刊前年刊发的《郭店楚简研究述评》，实际上是最早发表的国际、国内关于郭店楚简研究的专题评论，为海内外各种郭店楚墓竹简的研究目录所收，说明贵刊已经走在推进民族学术发展的最前沿。

廖：谢谢。"弘扬民族文化艺术，发表最新学术成果，提供丰富学术信息，展示一流学术水准"是本刊的宗旨。本刊对于中国简帛学这样的具有民族特色的学术问题至为关注。近年来取得的一些成绩，和学术界所给予的支持是分不开的。21世纪，本刊将为推进民族学术的国际化继续努力。你近年多次出访欧美，是否了解《民族艺术》在海外的影响？

邢：贵刊是国内有影响的学术刊物，在海外也长期受到重视。美国多家大学图书馆藏有贵刊。如哈佛大学图书馆订购贵刊多年，藏有创刊号之外的各期。贵刊曾经组织过对于表现象征主义的讨论，我在英国伦敦大学、剑桥大学访问时，也多有西方学者谈到贵刊。

廖：能否介绍一下你谈到的国际简帛研究中心？

邢：当然可以。儒学是中国传统学术的主要组织部分。郭店楚简的发表，公布了大量不为人知的儒家文献，要求我们重新认识先秦学术。在积极组织、资助国内外各种郭店楚墓竹简研究活动的同时，国际儒学联合会敏锐地认识到出土简帛研究在21世纪国际学术界的重要地位。经积极筹备，国际儒联于去年十月正式宣布成立国际简帛研究中心，在世界范围内推进中国的出土简帛研究。国际简帛研究中心聘请国际简帛名家饶宗颐（香港中文大学）、Michael Loewe（英国剑桥大学）、李学勤（中国社会科学院）、裘锡圭（北京大学）、杜维明（美国哈佛大学）诸先生为顾问；主任为中国社会科学院庞朴研究员，副主任为美国达慕思大学Sarah Allan教授、日本东京大学Tomohisa Ikeda教授、挪威奥斯陆大学Christoph Harbsmeier教授、台湾政治大学沈清松教授、中国社会科学院姜广辉研究员，秘书长由本人担任。国际简帛研究中心出版有《国际简帛研究通讯》，并正在筹办多语种的专业国际学刊《国际简帛研究》。

廖： 简帛研究长期以来是一门冷僻的学问。如果从汉武帝时孔壁出书算起，简帛研究迄今已有2000多年的历史。这样一种专门的研究能够成为一门独立的中国简帛学，并在世纪之交走向世界，充分显示了民族学术的生命力与感染力。这也是你对国际学术界的贡献。国际简帛研究中心的成立，使我看见了一种民族性极强的学术对于时间与空间的超越。

邢： 人类的精神财富是没有国界的。中国简帛学的特点在于：东、西方学者不是在简单地唤醒东方民族的远古智慧，而是同时在为这种智慧增添新的内容。

廖： 这不仅会丰富人类的精神资源，而且也会激活民族学术的活力。这应是"学术乃天下公器"的新义！

（原载《民族艺术》2000年第3期）

现代社会中的乡土知识与民间智慧

彭兆荣　廖明君

彭兆荣，厦门大学文学院一级教授、博士生导师。兼任中国人类学学会副秘书长、中国文学人类学学会副会长、中国艺术人类学研究会副会长、四川美术学院"中国艺术遗产研究中心"首席专家、桂林旅游学院"南亚旅游战略研究中心"首席专家、国家社会科学基金重大项目"中国非物质文化遗产体系探索研究"首席专家。

主持国家艺术类重点课题"中国特色艺术学体系研究"。著有《重建中国乡土景观》《生生遗续 代代相承——中国非物质文化遗产体系研究》《中国艺术遗产论纲》《文学与仪式》《饮食人类学》《旅游人类学》《遗产：反思与阐释》《人类学仪式理论与实践》等。

廖明君（以下简称"廖"）：近两年来在《读书》《中国音乐学》《民俗研究》《民族艺术》以及叶舒宪教授主编的"文学人类学论丛系列"等书刊上读到一系列你的关于"乡土知识与民间智慧""中国人类学本土化""地方性叙事""族性认同"等方面的研究论文。从你的研究中我看到你对民族民间的所谓"草根力量"的重视，同时带有对中国传统文化"中心/精英"话语的反思。你的这些观点是否受到"后殖民主义"理论的影响？请就这些问题谈谈你的看法。

彭兆荣（以下简称"彭"）：非常高兴与你以这样的方式进行交流。谢谢《民族艺术》给我这样的机会。同时我希望这样的交流方式在今后可以使读者也有机会参与进来，比如对一些读者感兴趣的话题进行二度甚至多度讨论和交流，使讨论得以更加深入。

我本人确实在最近一段时间里对"乡土知识与民间智慧"等话题进行较为集中的思考。这有以下几个方面的原因：首先，我本人从事文化人类学研究。依我的体会，文化人类学其实主要就是研究"小传统"（the Little Tradition）的学问，即以民族、民间（社区）文化为研究对象。毋庸置疑，它与所谓的"大传统"（the Great Tradition），即主体民族传统价值体系中的"精英文化"相区分。在中国，若以民族为表述单位，汉民族与少数民族可以成为研究对象上的一种族群单位界限。若以人群居落的空间来看，都市与乡村也可以成为研究对象上的一种分野。"市民社会"和"乡民社会"因之构成了另一种表述分类。在西方人类学著述中，许多学者就以"乡民社会"（peasant society）为界说。比如人类学家基辛（R.Keesing）就做这样的总结，乡民生活的主要特征是一种农业的生活方式，强调自给自足。再说，就中国汉民族乡村的原始形态来看，"氏族-村落"成为一种主要的缘生纽带。若以国家的行政区划和管理制度来看，边缘地带事实上一直是"中心"（中国、中原）的"亚类"，这无论从地域划分上——东西南北中，还是种类划分上——夷、戎、蛮、狄，《尔雅》明言：此四类为"亚类"——都是如此。

其次，我一直生长、生活在南方，主要是东南和西南地区，也就是中国传统的泛"南蛮地区"。在贵州我工作、生活了长达十年之久，我对那里的少数民族有较多的了解。在福建，我也有长时间的农村经验，做知青时还当过生产队长。甚至我在法国留学时都没有离开这一个区域和族群背景，在法国国家科研中心"华南及印支半岛人类学研究所"进行研究。如果说，旧时的"人种学"概念还可以沿用的话，我便是一个地道的"南蛮遗子"。我要说的，我想说的，我能说的，自然是我所熟悉的，我所体验、体会、体悟的东西。简言之，吾生为"边民"，从事"边政"研究（1949年以前人类学研究就曾经有"边政"的称说），所言自为民族民间者。至于我有没有受到"后殖民主义"理论的影响，理性上我要说没有。虽然我对"后殖民主义"理论有些阅读，有所了解。但是，我很清楚，当代西方理论仿佛"过场剧"，经常是序幕才刚拉开，另一幕便上演了。要说现在中国学术界对西方林林总总、过眼烟云般的理论流派能否"吃透"，是否"实用"，我本人一直存疑。当然，我所讨论的东西与"后殖民主义"理论或许有某些"共谋"之处。毕竟大家都在关心民族问题、生态问题（包括自然生态和人文生态）、"民族–国家"（nation-state）问题、区域力量问题、经济一体化／文化多元化问题等，所以看上去有些话题相像亦属于常理。

廖：我注意到在你的文章中，你比较强调族群的主体价值和认同意识。其实，族群的主体价值和认同意识除了在人们的生产和生活方式中得到具体体现外，在文化中也有很独特的表达。事实上，我认为，族群的色体价值和认同意识所反映在生存层面上更多属于物质需求和生命本能；而在艺术中的族性表达才更生动、全面地展示"我群"与"他群"、"我族"与"他族"之间的相同和相异。

彭：我完全同意你的看法。所谓"乡土知识与民间智慧"原本不是一句学术口号。人类学研究不习惯喊口号。其实，"乡土知识与民间智慧"包括三个互相作为的关系：一、乡土性。在中国，乡土不独强调人与家乡的空间居落背景，还有更为重要的一面，以汉民族为例，数千年农业文明的一个最突出的表征为人与土地的"捆绑关系"（earthbound）。费孝通曾用一个经典的指说"乡土中国"。所以，要真正了解中国，必须了解传统的农业文明和土地伦理。二、民间性。"亲缘–地缘"一直是华夏文明的两个关键词。土地只有与人群联系在一起才具有文化意义。所谓的"民间"，实指人群间际关系。我认为"人群"在此为第一要件。我们今天习惯讲"民族""族群"，其实，在古文字表述中，"族"即指"群"，是故有了氏族、亲族、宗族、家族、民族等。民间性，毫无疑问，也就是讲究人群内部与外部的关系。因此，族群（ethnic group）每有族性（ethnicity）要求和表达。"族群"也是一个计量单位，有边界范围，有各自的"领土"。美国人类学家格尔兹有一个精致的类比：文化是一张地图，也有强调族群之间的边界关系。三、知识体制。现代社会的价值系统有一个最可嫌的地方，就是利用国家的专制和暴力强制性地贯彻一种官方的知识体制：政治的、宣传的、媒体的、学校的、商业的……而来自民间原生性知识在中心和强势的权力话语与作用下被撇到一边。这也是一种变形了的"知识殖民"。"士绅"，说到底也就是掌握和利用了官方认可的知识而得到一种人生归属。同时，他们在另一种意义上也是官方知识体制的祭祀品和牺牲品。而乡土知识为民间社会的原生性纽带，是维持、处理、协调乡土社会的自治性知识。关于此，费孝通先生在《乡土中国》一书中有完整的论述。

廖：我认为，"地方力量"在现代社会中扮演了一个很重要角色。当代政治文化理论中较热闹的流派、观点尽管看上去有很大的差别，比如亨廷顿的"文明冲突"论，沃伦斯坦的"现代世界体系"论、"民族－国家"论、"本土化"论、现代性以及后殖民理论等，都非常看重地方力量的作用。现代人类学当然更加重视它，最近翻译出版的格尔兹的代表作之一《地方性知识》也说明了这一点。你能否就地方力量在中国现代化进程中的作用谈谈你的看法？

彭：在此我先说一件事情。前些日子我到成都，挚友徐新建教授带我面见了一位来自布鲁赛尔的学者，他正在中国西南地区进行一个大约属于"项目可行性调查"的工作，项目的主要目标就是关于"中国在现代化进程中的地区力量（regional force）"。据介绍，他们将向欧共体提出报告并由欧共体负责资助。项目看上去很大，具体而言，就是在中国的一些地方寻找几个有代表性的村落为样本，主要集中于民族地区。目的是要考察这些民族性、自治性、地方性力量在中国现代化过程中究竟能够扮演多么重要的角色，进而对全局性势态进行判断和分析。因时间有限，我不得其详，但这已经予我们以足够的启示。

启示一，中国的现代化发展成就举世瞩目，依据一般性观点，人们（特别是我们自己）大都从国家经济方面来确认，即由国家决断下的经济政策、行为和结果来进行判断。这当然没有问题，因为这一切都浮在最表层，容易用数据来说明。加之，现在是经济竞争时代，经济指标成为最根本的社会发展的表述依据。而我国为了适应现代化发展的需要，适时制定了"以经济为中心"的战略决策。不过，人家在关注中国发展的伟大成就的时候未必一定从这样的视野来看待。或者说，他们更热衷于用另一种眼光来评判中国的现代化进程。但有一点共识，即世界"经济一体化"与"文化多元化"必为一对孪生子。这就是说，经济越是出现全球化趋势，区域性力量就越发凸显其价值。综合与分析原本就是往两极走的。

启示二，现代性从来就不拘于抽象概念。它的计量单位是什么？它的实践原动力是什么？它的行动主体是谁？它的价值依附在哪里？在国家行政管理制度里面，是一个个利益攸关的"单位"。比如一个大学教师，其依存背景是他所在的那个大学（单位），工资、奖金、住房、人事档案、公费医疗、人际关系、政治评价、提拔、评奖、职称……一切的一切都归属于斯。成就感和受挫感也与之息息相关。一句话，"单位"既是他的天堂，又是他的地狱。就传统社会而言，其计量单位应该是什么呢？不言而喻，是区域／族群。那才是一个最可凭据的实在。这大概也就是为什么在当今国家理论的讨论中，不少学者对民族-国家这样的"单位"有越来越多的批评，正是在于"国家"作为基本单位和强制力量中具有明显的"想象"（imagined）因素和过多的暴力成分。

启示三，地区力量之所以在今天会受到格外的重视，其实是人类在科技、经济强盗性的拓殖下对一种非理性行为的隐忧。甚至连人类自己都不能想象，如果照此速度和形势发展下去，再过50年、100年、300年后人类社会将变成什么样子。人类种性的"克隆"和文化的"克隆"同样都是可悲的。在这个意义上，现代科技究竟给人类社会带来了什么？是历史的"催生婆"抑或是文明的"刽子手"迄今为止还很难说。于是，人们在这样的背景下强调、强化"文化多元"和"区域／族群"在某种意义上说也是为避免像地球上许多物种那样销声匿迹的命运。

廖：既然所谓的"乡土知识和民间智慧"是一种知识体系、一种社会价值、一种传统文化的形态，它必然有着自己独特的认同方式。这一点是没有问题的。可是在今天这样的条件下，那些经过数千年不同阶段的国家形态、官方强权管制，精英式、经典化的知识系统在社会生活中对人的主流引导，"乡土知识与民间智慧"是否仍然具有根本性社会推动力并足以使之胜任乡土社会中的应有作为？"草根力量"在今天现代化程度如此之高的背景下究竟有多么大能量？从近几十年来看，以国家政策和政治运动为主导的社会历史变迁，无不证明乡土社会的脆弱。希望听听你的意见。

彭：对此我确实有不同的看法。不错，国家在历史发展过程中，特别是在近现代历程中，它委实起到了一个至关重要的作用。然而，这并不意味着国家可以解决一切问题。就中国的官方行政管理体制来看，历史上国家力量的官制表现至多到"郡县"一级。费孝通在《乡土重建》一文中讲得非常清楚：

我们以往的政治一方面在精神上牢笼了政权，另一方面又在行政机构的范围上加以极严重的限制，那是把集权的中央悬空起来，不使它进入人民日常有关的地方公益范围之中。中央所派遣的官员到知县为止，不再下去了。自上向下的单轨只筑到县衙门就停了，并不到每户人家大门前或大门之内的。普通讲中国行政机构的人很少注意到县衙门到每家大门之间一段情形，其实这一段是最有趣的，同时也是最重要的，因为这是中国传统中央集权的专制体制和地方自治的民主体制打交涉的关键，如果不弄明白这个关键，中国传统政治是无法理解的。

这关键得从两方面说起，一面是衙门，一面是民间。先从衙门说：我说中央所派的官员到县为止，因为过去县以下并不承认任何行政单位。知县是父母官，是亲民之官，是直接和人民发生关系的皇权的代表。事实上，知县老爷是青天，高得望不见的；衙门是禁地，没有普通老百姓可以自由出入的……

如果县政府的命令直接发到各家人家去的，那才真是以县为基层的行政体系了。事实上并不然，县政府的命令是发到地方的自治单位的，在乡村里被称为"公家"那一类组织。我称这类组织作为自治单位是因为这一地方社区里人民因为公共的需要而自动组织成团体。公共的需要指水利、自卫、调解、互助、娱乐、宗教等。这些是地方的公务，在中国的传统（依旧是活着的传统）里是并非政府的事务，而是由人民自理的。这些公务外在还有一个重要任务就是应付衙门。

从此可以看出，中国的乡土社会从来就是以乡土知识和民间智慧为价值依据和价值兑现的。打一个比方，在一个传统的中国农村村落，一对新人结婚，当然他们要到所在政府的主管部门去办理结婚手续，以获得官方认可。可是到此远远不够，他们还需要有符合他们当地农村的缔婚规矩。没有后者他们在当地是无法生活的，尽管他们有了政府给的"红本本"。这便是乡土社会，这便是"面对面社群"，这便是"草根力量"。我曾在一篇文章中这样界说"草根力量"：它指天然存在于民间的一种文化力量，用白居易诗"离离原上草，一岁一枯荣。野火烧不尽，春风吹又生"来形容它最为贴切，说明其有自发性的生生不息。由于它是乡土知识与民间智慧的产物，具有实践主体上的特定人群基础，因而有着坚韧的品质，柔弱的表象下却能够承受巨大的外力。今天，虽然科学技术非常发达，现代化程度非常高，可是它并未对乡土社会的基础产生根本性动摇。我甚至认为，现代化社会中的许多弊病需要用乡土知识和民间智慧加以治疗。

廖：我注意到你除了关注乡土社会的历史形态、结构–功能、知识体系以外，还对族群及民间社会的时间和空间制度有自己的看法。你能否就此作进一步伸展，我特别想请你就时空制度在民族艺术上的表现说点什么。

彭：我一直认为，民族的、民间的社会形态有其独特的东西。学术上偏爱用所谓的"异质性"。其实，无论用"特色"或是"异质"我都认为不特别合适，因为乡土社会的价值体系是缘生性。我们今天以现代社会的价值标准去看待它觉得其新颖，这多少有些本末倒置的味道。比如时间制度。时间表述在乡土社会或少数民族、封闭及无文字社会里与我们现在感受和理解的有着巨大的差别，甚至完全不一样。不仅对时间认识不一致，对时间表述不一致，时间形态不一致，有时对时间的物理体验都不一致。在汉族传统的民间社会里，农业社会和农业伦理所演化出来的四季交替、日出而作日落而息、轮回交替等时间节奏都会在他们的文化叙事中充分地表现出来。举一个最浅显的例子，只要在汉族农村生活过的人都会发现，农村的小孩在学校里朗读课文时采取的是"唱诵"法，声调、音律、节奏兼备;城市里的学生则完全不会这一套。为什么? 时空制度不同。在少数民族那里,时间的维度更是特别。我经常到少数民族地区进行田野调查,观察他们的生活实践。在他们的许多生活、生产性仪式中,时间维度完全"紊乱":一会儿是祖先的,一会儿是后人的;一会儿是神鬼的,一会儿是形体的;一会儿是死人的,一会儿是活人的……一句话,抗拒逻辑思维中的时空制度。这在民族艺术中体现得也别具一格。比如迁徙性民族的音乐叙事中的时空制度就是这样。我举瑶族音乐中的"颤音"为例,或许它并非严格意义上的音乐术语。在音向上由一个音向另一个音过渡,它既不是简单的相连,标记上不好用连音线"⌒"标出;同时它又不是一个典型的滑音,即由一个音向另一个音滑动,因此也不好用滑音的波纹线"~"或带箭头的线"→"标出。在瑶族的音乐中,我们经常可以听到一些山歌的拖音很长,音向、音程有明显的蠕动感,即使在一个音的分留上也很不稳定,仿佛让人感到嗓子在抖动,给人以一种极其苍凉、苦涩的感受。瑶族音乐"过山音"中就经常反映。比如过山瑶的山歌开头每每有一个长长的拖腔,因用颤音,如泣如诉,好像哽咽,其音极悲。其实,这都与瑶族艺术表述中对时空的物理认识、实践认知与族性认同密切相关。这方面的例子还有很多,你是这方面的专家,比我更有发言权。

（原载《民族艺术》2001年第1期）

取用新材料 研究新问题

江林昌　廖明君

江林昌，山东大学历史文化学院特聘教授、博士生导师，教育部高校人文社会科学重点研究基地山东师范大学山东省齐鲁文化研究院院长、首席专家，山东省泰山学者特聘专家。兼任中国先秦史学会副会长。主要从事中国古代文明史、中国古代思想史、中国古代文学史研究。曾任烟台大学副校长、烟台市人大副主任、烟台市政协副主席。

在《中国社会科学》《历史研究》等刊物发表学术论文300多篇，专著有《中国上古文明考论》《书写中国文明史》《考古发现与文史新证》等10余部。

一、两位导师，两本论著

廖明君（以下简称"廖"）：几年前，曾拜读过你的《楚辞与上古历史文化研究》（以下简称《研究》），留下了深刻的印象，最近又有幸拜读你的《夏商周文明新探》（以下简称《新探》），有耳目一新的感觉。我发现，这两部专著虽然都以先秦为研究范围，而实际上讨论的角度有明显不同：《研究》侧重于文献学和文化史，《新探》着眼于考古学与文明史。我首先想知道的是，这是否与你的求学经历有关。

江林昌（以下简称"江"）：是的。我的这两部专著实际上与我的两位尊敬的导师有直接关系。《研究》是我在经姜亮夫先生指导下所作的博士学位论文的基础上修改扩充而成，而《新探》的原型则是我师从李学勤先生从事博士后科研时所作的出站报告。如果说这两部专著尚有一些可取之处的话，那都是两位导师悉心教导的结果。

廖：在20世纪后半叶的学者心目中，姜亮夫先生是与吴其昌、刘盼遂、徐中舒、高亨、陆侃如、黄节等先生齐名的国学大师，你能成为姜亮夫先生的门下，是令人羡慕的。但本世纪的年轻学人，对姜亮夫先生那一代老学者已了解得很少。你是否能结合自己的求学情况，作些介绍。

江：姜亮夫先生生于1902年4月，仙逝于1995年12月，几乎与整个20世纪相始终。早年，他曾在四川受业于廖季平、林山腴、龚向农诸名师，继而又考入清华国学研究院，成了梁启超、王国维、陈寅恪、赵元任的弟子。你刚才提到的吴其昌、刘盼遂诸先生，都是姜先生在清华国学研究院时的同学。他当时的毕业论文是《〈诗〉〈骚〉联绵字考》，由王国维先生具体指导。后来，姜先生又南下投师于章太炎先生门下。这样的经历，使得他一生治学的气象相当宏阔，在历史学、文字学、音韵学、训诂学、文献学、文艺学等方面，都有很高的造诣，并各有专著问世。但我以为，最能集中体现他的这种不同学科造诣的，是他的楚辞学研究和敦煌学研究。在楚辞学方面，他出版有《屈原赋校注》《楚辞书目五种》《楚辞学论文集》《楚辞通故》等专著8部，近三百万字。在敦煌学方面，则有《瀛涯敦煌韵辑》《瀛涯敦煌韵书卷子考释》《敦煌学论文集》《莫高窟年表》等专著6部，约一百八十余万言。姜先生在楚辞学和敦煌学方面因其卓越的成就而享誉海内外。我投师于姜亮夫先生门下时只有二十多岁，学养功夫相当浅陋，面对他博大精深的学问，简直是望洋兴叹。他老人家却安慰我不要着急，可选择一个方向入门，然后逐渐扩大领域，而最关键的是要持之以恒。因为我在大学里学的是中文，对《离骚》《天问》《九歌》之类，读得还比较熟，于是很自然地选择了楚辞学。

廖：很多人虽然不知道你与姜亮夫先生之间的师承关系，但读了你的许多论文之后，还是很自然地把你与姜先生联系起来。这说明你对姜先生的学问有很深刻的领悟。

江：我智质愚钝，实在不敢担当"领悟"两字，但姜先生的学问确实对我的治学产生了深刻的影响。在研究方法上，姜先生擅长从文化人类学、神话哲学、语言文字学、历史学、文献学等角度入手，然后进行综合把握。他自己总结这种方法是"个别分析，综合理解"。师从姜先生做学问，始终感到有读不完的书。他平时经常提醒我：某某书应该读一读。其中他所开列的许多书目是前所未闻的，这样就激发自己永远处于一种奋发向上的状态中。回想硕士、博士六年，的确是废寝忘食，啃了不少书。当时单身一人，没有任何社会活动，可以全身心地投入书的海洋里，往往能进入一种忘乎周围一切的最佳状态中。生活中的任何艰辛（当时读书到深夜，想吃一包快餐面都不容易）也都抛到九霄云外，真可谓是"衣带渐宽终不悔，为伊消得人憔悴"。经过这样一段训练，我的学术基础铺得比较宽，逐渐养成了一种在广宽的视野下来讨论一个具体问题的学术思路。这为我后来师从李学勤先生从事多学科研究打下了较好的基础。

在学术思想上，姜亮夫先生的许多重要观点，往往成了我判断学术问题的主要依据。例如，他关于中国文化史上的日月光明崇拜论；楚辞中保留了较多上古历史文化资料；《楚辞》与《山海经》、古本《竹书纪年》、《老子》、《庄子》、《鹖冠子》等文献属一系，而与齐鲁三晋所传文献不同；屈原是巫史合流、儒道兼容的人物；《橘颂》是屈原青年朝气蓬勃时的作品，《离骚》是屈原中年苦斗时的作品，《远游》是屈原晚年失望时的作品，而《天问》则是屈原的学术作品等观点，都在我的《研究》以及平时发表的一些论文里，有比较明显的体现。

当然，我也希望自己能在继承导师学术的基础上而有所创新。例如，姜亮夫先生主张从广阔的历史文化背景中研究楚辞，采用的是"以历史证楚辞"的方法。他曾作《屈子所传古史考》，目的是为了"以说屈赋"。而我的《研究》试图在思路上再往前跨进一步，即通过"楚辞"去研究上古历史文化，将《楚辞》作为一种史料来对待，而探索的目的在于历史，这是一种"以楚辞证历史"的方法。这无论是对于楚辞学还是对于历史学来说，都将开拓出一片新的天地。《研究》一书大致进行了三个层面的工作：一、以文化人类学理论为指导，采用原型批评的方法，对《楚辞》中的神话传说进行剖解，剥离出神话表层，揭示出历史内核;二、用大量考古资料印证《楚辞》,以确认《楚辞》中神话背后的历史内核的真实可靠性;三、通过这份被证明为可靠的《楚辞》古史资料,重新勾勒出上古历史文化中的某些真实图景。

我的上述努力,幸能得到前辈师长和同辈朋友的鼓励。李学勤先生在我的《研究》序言里说:"姜亮夫先生精研《楚辞》,长达几十年。他于1926年考入清华国学研究院,亲炙于王国维先生。当时他专修小学,题目是《〈诗〉〈骚〉联绵字考》,可知他已将精力倾注于《楚辞》了。江林昌博士研究《楚辞》,正是继续姜亮夫先生的学术方向。"但"他也不是单纯遵循姜先生的矩镬,而是广泛吸取了文化人类学、神话学等学科的观点、方法,注重提高研究的理论高度,……书中通过一系列比较研究,提出了不少新见解,为研究中国历史文化,也给理解《楚辞》这一古典作品拓广了道路"。王宇信先生说:《研究》一书的出版,"不仅将要推动楚辞学研究的前进,而且拓宽了楚辞学研究的范围,把楚辞中保存的中国上古史迹钩沉索隐,科学地加以整理,使人耳目一新,从而也会对中国上古史研究产生相当的影响"。李学勤先生和王宇信先生都是著名学者,他们的肯定,我当作是对自己的鞭策。

廖: 从你的谈话中,我能感受到你对姜亮夫先生的深厚感情。今年2002年刚好是姜亮夫先生诞辰100周年,相信你对此有更多的感想。

江: 是的,我对姜老永远怀有感激之情。在此,我也感谢《民族艺术》杂志,给我这么一个回忆往事的机会,以表达我对姜亮夫先生的深切怀念。我还要感谢我在浙大(原杭大)的另一位导师崔富章先生和浙大古籍所的其他先生。从硕士到博士,崔富章先生在文献版本目录学和楚辞学方面给我的帮助与指导,使我至今受益匪浅。

廖: 刚才你谈到,你的第二部专著《新探》是在李学勤先生指导下完成的。请你谈谈这方面的情况。

江：姜亮夫先生很重视考古，经常提醒我要重视考古知识的学习和考古材料的利用。李学勤先生是国内外学术界公认的著名历史学家、考古学家、古文字学家和古文献学家，姜老要求我常读李先生的论著。于是李先生每发表一篇论文，我都跟踪研读，越读越对李先生产生敬仰之情。当时杭州西湖六公园新开业了一家学术书店，叫三联书店杭州分店。在那里我买到了李学勤先生的《新出青铜器研究》《李学勤集》《东周与秦代文明》。我花费了很大气力，反复研读这三部专著。读完这些论著，我顿然感到，在我的眼前，又展开了另一个学术天地。我还惊喜地发现，李学勤先生的学术天地与姜老的学术天地虽然内涵与色彩各有不同，但两者之间可以找到相联的通道。于是我自然产生了到李先生那个天地里去看看的强烈愿望。我的这个想法得到了姜老和崔富章先生的极大鼓励。1993年，我北上首都，第一次拜见了李先生，并承蒙他的厚爱，做我的博士论文主审专家。从此以后，就不断有了向李先生求教的机会。

1996年，是我求学道路上的又一个起点。我有幸进入了中国社会科学院历史研究所博士后流动站，正式成为李学勤先生的门下。更令人高兴的是，这年5月16日，国务院组织实施的国家"九五"重大科技攻关项目"夏商周断代工程"正式启动，李学勤先生任工程首席科学家、专家组组长。蒙李先生的推荐，我有幸成为工程专家组暨办公室学术秘书，承担了工程某一专题的研究，后来还参与了工程学术总报告的起草工作。此后的数年中，我有机会经常随李学勤先生和工程专家组到许多考古现场参观学习。我常常可以面对某一个考古现场、某一块具体的甲骨、某一件刚出土的青铜器、某一枚新陈列的竹简，向李先生请教具体的问题，聆听他振聋发聩的指导。这种"现场直观教学法"所获得的效果，是坐在书斋里学习无法比拟的。作为学术秘书，我还有幸常常忝列于李学勤、李伯谦、仇士华、席泽宗、邹衡、安金槐、张长寿、裘锡圭、俞伟超、严文明等著名学者对中国上古文明史和年代学的多学科交叉讨论的氛围之中。在我的眼前，又打开了一扇又一扇新的门窗，丰富多彩的学术内容，往往使我目不暇接。

就这样，我的博士后出站报告也就自然而然地与夏商周文明史结合了起来。

李学勤先生五年多来的悉心关怀与具体指导，使我对夏商周文明获得了更多的认识，于是有了《新探》这部专著。

总起来看，《研究》一书是通过《楚辞》这个窗口对上古历史文化作一些个案分析，而《新探》一书则是利用一系列考古新发现，对整个上古文明史提出自己的认识。这两部专著大致可以反映我求学过程中两个阶段的情况，而这两个阶段恰好与我的两位导师有关，所以我特别珍惜。在我的求学过程中，能得到姜亮夫先生和李学勤先生这两位著名大师的指导，是我的荣幸，这必将使我终身受益无穷。必须强调的是，我的这两部专著，仅仅是我师从两位导师的习作。我目前的水平，离两位导师的要求还有相当大的距离。我必须刻苦努力，奋发钻研，在学术道路上不断进取，谋求更好的成绩。

二、新时代、新材料、新学问

廖： 20世纪70年代以后，中国考古学进入了大发现时代。大量考古材料的不断出土，正逐步改变着人们对上古历史文化的传统认识。李学勤先生敏锐地感受到了学术新时代的到来，率先倡导大家"重新估价中国古代文明史""重新估价中国古代学术史"，号召大家"走出疑古时代"。这在学术界产生了极为深广的影响。我们注意到，作为李学勤先生的弟子，近几年，你在这方面也作出了优异成绩，除上述《夏商周文明新探》专著外，你还先后发表有不少论文，有些还是与李学勤先生的合作。可以说，你是李学勤先生"两个重估"的忠实实践者之一。请你谈谈这方面的体会。

江： 李先生提出的"两个重估"，是我学术努力的方向。我愿意在李先生指导下，在这方面做些细小而具体的工作。据我肤浅的体会，李学勤先生所说的"两个重估"，主要是就先秦两汉的学术研究而言。"重估"的契机在于考古材料的出现，而"重估"的前提则是由于明清以来直至20世纪上半叶，学术界对于上古文明史和先秦两汉学术史的认识有所偏颇。这种偏颇首先来源于对先秦两汉古书的怀疑。如胡适之先生出版于1919年的《中国哲学史大纲》的《导言》里指出："表面上看来，古代哲学史的重要材料，如孔、老、墨、庄、孟、荀、韩非的书，都还存在。仔细研究起来，这些书差不多没有一部是完全可靠的。"由于对这些古书的真实性产生了怀疑，因而对这些古书所记载的上古史，也产生了怀疑。于是，胡适之先生又说："我们对于东周以前的中国古史，只可存一个怀疑的态度。至丁'遽古'的哲学，更难凭信了。唐、虞、夏、商的事实，今所根据，只有一部《尚书》。但《尚书》是否可作史料，正难决定。古代的书只有一部《诗经》可算是中国最古的史料。"所以，1921年，胡适之先生在给顾颉刚的信中主张"先把古史缩短二三千年，从《诗三百篇》做起"。胡适之的这种学术观点对20世纪上半叶的学术界产生了很大影响。他的学生顾颉刚先生把古史的形成看作是"故事演变"，提出了著名的"古史层累造成说"，还将相关学者的论著编集成《古史辨》七册，形成了著名的"古史辨派"。此外，张心澂的《伪书通考》、黄云眉的《古今伪书考补证》也可看作是疑古的产物。

疑古学者审查古书的目的，在学术上是为了重建古史，在思想上是为了冲决经学罗网、打倒圣人偶像，具有进步意义。但由于在方法论上，他们局限于以书面文献论书面文献，结果怀疑过了头，造成了许多"冤假错案"。考古材料的出现，使我们对先秦两汉传世古籍有了新的评判标准，尤其是从地下发掘的大量战国秦汉间的简牍帛书，使我们亲眼看到了未经后世改动的古书原貌。这些新出土的简牍帛书，一部分可以与传世古籍相对应，从而可以确定传世古籍的真伪，并对成书年代作出新的判断，同时还可对传世古籍作文字订正，即王国维所说的："由此种材料，我辈因得据以补正纸上之材料，亦得证明古书之某部分全为实录。"还有一些新出土的简牍帛书，则是未见于《汉书·艺文志》等目录书著录的珍本佚籍，为我们提供了许多有关上古历史文化的新信息。

概括起来看，现在我们有了三部分宝贵的考古材料可以利用：一是可与传世文献相印证的甲骨金文简牍帛书，二是可以订补文献空白的简帛佚籍，三是年代与性质明确的考古遗址与遗物。通过这三部分考古材料，我们可以重建上古史,可以对先秦两汉学术史作出新的估价。

在这里,还有一个事实需要特别说明。这就是胡适之当时主张"先把古史缩短二三千年,从《诗三百篇》做起",并不是要否定上古史,而是由于在当时他觉得有关上古史的材料不可靠,为了持谨慎的态度,不得已而为之。事实上,胡适之也是希望重建上古文明史的,而且他也预见,这种重建工作有待于考古学的发展。他在给顾颉刚的信中,主张古史暂从《诗三百篇》讲起的同时,也明确指出:"将来等到金石学、考古学发达上了科学轨道以后,然后用地底下掘出的史料,慢慢地拉长东周以前的古史。"时人往往只注意胡适之的前一句话,而忽略了这后一句话,结果对胡适之造成了许多误会,以为胡适之否定上古史,所以需要在此一辩。

廖: 利用考古新材料,对先秦两汉古书作新的审定,是一个比较复杂的问题。是否能结合你的研究作些具体介绍?

江: 考古发现是一个比较广泛的概念,李学勤先生将其概括为有文字与没文字的两类。没文字的是指考古遗迹遗物,有文字的则是指甲骨文、青铜铭文和简牍帛书。这两方面的材料均能印证古书,但是最直接的当然还是有文字的部分。概括起来,考古材料审查印证古书,表现为如下几个方面:

1.对传世古籍进行文字订补

如:以《史颂簋》"里君百生(姓)"考《尚书·酒诰》"越百姓里居"之"里居"当为"里君";据《不其簋》"女肇敏于戎工"校《诗·大雅·江汉》"肇敏戎公"之"公"当"工","戎工"乃兵事之意;据武威汉简《仪礼·有司》第57、58号简校《礼记·表记》"迩臣守和,率正百官,大臣虑四方"之"守和"当为"守私"。迩臣掌官私事,宰臣理百官之事,大臣考虑四方之事。三者由近而远,分职掌管。据马王堆帛书《周易·系辞》校今传本《周易·系辞》上"乾坤其易之蕴邪"之"易之蕴"当为"易之经"。"蕴"训为"藏","经"意为纲领。乾坤乃易的纲领,故下文说:"乾坤成列而易立乎其中矣。"又如,郭店楚简《缁衣》篇第13

章引《尚书·吕型》"播型之迪"，通行本《礼记·缁衣》作"播型之不迪"，通行本《尚书》作"播刑之迪"，三者对校，可知通行本《缁衣》中的"不"字为衍文，等等。

2.印证某书或某部分确为可信

如，甲骨文里有"王若曰：羌，女（汝）……"这样的文句，可证《尚书·商书》"王若曰""微子若曰"等均为商人用语体例，《商书》各篇大约商代已有初形，过去怀疑《商书》是伪作并不可信。又如，《汉书·艺文志》的《诸子略》有"《文子》九篇"，并云文子为"老子弟子，与孔子并时，而称周平王问，似依托者也"。《汉书·艺文志》是本于刘歆的《七略》的，所以《隋书·经籍志》即谓《七略》有《文子》九篇。由此可见，汉晋学者是相信《文子》一书是真实存在的。可是，唐代柳宗元《辨文子》一文却指出《文子》为驳书，非皆原本，"其书浑而类者少，窃取他书以合之者多"。到了宋代黄震《黄氏日钞》则干脆判《文子》全系伪书。于是今传本《文子》十二篇，便被扣上了"伪书"的帽子，如梁启超《饮冰室专集·汉书艺文志诸子略考释》曰：《文子》"自班氏已疑其依托，今本盖非班旧，实伪中之伪也。其大半剿自《淮南子》"。张心澂《伪书通考》、黄云眉《古今伪书考补证》亦均列《文子》为伪书。然而，1973年河北定县八角廊40号汉墓里出土了一批竹简，经整理有八种古籍，其中之一为《文子》。据考古工作者研究，八角廊40号墓的墓主是中山怀王或孝王。中山怀王卒于宣帝五凤三年（前55年），比刘向校书早29年，中山孝王卒于成帝绥和元年（前8年），接近刘向校书之年。可见，刘向刘歆父子所见《文子》，应该与竹简本一致，或至少是相似的。据李学勤先生研究，今传本《文子》当是在竹简《文子》等古本基础上增删而成，早期《文子》一书的存在，不容置疑。

3.推测某书的形成过程、年代及流传情况

1973年，湖南长沙马王堆西汉初期墓葬里出土了帛书《老子》甲、乙两种，其甲本比敦煌卷子里的唐代写本至少早了八百多年。1993年湖北荆门郭店楚简《老子》甲、乙、丙三种的出土，又比帛书本《老子》早了一百多年，成为迄今所见最早的《老子》版本。从简本到帛书本到敦煌本、通行本，从文献学上给我们提供了一份考察《老子》书形成与流变全过程的较完整资料。

关于《老子》一书的成书年代，过去学术界曾有春秋末年说、战国早期说、战国晚期说、秦汉之际说、西汉初年说等等。竹简《老子》的出现，说明至迟在战国中期，《老子》书已经存在了。竹简《老子》甲、乙、丙三组，实际上是《老子》书的摘抄本。与通行本《老子》相比较，大部分文句相同或相近，但章次已不相对应，其总字数约为通行本《老子》的三分之一左右。三组摘抄本各有主题，甲组讲"治国""道"与"修身"，乙组专讲"修身"，丙组专讲"治国"。

竹简《老子》三组摘抄本的出现，从文献学上提出了这样的思考：即竹简《老子》是从完整的《老子》五千言中摘抄下来的呢，还是在《老子》五千言之前即已在社会上流传且各有所本呢？王博博士曾作出这样的推测："甲组与乙组、丙组可能由不同的编者在不同的时间完成，但其内容又同见于今传《老子》中。这种情形说明，也许在此之前已经出现了一个几乎是五千余字的《老子》传本。郭店《老子》的甲组与乙组、丙组只是依照不同主题或需要，从中选辑的结果。"裘锡圭先生也同意此说。《史记·老子韩非列传》说老聃"居周，久之，见周之衰，乃遂去至关。关令尹喜曰：'子将隐矣，强为我著书。'于是老子乃著书上下篇，言道德之意，五千余言，而去"。司马迁的说法是可信的。上述的推断说明，在战国中期以前，《老子》"五千言"已经在社会上流传了。

《文物》杂志1992年第9期发表了张长寿先生的《"墙柳"与"荒帷"》一文，讲到丰西井叔家族墓里的铜鱼，作为棺盖上的装饰，一串一串的，其时代是西周晚期至春秋时期。后来，考古工作者在河南三门峡的虢国墓地里也发现了这种铜鱼，时代是春秋时期。这些考古材料，正可与《仪礼》里的有关记载相对照。因此，可以推论，《仪礼》这部书至少有相当一部分与春秋时代有关。《考古学报》1956年第4期发表陈公柔先生的《士丧礼、既夕礼中所记载的丧葬制度》，将《仪礼》所记随葬器物的组合形式，跟考古发掘中所见的实际情况对比，认为《仪礼》反映的许多内容是春秋战国的情况。这一结论与张长寿先生文章中所得结论相一致，从而证明《仪礼》的成书时代不会晚于春秋战国时期，《仪礼》一书所记春秋以前的礼制是可靠的。

　　廖：你刚才所谈，使我认识到了考古发现对古籍整理的重要性。现在有一个疑问是，到目前为止究竟有多少先秦两汉的古籍可以得到考古材料的印证？

　　江：一个以往学者所不敢梦想的事实是，就目前所提供的考古材料看，先秦古籍或多或少，或直接或间接，几乎都能得到考古印证，这是令人振奋的。尤其是简牍帛书，可以成篇大段地用来对证古书，有学者甚至称21世纪的上古历史文献研究，是简牍帛书的天下。兹举先秦"六经"与"诸子"的考古材料于下，以见一斑：

出土文献与六经

　　《诗经》　　1974年河北平山县中山王墓所出青铜器铭文《诗经》；1977年安徽阜阳双古堆汉简《诗经》；1998年公布郭店战国楚简引《诗》论《诗》；2001年公布上海博物馆藏战国楚简《诗论》；19世纪末发现敦煌遗书《毛诗》残卷；1930年吐鲁番雅尔湖旧城出土《毛诗》残纸；等等。

　　《尚书》　　1973年长沙马王堆帛书《五行》（与《尚书·洪范》合证）；1998年郭店战国楚简引《书》论《书》；1973年河北定县汉简《儒家者言》（与《尚书》流传研究）；甲骨文与《尚书》；金文与《尚书》；上海博物馆藏战国简与《尚书》。

　　《礼》　　1975年湖北云梦睡虎地竹简秦律与《周礼》；1983年湖北江陵张家山竹简汉律与《周礼》；1959年甘肃武威磨咀子汉简《仪礼》；1998年郭店楚简《缁衣》《六德》《性自命出》《五行》《成之闻之》《尊德义》《语丛》等与《礼记》；上海博物馆藏战国楚简《曾子》《缁衣》《孔子闲居》等与《礼记》；上海博物馆藏战国楚简《武王践阼》《曾子立孝》《四帝二王》等与《大戴礼记》；1973年河北定县八角廊汉简《哀公问五义》《保傅传》与《大戴礼记》；1974年河北平山中山王青铜器铭文与《大戴礼记》。

《乐》　郭店楚简与《乐》经；上海博物馆藏战国楚简《乐书》《乐礼》与《乐》经，等等。

《易》　1973年长沙马王堆3号汉墓《周易》"经""传"；1977年阜阳双古堆汉简《周易》；上海博物馆藏战国楚简《周易》；1993年湖北江陵王家台秦简"易占"与《归藏》；汲冢竹书《易》学资料；1942年长沙子弹库第二帛书与易占；商周陶器、甲骨、铜器上的数字卦与《易》的起源；大量战国秦汉简牍《日书》与《易》学；等等。

《春秋》　1973年长沙马王堆帛书《春秋语事》与《春秋》《左传》；晋汲冢竹书《师春》与《春秋》《左传》；两周青铜器铭文与《春秋》《左传》（有关材料相当丰富，不胜枚举）；等等。

出土文献与诸子

《老子》　1973年湖南长沙马王堆汉墓竹简《老子》甲、乙两种。1993年湖北荆门郭店战国楚墓竹简《老子》甲、乙、丙三种。

《庄子》　1977年，安徽阜阳双古堆汉墓出土《庄子》之《则阳》《外物》《让王》等篇竹简；1983年湖北江陵张家山汉墓出土《庄子》之《盗跖》篇竹简；1993年湖北荆门郭店楚简《语丛》有《庄子》内容。

《墨子》　1930年西北居延汉简与《墨子》"备城门"等篇；1956年信阳长台关战国竹简与《墨子》佚篇；1975年湖北云梦秦简与《墨子》"诚守"各篇；1972年临沂银雀山汉简与《墨子》"备城门""号令"诸篇。

《论语》　1973年河北定县八角廊汉简《论语》；1993年湖北荆门郭店楚简《语丛》与《论语》；2001年上海博物馆藏战国楚简《子路》《颜渊》等与《论语》。

《孙子》　1973年公布临沂银雀山竹简《吴孙子》《齐孙子》与《孙子兵法》（孙膑兵法）；1981年青海大通县上孙家寨汉墓木简《孙子》佚文。

《文子》　1973年河北定县八角廊汉简《文子》。

《鹖冠子》　1973年长沙马王堆汉墓帛书《黄帝书》与《鹖冠子》。除上述情况外，先秦的史书《战国策》有马王堆帛书《战国纵横家书》，《国语》有湖南慈利战国楚简《国语·吴语》等；辞赋类则有临沂银雀山竹简《唐勒赋》，江苏连云港尹湾汉简《神乌傅（赋）》，等等。

廖：自从20世纪80年代初李学勤先生提出重新估价古代文明以来，经过二十多年来众多学者的努力，国内学术界对夏商周文明的存在已不再置疑，对五帝时代文明状况的探索也有了许多突破性进展。特别是夏商周断代工程，由于中央电视台、新华通讯社、《人民日报》、《光明日报》等新闻媒体的介入，广大群众也对夏商周文明有了普遍认识。可以说，就古代文明研究来说，我们已经走出了疑古时代。但利用简牍帛书重新估价先秦两汉学术史的工作，由于比较专业，其影响普及面不如古代文明史研究。你在上面提到，有这么丰富的考古材料可以用来印证古书，则以此来研究上古学术史，应该是前景更为广宽。请你就此作些介绍。

江：李学勤先生经常跟我们说："由于简牍帛书的大量出现，中国的学术史必须重写了。"根据我追随李先生学习多年的体会，出土文献对先秦两汉学术史的影响，至少体现在如下几个方面：

一、简牍帛书的出现解决了许多学术史上的千古疑案

1.关于先秦是否有"六经"的问题

《庄子·天运》曾有"六经"记载："孔子谓老聃曰：丘治《诗》《书》《礼》《乐》《易》《春秋》六经，自以为久矣，孰知其故矣。"但由于秦始皇焚书坑儒，《乐经》亡佚，汉代只存五经，先秦是否有《乐》经成了疑案。郭店竹简《六德》篇有"六经"记载："观诸《诗》《书》，则亦在矣；观诸《礼》《乐》，则亦在矣；观诸《易》《春秋》，则亦在矣。""六经"的次序与《天运》篇所记完全一致。又竹简《性自命出》："《诗》《书》《礼》《乐》，其始出皆生于人。《诗》，有为为之也。《书》，有为言之也。《礼》《乐》有为举之也。"其中也提到了《乐》经。李学勤先生指出："《庄子》是寓言，《天运》又在外篇，有晚出的嫌疑，因此现代著作多以为不足信。"现在郭店竹简这些记载证明，先秦确有"六经"流传，而且至迟

在"战国中期儒家确实已有这种说法"。

2.关于《孙子兵法》与《孙膑兵法》问题

1972年4月,在山东临沂银雀山西汉一号墓边箱北端同时出土了《孙子兵法》和《孙膑兵法》竹简,使得失传了近两千年的《孙膑兵法》重见光明,从而解决了两千年来争论不休的孙武和孙膑其人其书问题。《史记·孙吴列传》载:孙武是春秋末期齐国人,为吴王阖闾客卿,著有《孙子兵法》十三篇。可《汉书·艺文志》又称"《吴孙子兵法》八十二篇。图九卷"。再加上我国先秦和秦汉时期孙武和孙膑及其兵法都被称为"孙子",这就引起了后人的种种怀疑和争论。或说《孙子兵法》源出于孙武,完成于后人;或说《孙子兵法》是孙武和孙膑两人所为;再者认为孙武即孙膑,是一个人;甚至有人对孙武在历史上是否存在都持否定态度。争论的主要原因是《孙膑兵法》的失传。司马迁《史记》云:"孙子武者,齐人也。孙子即死,后百余岁有孙膑,膑生阿鄄之间,膑亦孙武之后世子孙也。……世传其兵法。"班固在《汉书·刑法志》中也对孙武和孙膑以及他俩的兵法情况作了明确的论述。然而,由于从《隋书·经籍志》开始,就不见有关《孙膑兵法》的记载,孙武与孙膑的关系及著作问题便混淆不清,无法考证。银雀山竹简《孙膑兵法》的出土,证实了《史记》记述的正确性:即孙武是吴孙子,孙膑是齐孙子,分别是春秋、战国人,孙膑乃孙武之后世子孙,各有兵法相传。

3.关于早期儒道的关系问题

以往,学术界相信儒与道不相容。帛书本《老子》和通行本《老子》书里,都有反对儒家学说的地方。《庄子》里还用寓言夸张的手法丑化孔子形象。儒家也反对道家,汉初儒生辕固生曾讥讽《老子》书是"此家人言耳"。而郭店楚墓则将儒家著作与道家著作葬于一处。这是否暗示了战国中期以前的儒道学说关系与战国晚期以后的儒道不相容情况有所不同呢?郭店楚简本身为我们解答了这一问题。

通行本《老子》第十九章说:"绝圣弃智,民利百倍。绝仁弃义,民复孝慈。……""圣"和"仁义"都是被绝弃的对象。第十八章说:"大道废,有仁义。

慧智出,有大伪。六亲不和,有孝慈。国家昏乱,有忠臣。""仁义"跟"大伪"相提并论。汉墓所出帛书本《老子》中有关记载与通行本《老子》基本相同。学者认为,这是道家对儒家仁义学说的批判与否定。而今出郭店楚简《老子》中有关上引两章的内容,却与通行本和帛书本有重要差异:"绝圣弃智"作"绝智弃辩","绝仁弃义"作"绝伪弃诈",第十八章中无"慧智出,有大伪"一句。由此可见,战国中期以前的《老子》并不非圣,也没有绝弃仁义。竹简本《老子》与通行本、帛书本《老子》的不同,不是简单的文字改动,而是不同历史阶段的道家学说的具体内涵有变化差异的反映。对此,张立文先生有很好的分析:反映战国中期道家学说的"简本《老子》甲本所说的'绝智弃辩''绝巧弃利''绝伪弃诈',不仅不是对儒家思想的批判和否定,而是对儒家思想从负面的补充。它不是一种儒家正面的'应该这样'的思维路向,而是一种'不应该这样',才能'这样'的思维路向。之所以讲儒道并不强烈冲突,而是互补互济,是因为孔子《论语》也说'巧言令色,鲜矣仁',(孔子也弃绝)巧言之辩、伪善面貌和欺诈行为。这是与仁相违的。《孟子·梁惠王》上也载:'孟子对曰:王,何必曰利? 亦有仁义而已矣。……'《老子》的'绝巧弃利',岂不是达到仁义的一种途径吗? 可见,儒道早期元典文本的思想比较贴近。都是为消解'礼坏乐崩'所带来的……现实冲突所提出的不同设想和方案"。

竹简《老子》的上述内容说明,战国中期以前的道家与儒家有许多相通之处。而帛书本与通行本《老子》改竹简本《老子》"绝伪弃诈"为"绝仁弃义"等内容,则反映了战国晚期以后儒道学说的不相容之处。关于先秦时期的百家学说,《周易·系辞》概括为"天下同归而殊途,一致而百虑",司马谈的《论六家要旨》也引用了这句话。也许在春秋到战国中期的百家学说,"同归""一致"的方面多一些,而战国晚期以后才强化了"殊途""百虑"的一面。长期以来,学术界只注意了后者而忽视了前者。郭店楚简《老子》的出现,足以引起我们对这段学术史作重新思考。

二、简牍帛书提供了大量前所未见的佚书，弥补了许多学术史上的空白

1.关于思孟学派问题

郭店楚简儒家著作中，《鲁穆公问子思》《穷达以时》《唐虞之道》《成之闻之》《尊德义》《性自命出》《六德》诸篇，均为新出佚书。此外，《缁衣》篇的内容与传世本《礼记·缁衣》大体相同，《五行》篇则见于马王堆汉墓帛书本。这些儒家典籍的出现，为我们认识儒家思孟学派提供了重要资料。

《韩非子·显学篇》说，孔子死后，儒分为八："有子张之儒，有子思之儒，有颜氏之儒，有孟氏之儒，有漆雕氏之儒，有仲梁（良）氏之儒，有孙氏之儒，有乐正氏之儒。"在这儒家八个支派中，"子思之儒"的承传关系大体可循。据《史记》等书记载，子思是孔子的嫡孙，曾受业于孔子门人曾子；而孟子又"受业于子思之门人"。《荀子》曾将子思、孟子连称，学术界因此有"思孟学派"的说法。这样，子思之儒的承接关系应该是：

孔子—曾子—子思—子思门人—孟子

以前，由于文献不足征，有关子思之儒的具体内涵，了解得不多。如今郭店楚简儒家著作的发现，正好弥补了这一缺环。据李学勤等先生考证，这批儒家竹简大多与子思学派有关。如竹简《缁衣》一篇，大多内容同于今本《礼记·缁衣》。竹简《性自命出》则与《礼记·中庸》有关。《隋书·音乐志》引沈约语指出，《礼记》中的"《中庸》《表记》《坊记》《缁衣》，皆取《子思子》"，《史记·孔子世家》也说："子思作《中庸》。"竹简《尊德义》语句或出于《论语》，或类于《礼记·曲礼》，体例和《中庸》等也颇相近似。据《荀子·非十二子》可知，"五行"学说出于子思，后为孟子所发展。竹简《五行》篇属思孟学派当可定论。竹简《鲁穆公问子思》，直接以子思为题。《汉书·艺文志》载，子思曾"为鲁穆公师"。子思与鲁穆公的关系还见于《孟子》《韩非子》《礼记》《吕氏春秋》等书。总之，这批儒家竹简的内容，都与子思学说有或多或少的关联。这对于我们了解子思学说如何上承曾子下启孟子，提供了非常宝贵的资料。

2.关于"五行"的不同内涵与系统

提起夏商周以来的"五行",大家自然想到的是指"木、火、金、水、土"。如《孔子家语·五帝》:"天有五行,水、火、金、木、土,分时化育,以成万物。"孔颖达《尚书》正义:"五行,水火金木土,分时四行,各有其征……王者所取法。"

但对于先秦的"五行",我们不能一概指定为"金木水火土"。实际上它还有另一内容与系统的"五行"。然而这另一系统的"五行",在以往虽有人思考,但得不到确解。《尚书·甘誓》:"有扈氏威五行,怠弃三正。"这是迄今见于文献最早的"五行"一词。如果以通常所说的"金木水火土"来解释这里的"五行"是不通的。因为对这五种东西,谁也无法"威侮"。又如《荀子·非十二子》批判子思、孟轲的学派:"案往旧造说,谓之五行。甚僻违而无类,幽隐而无说,闭约而无解。"荀况对子思、孟子的批判相当激烈,但对思孟学派的"五行说"的内容是什么却只字不提,致使后代学者作出种种解释,而没有确解。大多数学者以"金木水火土"来解释思孟的"五行",自然不得要领。到唐代杨倞提出了另一方案,说思孟的"五行"为"五常,仁、义、礼、智、信是也"。但杨说不被大多数人所取信。于是,思孟"五行"的内涵是什么成了学术史上的千古之谜。

这一谜底终于因马王堆帛书《五行》篇的发现而揭开了。帛书《五行》是子思、孟子一派儒家作品,原与《老子》甲本等同在一卷帛上,其中提出了"仁、义、礼、智、圣"五行说。这就是子思、孟子的"五行"说。《马王堆汉墓帛书(壹)》注释最早揭示这一谜底:"由帛书可知此即孟轲之'五行'之说。《新书·六术》'人有仁义礼智圣之行,行和则乐,与乐则大',此谓之六行显然由此推衍。"《文物》1974年第9期发表韩仲民《长沙马王堆汉墓帛书概述》也指出:帛书"五行"的内容是讲"儒家'仁、义、礼、智、圣'的'五行'说,文体与《大学》相近,词句中也套用《孟子》的话,可见作者是子思、孟轲学派的门徒"。此后,李学勤、庞朴等先生都有进一步讨论研究。帛书"五行"即为思孟学派之"五行",其内涵为"仁义礼智圣"的结论渐为大家普遍接受。

马王堆帛书"五行"的发现,不仅解答了思、孟"五行"的真正内涵,而且还揭示了这样一个学术事实，即在先秦学术史上，"五行"实有两个系统：其一为属于阴阳范畴的五行"金木水火土"，其源头可追溯到史前出现的太阳宇宙论；其二为属于道德范畴的五行"仁义礼智圣"，其源头则可追溯到反映夏代史事的《尚书·洪范》。在过去，学术界只明白阴阳一系"五行说"。如今由于帛书《五行》的出现，道德一系"五行说"终于在学术史上重新得到了揭示和认识。

三、考古发现为我们提出了许多意想不到的新问题

1.关于《老子》哲学为何重视"水"的问题

《老子》第八章说："上善如水。水，善利万物而有静。"我们曾据此推测《老子》的宇宙哲学论中特别强调"地"与"阴"，可能与水有关，但苦于没有直接证据。如今，郭店楚墓竹简《太一生水》便使这一问题找到了答案。竹简说："太一藏于水，行于时，周而又（始，以己为）万物母。""太一生水，水反辅太一，是以成天。天反辅太一，是以成地。天地（复相辅）也，是以成神明。神明复相辅也，是以成阴阳。阴阳复相辅也，是以成四时。"竹简这段文字是阐述宇宙的起源问题，说太一从水下开始起行，周而复始，从而化成了天地、阴阳、四时和万物。所以"太一"和"水"成了宇宙的本源，万物之母。有了竹简这段文献，我们再来看《老子》第六章的一段话，便可恍然大悟："谷神不死，是谓玄牝。玄牝之门，是谓天地之根。绵绵兮若存，用之不勤。"关于这个"谷神"，以往一直没有能够说明白，而这又是《老子》书中的关键枢纽。其实，这个"谷"，就是神话传说中太阳东升的摇篮"汤谷""旸谷"。"谷神"，马王堆帛书《老子》又作"浴神"。所谓"浴神"，就是浴于汤谷的太阳神。《山海经·海外东经》："汤谷上有扶桑，十日所浴。"《淮南子·天文训》："日出于旸谷，浴于咸地，拂于扶桑，是谓晨明。"

竹简"太一"生于水而化成天地、四时，成为"万物之母"。这就是《老子》"谷（浴）神不死，是谓玄牝。玄牝之门，是谓天地之根"，也就是《山海经》"女神羲和'方浴日于甘渊'之后而使'天地始生'"。

有时《老子》把这个"玄牝"直称为"雌门"。其第十章说："天门启合，能为雌乎？"联系《天问》说太阳神"出自汤谷，次于蒙汜……何合而晦，何开而明。"

《山海经》说太阳神烛龙"其瞑乃晦,其视乃明",则更可明了这"天门启合"正是就太阳出没于大海汤谷而言,也就是竹简"太一生于水"。所以《老子》第八章说"上善如水。水,善利万物而有静"。其第十六章说:"夫物芸芸,各复归其根。归根曰静,静曰复命。"吴澄《道德真经注》:"复,反还也。物生,由静而动,故反还其初之静为复。"这就是人们称《老子》为水哲学的文化根源。

2.关于数字卦问题

我国古代的占筮术分成两种。卜用龟骨,依卜兆的形状判断吉凶;筮用蓍草,按揲蓍得数排列卦爻,从而决定休咎。《左传》僖公十五年云:"龟,象也;筮,数也。"杜预注:"龟以象示,筮以数合。"可见筮的本质是数。

筮字从竹从巫,就从筮可知,筮原是一种沟通神灵的巫术活动。《吕氏春秋·勿躬篇》《世本》《说文》均言"巫咸作筮",是为证。"筮"字从竹说明最早的占筮法是用竹棍进行,后来才用蓍草。原始人用竹棍或蓍草按一定方式演算,通过演算所得的数来推断吉凶,"以通神明之德",沟通万物。而八卦正是宇宙万物的概括,通神的象征物,于是筮数与八卦有了瓜葛。

原始八卦符号来源于原始筮数的推论,近年来已得到了考古材料的证明。在北宋重和元年(1118年),湖北孝感出土了六件西周初年的铜器,其中一件称中鼎,其铭文末尾有两个数字组成的"奇字"。1950年在河南安阳四盘磨村出土的卜骨和1956年陕西长安张家坡村西周遗址出土的卜骨里,也发现了同样的数字和奇字。对此,学者们开始作出许多推论。郭沫若先生认为是"族徽",唐兰先生以为是"文字",但均没能揭承其本质。1956年《文物参考资料》发表李学勤先生《谈安阳小屯以外出土的有字甲骨》文,指出"这种纪数的辞和殷代卜辞显然不同,而使我们想到《周易》的九六"。到了1978年底,在长春召开的中国古文字学术讨论会上,张政烺先生具体运用《易系辞》所载八卦揲蓍法的原理来解释这些纪数符号,认为它们是八卦的数字符号,从而为学界所公认。原来这些"奇字",都是由三个或六个数字构成,按照奇数为阳、偶数为阴的原则,均可转译为《易》卦。如"五五六八八一",便是上震下巽的《益》卦。"八六六五七八"便是上坤下离的《明夷》卦，"七八七六七六"，便是上离下坎的《未济》卦。1981年《考古》第一期也发表张亚初、刘雨的文章《从商周八卦数字符号谈筮法的几个问题》，收集类似商周筮数三十多个。这些筮数不仅见于卜骨和青铜器，而且还见于陶器。这进一步证明了《周易》八卦源于数字卦的结论。

上述数字卦与《周易》的关系，在20世纪80年代似乎已成了学界共识。但是到了20世纪90年代，由于更多的商周时期数字卦材料的出现，特别是数字卦中数字"十"，和王家台秦简《归藏》的发现，又向学术界提出了新的问题。这就是李零先生所概括的："学界认为与《周易》类似的数字卦，它们和《周易》到底是什么关系？或者也可以说得更具体一点，即它们是不是早期的《周易》？如果不是，有没有可能是《连山》或《归藏》？或者就连《连山》和《归藏》也不是，而是'三易'以前或以外的筮占？"在李零先生之前，李学勤先生也提出了同样的思考："还必须注意的是《周礼·大卜》记述有三易之法，'一曰《连山》，二曰《归藏》，三曰《周易》，其经卦皆八，其别皆六十四'。《连山》《归藏》久已亡佚，其筮法如何，很难讨论。就是《周易》，其早期筮法也未必与后世流传的相同，《左》《国》筮例即有疑难费解的。迄今发现的上述数字符号，使用数字不限于七、八、九、六，便是有异于《左》《国》筮例的明证。因此，在商周遗物上出现的数字符号，虽然看来是与《易》卦有关，可是其属于《易》的哪一种，还是需要论证的问题。"真可谓是一波未平，一波又起。考古发现不断向我们逐步揭开笼罩在夏商周学术文化真相之外的层层面纱。

三、文史哲不分家，在学科交叉中求发展

廖：从20世纪80年代末期至今，十多年时间里，你在《历史研究》《文物》《考古与文物》《中原文物》《华夏考古》《文献》《文学遗产》《文艺研究》《文史哲》《社会科学战线》等有重大影响的学术刊物上发表了学术论文100多篇，成绩斐然，研究领域涉及历史、考古、古文字、文学、哲学、文献学等方面，有人说你近来

正自由地往来于文史之间。对此，请问你是否有什么所谓的良方秘诀。

江：近十年来，我给自己的定位是拜师学习，谋求提高，谈不上什么成绩。说到兼搞文史，并没有什么良方秘诀，只缘于三点客观条件。第一与我的研究对象有关。我是学习先秦为主的，这一阶段的古文献本是文史哲不分家的，例如，《周易》是哲学书，也是历史书；《诗经》是历史书，又是文学书。而要读通并研究这些先秦古籍，就得先从古文字学、训诂学、音韵学入手，于是自然与甲骨、金文、简牍帛书结合起来了。有关文史哲学科的细分是两汉以后的事情，所以研究先秦与研究魏晋隋唐以后的情况是不一样的。还有一个特殊情况是，夏商周时期，有一定数量的原典文献，但又不如隋唐以后全面丰富，也不同于史前的毫无文献。隋唐以后，可以全面依靠文献。史前时期，则主要以考古为依据。唯夏商周时期需要地下考古材料与地上传世文献的"二重证据法"。研究夏商周文史哲，如果不懂考古，不利用考古，可以说是很难有所突破的。所以王国维先生说："古来新学问，大多由于新发现。"由于这样的客观原因，迫使自己充分注意将学问的基础打得严实一点，拓展得宽广一些。

第二是与我的两位导师有关。如前所述，姜亮夫先生和李学勤先生都是学贯中西、文史哲诸方面博通的大家。在两位先生面前，我始终感到自己的不足，因而促使自己不断努力。李学勤先生是著名的历史学家，而他对古文献之精熟，非一般人所能想象。至于他在甲骨学、青铜器学、简牍帛书学方面所取得的卓越成就，更为众所公认。听他论学，往往由甲骨文联系到文明史，由青铜文联系到年代学，由简牍帛书联系到学术史。追随李先生求学的过程，便是自己不断拓展学术领域的过程。两位导师赏赐给我的是丰富的知识面和永不满足的理念。由此我体会到，一个青年人如果决定走学术研究的道路，选什么样的导师是相当重要的。

第三是我有幸参与了多学科相结合为显著特征的夏商周断代工程，在工程中得到了锻炼和提高。夏商周断代工程以年代学研究为直接目的，而每一年代结论的提出，都是历史学、考古学、古文字学、古文献学、天文学和科技测年学等不同学科专家共同努力的结果。在五年多时间里，工程举行了五十多场学术研讨会，其中许多是在考古现场举行的。每次会议都是不同学科专家的同堂切磋。面对一片甲骨或一件青铜器，考古学家考虑的是文物的出土地层关系，古文字学家讨论的是其中的文字释读，古文献学家注意的是这卜辞与铭文与某文献的联系，历史学家则考证其中的史料价值，天文学家关心的自然是如何对其中的年月干支进行推算。作为工程学术秘书，我不仅有幸参与了这一系列会议，而且还必须把这种不同学科专家的不同意见记录下来，最后整理成文稿。说实话，在整理之前，其中有许多问题我本来是不懂的，于是就拼命钻研相关资料，并当场向有关专家请教。会议期间，我还常常要求与某位老先生安排同屋休息（那个年代开会，都是两人住一间），以便更具体地请教学习。这样，等到会议综述整理出来了，许多问题也搞通了。现在回想起来，工程专家中，除李学勤师之外，另三位首席科学家李伯谦、仇士华、席宗泽，以及工程专家组成员如邹衡、安金瑰、张长寿、裘锡圭、俞伟超、严文明、张培瑜、杨育彬、刘雨等，都是我常常请教的前辈老师。工程会议或出差，我几乎每次都能与他们在一起。至今，我还与这些先生密切联络。我常常想，一个中青年学者，能在某一领域追随全国最前沿的前辈学者学习，已不容易；若要同时能面向多种学科前沿的前辈请教，的确是很难得的。我幸运地碰上了，这肯定是"人生难得有几回"的。李学勤师对我参加工程的这一段经历，也给予了肯定，他在为我的《新探》一书所作的序中说："江林昌博士长时间涵泳于夏商周断代工程多学科、多角度、多层面科研工作的氛围中，获有不少心得体会，这对他的学术道路起了很大的影响。"

以上三方面客观条件，促成了我现在这样的状态。我庆幸自己有这样的机遇，并十分珍惜这些机遇。我自己感觉到，就我现在的年龄和学术经历看，这样的研究宽广面大概是够了，接下来要做的是如何保持在这样的宽广面基础上，进一步深入下去，增加研究的厚重度。对一个做学问的人来说，40岁以前，主要是学习积累，60岁以后则精力要衰退。我今年40岁了，接下来的20年，应该出些精品才对，我应该心无旁骛，静下来认真做点深入研究。

廖：听了你刚才的介绍，很羡慕你有这样的机遇。当然，我相信，这机遇的获得与你本人的努力分不开。在机遇的背后，肯定有你辛勤的劳动。这里我还想提一个问题，你是否觉得多学科交叉研究，有利于取得突破性进展？

江：我虽然至今尚未取得什么突破性进展，但的确已体会到了多学科交叉研究所带来的愉悦。例如，夏商周断代工程讨论夏商之交的年代时，主要的依据是商汤之亳的确定。考古学界和历史学界对于亳的地望与性质问题，已讨论了很长时间，似乎已觉得该解决的问题已解决，有争议的问题一时也难以定夺。但我从文献学的角度看，觉得有些疑难问题是可以继续讨论的，于是有了《历史研究》2000年第5期上《"商颂"与商汤之亳》一文的发表。这篇论文是从文献学的角度提出来的，但如果我对考古学没有基础，对偃师商城和郑州商城没有作过多次实地考察，对历史学界有关商场之亳的讨论没有较全面把握，那么纵使我文献再熟，也无法就此作出讨论的。前不久，有朋友推荐我读王选院士在北大的一次演讲原文。读了之后，的确很受启发。王院士认为，一个人在科学研究上要取得成功，应该注意三个因素：一是学科交叉，二是持之以恒，三是交叉研究与时代发展的要求相一致。

廖：刚才你谈到，四十岁之后准备出一些学术精品，请你谈谈具体的打算。

江：出一些精品只是我的美好愿望，至于究竟是否能达到目标，还有待于今后的实际努力。有一点可以肯定的是，今后的学术奋斗大概是与考古发现始终分不开的。1930年，陈寅恪先生在《陈垣敦煌劫余录序》里说："一时代之学术，必有其新材料与新问题。取用此材料，以研究问题，则为此时代学术之新潮流。治学之士，得预于此潮流者，谓之预流。其未得预者，谓之未入流。"我希望能够紧跟考古学发展的新步伐，利用新的考古材料，在"重新估价上古文明史"和"重新估价上古学术史"两方面作不懈的奋斗。在文明史研究方面，将来希望能再出一本《夏商周文明续探》，最后写一本《新版插图本上古文明史》。在学术史方面，我目前正着手"出土文献与经学新证"的工作。经学是中国学术的核心，先秦两汉经学是两千年经学史的源头，先秦六经原典是中国上古历史文化的重要载体，所谓"六经皆史"。利用出土文献对经学原典和先秦两汉经学史进行全面研究，具有广阔前景。前不久饶宗颐老先生在北大文科论坛上提出了"简帛新经学"的口号，令人兴奋不已。近来，我正团结一支同人队伍，在这方面制定了长远的努力规划。我甚至戏称自己的学术努力是30岁之前开始由文学入史学，40岁以后大概将由史学入经学了。展望今后的学术道路，我满怀激情。纵使有攀登不完的高峰，有千难万险，我都将永远乐此不疲，虽苦犹甘。学术创新，是我人生追求的全部意义。

（原载《民族艺术》2002年第1期）

源于田野的文化思考

邓启耀　廖明君

邓启耀，中山大学人类学系教授、博士生导师。兼任广州美术学院特聘教授、视觉文化研究中心主任。

学术研究兴趣为视觉人类学和民俗学，部分纪录片作品被邀参加国际交流，策展多个画展及视觉文化艺术展。出版《民族服饰：一种文化符号》《中国神话的思维结构》《中国巫蛊考察》《我看与他观：在镜像自我与他性间探问》《非文字书写的文化史》等。

廖明君（以下简称"廖"）：长期以来，你一直坚持进行面向田野的学术研究，作为一向重视田野作业的学术期刊，我们对你的相关研究多有注意。最近你的《中国巫蛊考察》[1]一书获得"中国民间文艺山花奖·学术著作奖一等奖"，也显示了你学术研究独具特色且颇具实力。你是如何介入"中国巫蛊"这一课题的？

邓启耀（以下简称"邓"）：其实那是评委对这类研究的一个鼓励。我把它当作一个作业来看，因为这是我的老师推出来的。民俗学家刘锡诚、宋兆麟，神话学家马昌仪和王孝廉等教授见我常在边缘地带的荒山野岭里跑，要我注意一下黑巫术方面的实地调查，那在民俗学研究中是个不易进入的领地。而我由于喜欢去陌生的地方走，见识没见过的东西，所以就贸然答应下来。等到开始做起来才发现太难了。这是个讳为人谈的话题。首先是资料十分有限：文献多散见于野史方志中，

---

① 邓启耀：《中国巫蛊考察》，上海文艺出版社，1999。——编者注

需要梳理；民间口头传说难以搜集，田野考察更有诸多禁忌。其次是材料的分析和把握也不容易，那些稀奇古怪的东西，处理不好就会弄成街头流行的那类畅销读物。笨鸟勤飞吧，只有努力跑田野。我不信邪而来研究邪术是怎么一回事，长处在不易受蒙蔽，短处在于隔。为避短，使这一研究不至太虚幻，只好硬着头皮闯禁区，几访"放蛊"人家，以身试"法"，获得了不少第一手资料。这本书的完成，除了老师和朋友的诸多帮助，我要特别感谢家人的理解：妻子周凯模不仅在我数次冒失试蛊（包括"恋药"）时给予体谅，自己也几度历险，帮我获取了不少第一手资料。

1994年书稿完成，北京的一家出版社很快打好校样寄来，我又犹豫了。如果仅仅是展示一些人所罕见的材料，这也够了。但我觉得缺了点什么。加上当时马昌仪老师在同一套丛书里的一本有关灵魂研究的书的选题未能通过，我想就陪一下吧，便把我这本撤了。国外一位朋友知道后把它推荐给香港的一家出版公司，对方也有意出，但来信希望我从市场考虑，改得吸引人一些。我想想，还是算了。没有了出版的压力，我得以多些时间，再做补充调查，这样又磨了几年。我也可以从文献和多年对相关案例跟踪调查得到的大量使人迷乱的材料中，静下心清理一下自己发涨的脑袋。

当你不是在书斋而是在现实中与巫蛊现象对视的时候，你会明白，巫蛊现象不仅仅是个传统问题或一般民俗学的问题。如果你再想想它们跨国跨世纪蔓延的势头，你更感到触目惊心。特别在当代，不能只把它看作是一种黑道秘术，而应结合我们曾有过现在也没有绝迹的某些集体性疯狂的现象，从民族精神健康的角度作些分析。我阅读了一些精神病学特别是跨文化精神病学的书，对有关"非常意识状态"的研究很感兴趣。我发现，精神病医生面对的某些病人，与我调查的某些案例，在本质上极为相似。不同之处只是，他们面对的，一般是已经显示明显病疫的个体的病人；我们面对的，却是隐藏在一定群体的行为模式和信仰体系中的文化。那是深埋于外表正常的人群中的病，它就潜伏在你我的心里，传染蔓延起来相当可怕。它可能在亚文化边缘群体中以黑道秘术或邪教的方式"传染"或传播，也可能成为主流社会的全民性疯狂的精神病变——例如大和民族的极端军国主义，塔利班的极端信仰，等等；甚至很理性的日耳曼人，一旦陷入种族的极端自恋，都会犯下令人发指的疯狂罪行。我们也有自己的教训。当然，为了区别针对个体病人精神病学术语，我把这种群体性的精神病变，称为"非常意识形态"。我觉得，它应该成为当代人类学民俗学研究中的一个不该回避的词汇。

廖：这是个很有意义的话题。不会反思自己文化的民族是可悲的，甚至是危险的。而这世界，又并非仅靠权力和金钱可以决定一切。它使我联想起世界上正处于焦点的邪教和恐怖主义问题，联想起我们民族经历过的一些劫难。人在那种状态下确实是很可怕的，不用说对待"其心必异"的"非我族类"会做一些丧失人性的事，甚至会六亲不认，连自己是谁都不知道了。

邓：我做这个研究的时候，邪教和恐怖主义还没成为世界性的焦点。不过，只要"非常意识形态"存在，这些东西的出现是迟早的事，所以冷僻的研究对象才会不幸成为热点。一开始我也以为自己面对的是一个老掉牙的课题，是门翻古董的冷门学问，没想到这些古董在我们眼皮下一次次成功地"跨世纪"，牙口比你还好地与你迎面而过，渗入人群之中人心之中。它们可能以暴力的形式出现，可能以迷信的形式出现，也可能以类似传销那样的经济活动的形式出现，以无中生有的诬告信或大字报的形式出现。它们幻变在当代世界的政治、经济、宗教和文化中，甚至就在你我身边。这不是危言耸听，因为当代世界的诱惑太容易使人迷狂了，财富和贫困，声望和罪行，纯朴和愚昧……彼此只隔一张纸。甚至为了一些虚名浮利，同僚都会暗下毒手，使出阴招。欲望和权力使人变得丧心病狂起来。前几天是惊蛰，香港和珠江三角洲某些地区有一年一度的"打小人"活动，一些市民把"小人"的名字写在纸人上，一边诅咒一边拿鞋底打。这是民间对于阴暗行为的一种象征性防范仪式。这种仪式在很多地方很多民族中都很流行，说明问题的普遍。不幸的是，这类反邪的仪式用的也是邪术,一种群众化甚至节日化的黑巫术。"小人"和"反小人"都在同一个心理层面上行为,这是黑巫术的社会基础和心理基础。在社会的大转型中,个体的"非常意识状态"和群体的"非常意识形态"是很容易被激活的。它会激活某些破坏性很大的极端感情(如嫉妒、仇怨、悲观、冲动、偏执、浮躁等)、极端信仰和极端行为,激活一些人的阴暗心理和准黑巫术行为。一旦个人的变态适应了群体的需要,个体的"非常意识状态"当然也就很容易转化为群体的"非常意识形态"。所以,一有"运动",黑巫术式的想在别人名字上打叉再踏上一只脚或在冒尖者脑后拍一砖头的大有人在。即使没有他们需要的社会动乱,以"正义""圆满"为名诬陷别人、残害生灵的事,我们难道还见得少吗?一个民族没有信仰或有极端信仰都是危险的。

廖:所以,你在台湾出版的繁体字版叫《巫蛊考察——中国巫蛊的文化心态》,它似乎与你1992年在重庆出版社出版的《中国神话的思维结构》那本书有某种联系。我觉得它们都试图从一种更深的层面,即心理和思维的层面,对文化进行反思。

邓:对。作为一个中国人,我希望对这些沉积了几千年并且直到现在还在延续的东西做点考察和反思,试图看看那些在"一定文化中体系性地隐藏着的东西"①如何作用于我们的生活和心灵。因为它对我们的历史、我们的现在和我们的未来都是影响深远的。

我接触神话和古代典籍是在20世纪80年代,是李子贤、张文勋、傅光宇等教授带我入的门。当时翻古文献,神话的奇思让我着迷。我第一篇论文写的是射日英雄羿,他的命运使我产生冲动要从中国人心灵的源头去探询中国文化和精神的本质。《中国神话的思维结构》就是当时我试图从根源处进行反思的一个尝试。在这个反思中,我的哲学老师赵仲牧教授给了我很多启发。我原习画,遇

---

① 法国人类学家古利奥尔所言。——编者注

到抽象东西就有些头痛。但要看到"象"后"体系性地隐藏着的东西"，必须打开心智的另一扇门。赵仲牧教授渊博的知识和缜密的思辨让我看到抽象世界的美妙境界。那时也开始读到一些西方学者的著作，如列维-斯特劳斯、列维-布留尔、卡西尔、维柯、皮亚杰等，他们的书使我开阔了新的视野。我以为，借用西方理论来分析自己的材料，是学习阶段的一个必然过程。这个过程还会延续一段时间。这类研究如果有一点什么意义的话，我觉得是提供了某一角度的反思。反思的人类学也应该把自己列入研究对象。

前几天，我参加几位应考博士的学生的复试答辩，一位考生提起很早时读过的一本书，使他激动起来想作神话研究。他希望通过有关神话的思维结构及其与中国传统文化精神等关系的研究，继续从中国人心灵的源头去探询中国文化精神的本质。在随后的提问中我明白他讲的就是我那本《中国神话的思维结构》。他的话引起我的好奇，把这本多年没理的书又拿出来翻一下。实话说，这是我写得最费劲的一本书，差不多弄了十年。在学术界有些反响，也有批评的，像王孝廉老师就说它太玄，太复杂化。我现在用一个陌生人的眼光重读它，竟会感到有些惊奇：惊奇里面那些至今仍可玩味的思考，对年轻的心似乎仍有吸引力；也惊奇当时瞎子不怕老虎的胆子，不知天高地厚，什么都敢啃一嘴，而且口气不小。由此也引发了我对自己的反思。我想，或许今后应该更多地注意细节，还要学会舍弃。

廖：我注意到，在《中国神话的思维结构》那样思辨性的著作出版以后，你似乎更多地转向了田野考察。你领导的一个跨单位跨学科的研究群体"田野考察群"，一直在边地埋头做田野考察，并从边地走向了世界。你能否为国内同行介绍一下你们"田野考察群"的基本情况、主要理念及所做的工作？

邓：这里不能不提及我的又一位老师，美国哥伦比亚大学美中艺术交流中心主任、美国文学艺术院院士、国际著名作曲家周文中教授。他领导的美中艺术交流中心一直致力于美国与中国的文化交流。1993年，我参加了他们与云南省民族事务委员会合作的一项有关民族文化保护的子项目。1994年1月，周文中院士约见我及我在拙作《宗教美术意象》一书中提到的几位民间美术调查者，希望在"云南合作计划"项目中新设一个由跨单位、跨学科专家与当地各族村民共同组成的项目群体，以增加项目的专家成分和对乡土实际的了解。经商议，这个小组取名为"民族文化田野考察群"，成员为当时在云南学术界比较注重田野考察的一些中青年专家。我设计和负责的"民族文化的自我传习和保护"项目获得美中艺术交流中心的资助后，我们的田野考察有了更坚实的后盾。有关情况，在这些年我们出版的项目系列成果"民族文化文库"总序里，已经介绍了，现再简要复述一下。

这个项目第一阶段是从民族艺术的田野考察开始的，它的主要内容是：

1. 民族传统艺术和工艺的田野考察；

2. 与当地民族合作、与当地实际结合、不离本土的传习、保护及培训；

3. 跨学科、跨文化的合作与推广；

4. 促进民族文化、生态与经济的协调发展。

我们认为，在一个多民族共存的社会里，承认文化的多样性与独特性，有着极为重要的意义。传习和保护这样一些精神文化遗产，是我们的目标。

为了有效地做到这一点，我们希望：

1. 通过田野考察，了解民族文化的历史和现状，进而透析它的发展趋势；

2. 通过与当地民族真诚的持续的合作，使各民族增强对自己文化的信心，提高对其文化进行自我传习、保护和发展的能力；

3. 通过跨学科、跨文化的研究，促进不同文化的相互理解和合作，并使这些文化成为全社会共享的财富；

4. 民族文化的保护（Conservation）必须是基于本民族自觉的内在的意愿，不是"冻结"，更不能靠外在的强制性力量来限制，发展也并非是外来的开垦，而更应强调自动的演进（Evolution）。

按原计划，最初需对全省主要少数民族地区进行总览性考察。考虑到云南民族文化中，滇西北横断山及三江并流地带如纳西、普米、怒、白、傈僳等文化与藏文化、滇西滇南各族（如傣、哈尼、德昂、布朗、佤等）与东南亚文化，滇东、滇东北各族与巴蜀文化等有密切的关系，必须从一种较大的文化背景（如人类学所谓"文化带""文化圈"之类）来观察那些并非孤立存在的文化事象，以对云南民族文化的来源、传习和发展有较清晰的认识，我们的初期总览性考察，拟采用"以线串点"的方式进行，即对基本反映云南民族文化主要面貌的三大"文化带"（滇藏文化带、滇–东南亚文化带、滇川黔桂文化带）进行结构性把握和选点。后期则注意在点上的一些专题性细节性的考察。

廖：你们已经出版的《滇藏文化带考察》[①]，视角独特，文字和图片都很精彩。听说你们吃了不少苦头，还翻了车。

邓：搞田野考察那是不可避免的。只是苦了家里人，让他们担惊受怕。以后要注意才是。

廖：我注意到你们田野考察群的成员都是动手能力比较强的。据我所知，你们尝试过民族文化的产业开发项目；为云南建设民族文化大省策划和起草总体规划，经省人大审议修改后立为省的发展战略；甚至中国1999昆明世界园艺博览会"人与自然馆"的策划、设计和制作，也是你与田野考察群的成员干的。

邓：也许这就是多学科结合的优势。为使学者有关民族文化保护的田野考察和研究为社会服务，对人民的发展需求有利，从一开始，考察群在制订规划、审核项目、确定跨单位跨学科合作成员时，即充分考虑使该项目具有前瞻性学术水准和较强的可应用性。所幸的是人们并没将这一切仅仅停留在理论上。诸如民族文化及其保护、传习、发展乃至重建，全球经济一体化和文化多元化之类话题，开始从学者的书斋走向社会，成为关系到社会发展、经济活动乃至生活方

---

① 云南田野考察群：《滇藏文化带考察》，云南人民出版社，2000。——编者注

式的现实问题，甚至可能成为一省、一国的政治、经济和文化支柱。当然还有学科上的考虑。过去人类学由于受殖民主义的影响，多半取的是一种高位的、我来研究你的姿态。现在我们注意和当地人民一起做。在成员上，尽可能吸收当地各族学者和村民参加；在方法上，主要是因地制宜，实事求是，采取与当地人民交朋友并共同完成项目的参与式观察和合作的方法。我们一般不采用那些"专业感"太明显，容易显出专家派头而使当地群众可能感到隔膜的做法，如发问卷、由指手画脚的官员或外来人召开会议等等。我们更喜欢直接住到村子里去，和村民同吃、同劳动、同参加村社传统文化活动。了解他们真正想什么、要做什么，也明白自己应处于什么位置、能做什么。然后彼此认可，成为合作者。这种方法，对于我们建成几个民族文化传习与保护示范点的计划，已证明是行之有效的；对于实践我们遵守的"由多学科专家与当地民族合作、与当地实际结合、不离本土的自我传习和保护"的原则，也是很重要的。在前一阶段的考察中，我们已注意到，由于云南民族文化具有不同的历史背景、生态关系、风俗习惯和经济基础，不同民族不同社区在传习和保护自己文化的时候也有不同的做法，所以，我们很难以一种单一的方式进入对话。例如，丽江纳西族示范点是由村长牵头，传统祭司老东巴为师，以培训班的形式教在业青年人学习东巴文字及舞蹈；新平彝族示范点则是在小学教育中引入民族传统文化方面的内容；鹤庆白族示范点的特点是民间工艺怎样走向市场并获得良好的经济效益；泸沽湖摩梭人示范点考虑怎样在文化、生态、经济协调发展方面摸索一些经验，等等。由此可见，在不同的地方，要由不同的专家用不同的方法与当地人民探索不同的传习和保护的路子，形成的模式也是不一样的。这便是我们所说的实事求是的方法。由于西部地区贫困面较大，我们也希望田野考察群的成员在力所能及的情况下，尽可能为当地群众做点贡献。例如，我们在西双版纳用课题经费和个人捐款，设立了"民俗助学金"，专用于因为民俗或文化原因失学或有就读困难的学生；资助纳西族东巴文化村社传习基地的民间培训、白族洞经音乐和传统民乐村社传习基地的民间培训、彝族初等教育村社传习基地的民间培训、傣族妇女民间戏剧、歌舞和民间工艺的传习、摩梭人传统服饰工艺的恢复等。

廖：但学者的能力毕竟有限，项目经费也不是永远会有的。而且，传统民族文化的保护既然不能通过"冻结"来实现，也不能靠外部的输血来维持、外来的开垦求发展，那么，怎样才能"不离本土"地自我传习、保护和可持续发展呢？

邓：你问得很到位。"conservation"（保护），美中艺术交流中心专家译为"养护"，它强调的是一种主动的、自觉和自为的保护，与那种救世主般的"抢救"和被动式的"保护"或外来"开发"有质的不同。保护如何与创造互补，怎样自为和互动相生？决定性的因素是人，是能够将传统知识系统与现代知识系统融而为一的人，是能够促进民族文化自为及跨文化互动的人。

这种"人"不是某一个体，而是一批。他们将在不同层面不同领域用不同方式达到或部分达到这个目的——例如鹤庆的白族铜匠、丽江的纳西乐手、中甸的藏族赶马人、泸沽湖的摩梭划船女，等等。我想说的不是他们靠人文旅游或开发民族文化产品赚了多少钱，而是他们创造的一些不同的"模式"，这些"模式"各不一样，但都依其自己的"自然"，把"旧的"和"新的"装在了一起。它们的价值在于，由社区人民自己作主，利用自己的传统文化资源，开发了一种与现代旅游或文化产业能够衔接的产业，并建立了适合当地特点的行为及管理模式。民族文化的传习与保护，只有在其能够生存、发展的前提下才是实在的，否则易流于空谈。事实是，民族文化不仅处在一种历时性的"传统"中，而且处在一种共时性的"生境"中。对于历时性的传统，我们不应该看作一个单向延续的"线"，而应把它看作与现代和未来的种种发展可能相交叉的"网"；其共时性的"生境"，也不会是一个封闭的单一的"点"，而是一种能和相关文化、相关生态互相影响或互相作用的动态系统。没有一种文化是可以原封不动地"保存"的，没有一个民族是可以靠抄袭过去来求发展的。

基于这种认识，我们的田野考察工作不是挖掘古董，而是了解现实；不是怀旧，而是学习；我们的观察，必须深入它内在的精神，必须有一种结构性的计划或结构性的观察，否则容易只见树木不见森林。同时，为避免落入空泛，我们的田野考察又须深入一些关键性的"点"上，通过这些点来认识民族文化的具体情况和生动的真相。在田野考察中，我们发现，凡能与市场建立互益关系的民间工艺，不仅有了生存的土壤，而且还有发展的空间。在一些地方，民族文化包括民间艺术、游艺、饮食、服饰、建筑，甚至传统节祭活动，已成为一种新兴产业（旅游业）的重要资源，各种开发者趋之若鹜。

当然，在"开发"时，我们一定要十分慎重，千万要避免开发带来的资源破坏及文化精神的损伤。处于"边缘"的这种"多样性"，同时还潜藏着一种"脆弱性"，这种脆弱性在来自外部的强势文化的冲击下，显得更加突出了。如果不充分意识到这一点，所谓"保护"与"发展"，不过是一厢情愿罢了。另外，关于民族文化资源，或无形文化遗产的"版权"问题，近几年渐渐成为人们关注的话题，国家乃至资源地人民也有一些成文不成文的规定，但这个问题还未解决。利用民族文化资源从事的商业活动，有不少利润惊人，但究竟有多少利益应返回到花了几千年时间创造和传习这种资源的原文化"著作者"身上，应该结合实际，以一种合作的态度，在文化反馈和经济反馈等方面，逐渐形成一些合理的规则。

一个无法回避的事实是，现代化、经济及旅游业的高速发展正改变着民族地区的经济结构，另一方面却使这里历经千百年才形成的自然与人文环境面临毁坏或退化的威胁。因此，我们愈加意识到文化的保护取决于社会经济的发展和生态系统的保存，反之，我们也确信文化行为是生态系统与社会经济规律中至关重要的一环。利用各民族传统知识系统，对于保护生态环境有着十分重要的意义。一个民族长期形成的传统文化及其知识系统，会对生态环境产生影响。我们应该理解，人类文化和大自然一样，永远不可能只以一种形式出现和存在。文化的多样性和生物的多样性已成为一种全球性的跨世纪的需要。因此，我们应充分了解各民族传统知识系统和多元文化类型，促成民族文化的极大丰富，同时，对于保护文化环境和生态环境都具有重大意义。在越来越频繁的洪灾、干旱、沙尘暴和越来越单一的物种、文化面前，我们更应该自我反思、自我质疑了。

在与美中艺术交流中心多次讨论中，我们达成共识，并于1999年9月由中美联合在昆明和丽江召开了一个有关民族文化、生态环境与经济协调发展的高级国际研讨会。国内外著名的文化与生态保护专家和倡导者以及政、商界高层领导人参加，讨论面临的问题，同时，以务实的态度，创造条件，开展更富于实效性和前瞻性的工作。在人会形成的"云南倡议"中，大家希望，通过这些工作，形成一个"文化、生态与经济协调发展"的综合性长期项目，为中国和亚洲其他国家适应21世纪发展需要提供思路。最近，中美双方正在云南巍山、高黎贡山等地进行一些有关古城保护、自然保护区综合发展等方面的项目。

廖：在你们出版的"民族文化文库"三套丛书"文化史论"丛书、"田野考察"丛书和"西行图志"丛书里，我看到很多让人兴奋的成果。作为《民族艺术》的主编，我比较关心民俗学和民族艺术方面的内容，例如"文化史论"丛书、"西行图志"丛书及在别的丛书中有关民族戏剧、民族音乐和民间视觉艺术等方面的研究，都颇有分量，像本次山花奖同获一等奖的《云南民族音乐论》，在国内民族音乐学界产生良好反响。我在《光明日报》上看到一篇放在书评专版头条的文章，谈及中国音乐现状及如何建立自己文化和艺术体系等问题，用三分之一的篇幅引用了周凯模教授在《云南民族音乐论》中的观点。

邓：周凯模是田野考察群最早的成员之一。由于她学过作曲，教过外国音乐史，最终转回来关注中国文化，搞民族音乐研究，所以和周文中先生特别谈得来。她与周文中先生在东西方音乐比较和建立民族音乐体系等方面谈得较多。周文中先生认为，东西方音乐文化最大的不同是文化的不同，是两大文明系统的历史产物。不仅在哲学理念、价值标准、宗教信仰、审美观念等方面不同，在音响构成、符号系统、音列和音阶规律、作曲和演奏技法等方面也相异甚多。特别是从原生、原创的意义上说，东西方音乐确是两种各有异趣的音乐形态。音乐所追求的真正目的，不是表面的音响，而是音响代表的内在精神。作曲家无论在哪种社会生存，一定要千方百计寻求建立自己的精神支点，要在对多种文化首先是对母语文化进行深入研究的基础上确立自己不同于他者的艺术语言。因为别人的语言难以表达自己独立的精神，有你自己的语言，别人才愿意、才可能与你平等对话，你也才可能真正确立自己音乐的价值及其地位。独立的文化精神和独特的音乐语言，是中西音乐文化之间真正平等对话的支撑条件。21世纪的作曲家要尽量达到双文化和多文化能力及音乐语言，才能在全球文化交流与对话中扮演自主独立的角色：自主于西方文化，自主于自我的传统习俗，不屈服于任何冲击，它需要勇气。艺术家是为人性而战的勇士。中国传统文明曾将艺术家视为是社会重心，也被认为是社会的良知、人性的良知。这些观点，凯模已在《中国音乐》1998年第2期上作了详细介绍。我在此转述的意思是想说明，这些观点不单对凯模的民族音乐研究有重要影响，也对我们整个田野考察群的民族文化研究有重要影响。自1993年以来，周文中先生不顾高龄多次与我们一起在云南的山里跑，从基本理念到一个单词的把握，差不多是手把手地教。美中艺术交流中心多学科专家的一流学问和敬业精神，也使我们眼界大开，受益匪浅。

廖：1994—2000年你主持改版和主编的《山茶》杂志独树一帜，它的人文精神、田野考察文章和图片让人印象深刻，现在不少杂志都在走相似的路。我知道你在《山茶》上倾注了大量心血，办得正好你却走了。翻检这一时期的《山茶》，感觉到有一种理想主义和英雄主义的东西。

邓：（笑）那是堂吉诃德式的理想主义和英雄主义。如果它还有一点什么留给我们的，那就是一种敢在不可能中创造可能的经历，还有在患难中一起创业的友情。那相当于在如炬目光中造梦。当然，不仅是办一份一流杂志的梦想，而且还有尝试企业化运作，将吃国家粮大锅饭的杂志变成自食其力按质生存的文化产业的梦想。你是办刊的，知道其难。折腾了几年，终于使它成为一个含金量很高的品牌。我一直认为，它是一个好果子，但还不是一个熟果子。我们不要忙着摘它，损它，认收不认种，还需要有责任心的人继续浇水培土。

《山茶》的改版是在年办刊经费只有5万元人民币的情况下开始的。第一年以"民俗文化实录"为出发点，以一种很低调的姿态改版发行。封面首先把彩色美人头改为黑白的民俗纪实照片，内页也大量采用纪实组照，印成黑白；文风朴实，旨在摒弃没有实感的空论和过度发挥的创作（即离开民间文化真实文本和文化背景，太多进行"加工整理"的"文学"作品），力求还原更多的事实，主张在表述和文体上"试一种实录风格"，特别是当我们在理论上心有浮躁时，不妨写几行一是一、二是二的文字，试一试老老实实直述的文体。1995年，《山茶》再度改版，用铜版纸印刷，大部分彩色精印，使其成为中国大陆第一本具有视觉人类学和人文地理学色彩的田野考察图文杂志。改版号在封面醒目地标示"中国文化人类学"字样，并再次强调，图文的组稿用稿，除了"实"，还要"精"；强调"不仅用手写，也要用脚'写'，更要用心'写'"，"把做干瘪了的学问，重新做出血肉来"。经过两年挣扎，到1997年，《山茶》逐步定位在"人文地理杂志"上。在以后几年的发展中，《山茶·人文地理杂志》在关注人及其人的现实生存环境，关注民族文化与生态的协调发展等方面，有了进一步的推动。以《山茶·人文地理杂志》为旗帜的学者或作家群体，逐渐形成了具有自己特色的观察方式和叙述方式，"脚到、眼到、心到"及"学者的功力，记者的敏锐，作家的感觉"的"山茶风格"，成为一种富于实感而又深入开掘的新学术文体的代表。随着一批杰出摄影家、视觉艺术家的加盟，《山茶·人文地理杂志》在如何用图像叙事、增强图像的视觉冲击力和信息量等方面，也逐渐形成了自己的理念；一批能拍能写的"两栖"作者群体日益成熟。他们中有人类学家，也有自然科学家、记者、作家甚至诗人，但都拍出了不少从视觉人类学角度看很有水准的作品。当然，云南丰富的人类学民族学和人文地理资源，也是重要的条件。

1999年，《山茶·人文地理杂志》办到了一百期，编辑部同人希望我在这一期上说点什么。我写了如下文字，现在读还真有点堂吉诃德味：

在最荒凉的地方，我们都能看到家——人的一顶帐篷，兽的一个洞穴，树的一片绿荫；甚至连帐篷、洞穴和绿荫都没有的地方，我们也能看到被梦想浸透的古墟，被翅膀抚摸的云巢和被树根净化的湖泊。那是另一种家——真诚地走过自己所属时间空间的行者的精神家园。

《山茶》也是行者的家。从创刊之日起，它就是存放行者一路采集的神话传说歌谣的地方，现在它更成为行者用脚用眼用心触摸天地人文、存放行囊记录感觉的地方。

这个家接纳一切对自然和人充满爱心的探索者。对未知的领域，我们总带着新鲜的好奇。我们希望真实地与人和万物相处，经历没有被尝试过的生活，从事富于原创性的工作。所以，这个家的人大多愿在更具精神性和个性、也更贴近自然的地方行走，例如云贵高原以及由它所向高处和低处绵延的中国西部。我们在别人视为"不毛"的地方发现宝藏，感知灵性的存在，找到自己心中的家。即使有一天，所有走过这世界的行者，都会消失在某一条地平线下面，但我们中的一些人，应会记住曾共同拥有的这个家——行者的《山茶》。我们生命和经历的一部分，已经通过这个家，延续下去了……

其实，这个杂志几经波折后，也延续下去了，没什么可遗憾的。

廖：你近年有什么计划？

邓：该做什么还继续做。但有一点是更重要的，就是应该多留一些时间给家人。对于自己而言，可能会有一段时间小结。像我们这类"野"字号边走边看的人，常常会被有大美的天地和有大惑的人性所震撼，被天人交汇的种种现象和幻象所迷惑。我们置身于其中的世界太多浮躁，我们自己也经历过不同类型的浮躁。良性的社会需要不断的自我反思，能够发展的学科需要不断的自我质疑，要保持健康心态的个人也需要不断的自我调适。这种调适同样需要不断的自我反思、自我质疑、自我克制。

所以，我到中山大学，与其说是来教书，不如说是来读书，而且是从零开始。过去读书是随心所至，任性所止。现在面对学生，得注意知识的系统性和完整性。面对新生代的提问，你不能只靠过去的积累，必须不停地汲取新的养分，和他们一样保持一种富有朝气和创新精神的求知心态。回味读过的书，引出更多需读的书；回顾走过的路，发现许多路还得重走。

（原载《民族艺术》2002年第2期）

禁忌与文学、法律及其他

万建中　廖明君

万建中，北京师范大学文学院民间文学研究所所长、教授、博士生导师。兼任中国民间文艺家协会副主席、中国民俗学会副会长。主要从事民俗学和民间文学学科研究史，民间口头叙事文学、民间禁忌、中国民俗史研究。

主持国家社会科学基金重大项目"20世纪中国民间文学研究专门史"等多项科研课题，著有《神怪故事集成——〈搜神记〉》《解读禁忌——中国神话、传说和故事中的禁忌主题》《禁忌与中国文化》《中国民间散文叙事文学的主题学研究》《中国饮食文化》《20世纪中国民间故事研究史》《中国禁忌史》。两度获中国文联和中国民间艺术家协会民间文艺"山花奖学术著作奖"。

廖明君（以下简称"廖"）：继《解读禁忌——中国神话、传说和故事中的禁忌主题》出版后，你又推出了《禁忌与中国文化》一书。为什么这些年来要把学术精力集中于"禁忌"方面？

万建中（以下简称"万"）：后一本书其实是前一本书的副产品。我一直在寻找研究民间叙事文学的切入点，很幸运，遭遇了"禁忌"。这应该感谢导师钟敬文先生，他给了我明确的提示和指导。钟敬文先生在为清水编民间故事集《太阳和月亮》所作的序中说："在原始人的生活中，所谓'禁忌'（tabu）这种东西，至少和在我们所谓'文明人'的生活中的道德法律等，有着同样重要的意义。所以在远古的和现在的原始人的现实生活中和反映现实生活的文艺中，很自然地要表现出这种观念和行为。"

禁忌，国际学术界统称为"塔布"（taboo或tabu），是文化人类学、民俗学、宗教学等学科通用的词语，也是这些学科研究的热点课题之一，与民间信仰、民众心理、伦理道德、古代地方史及地方习惯法都有联系。民间叙事文学包括神话（myth）、传说（legend）和民间故事（folktale）。我翻阅了大量的民间叙事文学作品，又经过长时间的"田野作业"，发现禁忌作为一种古今极为常见的生活文化现象，大量出现于民间叙事文学之中。

《解读禁忌——中国神话、传说和故事中的禁忌主题》把中国民间口头叙事文学（包括神话、传说和故事）中表现的禁忌，从作品中提出，作为一个主题进行专门检讨，这是前所未有的，从一个侧面把民间叙事文学的研究导入更为广阔的天地。就研究的内容和对象而言，这是跨越了民俗学和民间文艺学两个领域的课题。含有禁忌主题的民间叙事文学作品极为丰富，禁忌本身的内涵又极其深远；就学科的角度而言，这是既重大又棘手的课题。这一前人未有论述的课题，拓宽了民间文学的研究思路和空间。

廖：你从一个独特的角度发现禁忌的意义。据我所知，在国际学术界，研究禁忌的历史非常清晰，从19世纪初一直延续到现在。你受钟先生的启发，强调并论证了禁忌与民间口承文学的密切关系。请你谈谈为什么会有这种关系，这种关系密切到何种程度？

万：禁忌的传播需要借助口承文学的力量，这是由禁忌本身的弱点决定的。首先，禁忌的真正原因必然是"无意识的"。禁忌的各项禁令既很难找出它的根据，也不知道它们的起源。禁忌风俗渗透民众生活的方方面面，对民众的言行作种种千奇百怪的限制，而这些限制本身又无任何客观上的需求。"禁忌最主要的特征之一是这种禁规无论怎样也不可论证。"唯一刺激禁忌民俗萌生和传袭的因素便是"切勿激怒魔鬼"。禁忌的本质隐藏在更深的层面，即人的心理之中，"它们是起源于一种人类最原始且保留最久的本能——'魔鬼'力量的恐惧"。禁忌的起源只有一个："当心魔鬼的愤怒"，而这"魔鬼"却是人们刻意虚幻出的。也即是说，禁忌对人们言行的约束往往是无谓的，并不能产生现实的益处。其次，禁忌的目的在于要避免不希望得到的结果。这不希望得到的可怕的结果也并非真的由于触犯禁忌才出现。如果那个设想的不幸必然要跟随犯忌而到来，那么禁忌也就不成为禁忌，而是一种劝人行善的箴言或普通的常识了。再次，禁忌民俗的实质是诉诸人的心理，而不是人的言行，似可称之为心理民俗，或说是一种社会心理层面上的民俗信仰。常态下的禁忌是无外在行为表现的，缺少直观的模仿性。禁忌的传承只能在心意体悟的状态下进行，全然没有其他民俗传播的优势。

正因为禁忌民俗的生存存在上面的"内弱"性，这恰为禁忌进入民间口承文学提供了契机和土壤。禁忌作为"无外显行为"的风俗，一旦不为人们所实施，其自身便完全无以"出现"，顿时消失得无影无踪。原本那些表述禁忌的简洁的所谓"民俗志"话语也变得毫无意义。然而，只要禁忌进入了民间口头文本之中，故事便不会将其轻易抛弃。因为禁忌情节为整个故事的有机组成部分，具有和其他情节一样重要的结构意义和审美功能。即便在现实生活中相应的禁忌习俗消失了，故事中的禁忌情节仍会被倾听和阅读。而且，民间故事对禁忌的表现皆是相当生动的，它们把禁忌的生成、违禁及守禁过程演绎得或形象逼真，或感人至深。同时，它们对禁忌又是百分之百的忠实，对禁忌的诠释绝不会歪曲禁忌的原意，当然，更不会掩盖或模糊禁忌的真相。相反，故事无一例外会将仍"活"着的禁忌拽回民众生活之中，让生活本身成为禁忌的上下文。

廖：是不是所有禁忌事象的传播都要得到民间口承文学的支持？

万：我们不能夸大民间口头叙事文学对禁忌传播的作用。禁忌毕竟是可以自我繁衍的文化现象。对大多数禁忌事象来说，它们所凭依的绝不是口头文学，而是早已程式化了的诸多的民俗活动。但对一部分禁忌而言，脱离了民间口承文学，将是它们的重大损失。可以说，那些与全社区成员性命攸关的禁忌，社区中人对其表述绝不会是轻描淡写的，不会像民俗学者们那样用短短的一两句话进行概括。把禁忌引入民间口承文学之中，是社区中人的一种信仰行为，是他们对内对外张扬禁忌的最佳手段。这些禁忌唯有在口承文学的怀抱之中，才会不断滋生生存的营养乳汁。

廖：记得卡西尔在《人论》一书中说过："（禁忌）是人迄今所发现的唯一的社会约束和义务的体系，它是整个社会秩序的基石，社会体系中没有哪个方面不是靠特殊的禁忌来调节和管理的。"当下社会生活中是否也处处存在着传统禁忌？

万：禁忌是零碎的，散布在生活的方方面面。有些禁忌进入仪式领域，但不可能被仪式化。禁忌是一切社会规范中最古老的社会规范之一。越是处在人类社会的早期，禁忌的威力越强，对社会的作用越大。随着历史的发展，人类生产力水平的提高，这种恐惧感会逐渐减弱，也即是说，禁忌民俗自身的流布能力是有限的。当下社会人们的思想观念更新急促，许多传统的东西似乎正在以前所未有的速度丢失，而许多新鲜事物又似乎和传统没有关联。禁忌作为一种极为古老的传统，同样也被不断地遗弃，而且遗弃速度较之其他类型的传统民俗要快得多。这是由禁忌本身的弱点造成的。

廖：研究禁忌的学术意义是不言而喻的。既然大量的禁忌事象已远离我们的生活，那么其现实意义何在呢？

万：其实，大量的禁忌事象已远离我们的生活，这只是表面现象。表象只是传统的外衣，而不是传统的本质。传统是结构，是符号，是思维和阐述的模式。被遗弃只是生活事象，随着时代的发展，禁忌本身的结构形态"禁令—违禁—惩罚"反而从民间传统延续到现代社会生活之中。它使得人们的行为和思想越来越理性化和模式化。在某种意义上，政治体系、法律体系、思想体系、行政体系和教育体系其实都是在演变或深化禁忌的结构形态。只不过这些"禁令"不再来自民间自控又自动的系统，而主要由上层权力话语系统发布，禁令的设置成为权力的集中显现；"禁令"的目的由为了民众生活的利益飚升至为了国家政治的利益。同样，违禁者将遭受的惩罚以及惩罚的最终落实，也不取决于民间规矩，由民众自行完成，而是依据明确的法律和政治条文，由相关权力参照条文或惯例执行惩处。

英国文化人类学家埃德蒙·罗纳德·利奇（Edmund Ronald Leach）在《语言的人类学：动物范畴和骂人话》中说："无论禁忌为何，它都是神圣的、重要的、有价值的、有力量的、危险的、不可触犯的、猥亵的、不直言说的。"这句话中的一连串表语构成了禁忌的对象和意义，它适合远古时期的禁忌，也适合当下社会的禁忌。当下社会禁忌的对象与远古时代并没有本质的差异。只不过对"神圣的、重要的、有价值的、有力量的、危险的"等的判断和确定，由民间转向了官方。或者说，过去民众认定和恪守的禁忌主要出自自己对生活的认识和祈愿，是出于对虚拟的"魔鬼力量"的恐惧，现在民众所接受和恪守的禁忌主要来自政治宣传和权力威慑。当然，古代的禁忌和现代的禁忌都是社会所必需的。"禁令—违禁—惩罚"的结构模式一直在刺激着我们祖祖辈辈的每一根神经。人们的生活和行为历来都离不开禁忌。禁忌是每一时代的要求，没有禁忌就没有行为秩序、思想秩序和社会秩序。

廖： 禁忌一般指宗教禁忌和世俗禁忌，你前面谈的当下社会的禁忌实际上超越了传统禁忌的范围，两者有本质的一致吗？可以从禁忌的角度来理解法律和政令吗？

万： 当下社会禁忌的异体实际上是法律意识。在整个社会控制管理系统中，禁忌和法律、政令有许多相似之处，都是"禁止"的行为。在任何一个社会，要求稳定和安全，首先是要确定和告诫人们"不能做什么"，在这一前提下进一步宣扬该有的行为。法律和政令显然是继承了禁忌的结构模式，只不过将口承形式置换为书面形式。远古时期对大自然的禁忌、对性的禁忌、对图腾的禁忌等，曾经对社会的稳定和发展发挥了重大作用，在现今社会早已转化为相关的法律、政令。可以说，法律、政令以及种种的乡规民约都是禁忌在文明社会的变异存在。禁忌和法律、政令共同排除和预先制止了可能给社会或人们的身心带来危害的行为。

禁忌和法律的制定都是出于人类基本的生存需要,两者本质的一致就是在抑制人的本能欲望。欲望,是人的本能要求,但作为"社会的人"便要对欲望进行某种抑制。例如,"食""色"是人之大欲,但不能"随心所欲",这种对欲望的抑制,便是禁忌和法律产生的客观因素。如果没有欲望,也就无所谓禁忌和法律,而有了禁忌和法律,并不意味着欲望的消失。在弗洛伊德看来,"这些禁制可能和具有某种强烈意愿的活动相互关联。它们一代一代地留传卜来……有一点可以肯定的是,随着禁忌的维持,那种原始的,想从事禁忌事物的欲望依然继续存在着。他们对禁忌事物必然采取某一种矛盾的态度。在潜意识中,他们极想去触犯它,可是,却又害怕这么做;他们恐惧,正因为他们想做,只是恐惧战胜了欲望罢"[1]。人们很可能已经觉察不到与禁忌和法律相对应的欲望,因为它们已被深深地嵌入潜意识当中。一旦禁忌和法律瓦解,那么欲望就会穿破意识层次而付诸行动。禁忌和法律条文可能是一代一代流传下来的,也有只是社会权威遵循传统和满足当下社会安定的结果。但是久而久之,它们很可能被"组织化"而成为一种积淀的心理素质。无论是固有的禁忌和传统的法律,还是通过教育而培养的禁忌和法律意识,只要人们继续保持禁忌和法律,想从事禁忌事物或破坏法律的欲望就依旧存在。无论何时何地,人们对禁忌事物法律条文始终保持着那种矛盾的态度,即在潜意识中,他们极想去触犯它,可是却又害怕这么做。

　　另外,禁忌和法律超越于道德与情感之上。作为禁忌和法律,"不能做什么"已不是一般意义上的建议,无所谓合理不合理,无所谓可能与不可能被接受。这是一种行为规范,不是一种可选择的对象。禁忌和法律作为一种行为规范,一直是弱于怀疑态度,尽管人们恪守它们,但并不意味着总能信任它们。事实上,人们对禁忌和法律的可信性深藏置疑,只是由于本能的惰性,不去追究罢了,或者说究根问底本身并没有实际益处。对于某一禁忌事象圈中的民众以及法律受众者而言,禁忌和法律的问题绝不是"为什么应该如此行为",也不是"是否应

---

① 西格蒙德·弗洛伊德:《图腾与禁忌》,赵立玮译,上海人民出版社,2005。——编者注

该如此行为"，而只能是"必须如此行为"。当然，禁忌和所有的法律条文有其自身的生存逻辑和道理，但这些只是在其生成过程中才呈现出来，一旦其被确定，便悄然隐去了。

廖：法律意识根源于禁忌意识，但法律毕竟不是禁忌。你认为禁忌的起源只有一个："当心魔鬼的愤怒！"这个"魔鬼"还在我们周围游荡吗？

万：现在我们还有对"魔鬼"力量的恐惧。禁忌民俗的内容极为繁杂，尽管在人类进入了文明社会之后，由于生产力的提高和人们认识世界、改造世界能力的增强，禁忌民俗已不再具有原先的在人类发展史上所起的作用，一些远古的禁忌在人们生活中渐渐地消逝了，但是形形色色的禁忌仍然渗入人们生活的方方面面，甚至产生的契机更为五花八门。只要人们信奉的超自然力还存在，禁忌就不会泯灭。禁忌民俗传承的历史源远流长，不同的社会土壤滋生出不同的禁忌民俗。有的禁忌民俗只存于一定的社会发展阶段，像图腾禁忌观念和民俗，就只出现在人类对生儿育女还茫然无知的时期。而形形色色的人为的宗教禁忌，则是在阶级出现后方会出现。有的禁忌民俗风行于近现代，但仍可在原始初民的生活中找到其踪迹。

廖：传统意义上的禁忌事象继续在广大乡村蔓延，而在都市生活中，传统禁忌事象生存的空间已急剧萎缩。现代都市生活延伸了禁忌的基本结构，即"禁令—违禁—惩罚"的思维和行为模式，但现代都市会产生新的禁忌事象吗？

万：如果我们不是从宗教的角度而是从结构的层面来理解禁忌的话，答案是肯定的。埃德蒙·罗纳德·利奇发展了列维-斯特劳斯关于人类思维结构的本质是二元对立的观点，由于这一本质特点，那些不能被明确划分为二元对立中某一级的事物就成为禁忌。比如讲二元对立的两极分别是A和B，有一些事物既不能划分到A中去也不能划分到B中去；这些既非A又非B，或者既有A也有B的事物，处于模棱两可的状态，就成为人类焦虑的目标。他们焦虑的是居然无法将这些事物明确地分类，而这是违反人类思维本质的。于是，干脆将它们列为禁忌，成为的"魔鬼"力量。利奇说："人体的排泄物或分泌物普遍地构成严格禁忌的对象，尤其是粪便、尿、精液、经血、剪下的头发、指甲屑、体垢、唾液、母乳等。这是符合这一禁忌理论的。这些物质在最根本的方面是模棱两可的。……既是自己的又不是自己的。由此形成的禁忌极为强烈。""人形化的神灵、圣母、超自然的半人半兽妖怪，这些边缘性的、模棱两可的东西被赋予介乎神人之间的力量。有关他们的禁忌最为强烈，甚至超过了神灵本身。""是模棱两可的范畴引起人们给以极大的关注，并抱以最强烈的禁忌情感。"英国另一位文化人类学家玛丽·道格拉斯（Mary Douglas）也认为凡处于模棱两可状态的动物便是不洁的、禁忌的；属于禁忌范围的物体都是带有两义性的因而无法明确归类的东西。但她在这种"两义性＝禁忌"的基础上再向前深入了一步，力图考察人类分类体系与社会秩序的关系。所禁忌之物并非在于它们本身是污秽的或圣洁的，而在于它们的"位置"。它们是混淆了人类采取分类体系或与之矛盾的结果，也就是说禁忌物是社会分类系统的产物。而分类活动又是使社会秩序合法化的主要途径，不仅加强了社会实在的结构，而且也加强了道德情感的结构。

任何分类体系都不能将所有的事物涵盖过去，总有一些事物处于边缘的模棱两可的状态。过去是这样，现在是这样，将来还是这样。就人本身而言，比如说，中性人或说阴阳人、同性恋者、心理变态者、艾滋病人、外星人、克隆人等皆属于分类体系中的另类，他们是人，可又不是完全"正常"的人，是介于正常与非正常之间的"怪人"。尽管这些"怪人"不具有"神"性，由于受宣传和传说的影响，他们也被赋予某种邪异的力量，在许多人的心里产生恐惧之感，故而他们便成为禁忌的对象。

廖：毋庸置疑，把禁忌物纳入分类体系的做法，是禁忌文化研究中的一大突破。但对禁忌对象的认识割裂了历史和排斥具体的文化语境，这是其致命的弱点。

万：的确是这样。利奇的这种结构主义的分析方式，完全泯灭了思想结构

（仪式）与社会结构（社会类别）之间的明确区别。他把这两个方面视为是一个单一的相互作用的整体，都能被单独地进行逻辑分析。而事实上，任何禁忌的发生都有自己独特的文化背景，这种文化背景不可能在孤立的条件下得到理解。

其实，任何禁忌都有其历史文化根源。前面例举的禁忌之人有一共同点，就是都背离了传统的关于"人"的标准和看法。对"怪人"的禁忌，是要努力维护人的正常性。试想，如果我们的周围有许多禁忌之人，那是多么可怕的事情。这些禁忌之人似乎与法律、道德无涉，也就是说，法律和道德并不排斥和诋毁他们的存在，而禁忌的存在，却使人们和他们保持距离，唯恐自己与他们为伍。尽管我们提倡同情与关爱，但禁忌则迫使他们竭力隐瞒自己的身份，在客观上限制了他们生存的空间。

廖： 请你用一句话概括一下禁忌在当代社会的意义。

万： 禁忌的结构模式凝固于每个人的心里，影响到每个人的言行。

（原载《民族艺术》2002年第3期）

民俗学的当下关怀

刘晓春 廖明君

刘晓春,中山大学中国非物质文化遗产研究中心、中山大学中文系教授,博士生导师。兼任中国民俗学会副会长、广东省民间文艺家协会副主席。

主持国家社会科学基金"民俗与民族国家认同——社会转型时期中国民俗学理论的一种探讨"等项目。著有《仪式与象征的秩序》、《一个人的民间视野》、《风水生存》、《中国东南的宗族组织》(译著)、《中国节日志·春节》(广东卷)。荣获中国民间文艺山花奖·第二届学术著作奖二等奖、广东省鲁迅文艺奖。

廖明君(以下简称"廖"):近一两年来,你连续发表了一系列的论文,并且刚刚出版了《仪式与象征的秩序》一书,论题都比较集中地关注历史变迁中的民俗文化以及全球化、现代化过程中的民俗文化,引起了学界的关注。在我们看来,这些问题以前似乎都不是民俗学研究的论题,究竟是什么样的原因驱使你对这些问题进行研究?

刘晓春(以下简称"刘"):关于这个问题,要从博士论文的写作开始说起。在硕士阶段,我接受的知识主要集中在纯文学、民间文学等学科领域,关于民俗学、人类学等学科的知识相对薄弱。在博士阶段,我便有意识地注意研读民俗学、人类学等学科的论著,也试图拓展自己的研究视野。我是1995—1998年在北京师范大学中国民间文学学科点攻读博士学位的,在钟敬文先生的主持下,学术气氛非常浓厚,经常有国内外相关学科的学者来师大讲学、访问,而且京城的一些民俗学、人类学、社会学、历史学等学科的青年学者经常聚集在一起,就某位学者的研究课题进行批评讨论,相互激发，我参加过几次这样的讨论，获益良多。最主要的感受是，同样的民俗问题，在其他学科的学者眼里，能够发现诸多民俗学者所无法发现的问题。在我们的想象中，民俗是落后的、封闭的、原始的、与现代化相对立的，它的传承主体是下层民众。这一系列固有的成见都局限着民俗学研究方法的创新、民俗学研究视野的拓展，以及对其他学科知识的吸纳。那时候，师大大兴一股田野调查之风，钟敬文先生也极力地倡导民俗学的田野作业，因为我是赣南客家人，当时客家问题也比较热闹，所以我就选取江西宁都县的一个客家村落进行田野调查，在此基础上写作了博士论文。

在我的博士论文中，我从家族组织这一问题出发，从家族创造的仪式与象征符号的角度，探讨家族发展的历史，家族发展与区域历史、与传统封建帝国以及现代民族–国家之间的复杂关系，家族的发展与各种权力、文化、历史记忆的创造之间的复杂关联等问题。这些问题的研究，都与视野的拓展有关。我希望从问题出发，从现象出发，而不是从所谓的学科意识出发，只要有助于研究对象的分析、探讨，都有可能进入我的学术视野，所以，在具体的研究中，我更多地从历史、权力、文化的角度探讨一个村落的历史变迁，而不将村落看作是一个孤立的、自足的、封闭的、与外界毫无关联的世界。可以说，从一个村落的历史演变，看到了从宋代以来直至今天仍然在发生变化的村落历史。而这样的研究，单就民俗学的学科知识是无法解决的，需要有多学科的知识协作才能完成。

廖：在你的研究中，我们也发现一个问题，就是研究方式也与传统的民俗学研究方式有较大的差异。研究方式决定了一个学者的研究视野，研究方式的转换能够带来学术发展的新气象。我想，研究方式的转换可能与学术反思有关系。你是如何反思以往的民俗研究并实现研究方式的转向呢？

刘：是的，我的研究正跟我对民俗学研究传统的一些反思有关。其实，这个问题与上面的问题有联系。研究对象决定了我的研究方式也应该有所不同。我的研究有两个关注，一个是在动态的、历史变迁的视野中考察一定区域范围内的民俗文化。在动态的、历史变迁的视野之中研究民俗文化，并不仅仅是简单的事象的罗列，而是在一个广阔的背景下考察民俗文化的历史变迁，民俗文化的变迁与整个社会变迁之间的关系。这种研究的取向也是以前的民俗研究比较缺乏的。我们知道，长期以来，中国的民间文化研究基本上遵循的是一个路径，就是将民间文化、民众的生活方式等对象从具体的时空坐落中抽取、剥离出来，无视具体时空坐落中的语言与制度体系、人们的行为方式以及人们对制度和行为的看法，更不考虑文化与创造文化的人之间的关系，因此，民间文化的成果建构的是泛民族的"民俗"景观。所谓"百里不同风，十里不同俗"则成了民间文化研究者用来粗略地概括民俗不同景观的最好遁词。这一学术路径的确立与本世纪以来进化论思潮对人类学、民俗学的影响有关，在20年代的西方，进化论就已经为其他学术观点所取代，但在50年代的中国，它却得到了全面的重视。由于进化论所关注的是全人类文化的总体发展，不关心某一个社会–文化的内部运作，认为文化的发展沿着单一的路线进行，不考虑人类进化中的区域性和民族性特点。在此基础上，民间文化研究的学术取向基本上将民间文化视为研究"传统的""过去的"与"现代文明"相对立的文化事象。即便能够进行田野调查，也是采取一种类似于地方志传统的写作方式，堆积脱离了具体时空与民众的文化事象。更为重要的是，这一研究取向，使民间文化只是由文献资料来重构其历史过程，将丰富复杂的生活文化概括为一些有限的文献材料，忽略了作为民间文化传承主体的人群在具体的时空坐落中对民间文化的创造与享用。

还有一种潜意识也在制约着我们的研究。我们将民俗理解为一种与上层文化有着极大区别的、自足的共同体。这可能来自我们对于民俗文化的片面理解，与民俗学的历史发展有关，中国民俗学受西方人类学思想、方法的影响非常大。可以这样说，中国学者眼中看到的民俗文化与西方人类学家调查研究的异文化是有区别的，区别在于，中国是一个文明高度发达的国家，而西方人类学家所得出的众多理论都是建立在部落文化的调查研究基础之上。英国人类学家弗里德曼（Maurice Freedman）将非洲部落的宗族理论运用到中国东南地区的宗族研究时，便面临着捉襟见肘的尴尬。因为在中国这样的国度里面，国家-社会之间的关系是非常复杂的，不会像部落社会那样，探讨亲属关系就足以了解该部落的整个社会关系。[①]中国有一个说法，"礼失求诸野"，大致反映了国家与社会之间的互动关系。国家所代表的政治力量对于民间文化所采取的态度是复杂的，就资料的丰富性而言，如果能够很好地梳理"五四"以来的各种政治力量与民间文化资源的关系，则有可能从中窥见中国历史演变的许多秘密。当我们面对着日益纳入现代化、全球化进程中的"乡土社会"，我不知道这个词是否能够恰当表述当下中国的农村社会，如果我们依然将民间文化想象为"原始""古老""边缘""遗留物""化石"等，可能是我们理解民间文化的另一种迷障。就我近几年调查的一些汉族地区民间信仰现象来看，民间信仰并不是一种纯粹的所谓民间文化现象，它与众多的社会力量交织在一起，当我们面对它的时候，是采取一种所谓的纯粹学术的态度，从想当然的民俗学视野研究民间信仰，还是从现象本身出发，探讨民间信仰与历史传统以及当下政治、经济、文化之间的复杂关联？

第二个关注是民俗学的当下关怀。民俗学似乎从来都是历史的，而不是现实的。尽管钟敬文先生一再强调民俗学既是历史的，也是现实的。但国内真正从现实出发，从当下出发探讨民俗文化与现代化、全球化之间关系的学者很少，大家依然热衷于从历史的角度研究民俗，缺乏当下感。而另一方面，我们又都在强调民俗是生活，生活就在身边，但我们对身边正在发生的民俗现象却视而不见。我想，并不是我们盲视，更关键的是，对于许多当下民俗生活的研究，运用传统的民俗学方法是无法解释的，甚或会被很多学者看作是为"伪民俗"辩护，寻求其存在的合法性。

廖：我也深切地感受到民俗学作为一门学科，如果单就"五四"时期的成果来看，那个时期应该是高峰，出现了像顾颉刚这样的大师，对其他人文学科也产生了

---

① 马歇尔·萨林斯：《甜蜜的悲哀》，王铭铭、胡宗泽译，生活·读书·新知三联书店，2000，第109—141页。——编者注

深刻的影响，昭示了民俗学的学科对话与渗透力量。我想，一个时代有一个时代的学术，也会有一个时代的问题，这就需要民俗学加强对问题的研究。能不能就你上面谈到的问题，举一些具体的例子说说你的看法？

刘：第一个问题，在具体的研究中，我避免将村落看作是一种封闭的、停滞的、没有历史的对象，也就是说，避免用一种功能的、结构的以及殖民的眼光来看待村落。我从一个村落的历史演变中看到一个更大范围区域的历史沧桑，从一个村落的不同力量的较量中，看到国家–社会之间的深层次互动；我将村落的历史文化的考察与客家民系的迁徙、宋以来赣南的社会历史变迁等联系起来，将村落的权力与封建帝国、现代国家的权力渗透联系起来，而且，还认识到，在历史沧桑巨变的过程中，在深层次的互动中，村落的人民并不是缺乏主体意识、笼罩在沉沉夜幕之中的无历史人民，黑格尔将非西方世界都看作是缺乏精神自我意识、还笼罩在沉沉夜幕中的地方，这些地方的人们看不到自觉的历史的光明。表面看来，我们将底层的民众看作是历史的创造者，其实，在民主、科学、理性观念面前，底层的民众是文明、发展的对立面，是现代化的敌人。看看中国新文学中的农民形象就知道了，即便是赵树理这样的农民文学家，他依然是从启蒙的角度来写农民。实际上，村民在继承村落文化传统的同时，也在创造着村落的文化，无论是继承与创造，都可以看到村落文化以一种象征图式（结构）的方式塑造着宏大的历史。也就是说，在研究中不仅体现了社会文化的历史变迁，也展现了人在这一历史变迁中的主体作用。

第二个问题，20世纪80年代特别是90年代以来，随着现代化、全球化进程的加快，我们发现：一方面，人们悲叹传统乡村图景、原生态民俗文化日益消失；另一方面，作为传统的民俗文化又被人们发明出来，进入现代生活的领域，一些传统的民间文学形式比如民谣甚至借助现代的通讯手段广为传播。民俗旅游、造神运动、当下民谣，庙会，文化搭台、经济唱戏等现象，都可以看到现代化、全球化进程中的民俗文化是如何被人们发明、再创造，以至发挥其政治、经济、社会、文化的功用与价值。

廖：这是一个很有意思的现象，以前被视为迷信、落后的东西，现在却以最现代的方式展示在人们面前，说明传统依然具有巨大的力量，人们依然生活在传统之中。但是，包括民俗旅游在内的诸多民俗展示、表演实际上是一种复杂的文化生产现象，你是如何看待民俗旅游的问题？

刘：国内一次抽样调查表明，来华美国游客中主要目标是欣赏名胜古迹的占26%，而对中国人的生活方式、风土人情最感兴趣的却达56.7%。如此看来，民俗风情旅游不仅仅成为政府部门发展经济、吸引外资的重要文化资源，而且也已经成为满足西方人想象、"了解"中国人生活方式的一种途径。但是，当我们怀抱全球化的语境联想，审视中国当下文化情境中的民俗旅游的时候，当我们考虑到民俗作为一种生活文化所具有的生态性原则的时候，我们有理由忧虑的是，民俗风情的旅游越来越抛离其原生的文化生存语境，已经彻底仪式化了。当民俗生活失去其生存土壤，被抛置于戏剧化、仪式化的场景之中，成为观赏和被观赏的对象，不是一种自然的、原生态的生活状态的时候，我们需要追问的是，民俗文化是如何纳入民族国家的现代化话语之中？在全球化的语境下，民俗文化又是如何被编织为民族文化的主要象征？民俗文化旅游事业的兴旺，其背后所支配的是一种什么样的意识形态？我们不得不承认，民俗文化旅游由于各种原因而注入了意识形态与商业经济的因素，作为一种具有独特文化意蕴与价值的符号体系，越来越成为空留下承载原有意义的形式外壳。不仅如此，在全球化背景下，民俗旅游已经成为全球化的一种表征，越来越成为人们娱乐休闲、摆脱生活压抑的一种方式，民俗风情旅游已经成为发达地区人们寻异猎奇的对象，是满足西方人对中国社会的想象之途径，随着民族国家内部地区间经济文化的差距日益凸显，也已经成为地区间文化想象的符号。

廖：自从改革开放以来，"文化搭台，经济唱戏"被许多地方政府奉为发展经济的圭臬，地方政府挖空心思、掘地三尺，想方设法寻找具有历史影响与地域声名的文化事象，其中利用最多的当属民俗文化。关于这一问题的看法，我也看过你的一些文章,似乎不以简单的价值判断来进行研究,你是以一种什么样的角度来切入的?

刘: 我在研究中,尽量避免简单地判断某种现象的好坏,因为,存在的就是合理的,它之所以存在,就有其存在的土壤,与其简单地作出价值判断,还不如挖掘其背后的支配力量与意识形态。实际上,我想考察的是,这种具有政治、经济、文化力量的话语是如何形成的?可能对我们认识这一现象更有益处。我认为,不管发掘了何种历史文化或者民俗事象,在很多情况下,民俗文化往往都成为经济发展的陪衬品,文人们证明文化事象的历史影响与地域性声望,其目的在于,试图通过具有深厚历史底蕴的文化的金字招牌扩大地方的影响,足以使地方政府吸引到海内外的资金投资地方经济建设。在仪式表演的背后,则是"让××走向世界,让世界了解××"的向往,怀抱着通过文化的仪式化表演纳入世界经济秩序格局的理想,想象地方性文化的展示迈向世界的坦途。这种全球化的想象正是中国当下的文化现象中一个极其重要的症候,这就是,在全球化的今天,我们这一时代的许多重要的政治、经济与文化现象,都应该联系到地方性文化与全球系统之间的关系,在我们时代最重要的文化现象中,有一些与作为整体的全球系统的反应和解释有关。更具体地说,全球化包括了这样的压力,它迫使社会、文明和传统——既包括"隐蔽的"传统又包括"发明的"传统——的代言人转向全球性文化场景,寻求被认为与他们的认同相关的思想和象征。一如阿帕杜莱所说:"在我们今日居住的世界上,想象在社会生活中,发挥着一种全新的作用。……形象、想象物、想象的——所有这些语汇都把我们引向全球文化进程中某种新的批判性的东西:作为一种社会实践的想象。想象不再是幻觉,不再是少数精英的消遣,不再是纯粹的观照,相反,想象成为一个有组织的社会实践领域,一种公正形式,一种主体与全球范围内决定的可能性之间进行协商的形式。……想象现在成为所有主体(agency)形式的关键成分。"[1]

---

[1] 阿尔君·阿帕杜莱:《全球文化经济中的断裂与差异》,载汪晖、陈燕谷主编《文化与公共性》,生活·读书·新知三联书店,1998,第526—527页。——编者注

廖：其实，传统不仅仅体现在以上这些方面，在民俗学学科领域占有非常重要地位的口头民间文学，这些年来似乎也没有随着现代化的到来而销声匿迹，有些民间文学比如民谣、笑话之类，近几年还特别发达。你也曾经有一篇研究当下民谣现象的文章，在学界产生了较大的反响。你自己认为这篇文章的意义在哪里？

刘：首先，这篇文章是民俗学界的学者对于社会生活现象的及时回应，其次，这篇文章以不同以往的民间文学研究方式，表达了民俗学学者关于当下问题的独特看法，发出了自己的声音。进入20世纪90年代以来，中国的改革开放日益向纵深拓展，新旧体制的矛盾带来了许多社会问题，社会同质性趋于消解。当下中国可以说是中国历史上最为复杂、多元的社会，以致以理解分析社会为己任的知识分子都面临着前所未有的阐释焦虑。然而，正如中国长期以来的社会历史所证明的，社会的变迁越丰富复杂，普通民众对于社会生活的阐释越来越显出其草根智慧，当下民间广为流传的各种民谣，正是民众智慧对于社会生活的反映。在某种程度上，当下民谣反映了一种社会情绪，代表了当下的民间声音，因为民谣不仅仅是文学，在很大程度上，更应该说是一种社会舆论、一种民间的意识形态。在口头文学总体趋于没落的时代，民谣以其短小精悍、易于记诵传扬、针砭时弊毫不留情、高超的讽刺艺术等特点，在民间不胫而走。学界对于当下民谣的社会批判力量鲜有研究，本文的写作正是试图体现学者对于社会生活的回应。对于民谣的研究，如果单纯从文学的角度去解释，这是传统的民间文学研究手法，可能很难比较准确地理解当下民谣。倘若我们从历史／文化／权力的维度加以分析，将有可能更为深刻地理解当下民谣流传现象的民间传统与社会情绪。可以这样说，尽管民谣具有民间文化不可避免的经验意味，不是对社会文化现象的深层次思考，但是，民谣对于社会文化现象的直接、快捷的反应，对社会文化现象保持着清醒的批判意识，针砭时弊，始终采取独立的民间姿态，准确地反映了一个时代的社会文化变迁，以及民间普遍的社会情绪。

廖：今天聊得很愉快。你能就你今后的研究谈一些想法吗？

刘：今后我还将继续深入地研究上面谈到的一些问题，另一个特别想做的是，民俗文化与中国新文学之间的关系，这个问题不仅仅与民俗文化与作家文学有关，还与民族–国家的现代化进程、社会政治变迁、思想史的演变等有关，民俗文化不是一个客观的对象，而是成为作家表达其独特意识形态的想象。这也应该是理解中国社会变迁的一个独特角度。

（原载《民族艺术》2003年第3期）

《山海经》与上古学术传统

刘宗迪　廖明君

刘宗迪，北京语言大学人文学院教授。主要从事神话学、先秦文献、上古史、民俗文化史等领域的研究。

著有《古典的草根》《七夕》《失落的天书：〈山海经〉与古代华夏世界观》等著作，在《读书》《文史哲》《民族艺术》《民俗研究》等杂志发表论文数十篇。

廖明君（以下简称"廖"）：最近你发表了关于《山海经》研究的系列论文，对《山海经》这部古老典籍提出了与传统观点大相径庭的解释，尤其是你证明此书的《海经》部分其实讲的不是地理，也不是神话，而是讲的上古天文历法制度，是一部被人遗忘的"天书"，可谓出人意表，在学术同行中引起了很大的兴趣。我本人对你的研究也深感兴趣，你对《山海经》新解释的意义其实已经超出了《山海经》本身，它涉及中国学术史，尤其是上古学术史中许多重大问题，因此，今天请你就这一研究的缘起、基本观点和学术意义等系统地谈一下。

刘宗迪（以下简称"刘"）：很高兴有这个谈论《山海经》的机会，不过，在开谈之前，请容许我先向你以及《民族艺术》杂志的同人表示感谢，非常感谢贵刊的慷慨，拿出这么大的篇幅连载本人的《山海经》研究论文，这在今天尤其显得难能可贵。

廖：我们的刊物对于有创见、有价值的学术成果历来就不吝惜篇幅，传播新知、推进学术是学术刊物的使命嘛。好了，我们不用客套了。让我们从头说起吧，你为什么想起研究《山海经》的？《山海经》可是中国古代典籍中的一个"异数"，里面全是些稀奇古怪、匪夷所思的东西，两千多年来，谁也没有把它说清楚，连饱读诗书的老先生们也是唯恐避之不及的。

刘：正因为是异数，所以才有趣，正是因为从来没有人把它说清，所以才必须把它说清，学术研究的目的不就是释疑去惑、探索未知吗？不过谈到本人之所以会看上《山海经》，说来就有些话长了。说实话，尽管很早就"听"鲁迅先生在他的散文《阿长和山海经》中谈到过《山海经》，也曾惊讶于其中那些"人面的兽、九头的蛇、三脚的鸟、生着翅膀的人、没有头而以两乳当作眼睛的怪物"，但真正认真读《山海经》还是在80年代末读研究生时候的事情。当时我买来上海古籍出版社影印的《二十二子》，这书中基本上包括了先秦及秦、汉早期所有重要的诸子著作，其中也收入了《山海经》，硬着头皮把老、庄、墨、荀等一一读下来，读到《山海经》却读不下去了，其他诸子尽管也不乏故弄玄虚、故作高深的地方，但他们讲的总归是六合之内的事情，那话语终究是读得懂的，道理终究是想得通的，而《山海经》讲的那些稀奇古怪的东西，尤其是其中的《海经》，完全超出了人类的理智理解能力之外，好像都是"六合之外"的事情。《论语》说："子不语怪力乱神。"《庄子》也说："六合之外，圣人存而不论。"可是古人为什么又要写这样一部充斥着怪力乱神、山川皆在六合外的怪书呢？从此，《山海经》就成了一个不解之谜，一直悬在心上。

廖：我觉得你看待《山海经》的路数和学术界常规的路数不太一样。大体看来，《山海经》这本书在当代的学问中，主要在两个知识范畴中被提到，一是在中文系的中国古代文学史中，在讲上古文学和神话传说时，提到《山海经》，提到其中的精卫填海、夸父逐日、刑天舞干戚等故事，这是把《山海经》当神话和小说来读；一是在历史系的中国古代地理学史中，讲到上古地理学时，把《山海经》跟《禹贡》《地理志》等放在一块讲，这是把《山海经》当成地理书来讲。这其实代表了知识界对《山海经》一书的两种基本看法，古往今来对《山海经》一书的理解基本不出这两个路数。古代学者，包括清代著名的《山海经》注疏者，诸如毕沅、吴承志、郝懿行诸家，主要是把《山海经》看作真实可靠的地理书，而现代学者，诸如鲁迅、茅盾、袁珂诸贤，主要是把《山海经》看作奇思妙想的神话书。地理书或者神话书，这其实成了我们理解《山海经》的基本假设，这些基本假设往往成为不言而喻、众所周知的常识，制约着人们的学术视野，让人对超出这些视野之外的东西熟视无睹、习焉不察。你好像既没有从神话学的角度理解此书，也没有从地理学的角度理解此书，也许，正因为这样，少了这些固有视界的拘束，你才能见人所未见，发现这部"天书"的秘密。

刘：确实，诚如所言，古往今来的学者理解《山海经》主要有两个路数，一是地理学的，一是神话学的，而我试图从整体学术史的角度重新理解《山海经》，也就是说，把此书从学术界想当然的归类中解脱出来，放回到其本己的学术和知识背景中进行解读。其实，早在20世纪30年代，钟敬文先生就开辟了理解《山海经》一条新路径，就是从文化史、知识史的角度理解《山海经》。先生在30年代早期就发表了《我国古代民众的医药学知识》（1931年）、《中国神话之文化史的价值》（1933年）等研究《山海经》的专论，首次尝试用现代文化人类学的观点，从文化史和学术史的角度，把《山海经》当作上古时代的民众知识进行理解和研究，先生所标举的"民众知识"，是一个较之传统学者心目中的"经史之学""诸子之学"更广阔和深邃的学术视野。——提起传统学术，人们首先想起的往往是经学、史学、子学这些中国传统学术的主流，直到现在，人们理解的国学范畴大致也不外乎此。但是，在这些宏大学术主题之外、之下，还有一类知识一直未被研究者注意，一直落在学术研究的视野之外，但却一直以一种潜移默化的力量有力地影响着中国民众对于自我、历史、世界和宇宙的理解，切实地启迪和支撑着他们的生活，这就是那些一直不登大雅之堂的民众知识，或者说普通知识。这些知识无关乎治国平天下，无关乎世道人心，却与人们的世俗生活息息相关，与人们生活于其中的世界、地方和岁月息息相关，这就是钟敬文先生所指出的"民众知识"。这种知识包罗万象,纷繁驳杂,涉及民众日常生活和精神生活的方方面面,衣食住行、送往迎来、趋吉避凶、风水占卜、求神驱鬼等,这些知识,漫无统系,你无法用一个基本原理、整体框架把它们"一言以蔽之"地加以穷尽,也没有那个学者能够博学到穷尽这些知识的程度,这也许就是古人所谓"博学君子"的知识吧。这些知识,真伪并存,异彩纷呈,泥沙俱下,却是古代学术和思想的真实背景。时下有些研究学术史的学者,受西方新史学和后现代主义的影响,也注意到了中国古代学术的民众知识背景,对"普遍知识""本土知识""地方知识"等津津乐道,仿佛哥伦布发现了新大陆,其实,这不过是旧话重提,早在几十年前,钟敬文先生等中国第一代现代民俗学者就已经提出了这一问题。他们和当代学者相同的地方在于,他们也是在西方现代学术的启发下提出这一问题的,但除此之外,他们还继承了中国本土的学术传统,就是所谓"博物学"传统。钟敬文先生所谓的"民众知识",接续的正是中国传统的博物学知识谱系,那是包罗了天文地理、理工农医、自然人文等各方面的知识,本草医药学尤是其中的大宗。钟敬文先生的《我国古代民众的医药学知识》就是从本草医药学的角度研究《山海经》的。在读了古人那些充斥着陈词滥调的《山海经》注疏,读了当代学者那些故弄玄虚的《山海经》神话研究论文之后,乍然读到钟先生这篇写在30年代的旧文,真是有耳目一新的感觉。尽管文章中有些观点今天看来有可商之处,先生的许多真见卓识在这篇文章中也没有充分展开,但是,读了先生的文章后,我自信终于找到了解开《山海经》之谜的钥匙,这就是从民俗学的"民众知识"的角度理解《山海经》。

现在,回想当初,当我读《二十二子》,读到《山海经》时,之所以读不下去,之所以对这本书感到无所适从,是因为当时我根本没有认识到,《山海经》是一本和那些子书性质完全不同的书,那些子书可能有些已经残缺不全,但作为一个思想家或者一个思想流派的著述,其中总有一个一以贯之的"理念",也就是思想体系,我们读它们的目的,就是为了把握这个思想体系,一旦把握了这个体系,我们就自以为读懂了,就理解了,困惑就消失了。但是,《山海经》却不是思想家的著作，它的著述目的不是为了宣扬、记录一种理念、一种思想，在它的底下，根本就没有这样一种内在的思想逻辑存在，因此，当我们抱着和读诸子一样的念头和期望读《山海经》时，就注定会一无所获，茫然若失。但这并不意味着《山海经》一书就是乌七八糟、胡乱拼凑的杂俎之作。《山海经》是一部记录古代民众知识的知识性而非思想性读物，其中虽然没有一以贯之的思想逻辑，但是，这些知识肯定不是凭空而来，不是无中生有，它们肯定是属于一个特定的知识范畴，源于一个古老的知识传统。只有透过《山海经》光怪陆离的表象，把握了其所归属的知识范畴，了解了其所自出的知识传统，我们才能真正理解《山海经》一书的性质，才知道：它是一本什么书？它在中国上古学术史中的地位？它都讲了些什么？它讲这些东西的用意何在？这些东西的意义又何在？我们也才能最终理解其中那些稀奇古怪的记载的真实含义。

廖：钟敬文先生在民间文艺学和民俗学事业上的造诣和贡献是众所周知的，今天从你这里才第一次知道，原来钟先生在现代的《山海经》研究史上也是开风气之先的人物。

刘：诚然。钟敬文开辟了一条理解和研究《山海经》的全新路径，上面谈到的《我国古代民众的医药学知识》一文，原本还有一个副标题，叫"《山海经之文化史的研究》中的一章"，当时，先生还开列了一份系统、庞大的《山海经》研究提纲，可见，先生当时是有一个《山海经》研究的大计划的。但是，也许是由于战乱，也许是由于先生自己学术兴趣的转移，后来，这份研究计划并没有付诸实践。更由于被其在民间文艺学、民俗学等方面的盛名所掩，先生早期在《山海经》研究上的成就竟被埋没了，而先生开辟的这条研究《山海经》的新路径，在国内也一直无人问津，倒是日本的伊藤青司，在其一系列《山海经》研究成果中，把钟先生的研究路数发扬光大了。但不管是钟先生还是伊藤青司先生，都是仅仅把这种研究路数应用于《山经》，对于《山海经》一书中最令人迷惑、费解的《海经》部分，则涉及较少，因此，当我投身钟先生门下，就把从学术史和民众知识的角度解读《海经》作为博士论文选题。

廖：钟敬文先生的《山海经》研究成就遭到遗忘，这又是一个典型的学术史上的"失踪事件"。学术史总是这样充满了出人意表的断裂、分叉和异变，幸好，如今这条断绝的学术脉络终究还是重新续上了香火。不过，学术史的故事讲起来就没个完啦，我们还是把话题集中到你眼下的《山海经》研究上吧。

刚才你说钟先生和伊藤青司的研究主要限于《山经》，而你自己则主要关心《海经》，《山海经》将"山""海"并举，两部分似乎环环相扣、密不可分，比如说，在历史地理学上深有造诣、对《山海经》也做过专门研究的顾颉刚先生，就认为《山经》和《海经》是一部书的两个有机组成部分，《山经》讲的是海内本土的地理，因此翔实可靠，《海经》讲的是海外异域的方物，因此充满幻想和神话色彩，这种观点似乎也是学术界关于《山海经》的共识。照你说来，难道同属《山海经》一书的这两个部分有什么截然不同吗？

刘：是的，岂止不同，简直就是风马牛不相及，也就是说两者不仅内容不同（这个，明眼人打眼一看都能看出来），而且是有着完全不同的性质、来自完全不同的知识传统、属于完全不同的知识范畴。可以说，一个地下，一个天上，《山经》讲的是地理，《海经》讲的是天文，这是后话，下面再谈。《海经》之所以一直令人感到困惑不解，《海经》真实意蕴之所以一直秘而不宣，一个根本的原因，就是人们对这部古书"看走了眼"，把它跟《山经》"眉毛胡子一把抓"了，结果既看不清眉毛，也看不清胡子。既然要从文化史、学术史、知识史的角度研究《山海经》，首要的问题就是要弄清其中各部分所归属的知识范畴和学术传统。因此，正确把握两书的区别，这事看起来虽小，却是正确认识此书的关键。《山经》和《海经》两部分的区别，就像一道裂隙，泄露了这部古籍的秘密。而发现这道裂隙的，其实仍得归功于吾师。钟先生在30年代的另一篇《山海经》研究论文中早就埋下了伏笔，我所做的是把这道裂隙扩大，让其中蕴含的秘密大白于天下。这种感觉就像是一个练功的后生深陷暗无天日、密不透风的密室，走投无路之际忽然发现了前辈高人在墙壁上留下的痕迹，你轻轻一触，机关开了，密室洞开，别有洞天，一切困惑都豁然开悟。

廖：有趣，钟先生埋下了什么伏笔？请慢慢道来。

刘：这得从《山海经》与图画的关系说起。《山海经》原是有图的，这些图当然不是今天我们看到的《山海经》插图，我们看到的插图只是在《山海经》古图佚失之后，后人根据《山海经》文字而拟想摹画的。《山海经》是"缘图以为文"，先有图画，后有文字，文字是对在先的图画的叙述和解释。《山海经》是述图文字，这是古往今来的《山海经》研究者和注疏者尽人皆知的。但是，前人乃至今人都笼统地、想当然地以为《山海经》全书都是有图的，不仅《海经》有图，《山经》也有图。钟敬文先生才第一次明确指出，只有《海经》部分才是有图画为依据的，《山经》则原本根本没有图画，其中内容是对自然山川风物的目验实录。这一发现看来并没有什么了不起的地方，却是我们正确理解《海经》的关键和出发点。

因为既然《海经》是述图文字，而《山经》不是，那么，这就意味着《海经》与《山经》可能各有来历，也许是两种完全不同的著述，两者可能来自完全不同的学术传统，只是偶然的机缘才使两者被编为一书。不能因为《海经》和《山经》被编在同一本书中，因为《山经》是地理书，就想当然地认为《海经》也是地理书，就认为《海经》和《山经》属于相同的知识范畴。

《海经》既然是述图文字，那么，要理解《海经》，首先就要弄清其所依据的古图是一幅什么样的图画，然后，我们才能进一步追问它源于什么样的知识范畴和学术传统，应该如何理解它的文字，这个道理不是明摆着的吗？

廖：《海经》依据的是什么图画，这好像原本是不成问题的，《山海经》既然是地理书，那么，其所依据的当然是一幅地图了，或者是一幅四海方物图，这还有什么疑问吗？这几乎成了关于《山海经》的常识，而你却把这个常识完全推翻了，推了个底儿朝天，说那幅古图不是地图，而是天文历法图，从而完全扭转了传统的关于《海经》的认识，说《山海经》既非神话，也非地理书，而是一部失落的"天书"，这一说法实在有些"耸人听闻"。

刘：诚如所言，《海经》所据古图是一幅方物地图，这早已经成为常识，我也曾对此深信不疑，老老实实地把《海经》当成地理方物志来理解和解释，曾花不少力气妄想把《海经》中提到的地名和古代史籍中的地名一一对号入座，以搞清《海经》所述及的那些异人怪兽究是何方神圣。其实，从郭璞直到清儒训释《山海经》一贯都是这样做的。但是，最终不得不承认这样做是徒劳的，因为不仅《海经》中的地名绝大多数在史籍无迹可求，就是极个别在史籍中有案可稽的地名，也与历史地理南辕北辙，你把这个地名的地望方位对上了，另一个地名又错开了，真是捉襟见肘，按下葫芦起来瓢。

廖：依我看，历来关于《山海经》的地理学研究一直就在为这些按下又起来的葫芦和瓢忙得手忙脚乱。

刘：是的。其实，我们早就该意识到，这是徒劳的。既然是徒劳的，就应该改弦更张，人们早就应该意识到，也许把《海经》当地理书来看的做法，从根本上就错了，《海经》根本就不是地理书，而是别的什么。

其实，只要我们抛开地理学的偏见，抛开那些根深蒂固的常识或者偏见，像现象学主张的那样，回到事情本身，回到文本，用一种纯真无伪的目光细细打量研究的对象，细读原文，一些意味深长的蛛丝马迹就会在不知不觉中呈现出来，向你泄露出其中的奥秘。

正是在细读原文的过程中，我注意到了《海外经》中的四方神和《月令》中的四时神的对应关系，于是我试着从时序的角度而不是从空间的角度理解《海外经》，接下来，一切就迎刃而解了。

廖：这四方神可以说是你解开《海经》之谜的关键。就像庖丁解牛，你找到了牛本身的条理和结构，"依乎天理，批大郤，导大窾，因其固然"，于是整头牛就"如土委地""謋然已解"，于是，《海经》就从地理书变成了天文书，从风物志变成了岁时记，从空间之书变成了时序之书。

刘：其实，由于这四方神的存在，《海外经》的时序意义再明显不过了，可是人们囿于《山海经》是地理书的常识，却一直对此习焉不察、熟视无睹。学术的突破往往就是从对众所周知、不言而喻的常识的诘问开始的。

《海外经》分东、西、南、北四方，叙述四方的山川方国，乍看这确实是对一幅地图的叙述，但其中提到的四方之神却泄露了这幅古图的时序意义，这四方之神就是《海外东经》的东方句芒、南方祝融、西方蓐收、北方禺强。除了《海外经》的禺强在《月令》中作玄冥，这四方神与《月令》中的四时神几乎完全相同。而《月令》作为时序之书是毫无疑义的，因此，这四神作为时序之神也是毋庸置疑的。《月令》按时序的顺序历述一年四时十二个月的天象、物候、时令以及人们顺应时令所应该行施的农事、政令和礼仪，其中，每一个季节都有一个分管这个季节的时令之神，即春天句芒、夏天祝融、秋天蓐收、冬天玄冥。《月令》受五行说的影响，把四时与四方相配，因此，这四时神也可被称为四方神，即句芒是东方神、祝融是南方神、蓐收是西方神、玄冥是北方神，但是，从四神的名号可以看出，它们最初正是从时序获得其意义的，句芒的本意指春天万物萌发；祝融又作朱明，指夏天的阳光明亮；蓐收就是指秋天万物收获的意义；而玄冥则指冬天万物伏藏归于幽暗的意思。也就是说，四神名字的本意其实就是指春、夏、秋、冬四时，四神无非就是四时的拟人化和神化。既然四神就是四时，那么，当这四神原原本本地出现在《海外经》中，也就是说，当这四神出现于《海外经》所据的古图上，无疑就等于明确无误地告诉我们，这图是一张时序之图，而非空间之图，图的四面表示春、夏、秋、冬四时，而非东、西、南、北四方，这就提醒我们，应该从时间的角度而不是空间的角度来理解这幅古图，其中的每一画面——也就是《海外经》经文中的每一要素——也应该放在这个时间框架中，才能得到恰如其分的理解。也就是说，《海外经》所据古图其实是一幅以图画形式描绘的月令岁时图,今本《海经》文本中的内容就是对这幅月令岁时图的叙述和解释。

廖: 你在《〈海外经〉与上古历法制度》《〈大荒经〉与〈尚书·尧典〉的比较研究》《昆仑原型考》等文章中对《海外经》和《大荒经》与上古历法月令制度之间的关系的论述,是相当充分和有说服力的。比如你指出《海外东经》的扶桑十日、《海外西经》的登葆山十日分别表示春分和秋分之日的立表测影活动,《海外南经》的三株树和《海外北经》的夸父追日分别表示夏至和冬至的立表测影活动,《大荒经》的中东、西方的七对日月出入之山是古人据以观测日、月运行以确定季节和月份的标志物,四方神和四方风体现了古人根据季候风变化以确定季节的物候历制度,《大荒经》的东、西、南、北四极之山是古人据以观测天象的地平经纬坐标系,昆仑山的原型是明堂,即古人仰观天象、授时颁历的原始观象台等,都有令人茅塞顿开、耳目一新之感。历法月令图中描绘四时节气上的观象授时活动,固然是其题内应有之义。但是,要说《海外经》和《大荒经》中的那些稀奇古怪的内容,比如奇人怪兽、山川方国,都是源于对月令图画面中固有内容的叙述,则似乎令人难以接受。一幅时序之书描写这些东西干什么呢?它们又是从何而来的呢?

刘: 关于《海外经》和《大荒经》中那些异国风情的来历,大概不止你一个人会有这种疑问。其实,钟敬文先生就曾如此质疑过我,为此,我的博士论文专门花了很大篇幅回答这一问题。我的博士论文分"《海经》历法考"和"《海经》月令考"两篇,下篇"月令考"将《海外经》中关于四海"异国风情"的记载与传世《月令》类文献中相应季节的物候、岁事记载相对比,证明《海外经》中的那些四海方物内容可以一一还原为《月令》文献中相应的物候、岁时场景,古人既然将他看到月令古图误认为四海方国地图,因此,在叙述、解释月令古图时,就望文生义地将其中的物候、岁事场景解释为四海方国风情,于是,我们今天看到的《海经》中才有了那些光怪陆离、异彩纷呈的异人怪物、奇禽异兽。

《海外经》所据古图是"图画月令",即以图像形式写照每月物候、农事、岁事节庆和仪式的图画，它是后世文字月令的前身，月令进一步发展，就成了后来的皇历、现代的月份牌。由于由历法体现的时间节律是人类安排生产、生活和仪式的基本依据，每个时代的人都离不开时间尺度，都离不开历法，因此，无论在什么时代，历法知识肯定是最普通最大众化的知识，时间或者历法知识的载体就是历书。而最初的历书肯定是以图画形式出现的，这是因为，在文字尚未普及和通行的上古时代，记载和传播知识的一个有效手段就是图画，《易传》所说的"立象以尽意"，就是此意。鉴于历法知识的大众性，在上古时代这种图画月令肯定相当流行，先秦文献中就留下了关于此类图画月令的明确记载，《管子》中有一篇叫《幼官》，还有一篇叫《幼官图》，显然就是与前者相配的图画，今本《管子》中图画已佚，仅存篇目。所谓《幼官》，据闻一多、郭沫若等考证，应作《玄宫》，玄宫就是明堂，是古人观象授时（观测天文、制作历法）、视朔布宪（颁布历法）的地方，而《礼记》中的《月令》篇，据郑玄的说法，原本应叫《明堂月令》，今本《月令》明确记载了王者在明堂中顺应时序、布令行政的仪式，可见，《管子》之《幼官》的结构和《礼记》中的《月令》篇，无论在结构上还是内容上都如出一辙，其实就是《月令》的前身，这一点早就有人指出来了。而《幼官》与《幼官图》相配，表明《幼官图》其实就是月令图，《幼官》原本只是对这幅图画的叙述。因此，《管子》此篇可以有力地证明古代确实存在图画形式的月令。

除文献记载上的线索之外，我们今天甚至仍能有幸看到此类古代图画月令的实物，这就是长沙子弹库战国墓葬中出土的所谓《楚帛书》。当然，从《海经》古图，到《幼官图》，再到《楚帛书》，由于时代不同、地区不同、使用的场合和目的也不同，因此，它们之间的区别还是很明显的，但是，就其以图画形式表示岁时时序，作为人们记时日、明时令、知吉凶的实用性读物，三者还是一脉相承的，也就是说，它们是同一种知识传统的产物。

廖：这种传统既然是前文字时代的产物，肯定有非常悠久的历史，可以推断，它的历史是和原始的口头文化传统相始终的。你在刚才提到《易传》的那句话，"立象以尽意"，其实，单凭图画是无法完全传情达意的，因为人们对图画的理解不可避免地会产生歧义，因此，伴随着图画的流传，必定还有与之相应的口耳相传的口头知识，对图画进行解释和叙述。这种口头知识往往是采取歌谣、韵文的形式，便于记忆和流传。我们在西南少数民族地区进行田野研究时，就常常在祭祀仪式中发现此种口头传统和传世图画相互搭配、并行不悖的现象。口头传统是对图画的解释，而图画则主要起到备忘和提示的作用。上古时代的"图画月令"肯定也有与之相伴随的口头历法知识世代流传，而不应认为有一种单纯的依靠图画记载和流传知识的传统。也就是说，图画传统必定依存于口头传统。

刘：你说得精辟极了，这也正是我最近在思考的问题。我此前的研究还是过于拘执于文献考据了，尽管也注意到与民俗学田野研究资料相参照，但对口头传统的关注尚嫌不足，尤其是没有意识到上古学术背后的口头传统的存在，更没有意识到《海经》古图后面的口头传统的存在。不过，最近我的同学巴莫曲布嫫在田野研究中的发现，却提醒我注意到了这一点。巴莫在她的家乡凉山彝族地区的田野调查中，发现了彝族祭司毕摩做法事时使用的斗笠，斗笠上用金属镶嵌着一圈圈非常繁复和精美的花纹，一般人也许仅仅会把这些花纹视为漂亮的装饰，但是，如果你对彝族的十月太阳历制度有所了解的话，就不难发现，那些镶嵌纹饰其实是彝族传统历法制度的象征，它其实就是凉山彝族的"图画历法"。斗笠上的花纹由一组组有规律的锯齿状组成，不同圆周上的锯齿的数量正好分别跟太阳历的一年的天数、月数、一个月的天数、一天的时刻数等关键性数字相吻合，这斗笠其实就是彝族祭司使用的图画历法。如果你毫无关于这种历法的知识背景，枉盯着这个斗笠，你肯定永远也看不出其中的奥妙，因此，这种"历法斗笠"肯定要有相应的口头知识传统作为背景。众所周知，彝族史诗中有相当丰富和系统的天文、历法和物候知识，这种历法斗笠只有在这一口传历法的知识背景下才有意义，才能够被理解。

廖："历法史诗"就是这种"历法斗笠"获得意义的语境，当这种口头传统断裂之后，这种历法斗笠的意义也就消散了，或者被误解。

刘：对。战国时代的中原地区就发生了这种口头传统的断裂，正是这种断裂导致《海经》古图的被误解。口头文化传统的断裂自然是由于文字的流行。汉字的产生当然有着悠久的历史，但汉字真正流通、普及，成为知识阶层记载和传播知识的主要媒介，则无疑是在战国时代。孟子说："诗亡，然后春秋作。"《易传》说："文不尽言，言不尽意。"大概就流露了口头传统和书面传统消长的讯息。战国时代游士阶层亦即最早的知识阶层的产生就与此有关。我最近在《读书》2003年第10期上发表的《文字原是一张皮》，谈的就是这个问题。战国时期"百家争鸣"局面的出现，无疑也与口头传统的终结和书面传统的创立有关。因为书面文献与口头传统的一个重大区别就是，口头文献的传承者必须忠实地原原本本地复述前辈的教训，不能妄自改变，而书面文献却与作者相分离，读者和学者可以自由地从自己的知识背景和文化偏见出发对之进行解释、引申和发挥，甚至作形而上的发挥。只有这种解释的自由，才使"百家争鸣"成为可能。世界上所有具有伟大文明传统的民族在历史上都经历过这样一次从口头传统到书面传统的转折，都经历过一个百家争鸣、思想勃发的时代，这也就是德国哲学家雅斯贝尔斯所说的"轴心时代"，也有学者称之为"文明的突破"。中国的战国时代就是典型的轴心时代。这一时期，由于文字的流通和普及，简帛文字代替口头歌吟成为集体记忆知识和传播知识的主要手段，源远流长的口头传统瓦解了，而产生并流传于这种口头传统中的图画却可能保存和流传了下来，其中就包括那些曾经非常流行的图画月令。但是，由于这些图画与其本来所依托的口头传统和知识背景的剥离，脱离了原初的语境，其原初的意义也就罕有人知，当战国时代的学者看到这样的图画，误解和望文生义就不可避免地发生了。

廖：于是他就把这幅月令图画误解为一幅地图，由此误解出发，他就把这幅时序图解释为四海风物志。但是，为什么他会把它误解为地图而不是别的什么呢？

刘：当然可能被误解为别的什么，但是，我认为，误解为地图，这里面肯定有一定的历史必然性。战国时代是中国由诸侯割据的封建时代走向大一统的专制国家的过渡时期，那个时代，无论知识分子，还是各诸侯国的统治者，都有着强烈的统一天下的欲望和意志，这一天下一统的理想最终由秦始皇实现了。那个时代的知识分子的使命之一，就是为大一统的国家制定制度蓝图，譬如说，《周礼》就是这样的蓝图之一。而统一的国家制度首先要有统一的国土作为依托，国家的统一首先是天下的统　，地理的统一，先有"溥天之下，莫非王土"，才会有"率土之滨，莫非王臣"。因此，为即将到来的天下一统勾画、想象和设计地理蓝图就是那个时代知识分子的重要知识工程之一。但是，勾勒、想象寰宇一统图，不能凭空捏造，而必须有所依托，那幅自古流传的月令古图正好适应了这种需要，这幅图画的四周描绘了一系列稀奇古怪的人物、动物和场景，那些古怪的人物、动物和场景原本是描绘的岁时节日庆典上的仪式场面和物候事象，但是，现在，这些场景的时序意义既然早已被忘却，在那些一门心思为专制国家设计蓝图、构想寰宇一统图、心中充满了对远方世界的幻想的知识分子眼中，他会将这些怪人看作什么呢？那正是他们心中关于远方世界的幻想的形象再现。于是，一幅月令岁时图就被"顺理成章"地误解为远方异国图。在那些满脑门"夷夏之辨"的战国文人看来，这幅图画中那些稀奇古怪的人物、动物就是"非我族类、其心必殊"的蛮夷之族，他们居住海外，环绕在华夏世界、王道乐土的周边，构成了华夏世界的地理和文化边缘地带，就像一道天然的屏障，维系着华夏世界的同一性。因此，他就理所当然地把他对这幅"地图"的叙述命名为《海外经》。而另一幅图画，较之《海外经》图画更多古怪，那一定更在海外之外，应当属于所谓"荒服"，于是就被命名为《大荒经》。因此，我们可以说，《海外经》和《大荒经》从一开始就是误解的产物。自此以往，后人关于这两部古老文献的理解就被引入歧途，其背后的那两幅月令古图以及这两幅古图所体现的那种古老的知识传统就无可挽回地遭到了遗忘。

　　廖：既然那幅古图被《海经》的作者误解了，而古图本身早就散失了，我们现在已经无缘看到你说的那幅月令古图，只能读到古人对这幅古图的误解文字，那么，也许有人会问，你又怎能依据这些误解的文字复原古图真相呢？这种复原的可能性和可靠性又多大？你的复原基于前人的误解之上，会不会成为双重的误解呢？

刘：这其实还得感谢《海外经》和《大荒经》的作者，也就是战国时代那位无名的作者，月令古图的叙述者。他可以说既是历史的罪人又是历史的功臣，就他误解了这幅古图而言，用那些无中生有的四海方国把后人引入歧途，他是历史的罪人；就他用惟妙惟肖的叙述，给后世保存了这幅古图的画面讯息而言，他又是大大的历史功臣。因为，虽然他不明白他面前的古图的真义，但是，他对古图画面的叙述却非常细致和忠实，很能摹写形容，传神写照。正是依靠他的叙述，我们才能在古图早已佚失的两千年之后，在一定程度上窥测古图的真相，重温那一被文字表象埋没了的知识传统。

廖：不妨举一个例子说明。

刘：比如说，《海外东经》中记载了"虹虹"，并说它"各有两首"，这其实就是彩虹，"虹"字在甲骨文中正做两首虫的形象，《海外经》的东、西、南、北四方在月令古图中原本分别表示春、夏、秋、冬四时，《海外东经》对应于春季，而"虹虹"在《海外东经》的南端，大致对应于月令古图中季春三月的场景。《月令》说："季春之月……虹始见。"可见，《海外东经》的"虹虹"其实就是春三月气象现象的写照。再如《海外南经》有"反舌国"，高诱说，反舌的意思是指南方蛮夷之国说话口音与华夏不同，还引或说称反舌是指蛮夷之人舌头倒着长，一般人舌尖在前舌根在后，而反舌国人舌头尖朝后、舌根朝外。真是一派胡言。《月令》中就提到"反舌"，它说仲夏五月："小暑至。……反舌无声。"郑玄说反舌是一种鸟，即百舌鸟，这显然是望文生义。蔡邕则说反舌就是蛤蟆，《月令》说夏五月"反舌无声"，正是对青蛙生活习惯的细致观察，因为此前的初夏，青蛙处于求偶期，故昼夜鼓噪不息，到了五月，求偶期过了，青蛙也就相对清净一些了，故说"五月，反舌无声"，是用青蛙的鸣叫记物候，明时令，《月令》用虫、鸟的鸣叫作为物候标志的记载很多。根据《月令》中关于"反舌"的记载,可知《海外南经》中的"反舌国",不过意味着在月令古图上画着一只青蛙而已,用以表示初夏季节"青草池塘处处蛙"的物候。

诸如此类稀奇古怪的四海风物记载,参照今本《月令》中关于每个月物候、仪式的记载,在一定程度上尚能还原为月令古图中的物候、岁时画面。我在自己的博士论文中,用了一半的篇幅做的就是这一还原工作。

廖: 你的意思是说,《海外经》中那些方国、民族,原本并不存在,完全是古图的叙述者对古图岁时仪式和物候场景的误解,是无中生有的捏造,全是莫须有的"乌托邦"。但是,与你这种论断矛盾的是,《海经》中提到的许多地名和族名,比如苍梧、交趾①,尤其是昆仑、西王母等,甚至还有西周之国、肃慎、北狄、犬戎等,明明都在史籍中有明确的记载嘛,怎么会是无中生有的捏造?

刘: 这个问题提得好,触及了理解《海经》的症结。其实,你这样提出问题,表明你认为先存在这些地名,然后才被载入《海经》中去的。但是,我们为什么不会反过来想一想,情况会不会恰恰相反,不是先有这些地方和地名,然后被《海经》的作者载于《海经》,而是《海经》捏造这些地名在先,后人用这些名称去命名他们新开辟的荒蛮之地在后呢?其实,正是如此。由于古图的叙述者误将月令古图误解为地图,误将月令古图中的岁时仪式场景误解为对远方异国风情的再现,因此,在叙述这些场景时,就把它们视为对四海方国的写照,并根据图中人物、禽兽的形象望文生义地加以命名,如《海外南经》中的结匈国、羽民国、讙头国、厌火国、三苗国、载国、贯匈国、交胫国、歧舌国、三首国、周饶国、长臂国等,都是这般来历。譬如说,"羽民国……身生羽",表明其图像是身穿羽衣的人物形象,实为仲夏求雨仪式上饰羽而舞的巫师;"厌火国……生火出口中",表明其图像是口中吐火的人物形象,其所表现的或如后世的吐火幻术;

---

① 在《海外经》中作"交胫国"。——编者注

"交胫国……为人交胫"，表明其图中人物正做两腿交叉的动作，这或者是一种舞蹈动作；"长臂国……捕鱼水中，其臂长"，表明其图中形象是一个长臂人物，画中人物的长臂并不表示其人天生有非同一般的长臂，这不过是绘图者为了突出其"两手各操一鱼"的动作而做的夸张而已。

你提到的那些地名，肃慎、北狄、犬戎等确属历史上实有的地名，但这些地名主要见于《海外内经》，而《海外内经》中的地理学内容大多是秦、汉人窜入的，不足为训。西周之国，见于《大荒西经》，在提到后稷的时候提到西周之国。其实，《大荒西经》对应于月令古图的秋季场景，这一记载在古图中对应的画面原是表现秋天的丰收庆典。丰收庆典上自然要祭祀谷物之神，即后稷。据我的考证，后稷最初并非周人的始祖，而只是农耕民族普遍尊祀的谷物之神，由于周人将社稷仪式从民间庆典变成国祀，因此，后稷就从农事祭礼中的谷神变成了周人的始祖神。《大荒经》所据古图中描绘了秋收庆典上对后稷之神的祭祀场景，述图者但知后稷为周祖，不知后稷为谷神，因此就想当然地把图中的后稷之神视为周祖，将描绘着后稷之神的场景视为西周之国。

除了诸如此类后人窜入和述图者误解的地名外，大部分既见于《海经》又见于史籍的地名，最初正是出自《海经》，而它们原本并非真正的地名，只是对月令古图中特定场景的误解而已。比如说，所谓"苍梧之野""苍梧之国"，不过是指图画中描绘着一棵苍苍郁郁的大树，而"交趾国"（交胫国）不过是指画面中两腿交叉的人物形象，诸如此类，不胜枚举。形形色色的所谓"方国"，在《海经》文本中不过是作者从其对古图的地理学误解出发而想象捏造。但是，这部著作一旦流传后世，被后人视为一部信而有征的地理书（甚至相信它是大禹分画九州、随方辨物的产物），随着边疆的开拓，地理视野的扩展，人们就相信它们来到了《海经》所描述的海外、大荒，于是，就根据《海经》的地名为这些新开之地命名。这样一来，原本无中生有的地名就在现实地理中得到了落实。这一过程特别发生于秦始皇时代和汉武帝时代，因为秦皇、汉武都是致力于开疆拓土的一代雄主。其中，最典型的例子，莫过于汉武帝对昆仑山的命名。这在贵刊今年第3期上刚刚发表的拙文《昆仑原型考》中已经作了详细的论述，这里就不必啰唆了。

廖： 前人用历史文献中的地名证明《海经》为真，你却反过来用《海经》中的地名证明历史文献中的地名是无中生有，这个翻案文章做得干脆利落。

刘： 要翻案，谈何容易。因为，要命的是，那些原本在虚无飘渺间的山川方国一旦被好事者坐实于现实地理，《海经》地理于是就"有案可稽"，《海经》之作为信而有征的地理书就铁案如山。因此，历代正史的《艺文志》或《经籍志》都把《山海经》列为史部地理类。留给后世《山海经》研究者的就只有一个任务，继续把《海经》中的地名、族名一一在现实世界中加以落实，从郭璞开始，直到毕沅、吴承志、郝懿行，所从事的无非是这一工作，就是把《海经》中的神话地理落实为历史地理、现实地理。

因此，可以说，《海经》作为一部地理书完全是误解的产物，完全是凭空捏造。但是，它却对中国古典政治地理学产生了真实的影响，成为后世人们理解天下地理和证明王道一统的"真实"依据。它对后世地理观的影响完全可以与《禹贡》相比，如果说，《禹贡》是古人建构华夏礼仪之邦、天子之国地理的主要依据，那么，《海外经》就是古人想象华夏周边、蛮夷世界的主要依据，《禹贡》版图终结的地方，就是《海经》世界开始地方。把《禹贡》和《海经》对比，不难发现，《禹贡》的天下地理观已经体现了《海经》的影响，《禹贡》九州中，渺远之地的地名就有出自《海经》的，比如昆仑、弱水、黑水、积石、流沙、三危等等。其实，对中国古代地理学和天下观产生了深远影响的"大九州说"，就是出自《海经》的地理模式。对大九州说的系统阐述见于《史记·孟子荀卿列传》和《淮南子·地形训》，把它们与《海外经》对比一下，其中的渊源关系一目了然。"大九州说"是战国时代齐国稷下学者邹衍提出来的，这暗示了《海经》与稷下学派的关系，这涉及《海经》的地域文化渊源问题，说来话长，今天来不及详表。

廖：你的意思是说，《海经》的世界地理原出捏造，但古人却信以为真，并依据这无中生有的地理书为大地命名，从而使《海经》的神话地理变成了现实地理，这使后世学者相信《海经》地理确凿可据，并进一步把《海经》地理坐实于现实地理。这很有意思，《海经》作者把天书误解为地书，《海经》的谬种流传又让人把虚误认为实，误解变成现实，现实又反过来将误解变成真理，沧海变成桑田，很有些历史沧桑的意味。

刘：不如说是一种历史的荒谬感。谬误成为真理，真理变成常识，历史中的人就一直沉浸在这常识化的谬误之中而习焉不察，你得费很大的力气才能破除这种历史的迷雾。

廖：这确实是一个有趣的学术史问题。由于知识背景的变迁，战国学者把月令古图误解为地图，并据此捏造出了一部虚无飘渺的《海经》。他终结了一个古老的学术传统，又开启了一个新的学术传统。他终结的是一个华夏先民源远流长的时间知识传统，开启的是战国以降的对专制国家的天下地理观形成深远影响的空间知识传统。《海经》就像一个学术史上的里程碑，两条道路在这里交接。由此而上，通过对《海经》发生学的研究，可以揭示出华夏先民的原始历法制度、月令习俗和时间观念。循此以下，通过对《海经》效果史的研究，可以让我们对华夏地理观以及此种地理观在大一统的专制国家意识形态的建构中所发挥的作用有一个更清晰的认识。这确实是一个很富于想象力也很富于诱惑力的学术话题。

刘：当年我想把《山海经》作为博士研究题目时，钟敬文先生曾嘱说，《山海经》够你研究一辈子的，当时听了这话很不以为然，心想《山海经》又不是六艺五经、佛藏或道藏，不就是薄薄的几页书吗？我把它读通了，弄清了它讲的什么意思，也就万事大吉了。现在看来，先生果有先见之明。不说全部《山海经》，就光《海经》这半部《山海经》的文化渊源及其学术史效应，也够一个学者钻研一生了，因此，我在博士后研究中继续了《海经》研究这一课题。博士后研究以博士论文中对《海经》的历法月令知识背景的考察为出发点，对《海经》其书的历史文化渊源作了全面的考察，揭示了《海经》与东夷文化和战国时期齐国稷下学宫之间的学术渊源关系。不过，话说回来了，我确实也不想把自己的一生全都"献给"《山海经》研究事业，一味地钻故纸堆，什么时候钻得出来呀。

《海经》对华夏地理学的效果史研究确实是一个饶有兴味的问题，但一涉及历史地理学的问题，就不由得人脑袋变大，因此，目前只好敬而远之。现在主要还是侧重于向上追溯的问题，即复原《海经》背后的月令古图，并据此重建华夏上古时间知识传统。我们前面说过，由于口头传统和知识背景的终结，因此导致《海经》的作者误解了月令古图，从而中断这幅古图依托于其中的那一源远流长的时间知识传统。其实，这一传统并没有终结。我们可以说，由于《海经》作者的误解，割裂了《海经》与月令历法传统的关联，从而导致对《海经》的误解，但是，就这种古老的时间知识传统本身而言，它并没有断裂，相反，还被战国学者发扬光大，从中阐发出包罗万象、牢笼宇宙、贯通历史的月令体系和阴阳五行学说。

一种源远流长的传统是不会轻易完结的，时下由于以福柯为代表的后现代史学观的影响，大家似乎都对历史的断裂性津津乐道，其实，对于历史来说，连续性才是其基调，尤其是对于像中国这样一个有着厚重的文献史料和悠久的史学传统的国度更应如此，而像历法月令这样一种与人们的日常生活息息相关的知识传统，更不是轻易就会断裂的。《尚书》中的《尧典》，《管子》中的《幼官》《四时》《五行》《轻重己》，《逸周书》中的《周月解》，《大戴礼记》中的《夏小正》，《吕氏春秋》中的《十二月记》，《礼记》中的《月令》和《淮南子》中的《时训解》，就是典型的月令文献，它们可以说一脉相承，而其中的文句多有合辙押韵者，就暗示了其中不少内容原是口头流传的。其实，《诗经》还为我们保存一篇完整的口头月令，就是《豳风》中的《七月》。正是依据这些传世的月令文献，我们才有可能揭示出《海经》背后的那幅久已埋没的月令古图。不过，反过来也可以说，正是因为我们揭示了《海经》背后的这幅月令古图的真相，我们方才认识到，我们现在所拥有的这些传世月令文献虽然大都是战国及其以后的成书的，但是，它们确实是一个源远流长的口头知识传统的孑遗，《海经》背后月令古图的"再现"，为我们重建这一源远流长的传统，追溯其悠久的历史文化渊源，重估这一知识在上古华夏学术史上地位，提供了一份足资凭据、弥足珍贵的史料，其对于古代学术史研究的意义绝不亚于一堆古代简帛的出土。

廖：你的《山海经》研究确实敞开了一个别开生面、意蕴丰富的学术视野。结束我们的谈话之前，请你简单地归纳一下你的《山海经》研究的意义。

刘：第一，这一研究第一次揭示了《海经》这部神秘古籍的真相，证明其所据古图并非地图，而是以图画形式写照四时历法月令的月令图，从而为我们正确理解《海经》的奥秘奠定了基础。

第二，这一研究证明《海经》也并非荒诞无稽的神话，在其荒怪记载的背后是一幅渊源有自的月令古图，对于我们了解上古文化、学术和科学是一份珍贵的史料。

第三，这一研究从《海经》与上古历法月令制度的关系出发，揭示了诸如扶桑、十日并出、三足乌、夸父追日、后羿射日等一系列"神话故事"的文化原型，尤其是揭示了昆仑山和西王母神话的中土文化渊源。

我尤其看重第二点，即《海经》的史料价值。古代学者对《山海经》——包括《海经》的史料价值是深信不疑的，但这种信念却建立在对此书的误解之上，因为他们衷心相信《海经》是信而有征的地理书。现代学者受西方学术的影响，从神话学的角度看待和理解《海经》，其史料价值遭到了怀疑。尽管王国维在《殷周制度考》中证明了《大荒经》中关于王亥的记载可以与殷商卜辞相互印证，胡厚宣先生对于《大荒经》四方神和四方风与殷商卜辞、《尧典》中相关记载的对比研究更为学术界所艳称，但是，这些研究成果并没有导致学术界对

《海经》可靠性的全面认识，《海经》仍一直被当成一个可疑的异数，被排斥在古史研究的史料集之外。但愿本人的研究能彻底改变《海经》的这种不幸的命运，我深信，一旦《海经》的史料价值得以确认，上古文明史研究中的不少问题都会迎刃而解。

廖: 看了你的文章，再听了你这一番话，我也要对《山海经》刮目相看了。

刘: 如此，吾愿足矣。

（原载《民族艺术》2003年第4期）

田野研究的"五个在场"

巴莫曲布嫫　廖明君

巴莫曲布嫫，彝族，中国社会科学院民族文学研究所研究员、口头传统研究中心主任，《民族文学研究》副主编，中国社会科学院大学博士生导师。入选国家"万人计划"哲学社会科学领军人才，兼任中国民俗学会副会长、中国少数民族文学学会副会长、国际史诗研究学会秘书长、联合国教科文组织非物质文化遗产领域专家。

主持"中国少数民族口头传统专题数据库建设：口头传统元数据标准建设"等多项国家级、部级重点课题。著有《鹰灵与诗魂——彝族古代经籍诗学研究》、《神图与鬼板：凉山彝族祝咒文学与宗教绘画考察》、《荷马诸问题》（译著）等。

学术反思与学术史批评

廖明君（以下简称"廖"）：你关于《"民间叙事传统格式化"之批评》一文已经分为三部分在《民族艺术》上连续刊出了。我反复读过，总的感觉是论题深刻，既有警示性，也富于现实性，尤其是从"民间文艺学术史批评"的角度，对史诗文本的产生方式和制作过程进行了审慎的反思，尽管仅涉及一例个案，却提出了具有普遍意义的学术史批评问题。那么，我想请你谈谈促成这种反思的直接动因是什么。

巴莫曲布嫫（以下简称"巴莫"）：说到"反思"，一则与近年来学科发展的新走向有关，一则也是一种自我检讨和反省。20世纪90年代以来，在中国民俗学界和民间文艺学界出现了一些新的趋势，其中之一即是"学术史反思"，几乎老中青三代学者都"卷入"其间，比如刘锡诚先生，还有吕微、朝戈金、陈建宪、施爱东等同人，都在各自的研究领域对过去的学术实践提出了见仁见智的考问，其中关于"田野与文本"的讨论最为激烈，或许在某种意义上可以概括为对"民间文学搜集整理工作"的多向性审视与建设性批判。另外,中国民俗学会去年为庆祝建会20周年举行了两天的学术论坛,同样也是以20年来的学术史讨论为主题的,在学会官网上可以查到相关专题的研究论文概要,足以说明这样一种反思的走向。我做的虽然是个案研究,但也得从学术史角度梳理出自己的问题意识,同时检视自己过去治学中究竟存在哪些盲点或误区。这一个案作为我博士学位论文的引论部分也"适逢其时"地完成了,多少算是"加入"了整个学术共同体的反思吧。

廖: 的确如此。去年夏天我也注意到了在北大"民间文化青年论坛"召开的网络学术会议,其主题好像是"中国现代学术史上的民间文化"。我颇有一些感慨,通过数字时代的现代科技,这种关于民间文化的"学术史反思"找到了一个集中呈现的学术平台。记得你当时提出的"格式化"问题也在那里得到了更广泛的讨论和认同。这种认同与你文中提到的20世纪50年代甚或80年代的情形是极为不同的,比如刘魁立先生当年关于搜集整理工作的深刻见地就显得"势单力薄",同时也反映出那个时代的学科意识和普遍通行的工作方法有一定的局限,尤其是受到意识形态的太多干扰。

巴莫: 是的,那次别开生面的在线讨论发生于"非典"时期。大家确实感受到了思想碰撞的即时性与互动性,这种"对话"形式确有开放性的张力,我个人的检讨和反省也受到了集体反思的激发和鼓舞,获益匪浅。正如你说到的"学科意识"问题,一旦被纳入"学术史"的认识论范畴,学术批评就当有"反思"的多维向度:既要面对过去,也要面对现在,更要面对未来,才能把过去的学术实践作为学科发展的资源,把先贤的学术努力作为今天乃至将来学科建设的动力和学术研究的自我鉴照。

廖: 从你的论文来理解,"格式化"问题确实是一种较为普遍的现象,过去存在,今天恐怕也依然存在。《勒俄特依》仅仅只是其中一个较为典型的例证。就彝族民间叙事传统来说，我还记得《阿诗玛》的搜集整理工作也曾引起过较大的争议。由此，你强调应该有客观公允的评价尺度，我想既要把过去的工作放到一个重要位置上来加以阐释，同时也要体现我们这一代学人的学术责任，而不是对具体学者的功过是非作一简单的评说。

巴莫：应当说，前辈们的贡献是功不可没的。回过头来想想，如果没有《勒俄特依》汉文整理本的面世，没有老一代学者奠定的文本基础，我们当下也无从"发现"或"回归"文本背后的史诗传统，至少我们走进田野的步伐也不知会延迟多少年。《阿诗玛》异文较多，除了民间口头流传外，还有多种彝文抄本，其搜集整理工作具有重要的学术史意义。长诗最早经云南省人民文工团圭山工作组搜集，由黄铁、公刘等人在20种异文基础上进行了第一次整理，于1954年发表并出版了四种不同的单行本，此后又对《阿诗玛》进行了第二次和第三次整理并出版，其"汇编""改写"手段在中国民间文艺学界也引起了较大的争议，客观上也促进了中国民间文学搜集整理工作的学术反思。当然，学科发展到今天，与过去也是不可同日而语的。刘魁立先生当年的"声音"未能进入"民间文学运动"的主潮而渐行渐弱，但像他当时提出的"活鱼是要在水中看的"，今天却重新成为学科发展的强音，正好说明学术共同体的形成，正是依托了新的学术认同，并建立在学科规范和学术批评机制有了进一步完善的前提之上的。

廖："格式化"一词很生动，形象地将你要表述的文本制作过程及其弊端呈现给了读者。你是怎么选中"格式化"这个"计算机术语"的呢？

巴莫：其实费了好一番周折。在论文写作过程中，我跟刘魁立先生、施爱东、朝戈金等人通过E-mail和电话讨论了不知多少回，当时在闹"非典"。因为我想用一个明晰的办法来说明这样一种文本的"生产过程"，他们先后建议我使用的"专用词"有"模式化""板式化"等，反复考虑之后，还是觉得不能说明问题的实质。最后才借用了"硬盘格式化"意义上的"格式化"。因此，"格式化"问题的提出，主要是想以简练的表述将以往文本制作过程中存在的主要问题抽绎出来，以期大家一同讨论过去民间叙事传统文本化过程中的主要弊端，从学术史的清理中汲取一些前人的经验和教训，同时思考我们这代学人应持有怎样的一种客观、公允的评价尺度。这或许有助于使问题本身上升到民间文艺学史的批评范畴中，对今后学科的发展有一些积极作用吧，至少我自己是在向这个方向努力的。

廖：你的个案研究针对的是当代彝族史诗传统的现实状况，同时回答了一些基本的学理问题，就是目前大家都比较关注的"田野与文本"的关系。你是怎么看待这个问题的呢？

巴莫：你刚才也问到"反思的直接动因"是什么，前面我从学科趋势谈到一些。但我自己的问题意识就是直接来自田野研究与既有文本之间的距离，而正是这种距离为我们正确处理田野与文本的关系提供了一种反观性的学术批评实践。当然，个案本身主要是想解决两个基本问题：一则想澄清一个最基本的事实，《勒俄特依》不应只是一部史诗的书面文本，而应成为一种鲜活史诗传统的再现；二则要告诉人们什么是《勒俄特依》背后的彝族史诗演述传统及其口头叙事法则的传统规定性。这两个问题看似简单，但回答起来却异常复杂。如果说，从中能够归总出带有一定普遍意义的学理性思考，"格式化"问题的讨论或许正是史诗传统"勒俄"之所以成为个案研究的认识论价值所在，尤其是以往"文本制作"的种种问题应当进入正常的学术史批评话语中来加以讨论，"反思"才不会落入空洞或无的放矢。因此，以过去或学术史批评为学科发展的资源，着眼点应该在当下或未来。

田野与文本

廖："格式化"问题在今天的民俗学语境中，我想也容易被大家理解和接受。但"反思"之后接下来的工作就是如何避免"格式化"的种种弊端，如何正确处理"田野与文本"的关系，由此才能回到你前面所说的"民俗学文本制作"的可能性探讨中来。按我的理解，这里就有从"田野"到"文本"的转换过程，你是如何把握的呢？

巴莫：这些年来我一直以自己的家乡大凉山为田野基地，尤其是在美姑县的长期追踪与定点调查，不仅让我在当地建立了一种良好的田野关系（field connections），而且也正是在这里我深深感受到了史诗传统的鲜活事实与生动气韵，正是在这里我对自己熟悉的《勒俄特依》汉译整理本产生了质疑。对我而言，这一质疑同时也是自我的检讨与反思，其间关于"田野与文本"的关联性思考，渐次形成了田野研究的思路。换句话说，就是重新认识、理解和复归文本背后的活形态史诗传统。

廖：也就是说，你的反思来自"田野研究"，而且是以史诗文本《勒俄特依》为出发点的？

巴莫：是这样的。当你发现你面对的文本与民间记忆有"距离"时，你的研究对象就会进入被质疑的问题状态，而这些问题应当是开放的，对它们的回答或阐释才具有普遍性意义，这也是我对个案研究的一些体会。说来话长。从我第一次在美姑的山野里听到毕摩们的史诗引唱到完成博士学位论文，这之间有11年的时间。我不知道该怎样形容这样的"第一次"经历给自己带来的"文化震撼"，那种同时诉诸听觉与视觉的感受与文本解读是截然不同的。我觉得，自己用这11年走过了一段并不算短，又充满曲折的心路历程。我之所以说这是一段心路历程，是因为由此开始的自我检讨一直伴随在后来的田野工作与学术反思中，其间发现《勒俄特依》这一汉译整理本存在着诸多违背史诗传统规定性的文本制作理念和方法，由此建立起田野研究的反观思路，重新找到了学术生长点。

廖：当然，大家都熟悉田野作业及其基本方法，而你所说的田野研究与此或有不同。你能做一些简单的说明吗?

巴莫: 我认为,首先要更新田野观念,以"田野研究"置换"田野作业"。这也是前两年我在国外访学期间注意到的一个动向: 以往通行的field work(田野作业)正在"淡出"民俗学的前沿话题,而近年来在参考平行学科或其支学(比如家乡人类学、文学人类学、民族志诗学等)方法论的同时,更多地吸纳民族志访谈、文化写作等相关的学术经验之后,民俗学者也渐渐地达成了某种共识,也就是说field work(田野作业)已经逐步被并置到了field study(田野研究)之中。这一经并置,就为过往的田野作业法输入了某些新鲜而深刻的理念。

廖: 从观念上更新"田野",我自己也有一些切身体会。过去仅仅将农村、基层、乡下等边缘化的"地方"当作展开调查工作的"田野";而近年来,"田野"的范围在逐步放大,"田野"的话语也在逐步扩张,就如同"文本""叙事""故事"这类文学或民间文学范畴之内的概念和术语也渐渐产生了新的意涵。如果你要做大学里的鬼故事研究,学校就是你的田野;如果你想考察城市流动人口问题,可能路边的修鞋地摊、街道的早市、家政服务的中心都是你的田野。这样说来,"田野"作为一种观念也构成了特定的学术空间,而你说的"田野研究"是否也随着"观念"的更新而在方法论的意义上有所拓展和深化,换句话说,是不是有更多的理论思考进入了我们常说的"田野作业"?

巴莫: 你说的观念更新我也同意。我在哈佛访学时,旁听过一门叫"怎样在你熟悉的地方做田野"的课程,人类学教授就带着研究生在哈佛广场进行田野作业,有的学生还拿老年公寓的晚间电视收视情况来完成田野报告。如果说科学的田野作业肇始于马林诺夫斯基(以其《西太平洋上的航海人》为标志),那么走过这么几十年的历程,不仅为多个学科所共享,field work也在积累了不少专门的经验之后,尤其是在多学科的应用和发展中,在田野从"远方"回归"近土"、从"陌生"回归"熟悉"、从"他文化"回归"本土"的过程中走向学理性的建构与理论抽绎。而这里谈到的"田野研究",更确切地说是从认识论的层面提出的，尽管也包含着方法论的意义在里面。"田野"说到底并不是"山野"，并不是一个"自在"的文化空间，而是一个研究主体的建构对象和建构过程，这就必定要引入主体认知和理性思考……三言两语还说不清楚。对了，去年夏天我在北大的民间文化青年论坛谈到过自己的一些体会，大概涉及六个层面的问题。网上还能查到，这里就不一一列举了吧。

廖： 你可以简单说说，比如从我们刚刚谈到的"田野与文本"来看的话，怎样理解田野研究？

巴莫： 我想，从田野研究的立场来看，就要求我们要从田野与文本两个维度来高度关注民俗学意义上的"证据提供"（documentation，即建档），也就是说要从田野研究的一系列环节如，田野作业（field work）、访谈（interview）、田野笔记（field notes）、田野誊录（transcribing）、田野报告（reporting）、田野迻译（translating）、田野的文本化（textulizing）到最后形成一个系统的田野归档（archiving）。国际民俗学界高度重视这一"归档"的建档过程，也就是证据提供的全过程，包括田野文献识别、获取、处理、存储和传播等环节。这样才能最终支撑起被阐释的文本，而在史诗田野中，只有经过这一完整的、有步骤的、充满细节的田野研究流程，才能最终提供并支撑一种能够反映口头史诗传统本质的，以演述为中心的民俗学文本及其文本化制作流程。

廖： 这么看来，田野作业是其中最基础的环节了。

巴莫： 是的，过去我们往往将田野作业简化为"搜集第一手资料"或者加上"参与观察"，而且往往先预设问题，乃至预设答案。而田野研究应该是一个走近对象到发现对象本质性规律的过程，当然不是也不可能是一个穷尽研究对象的过程，要自始至终地贯穿学术的思考、文化主题的发现和文化意义的揭示，而田野证据的提供关系到理性思考，最后都要落脚在理论概括的层面上。一方面，田野研究意味着它与其说是特定理论或学术预设的简单验证过程，而毋宁说是检验、修正，乃至颠覆预设理论的过程；另一方面，田野研究不是一种走向田野的姿态，而是一种学术主体能动性的实现，能够帮助我们去发现对象本质，去提炼出更切近对象、更符合对象实际，同时又能烛照其社会文化语境和传统规定性的学理性阐释。

廖：那你认为田野研究应该采取什么策略呢？

巴莫：我不认为有什么放之四海而皆准的"策略"，尤其是田野对象、田野关系、田野目标等关联性要素往往因人而异。但我想强调一点，应该将田野过程当作一个思考的过程、研究的过程、阐释的过程。如果说我自己有什么"策略"的话，也是从个案研究中产生的。从整个史诗传统的田野研究过程中，我可以这么概括：（1）通过一个地区——义诺彝区腹地美姑县——的史诗传承及其深隐的话语世界；（2）通过一位传统中的史诗演述人——曲莫伊诺及其习毕学艺和演述实践；（3）通过理解地方知识与民间话语中的史诗本体观念及其传统法则的深刻表达；（4）通过"克智"口头论辩传统与史诗演述的内在机制、运作方式及特定的口头艺术过程；（5）通过山地社会的仪式化叙事语境与史诗田野研究中对演述场域的确定，逐一讨论史诗田野、史诗传承人、史诗传统法则、史诗演述的生命情态等互为关联的重要问题，并在此基础上，提出建立观察与捕捉口头叙事及其本质性表现的研究视界。

廖：你提到的"演述场域"问题，让我想起最近看到你发表在2004年第1期《文学评论》上的文章，很是欣赏，从中可以看出你的优长：长期的田野积累、开阔的学术视野，以及精细的思辨和深入的学理性思考。我尤其对你掰开揉碎地阐释田野研究的"五个在场"问题又有很大的兴趣，甚至觉得这是一种"发明发现"，对推进民俗学、民间文艺学的理论建设，一定会有长期的影响。其实，眼下不仅有人在引用你的"格式化"一词，还有人在谈论你的"五个在场"了，我也听到了一些叫好的声音。这里希望你能深入浅出地把"演述场域"和"五个在场"问题，再和我们的读者谈谈，好吗？

巴莫：你过奖了。我关于民间叙事传统的思考，已经有很多年了，实际上就来自田野研究。我提出以"五个在场"要素来把握田野研究，说到底，是力图从大量直接的田野观察和自己的田野经验中提出理论思考，而不是某种理论"制导"下的"推演"。这可能便是我的研究路数，或者按你的话讲，是一种"策略"？这可能也是我感到自己薄有心得的地方。

廖：对此，我倒是真的有同感。你似乎更侧重从田野经验和文化经历中提出一些学理性的思考，而不是从理论到理论。

巴莫：是这样，我越来越多地关注民间观念和地方知识。你可能也注意到了，我最近有关"叙事语境"与"演述场域"的研究虽然属于理论思考，但是来自传统内部的叙事法则，或者也算是一种"民族志诗学"的努力。我不想将田野与文本对立起来，但我认为，只有在主体认知的层面上实现田野与文本的双重建构才能为史诗传统提供基本的研究框架。

廖：是的。如果没有一个理性的、思辨的框架来支撑田野，文本的制作可能会成为一种随意的知识产品，或者一种"格式化"的结果。我们还是回到"演述场域"的话题上来，我读过你的文章后发现你是想通过"五个在场"来搭建一种田野工作模型。

叙事语境与演述场域

巴莫：田野作业的方法多种多样，而具体到民间叙事传统的研究又有其特殊性。作为研究主体，作为田野的行动者，我们在主观上该如何把握田野证据的提供？这也是我在长期的田野工作中一直在思考的一个问题。通过个案，我提出将"叙事语境—演述场域"一道作为田野观察的研究视界，也就是要在研究对象与研究者主体之间搭建起一种可资操作的工作模型,以期探索一条正确处理史诗文本及文本背后的史诗传统信息的田野研究之路。

廖:"语境"和"场域"都当是外来的概念,你在使用时有些什么考虑呢?

巴莫:"语境"(context)一词已经用得太泛了,甚至成了"文化""传统""历史"等类似于"背景"(background)的代名词。我在文章中也批评了这种过于普泛、过于宏大的语境观,因为如此阐释文本的语境近乎是没有底线的。因此,我使用"语境"这一概念时,相对地将之界定为史诗演述的仪式化叙事语境。因为诺苏彝族的史诗演述大体上就出现于婚礼、葬礼和祭祖送灵这三种仪式场合,这也是民间的演述传统,有较强的轨范性。

廖:"场域"一词应该是法国学者布迪厄(Pierre Bourdieu)的社会学术语吧?而你研究的问题是口头演述传统。

巴莫:我确实是从布迪厄的相关理论中受到了某种启发,同时还借鉴了语义学分析中的"语义场"概念,还参照了美国史诗学者弗里(John M. Foley)的"演述场"(performance arena)理念。这样一整合,就不再局限于社会学意义,而力图从文化哲学来进行思考。应该说,我是吸纳了这些idea,并没有直接套用任何现成的理论来阐释本土传统。由此提炼出来的"演述场域"这一术语主要用于界定具体的演述事件及其情境(situation),相当于英文的situated fields of performance。而之所以叫"演述场域",则是因为诺苏彝族的史诗叙事传统同时兼具说/唱两种表述方式,多少也传达了口头史诗演述的特定内涵。

廖:我在你的文章中注意到了你对"叙事语境"和"演述场域"作出了区分。你认为"演述场域"是研究主体在田野观察中,依据演述事件的存在方式及其存在场境来确立口头叙事特定情境的一种研究视界。它与叙事语境有所不同,但二者也有所联系。一个是研究对象的客观化,属于客体层面;一个是研究者主观能动性的实现及其方式，属于主体层面。换言之，你从主客体角度将田野工作分层结构了。有了这样的一种框架，再构筑可以纳入这个框架的"五个在场"要素？

巴莫：实际上，不是先有了一个框架再去找部件来拼装。应该说，这个框架是在田野研究中找到的，其适用性也是在田野研究中得以检验和校正的。因为我下去之前一直感到方法论上有困难。尤其是对南方史诗的演述传统而言，我们还没有现成的工具和现成的解决办法。你知道的，文本分析方面，国外倒是有口头程式理论的一套工作模型。

廖：我能理解你说的"困难"，但这个困难你是怎样在田野过程中解决的呢？

巴莫：首先，"以人为本"，追踪史诗传承人，也就是我说的演述人。这也与"格式化"的反思相关，因为我下去之前没有找到一例关于演述者或演述群体的研究，几乎没有任何这方面的信息。我就纳闷了，到底民间还有没有"史诗歌手"？那时我还没形成"演述人"的概念，也没有多少把握。我的运气也特别好，回到美姑没几天，就"发现"了一位杰出的"史诗歌手"，名叫曲莫伊诺，而且他跟我还是亲戚，虽然隔了十多代。

廖：我知道一点的，是按你们彝族的家谱来"攀亲"的吧。其实，你前面已经讲到的田野步骤，也说明你是通过跟踪传承人，再跟踪口头论辩及其演述事件的全过程，从而"发现"了史诗演述的叙事语境，也就是你说的仪式生活。

巴莫：是这样一步步推进的，同时也做了一系列的田野访谈，从演述人、头人、长老、毕摩到地方学者，大概一共有23次访谈吧，这样也大体上了解到了史诗在民间的流存状况和演述传统的基本情况，与实际的演述事件一对应，就有了更清晰的问题意识。比如说，为什么民间有这样两套话语：说到史诗文本时要用公/母，说到史诗叙事时则用黑/白。通过田野工作，我们发现在义诺彝区，史诗"勒俄"有其独立的分类体系，严格地对应于相关的史诗源文本与相应的仪式生活，也就是说，史诗文本有公/母之分："母勒俄十二枝"与"公勒俄七枝"，

"公勒俄"叙述的是天地开辟,"母勒俄"讲的则是人类起源,这是文本上的区分;同时我们必须注意的是一旦"勒俄"从文本进入口头叙事,民间则有黑/白之分:"白勒俄"专门用于婚嫁仪礼"西西里几","黑勒俄"则专门用于丧葬仪式"措斯措期";二者可同时用于送灵大典"尼姆措毕",因为人死后灵魂归祖,在彝人信仰的祖界得以永生,因此兼用黑/白叙事,也就有了"向死而生"的功能意义。如果说我们从学理上对这些民间观念能够进行提炼的话,公/母是史诗文本的性属之别,黑/白则是史诗演述的叙事界域,两者的口头演述及其使用功能和仪式语境也是泾渭分明的。正是民间的仪式、礼俗活动一次次创造了社会公共生活的共享空间,也同时创造了史诗传播-接受的仪式化叙事语境。

廖:我们确实应该在田野中去深入理解民间的本土知识。我在那坡的田野调查中也遇到过相似的情形。壮族史诗《布洛陀》主要保存在壮族师公的唱本中,那坡黑衣壮的师公在做仪式时如果用到唱本就称为"道",不用唱本则称为"吆",他们内部也有特定的区分。这也正是史诗传统的规定性所在,关系到我们正确理解史诗的文本传承及其口头演述规程的各个方面,值得我们去做进一步的仪式考察,也就是语境的研究。

巴莫:是的,从婚嫁到丧葬再到送灵,诺苏史诗的口头传播主要以"克智"口头论辩为载体,其演述行动与演述方式以仪式生活的具体场境和话语氛围为依托,其叙事目的则与解释和说明相应的仪式仪礼有直接的对应和关联,在整体上外化为一种仪式化的神圣叙事,并因演述情境的变化而变化。这种变化随着史诗田野观察的一步步推进,愈发彰显出来,并不断提醒我们去追踪这种变化。记得美国史诗专家弗里曾写过一篇文章,题为"How to Catch a Running Target(怎样击中一个奔跑的靶子)?",他的设问"how to"也当是我们给自己的田野工作打上的一个问号。

廖:最近"非物质文化遗产"的保护成为一个热点话题,"活鱼是要在水中看的"也成了与此相关的一句"媒体流行语"。其实，这是刘魁立先生早在1957年就提出的一个警示性观点，过了40多年才真正地引起了学界和大众阅读社会的重视，也令人生出许多感慨来。这与弗里的提法也是异曲同工的。

巴莫：我在中央民族大学的一次讲座中引用了魁立老师的这句话，有一位研究生进一步分辨说"只有在水中观察，鱼才能看得更清楚"。这种反向思考不无道理，尤其是对活形态的传统而言，脱离其文化生态，我们的研究也就难免步入干涸的困境。"鱼"和"水"都是流动的，而怎样从民间文化的生命流程中把握口头叙事的文化生态和民俗意蕴，可能也正是大家所关注的问题所在。当你真正进入田野，进入仪式化的叙事语境之中，才能融入史诗演述那种流动的叙事话语之中，你才会意识到史诗演述远非是学术预设中的一个定向化了的研究对象，因此也要求我们必须相应地调整观察者的角度，才有可能去捕捉、描述、阐释这个处于变动中的对象。因此，我们不能不将史诗田野的方法论与操作手段提到一种认识论的层面上来进行思考了。

廖：是这样的。我们对田野工作的问题意识大都有较为清晰的理解，比如大家都熟悉"五个W——"，甚或能引申出更多的"W——"，但对于"How to——"或"怎么样"之类的田野路线或操作手段，则缺乏进一步的讨论。按我的理解，你提出的"五个在场"就是想解决"怎么样"的问题，换句话说，"怎么样在水中观察游动的鱼"？说到底还是方法论问题。

巴莫：但我强调从认识论的角度来思考"怎么样"的问题，具体说来就是怎样确立仪式语境中的史诗演述场域，当是一种工作方法，也是一种研究方式，更是一种学术视界。只有当我们将主体能动性的实现引入田野研究，并且逐步建立起一套观察、记录、报告、呈现史诗演述的基本观照方式时，才能从"这一次"演述与"每一次"演述的互文性关联之中，找到史诗传统的内在机理与运作机制。就我个人的田野经历或心得来说，"演述场域"及其"五个在场"的确定，或许就是对这种观照方式的初步总结，目的也是想尝试性地回答"怎么样"的问题。

演述场域的确定："五个在场"

廖： 我仔细看过你这篇题为《叙事语境与演述场域》的文章，其中提出的"五个在场"是：史诗传统的在场、演述事件的在场、演述人的在场、受众的在场，以及研究者的在场。那么，接下来请你就这"五个在场"作一些具体的说明。

巴莫： 先说明一点，我认为至少是有这样五个起关键性作用的要素"同时在场"，才能确定史诗演述的场域，才能帮助我们正确把握并适时校正、调整史诗传统田野研究的视角。那我们先说说史诗演述传统的"在场"吧。我的田野研究个案来自凉山义诺地区的腹心之地——美姑县，调查地的选择诚然反映着一个调查者对当地民俗传统的学术预设与解析性观照，但前提是当下这一地区是否能够构成史诗传统的特定文化空间。在田野追踪的过程中，我们是否能够发现并印证史诗演述的历史传承与鲜活场境，是否能够亲身经历史诗演述人气韵生动的演述过程与充满细节的叙事场境，换言之，史诗"勒俄"作为一种古老的叙事传统是否在今天依旧葆有其现在时态的生命活力。这就要求我们必须进入田野去发现传统的在场，并提供传统在场的种种证据。我想重点强调的一个方面是，史诗演述传统的"在场"，主要是指史诗的叙事行为是合乎传统规定性的现实存在与动态传习，而非仅仅作为一种文本考古中的历史传承来加以简单地印证，否则我们大可不必以"这一次"演述事件为追踪连线，去继续推进"每一次"演述观察的田野研究。

廖： 这是容易理解的。倘若史诗演述传统在本土社会的民俗生活中已经成为过去，我们也就无从展开以演述观察为重点的田野研究。但是，在社会经济急速变迁的今天，许多民族的史诗演述传统业已式微，史诗存在的文化空间越来越小，是否就意味着史诗研究只能从"田野"回到"文本"了呢？毕竟半个多世纪以来，我们的民间文学搜集整理工作已经汇集了大量的文本，当然其中也有不少"格式化"之后的文本。在这种情况下，怎样处理史诗传统的文本研究呢？

巴莫：这是一个好问题。我联想到朝戈金几年前"策马天山"去追寻卫拉特蒙古史诗歌手的例子，就非常典型。那里的史诗演述人可以说已经寥若晨星，但史诗的叙事传统依然还存活在其受众的记忆之中，这样就可以在民间记忆与既有文本之间进行互照。朝戈金当即就改变技术路线，就地进行了大量的田野访谈，提供了这方面的支持。同样，陈岗龙的田野研究也说明，一种传统文类的衰落，可能会以另外的形态寻找生存的契机，在东蒙，传统史诗演唱就蜕变成"镇压蟒古思的故事"，融入"本子故事"，因而散文体的"英雄故事"有了生存的空间，这也说明史诗演唱传统的流变可以从更悠久的民间记忆中找到证据。即使民间记忆不能重构整个的史诗演述风貌，但叙事传统及其口头艺术，依然可以通过文本研究得以发现。刘魁立先生从民间故事"狗耕田"的文本解读中重新构拟民间叙事生命树的技术路线，这与西方当代古典学者从荷马文本中复原希腊史诗的演唱传统也是异曲同工的。

廖：这也就是说，我们从文本分析中也能找到一些与史诗演述传统相关的地方知识与口头记忆，或许还能对民俗生活与史诗传统之间的关系作出阐释，文本也就能够在一定意义上弥补传统的"缺席"了。

巴莫：每一次的史诗演述都作为悠久传统的"瞬间"再现，参与了传统的维系、承续和发展。如果史诗演述传统已经不复存在了，文本研究当然是必要的。但我还是想强调田野研究，尤其是当演述传统依然呈现出活力时，我们应当将田野放在首位，同时也需要关注文本。即使演述传统出现了断流，我们也需要回到田野，回到其曾经生存的文化空间，回到民间记忆去深掘本土的叙事传统。这也是"民族志诗学"所倡导的文化表述立场，即以当地人的眼光来理解当地的口头史诗传统。

廖：是的，史诗在学者们心目中是一回事，在当地人的心目中又是一回事。他们怎么看待自己的叙事传统，甚至包括史诗传统的衰微，都会对我们的学术研究有所启发的。带着文本与田野的关系问题，再来考察本土的民俗生活与史诗传统时，就会有比较清晰的预设与观照。接着说你的第二个"在场"吧。

巴莫：我想讲一个"故事"来说明"演述事件的在场"及其重要性。在我遇到我的田野跟访对象曲莫伊诺的三四天前，他被新桥区工委的几位干部找去，原因是他们听说伊诺名气大，想让他去"克斯"（口头论辩的一种论说方式）给他们听。伊诺在访谈时对我说："我本来不愿意去的，又没有发生婚丧嫁娶的事情，我真的不想去说。但人家是当官的，不去也不好，就跟着去了。他们请来了罗日且机拉布和阿约日铁两个人跟我对，拉布有50多岁吧，先跟我比，没一会儿就输了；日铁35岁左右，说到'勒俄'的时候，他根本不懂，也输了。这种比赛不是正式场合，不算啥子。不过我不喜欢在饭桌上跟人家'克斯'。"伊诺说的"正式场合"就是我要强调的传统中的演述事件。显然，饭桌上的"演述"违背了史诗演述的传统，虽然在"干部们"的要求下，他的演述也是以传统的论辩方式进行的，但就其演述事件而言属于"违规操作"，因为史诗演述甚或口头论辩都有极其严格的叙事语境，也就是我们前面说到的婚礼、葬礼和祭祖送灵。

廖：因此，演述人本身的"演述"也处于一种"被动"，从他的话里我们也能听出他的不情愿，这种不情愿同时也反映出史诗传承人对演述传统的尊重，同时也提醒我们不能人为地制造"演述事件"来满足自己的田野预设。

巴莫：诺苏史诗演述有着场合上的严格限制，这就规定了演述事件的发生主要体现于仪式生活。在送灵大典上，史诗演述既出现在毕摩的仪式经颂之中，同时也出现在以姻亲关系为对诤的"卡冉"雄辩中，伴随着人们坐夜送灵的一系列仪式活动。因此，特定的叙事语境赋予了史诗演述以相当强烈的神圣性，这与一般的"阿普布德"（神话故事传说的统称）的娱乐性讲述活动有很大区别。因此，以仪式化的叙事语境为"在场"证据能够帮助我们从总体上对演述事件进行更细致的把握，如丧葬仪式上的"伟兹嘿"舞唱就不能发生在送灵活动中，更不能置换为婚礼上的"阿斯纽纽佐"转唱；史诗演述的两种言语行为——论说与雄辩也不能互换或对置,因为史诗说/唱的两种论说风格与两种舞唱风格,就是由具体的演述事件来决定它们的"在场"或"不在场"的。此外,史诗演述的变化可以通过"这一次"与"每一次"演述事件的观察来加以界定,诸多的叙事要素的"在场"或"不在场",叙事主线(黑/白)、情节基干(公本中"开天辟地"与母本中的"人类起源")、核心母题(天地谱系、呼日唤月、射日射月、雪子十二支、生子不见父、洪水漫天地等),以及更细小的叙事单元,如史诗叙事中凡是涉及"给"(绝、灭、亡)的诗行与片段都属于"黑"叙事,不能出现在婚礼事件中等,皆同时要受制于演述事件本身的"在场"或"不在场"。这就要求我们必须结合具体的叙事语境与演述事件的关联来进行有效的观察和深入的细分。

廖:演述事件的"在场"与否的确需要作出具体的界定,这样才能廓清叙事行为的发生及其语境关联的一些基本问题。例如,民间为什么需要史诗叙事,在什么样的情形下唱述什么样的内容?尤其是对史诗这样的大型叙事来说,我们过去往往不作深究和区分,似乎史诗演述从来都是一种从头到尾的叙事过程,其实这也是一种基于文本解读的理解。从彝族史诗传统来看,民间其实也有一套叙事策略和叙事选择,往往与民俗生活有密切的内在联系。那么,有了"演述事件的在场",就当有"演述者的在场",这个问题不难理解。但我看到你还是作了更仔细的界定,其中肯定有你的考虑。

巴莫:"演述者的在场"在我的个案中表述为"演述人的在场",也是来自"格式化"问题的反思,因为在史诗的文本化过程中我们看不到任何一位演述者的"出场"。当然,这与中国民间文艺学过度强调"集体性"有关。这种基于"集体性"的笼统认识导致了对个体传承人的漠视。试想一下,如果没有扎巴、桑珠、琶杰、毛依罕等杰出的史诗传承人出现,蒙藏史诗传统可能也就在历史的长河中风云流散了。回到诺苏彝人的史诗传承来看这个问题,我们或许也能发现"演述人的在场"关乎史诗传统的承继和发展。而"在场"与否还有更深隐的学理性意义。像曲莫伊诺这样的史诗演述人,在传统社会往往被人们尊称为"斯尔阿莫",也就是智者贤师,为族众所尊敬。他们的演述行为在仪式上施行着风俗、道德、宗教的文化控制,他们的演述身份也就有了特定的文化角色含义。从今天大部分彝区的史诗传统业已式微的客观事实来看,演述人是否"在场"非同小可,他们的"缺席"无疑就是史诗演述的消失。

廖:这一点易于理解。从你的个案中我注意到史诗"勒俄"的演述是与口头论辩的演述传统融为一体的,是在一种对话的竞赛活动中出现的。因此,你强调"演述人的在场",至少应该是代表比赛双方的两个或两组演述人。这与其他民族的史诗演述传统是不同的。但不论演述者以怎样的方式"出现",你所说的"在场"提醒我们应该在演述传统中去高度关注传承人问题。

巴莫:我的个案是有其特殊性。从田野观察来看,"勒俄"的口头演述至今也没有脱离口头论辩活动而另立门户,也就没有发展成一种可以独立于对话关系之外、可以随时随地由演述人自己单独进行演述的口头民俗事象。曲莫伊诺说过的一句话给了我很深刻的启发,意思是史诗演述从来都不是"之波嘿",也就是说史诗不是一种独白的个人行为。他们对这种"独白"是非常拒斥的,研究者也就不应该强行让他们"独白",这也是一种基本的田野伦理。因此,"演述人在场"的问题远非只是判断一种叙事传统是否还葆有活力的一个要素,也关系到我们的田野研究是否符合民俗学的田野规范。更不用说,传承人的叙事技艺及其演述艺术的研究也需要在实际发生的演述过程中加以细致入微的观察,比如我们过去对史诗演述的唱腔、声调、语气、手势、身姿、表情等微语言或超语言的研究就相当薄弱,对演述者的个性化风格、即兴创造力、因人而异的叙事变化,以及演述者与受众的交流过程等都没有形成令人信服的田野报告。而这些方面正是中国史诗研究有待拓展的一个学术空间。

廖:沿着这个话题,我们从演述者的"在场"进入你的第四个"在场"——"受众的在场"。通俗一点说,就是演述的观众或叙事的听众也都当在场吧?

巴莫: 史诗演述往往同时诉诸人们的听觉和视觉,是一种传统的接受活动。如果仅用"听众"或"观众"似乎不能反映这样一种口头传播的群体接受过程,所以我用了"受众"一词。更严格地讲,应该是"传统中的受众"。因为史诗演述往往是民俗生活的重要事件,有时甚至是仪式的中心内容,也就是仪式参与群体共同关注的主要活动,故仪式圈内的个体同时作为史诗演述的接受者也就彼此成了一个整体,构成了受众的"同时在场"。之所以要强调"传统中的受众",是因为这种"受众"的基本范围也有其传统规定性。在凉山,往往是以一定的血缘、地缘、亲缘关系构成的"熟人社会",人们为自己所在群体的共同事务如守灵唱丧、祭祖送灵、婚嫁祈福而聆听史诗演述。这样构成的群体接受活动,既体现为历时性的传统接受,同时也体现为共时性的集体接受。因此,史诗演述已有社会规范的性质,即在家支宗族群体的人际关系里贯彻的一套行为模式,同时也是传播与获取历史和知识的一套传统教育模式。因而,作为"这一次演述"(the performance)的口头传承活动,其文化意涵是在传统接受的历史过程中得以确定的,同时也在"每一次演述"(a performance)的集体接受活动中成为族群叙事传统的共时性呈现。

廖: 你格外强调"传统中的受众",是不是就意味着还存在着"非传统中的受众"?

巴莫: 我举一个反证来说明"非传统中的受众":为庆祝建州50周年,凉山州政府在2002年组织了第一届全州范围的"克智"论辩大赛,我父亲还被请去当评委了。据我的了解,论辩采取的是舞台化的"独说",有的赛手还根据"上面的精神"(辩题的行政命令)即兴创编了大量歌颂各级领导的辞赋诗章,令人啼笑皆非。政府如此重视口头传统无可厚非,但这样的行政命令是在"保护"还是在"破坏"?同时我们也要思考一个问题:口头叙事传统从山地移植到了城里,演述人也随之失去了坚守传统(比如论辩方式)的本土,因为演述事件、受众群体、演述人之间的对话关系等传统性要素都随之而改变,那么传统的口头叙事主题也就只能成为应景小品了吧？

廖: 那么"非传统中的受众"与史诗演述之间的关系似乎也值得思考？

巴莫: 舞台下坐着的大多是"城里人"，对象变了，演述人与受众之间不可能形成一种互动关系。而传统中的受众往往是演述活动的评判者，没有他们的积极介入和即时回应，演述人的演述也会成为一种僵固的"独白"，其竞争性的对话艺术乃至演述人的即兴发挥能力也就很难被激发出来。

廖: 有的学者在田野工作中往往会要求民间的演述者，比如故事讲述家或史诗歌手为自己的调查活动进行演述，这时的学者或研究者也就成了"非传统中的受众"。按照你对受众的界定，这样的演述是否还有研究的意义呢？

巴莫: 这个问题在国外民俗学界也曾有过争议。例如鲍曼（Richard Bauman）的演述理论①遭到质疑或诟病的一个原因，就是因为他或他的追随者的演述"实例"有的就来自这种学者的"导演"。比方说，杨利慧在一次讲座中引述了达内尔（Regna Darnell）于1971年3月做的关于印第安人保留地的一次神话讲述，就是针对学者调查而发生的。杨利慧认为对这样的"演述事件"、演述情境、听众背景及其相互关系的分析，有助于研究演述者将"非传统中的受众"引入和引出传统神话讲述的境地而采用的叙事策略。当时，我们俩之间也为此发生了激烈的争论，杨利慧的意见是这个例子可以观察演述者因从"受众的变化"而相应采取的叙事变化策略，从而强调演述者的创造性才能，因为讲述人通过创造性地改变文本来适应特定的叙事语境；而我认为这样的演述事件属于违规操作，无从反映神话讲述的民间叙事传统。诚然，这样的"演述"也有其研究价

---

① Theory of performance,中国学界有不同译法，如"层演理论"（李亦园）和"表演理论"（杨利慧、安德明等）。鉴于 "performance"一词源于语言学概念，具体是指"语言的运用"，这篇访谈在重新刊布时推出修正，即采用"演述"这一中文表述，以区别于"舞台化表演"，或一般意义上的"表演艺术"，特此说明。

值，但我们的田野研究应以发现本土的演述传统为目标。因为作为研究者如果不了解针对"传统中的受众"的演述事件及其交流过程中的传统叙事策略，又怎么能从一次面对"他者"的演述中去发现其即场变化的叙事策略呢？

廖：我同意你的观点。只有当学者把握了民间的"元叙事"之后，才能进而发现次生形态的叙事变化。因此，我们不能不对"研究者的在场"作出更深细的思考了。这就进入了你的最后一个"在场"了。

巴莫：其实，现在还不能说"研究者的在场"就是"最后一个""在场要素"。因为，这五个要素仅仅只是我个人的一些想法。或许别的学者还能提出第六个、第七个来呢？其实，我所强调的"在场"，不论针对的是哪一种要素，都意在强调学者应当进入传统的"场"，这个"场"或许就是我们当下经常在谈论的"文化空间"。这个"文化空间"应该是多维的，我们的思考也当有多种向度。前面四个"在场"就关系到研究者怎样进入、怎样把握、怎样理解这个"文化空间"，怎样在田野研究中实现并证实自己的"在场"。

廖：过去我们对这个问题似乎没有形成更严肃的思考，虽说大家对田野调查及其基本规范也有许多共识，但在实际的操作过程中则显得比较随意或轻率了，于是就出现了在宾馆或招待所"观察"演述，或到村寨"走马观花""蜻蜓点水"式的"采风"。而你强调的"研究者的在场"也同样是以演述为中心的，也就是说以上述的四个"在场"为依托的。

巴莫：研究主体的"在场"，并非是指单纯地置身于田野或有一段田野经历，而是说针对具体的演述事件及演述事件之间的关联，来寻找自己的研究视界与进入演述传统的融汇点。你说的随意和轻率确实存在。比如，学者对自己的"在场"并无严格的界定，常见的方式就是约请演述人到自己的住地为自己的学术预设或搜集文本进行演述；即使进入田野，也往往忽略以上"四个在场"的相互关联，或挂一漏万，因此不能提供更多的演述信息，尤其是听众的反映、听众和演述者之间的互动等更丰富的细节；其后的文本制作过程就免不了层层的伪饰与诡笔，使人无从厘清田野与文本的内在联系，无从呈现民俗生活的"表情"和"达意"。

这里的思考也来自我自己的田野经历，比如，我和伊诺回到他的老家尔口村，当晚曲莫家支的三位毕摩为我的远道而来，同时也是为吉尼曲莫家支的盛大集会破例演述了"黑勒俄"，这次演述我们怎么看待？以上四个"在场"要素中的演述事件并没有发生在传统规定的仪式生活中，虽然彝族头人在家支集会活动中也有引述史诗的传统，但那是一种口头演说风格，而非对话关系中的言语行为。因此，在这样的"演述事件"中，我的观察视角在于发现家支文学传承中的"克智"群体及个人风格，他们之间形成的张力会帮助我们获得史诗传承方面的重要信息，这次演述的文本也有相当的研究价值，但不是严格意义上的基于演述传统的史诗演述。

廖：过去我们的田野多多少少是以"搜集"为目标、为手段、为基本的工作方法，这就形成了以"文本"的得到为满足的普遍现象。"研究者的在场"成了一种形式化的"工作姿态"。通常习惯的做法是请来传承人，以文字或录音为记录手段，而相关的叙事语境和演述实际都被省略了，最后便以拿回了多少则故事、多少行诗行或多少分钟的录音为田野工作的量化，"质"的评定则无从谈起。更有甚者，我听说有的学者让一位史诗歌手对着一个毫无生气的录音机进行长时间的演唱，直至这位歌手出现精神分裂症。当然，这是比较极端的例子。那么，我们如何衡量学者的"在场"呢？对此是否应该形成一种评价的机制呢？

巴莫：正如你刚才讲到的，研究主体的"在场"是由以上"四个在场"的同构性关联为出发点的。具体说来，要审慎对待仅在演述人与研究者之间进行一对一的所谓的"演述"，也就是说不能仅仅只满足于发现演述人，也不能将考察一个关系到传统、演述事件、演述人、受众这四个基本要素及其相互关系构筑的，始终处于动态之中的演述过程简约为对一位演述人的访谈，也不能将这位演述人可能为学者研究提供的单独演述当作田野目的。因为脱离现实场境,脱离受众"在场"的录音、录像,虽说也有不可忽视的价值,但不能作为制作史诗演述文本的田野证据。我也认为,应当有一套基本的评价机制来检验我们的田野工作。如果说这"五个在场"都能够从最后提供的田野证据中加以验证的话,我们来自田野研究的文本制作也就有了立足点。在这个意义上说,对"五个在场"要素及其同构性关联逐一进行考量,或许能构成这样一种基本的评价尺度。

为了说明以上"五个在场"要素彼此的同构关系对史诗演述场域的确定,都有着不可或缺的重要意义,这里我想给大家讲讲田野里的几个"小故事":

故事一:

2003年1月25日一大早,伊诺带着我和勒格扬日冒雨从哈洛村步行了2个多小时,赶往拖木乡尔口村3组(吉木自然村),在那里参加了迎亲活动"席莫席"(迎亲)的主要仪礼过程。但是,就在我们等着伊诺参加"克斯"(论说)比赛的过程中,突发的恶性斗殴事件将婚礼变成了"战场",这意外的冲突使得当天主人家未能如期举行克斯论辩比赛。那么就"演述事件的在场"的重要性而言,我们有颇为生动的反证。

故事二:

2002年11月13日晚上,我就史诗演述的"违规操作"等问题跟伊诺进行了长达3个小时的访谈,这里摘录他回忆的一次发人深省的"演述事件":

伊诺:就是嘛。还有一次,我17岁的那年,好像是12月份,被请到洛莫乡的约洛村去做仪式,给杰则日哈家的阿依(小孩)"洛伊若"(触手纳员的添丁仪式)。因为路很远,我去了之后当晚就住在主人家。第二天早上刚做完仪式,村子里的人都跑来他家,屋子里面挤满了大人小孩,还有老人。我不知出了啥子事情,很奇怪。大家看我把经书法具收好以后,就开始喊了起来"克智俄布苏(论辩智者)!""俄布措(聪明的人)",原来他们听说一个克智厉害的人到了村里,大家都跑来要看看究竟,非要让我马上说克智。我想我是来作毕的,又不来参加西西里几(婚嫁),一点都不想说。后来，一个莫苏过来跟我说，达史，你就给大家说一段嘛。我看我非说不可了，就只好开口"之波嘿"（独说、独白），说了一阵子我就不想继续了，勉勉强强应付了一下，就草草收场了。

故事三：

巴莫：那你还是认为克智论辩应该在正式场合中进行，不能随便。

伊诺：那是诺苏的"节威"（规矩），当然不能乱干。死人、送灵的时候说什么，婚嫁的时候说什么，都有一套规矩。你又没死人，又没送灵，更没有娶妻嫁女，你喊我说啥子呢？

巴莫：我知道有规矩的，看来以后我们也不能随便让你说克智了。

伊诺：巴尕（二姑）你是搞研究，我懂的。你需要知道啥子，我都会说的。

巴莫：你能理解当然好。但其实我最想了解的还是"正式场合"中你是咋个赛"克智"的，咋个说"勒俄"的。这个我们只好等到彝族年之后再回美姑去进行了。如果有人请你去"克智"，不论多远，我都会跟着你去的。

故事四：

访谈结束后，伊诺、父亲和我在一起聊天，我突然想起我还从未听到过丧葬活动中的史诗演唱"伟兹嘿"（多人舞唱），就让伊诺示范性地唱一下调子，我先录下来再说。伊诺沉吟了一会儿说"不能唱的"，我问他怎么了，他说"那个是死人的时候才唱的"。我笑了，说没关系的，反正是在家里，又没别人。他还是没有唱的意思。父亲就跟他说："你二姑是作研究用的，不用忌讳什么。"说完就自己先唱起我们老家越西那边的丧葬歌调"阿古尔"来了，我知道父亲是想"开导"或说服伊诺，结果他最后还是没唱，认真地跟我说："巴尕（二姑），你说我咋个能唱嘛，一个是家里不能唱，二个是在阿普（爷爷，指我的父亲）这样的老人面前绝对是不能唱的……"听完他的话，我一点儿没觉得失望，反而非常高兴地跟父亲讲："今晚太有意思了！"回过头来就把伊诺好好地夸了一番，再三跟他说，如果今后他再发现我"违规"，也应该像这次一样态度坚决。因为这次被拒才让我意识到自己尚未真正弄懂民间社会的史诗演述"规则",尤其是演述人对史诗传统有如此强固的恪守。同时,也因了他的"拒绝",我生发出许多感想来……

那么,从第一个"故事"中我们能够清楚地看到,当其他四个"在场"要素都具备之后,演述事件却因突发事件而"缺席",史诗演述也就失去了发生的可能性。第二个故事,则表明史诗演述传统、演述事件、受众、演述人这四个要素虽然都出现了,但皆属于违规"在场",演述人的反应与表现无疑是出自一种根深蒂固的反感,却又不得不为之。在第三个与第四个故事则在无形之间加深了我对研究主体在"场域"与"在场"之间的深刻反思:曲莫伊诺在访谈中诚恳之至地对我说要支持我的研究,还没一会儿,他就拒绝了我不说,还拒绝了父亲,而且态度十分坚决,一点不含糊。在此之前,我们已相处了一段时间了,他从未"违逆"过我这个长辈的意思,对父亲更是敬重。这些田野经历是我一步步走近史诗传统的过程,也是我在田野研究中一再检讨自己、反思自己的过程;而我迈出的每一步,都离不开对本土文化传习与史诗法则的读解。曲莫伊诺作为传统中的史诗演述人,无疑在我不断反鉴自己的曲折中起到了至关重要的导向作用。

廖:这几个"故事"也加深了我对"五个在场"的理解。作为研究者,我们确实应充分尊重和重视以上四个在场要素的传统规定性,并在每一个环节上做到自身的在场和亲历。你文中有一段话我颇有同感:研究主体的"在场"是一种双重行为,既是他观的,也是内省的;既是文化的经历,又是学术的立论。进而,你还谈到"场域"的确定关系到研究的"论域",也就是说,"田野证据"的提供关系到理论的思考,而"研究者的在场"也当为前面的四个在场及其相关的学术阐释提供重要的支持。

巴莫:是的,从田野研究的实质性过程来看,史诗演述场域的确定关系到学术阐释的相关论域。倘若演述场域的确定出现了偏离与错置,在"五个在场"要素及其联动关系上发生了"违规操作",我们的田野研究乃至后来的学术表述都会出现相应的悬疑与问题。同时,我们必须出入于演述传统的内部与外部去进行论证、分析,方能得以避免"进不去"或"出不来"的双重尴尬。因此,研究主体对自己所选择的演述场域必须依据前四个要素的同时"在场";同时,要对某些游离于传统以外的、特定的演述事件,对某些叙事母题、叙事情节或个人趣味的偏好,都必须保持清醒的自我审视与不断的反省。总之,我认为以上"五个在场"要素是考量田野工作及其学术质量的基本尺度,同时我们还必须强调这"五个"关联要素的"同构在场",缺一不可;其间研究主体与研究对象的关系可以视作一个"4对1"的等式,而非"4加1"或"5减1"。一则是因为研究主体的背景是一种既定的、不可能完全消失的边界;二则也是因为这道边界的存在,可以帮助我们在不同的场域中调整角度。如果无视这道边界,就会失去自己"在场"的学术理性,也就失去了视线的清晰与敏察,甚至还会出现一种学术反讽:"研究萨满的人最后自己也成了萨满。"

廖: 这个比喻很形象。"研究者的在场"既是一种学术自觉,同时也是一种学术理性。你从理论上对"演述场域"的概念与"五个在场"的意义进行了总结,想必对廓清学界在田野—文本之间产生的一些模糊认识是有必要的。那么,从你强调的认识论角度来看田野工作的方法论,你能否在这里也作一些概括呢?

田野工作模型的方法论意义

巴莫: 我的那篇文章太长,不得已舍去了具体的实例,把篇幅留给了学理性的一些说明。这里我简述一下吧:

第一,在方法论层面上,建立"演述场域"的概念相当于抽象研究对象的一种方式。演述场域的确定,能够帮助观察者在实际的叙事语境中正确地调整视角,以切近研究对象丰富、复杂的流变过程。

第二，在具体的操作层面上，依据个案研究的目的与诉求，演述场域的范围与界限也应当是流动的，而非固定的。这是由于史诗的每一次演述都与任何一次有所不同，因而演述场域的界限也相应地随着演述的变化而变化。这种界限只能在田野中通过追踪具体的演述事件才能最后确定，属于一种经验层次的实证研究框架，有多重"透视窗"的意义。

第三，在研究视界上，因为演述场域的确定基于关系性思考，也就是说在坚持场域关联性原则的同时，不能把一个场域还原为另一个场域，这就为史诗研究确立了一个相对稳定的"透视窗"，来观察处于流动、变化中的史诗演述传统，捕捉每一次演述事件，并可凭借"这一次"演述去观照"每一次"演述，从而寻绎出史诗传统内部的叙事型构及其分衍的系统与归属，找出史诗演述中叙事连续性的实现或中断及其规律性的嬗变线索。因此，可以说，演述场域为我们提供了一种反观性与互照性的考察视界。

第四，在从田野到文本的学术转换与学术表述层面上，对具体演述场域的"深描"，有助于对口头叙事这一语言民俗事象的演述情境（performance situation）作出分层描写，形成关于演述过程的民俗学报告。尤其是对体制宏大的叙事样式而言，对其演述场域的界定关系到对叙事行动本身及其过程的理解，从而对演述的深层含义作出清晰的理解与阐释，使学术研究更加接近民俗生活的"表情"，更能传达出口头表达文化或隐或显的蕴涵。

第五，"演述场域"的确定，有助于在口头叙事的文本化过程（textualizing process）中正确理解史诗异文，也有助于从民俗过程（folklore process）来认识异文的多样性，进而从理论分析层面作出符合民间叙事运作规律的异文阐释，因而也会深化并丰富我们对史诗异文的研究。

廖：那么，有了这样的田野工作框架之后，你所说的民俗学文本制作该怎样实现呢？

巴莫：文本制作应当以"这一次演述"为出发点，并依据演述场域的变化来描写具体的演述过程，由此形成的演述报告（report）应与演述记录（record）同等重要，这将有助于完善民俗学文本制作的流程。也就是说，我们最后得到的史诗演述文本（a text of epic performance）应当以史诗演述记录（a record of epic performance）与史诗演述报告（a report of epic performance）一同构成学术表述的双重文本结构，前者是演述本身的文本（text）誊录，英文叫作transcription，最好按照魁立老师提出的"不移一字"去处理，加上翔实的注解；后者则是演述传统的语境（context）和情境（situation）的深描，英文叫作thick description；再者，以现在的技术手段和出版媒介而言，最好附上演述全过程的CD或VCD。这样，我们的文本阐释也就有了田野证据的有力支撑。那么，从演述到出版，比较理想的文本制作就应当包括：演述报告、演述记录、现场演述的录音或录像，而且三者之间应该呈现出一种严格对应的表述关系，才能构成用于学术研究的"科学资料本"。如果以"书碟"形式出版，能实现交互检索则更好。我自己正试图这么去做的，当然还有技术上的诸多问题需要解决。

廖：这些话题都非常有意思。现在我们从演述场域及其五个在场的讨论，再回到"民间叙事传统格式化"问题，就有了一种豁然开朗的感觉了。因为，我发现你用几万字来说明的种种症结，以"五个在场"的尺度再加以考量，也变得更为清晰彰显了。

巴莫：确实如此。记得在答辩过程中，北师大的王一川老师就说如果将"格式化"问题的讨论放在最后可能更为稳妥，因为仅从《勒俄特依》的文本"整理"过程及其手段来看，以上"五个在场"全都变成了"缺席"，问题一点就清楚了。总之，仅仅在各种异文之间进行"取舍"和"编辑"的做法，无疑忽视了史诗演述传统的特质及其文化规定性，在这一重要的彝族史诗文本制作过程中留下了不可挽回的历史遗憾。从另一个角度看，如果我们在田野研究中，能够正确理解和把握以上"五个在场"要素，也就能够提供充满细节的文本证据，以避免重蹈"格式化"的种种覆辙。因而，我一再说学术史的"反思"更是一种自我反省与检讨。

廖：在反思"格式化"问题的基础上，你对史诗演述的仪式化叙事语境和史诗演述场域等问题，提出了一系列新的学术观点。"五个在场"可以说是你从田野研究的具体案例中抽象出具有示范意义的研究模型和理论思考，我一直在做民间信仰的研究，从中也深受启发。我想这不仅对推进我国南方少数民族的史诗传统提供了一些学理性的参考与支持，对相关学科的田野工作也有一定的方法论意义。我们也期望着你的博士学位论文能早日出版。

巴莫：谢谢！我也由衷地希望通过《民族艺术》这个平台能够听到大家的批评、意见和建议。

（原载《民族艺术》2004年第3期）

朝向神话研究的新视点

杨利慧　廖明君

杨利慧,北京师范大学文学院教授、博士生导师。入选教育部青年教师奖励计划。兼任中国民俗学会-联合国教科文组织保护非遗政府间委员会审查机构专家组副组长(2015—2017)、中国民俗学会副会长、北京民间文艺家协会副主席。

主持"中国神话资源的创造性转化与当代神话学的体系建构"等多项国家社会科学基金项目。著有《女娲的神话与信仰》、《神话与神话学》、《现代口承神话的民族志研究》、*Handbook of Chinese Mythology* 等。

廖明君(以下简称"廖"):我注意到你在90年代中后期连续出版了两部关于女娲神话和信仰的专著,而且还发表了系列相关的论文,不仅被认为是新时期女娲神话研究的"集大成者",而且也成为一段时期中国神话学领域里的标志性成果之一。你能不能先谈谈你当初为什么选择要研究女娲呢?

杨利慧(以下简称"杨"):这要从我的博士导师钟敬文先生说起。我是1991年考入北京师范大学中文系攻读中国民间文学专业的博士学位的,导师原本是张紫晨先生。第二年春天张先生不幸因病去世,我被转入钟先生门下继续读书。我的毕业论文原来打算写与女性信仰有关的课题,但一直没有找到合适的题目。正巧钟先生一直想做一篇研究女娲神话的《女娲考》,而且他已为此准备了多年资料,可始终苦于没有时间和精力撰写。于是,他就把这个题目推荐给了我。我查阅了一些资料,觉得这个题目很有意思,就接受了下来。从此一发不可收拾,陆陆续续做了十多年。说来可笑:我此前无知无识得很,曾经和我的一位学友开玩笑说,在民俗学诸领域中，我最不想也不敢涉足的就是神话，因为这是个无法证实、深不可测的"无底洞"（其实如今看来哪门人文学科不是这样？！），掉进去就爬不出来了。不想自己后来竟恰恰走上了神话研究的道路。

廖：虽然你做这个题目是钟先生推荐的，而且他对如何做这个题目也都又多自己的想法，不过你最后写成的博士论文《女娲的神话与信仰》似乎与钟先生所期望的有所不同。他在给这本书写的序言中，谈到他原来的构想是想通过女娲在神话中的种种活动，去论证这位女神所以产生的社会文化背景，主题是"原始文化史"的。而你所写成的，却是"神话学"或者"宗教学"的。为什么会有这样的差别呢？

杨：说到这一点，我很惭愧自己没有按照先生希望的去做，不过也很庆幸遇到钟先生这样宽厚、包容的导师——他并没有勉强我按照他的思路去做。我想我们师生对女娲神话的研究角度的差异，主要与我们各自的学术背景的差异有关。我曾经在《钟敬文民间文艺学思想研究》[①]的论文中谈到：钟先生善于从历史尤其是文化史的角度切入故事研究。从二三十年代直到八九十年代，他一直非常关注的问题包括：故事的基本型式是什么？最初发源地是哪里？从最初文本发展到今天，故事在形态上发生了哪些规律性的变化？这些变化发生的社会历史原因是什么？故事中的某些情节蕴含了人类社会文化发展历史的哪些文化现象（信仰、社会制度、风俗习惯等）？或者说，故事产生的社会文化史根源是什么？研究故事，对于我们认识和了解人类社会文化史有什么意义？他常为人们称引的论文，如《中国的天鹅处女型故事》《盘瓠神话的考察》《老獭稚型传说的发生地》《蛇郎故事试探》《中国民间故事试探》《中国神话之文化史的价值》《为孟姜女冤案平反》《刘三姐传说试论》《洪水后兄妹再殖人类神话》等，虽然探讨的专题不同，研究内容也各有差异，但研究的主要思路和方法大都有上

---

① 钟敬文：《钟敬文学述》，浙江人民出版社，2000，第249—272页。——编者注

述共同点。他想写的《女娲考》或《从女娲神话看我国原始社会史》，也是打算通过女娲在神话中的种种活动，去论证这位女神所以产生的社会文化背景的。可以这样说，钟敬文从故事研究中经常看到的，是一幅幅历史上人民生活和思想的图画，是人类社会文化发生和演进的"迁移的脚印"。钟先生对自己研究中存在的这一特点并不否认，他还曾经开玩笑承认说自己属于"文化史学派"。他的这一学术思想和特点的形成，与人类学派的深远影响有关。人类学派是19世纪末到20世纪初，在欧洲学术界盛行的一派人类学理论，它是把达尔文的进化论运用于社会文化领域，认为现代的高级文化是由人类的初级文化逐渐发展或传播起来的。为了把握文化现象之间的历史联系，他们多采用"取今以证古"的方法，即运用现代还停滞在较原始阶段的民族（部落）的神话、信仰及风俗，去解释古代或现代文化比较发达的民族的相关文化，尤其是那些看似"不合理"的文化现象，认为前者是后者的原形；后者是前者的"遗留物"。这派理论的兴趣，往往并不在研究对象本身，而是力图由此探寻并重建人类思想和文化的历史和发展规律。这派理论在20世纪初传入我国，在20世纪20—40年代的神话、传说、故事、民俗等研究上，产生了很大影响，像周作人、茅盾、黄石等人，都是它的信奉者或宣传者、实践者。钟敬文在走上民间文艺学道路不久，就接触到这派理论，阅读了一些介绍人类学派的民间故事理论，并运用这派观点和方法来研究中国的神话和故事，成为"这大潮流中的一朵浪花"。人类学派对于钟敬文的影响是深远的，直到他90年代所写的《洪水后兄妹再殖人类神话》中，依然可以清晰地看到这派学说影响的痕迹。

而我则更多地受当代人类学、民俗学理论思潮的影响，虽然对人类学派旁征博引的文献功夫和跨文化比较的开阔视野非常佩服，但是对将世界不同民族、不同地区在不同的时间和空间中存在的习俗和口承资料加以类比，以重建人类文化演进历史的做法深有疑虑，特别是对泰勒等人提出的"遗留物"的说法不赞成。相比起重构原始文化演进的可能性历史，我对古老的神话在现实社会文化中的功能、意义和不断重建的过程更感兴趣。我在博士论文的结论中，曾指出

"遗留物"学说是片面的，因为文化的发展、演进是相当复杂的，一部分文化要素可能会成为文化遗留物，但也有许多要素会不断被整合到当下的主流文化中。从女娲神话及其信仰的发展演化过程，可以明显看到，"在漫长的历史发展中，女娲神话及其信仰并未成为毫无意义的东西，而是根据人们的需要与趣味不断发生着大大小小的各种变化，在这变异、调适中，获得了进一步存在与延续的生命力，从而得以长期生动地存在于一些人们的现实生活中，并发挥着多方面的作用"①。后来我进一步了解到，"遗留物"说不仅在中国民俗学界产生了深远的影响，而且至今依然有巨大余威，在世界民俗学界它也曾经影响显著，所以20世纪六七十年代以来的许多理论，比如表演理论（performance theory）、民俗主义（folklorism）等，都特别针对它展开了反思和批评。

廖： 在你之前，已经有许多人对女娲神话做过研究，有些还是很有分量的大家的研究，比如闻一多的《伏羲考》、芮逸夫的《苗族的洪水神话与伏羲女娲的传说》等。与以往的研究相比，你的博士论文有哪些创新之处呢？

杨： 的确，女娲神话是中国神话里最为引人注目的话题之一，在我之前，已经有无数文人学者，从许多角度，用多种方法，进行了深入的研究。所以，如何能在前人丰厚积累的基础上有所创新，的确让我想了很久。后来，我在梳理学术史的时候发现，以往的研究中存在着三个方面的问题：（1）将女娲神话与女娲信仰分割开来，偏重女娲神话的研究，而对女娲在民众信仰生活中的角色、位置和功能缺乏考察，这极大地影响了对女娲文化的整体认识。（2）大多以古代文献或考古学成果为主要资料来源，很少提及或应用近年来新搜集的现代民间口承神话，对这些新资料中出现的诸多新问题也很少加以关注和深入探讨。（3）多依赖考据、训诂学或考古学的方法，对至今依然鲜活存在的女娲神话和信仰缺乏以田野作业为基础的民族志研究。针对这些方面的局限和薄弱之处，我的研究将女

---

① 杨利慧：《女娲的神话与信仰》，中国社会科学出版社，1997，第224页。——编者注

娲的神话与信仰联系起来，并将其置于生动的民众生活中加以整体考察，从中探讨女娲及其神话与信仰在群体与个人生活中所起的作用，以及女娲在中国民族信仰中的位置等问题。同时，在利用古文献、考古学与民族志资料的基础上，大量采用了现代汉民族中流传的女娲神话，特别是20世纪80年代以来"三套集成"工作的成果，以从中探求女娲神话流变的规律及其长期延续的内在缘由，并对女娲的神格、她与兄妹婚的关系等重要问题，进行了重新审视。特别值得提到的，就是田野作业方法对我的女娲研究的重要意义。1993年春天，我跟随河南大学张振犁教授的"中原神话调查组"，在河南淮阳县、西华县以及河北涉县等地进行当代女娲神话与信仰的田野考察。那是我第一次在书本的女娲资料之外，亲身接触到活生生的民间口头传承和信仰习俗。记得第一次在西华县一块老百姓的地头看到一通"女娲城遗址"的石碑，低低的，四周满是青青的麦苗，摸着那通石碑，当时我心里非常激动，好像横亘在古老的女娲始祖与现代研究者之间的巨大时空隔阂刹那间不再存在，远古与现代的时间界限被打破，僵死的古老文献与鲜活的现实生活彼此互动、一脉相承。田野考察中，那些老百姓口头上讲述的神话以及他们对女娲娘娘的虔诚信奉，更是深深地感动了我，我深切地体会到：女娲不仅仅存在于古代文献里，她还广泛地活在人们的口头上、行为中和情感、观念里。一句话，女娲不是远古的木乃伊，她是活在现实中的传统，并对人们的现实生活产生着多方面的影响。从此，我深以为女娲研究只从文献而研究其神话是有局限的，而只有在由一系列的信仰观念、礼祀行为、神圣语言、巫术、禁忌等共同构成的信仰背景中，才能更真切、深入地理解女娲的神话及其信仰的实质。正如日本著名神话学家大林太良先生指出的：神话的真实性是只有在祭礼的氛围中才能心领神会的东西。[①]由此，我的女娲研究从以往单纯对女娲神话的考据，转向更广大范围里的女娲神话与信仰的综合考察，而且以为这是更全面、立体、完整地认识女娲及其相关文化的有效途径。

---

① 大林太良：《神话学入门》，林相泰、贾福水译，中国民间文艺出版社，1989，第108页。——编者注

廖：你的女娲神话研究，以及其他神话的研究，似乎都特别关注现代民间口承神话，这是为什么呢？

杨：的确，我是有意识地选择以现代民间口承神话作为主要的研究对象。因为长期以来，中国神话研究，也包括国外汉学家对中国神话的研究，主要倚赖的都是古代书面文献记录，或者加上考古资料，较少关注现代民间口承神话（这里面当然有各种客观条件的限制）。这种资料上和视野上的局限带来了一些方法上和结论上的局限。比如在神话研究中经常使用的考据方法，应当说，这是研究古典神话的必要而便捷的方法，对其严肃、谨慎地加以运用，常常是解决古典神话研究中存在问题的有效途径。但是，如果过于依赖、轻率使用这一方法，也往往会产生许多问题。这一点，已为不少中外学者中肯地指出过。例如美国学者D. 博德（Derk Bodde）在谈到中国古代神话研究中存在的若干问题时，曾作过这样的评论：

> 叙述的片断性所造成的困难，因中国古文献特点所带来的语文范畴的繁难而变本加厉。其中主要困难在于：多义词以及容易混淆的象形文字极多。因此，寻求可互相替代的语词和字，特别引人入胜。诸如此类所谓寻求，通常基于下列论证：记述A中的象形文字X，在记述B中似为象形文字Y；而象形文字Y在记述C中似为象形文字Z；这样一来，记述A中的X则可与记述C中的Z互换。为数众多的中国学者借助于诸如此类探寻，在解释古代神话之说时创造了奇迹。这种方法如果滥用，则势必得出完全不可信的结论。[①]

这一批评是中肯的。从中国神话学史上可以看到，一些学者在阐释神话时，过于依赖考据方法，从古文献中轻巧地得出的结论往往五花八门，同样的事实，得出的结论常常相互矛盾，甚至自相抵牾。因此，在使用这类方法时，必须严

---

① 塞·诺·克雷默：《世界古代神话》，魏庆征译，华夏出版社，1989，第352页。——编者注

肃、谨慎，最好运用多方面的资料和多学科的综合研究方法进行，以免陷入主观臆断或孤证。而民间流传的口碑资料，正可以在一定程度上与古代文献记录相印证，因而具有补充乃至纠偏的作用。

再者，由于现代民间口承神话依然保持着与现实生活的血肉联系，所以为当代神话学者提供了难得的直接考察神话的传承、演变及其与民间生活文化的相互关系的有利契机，一些以往研究中很少关注的问题，例如被认为属于"古老体裁"的神话，为什么至今仍在流传？神话生存的条件是什么？是哪些人依然在讲述神话？讲述神话对于他们的生活具有什么意义？对于他们的宇宙观、世界观产生着什么影响？神话如何在具体的讲述情境中发生变化？这种变化与讲述人的经历、喜好以及听众之间的关系是什么？神话的变化与具体情境下的政治、历史、文化环境有什么互动关系？等等——也许能够赖此契机而得以解答。不同时代的学术研究往往有不同的特点和风貌，运用这些新材料，解决一些新问题，也许是这个时代赋予我们的一个创新的机遇吧。正如俄罗斯汉学家李福清所指出的："注意到神话传说在口头流传的情况，从根本上说是中国神话研究的一个新的方向。"[1]

第三，运用现代民间口承神话，是中国神话学者的一大优势。对现代民间口承神话的关注，实际上从20世纪初就已经开始了，但是比较大规模的采录是在1950年以后，尤其是近二十年间。钟敬文先生曾经兴奋地称这些活态神话的发现，是"我国神话研究者的福音，同时也是世界神话学者的一种奇遇"[2]。因为在世界范围内，长期以来，神话学界对于神话的研究，或者是立足于古文献记录，或者是取材于"原始"或偏远地区的土著民族的文化。可以说，对文化形态较发达的所谓"文明民族"的活态神话（living myth，也就是依然在民众口头上传播与

---

① 李福清：《中国古神话研究史试探》，载李福清《中国神话故事论集》，马昌仪等译，中国民间文艺出版社，1988，第169页。——编者注

② 《中原古典神话流变论考·序一》，张振犁《中原古典神话流变论考》，上海文艺出版社，1991。——编者注

表演的神话）很少进行实地考察和研究，这是当今世界神话学的一个薄弱环节。因此，现代民间口承神话是中国当代神话学的一大优势。我认为中国神话学者应该积极利用这一优势，立足于当代的这些新资料，积极运用各种新的、多学科的理论和视角，大力推进中国神话学的建设，并对世界神话学有所贡献。

我对现代民间口承神话的自觉关注，也是深受钟敬文先生的影响，他一直在提倡用"民俗学的方法"研究神话，即"运用本民族的现代口头传承去论证古典神话的方法"。而且，张振犁教授带领的"中原神话调查组"从20世纪80年代以来在现代民间口承神话的搜集、整理、研究方面，也取得了很大的成果。其他如云南大学李子贤教授、中国社会科学院的孟慧英研究员等也做了许多工作。但是总体来看，相关的探索还不够，还有许多领地有待开拓，许多问题有待进一步深入探讨。

廖：在你的博士论文《女娲的神话与信仰》之后，你又出版了博士后阶段的研究成果《女娲溯源——女娲信仰起源地的再推测》，我觉得前一本书似乎在倡导"走向田野"，注重共时性的方法，而《女娲溯源》似乎又走向"历时性溯源"。你当时为什么会选择"溯源"这样的视角和方法，去研究一个很难有结论的问题呢？

杨：其实此书是我前一本书的延续，是对女娲研究中一个长兴不衰的话题，即"有关女娲的神话与信仰行为最初是从哪里发生和起源的？"进行的专论。说实话，选择这个题目的时候，我已清楚地明白这将是个吃力不讨好的工作，因为，正如书中所言，"要探讨主要在幻想、情感与口耳相承间存在与流传的上古神灵信仰的起源地，已不免让人产生雾里看花般难以凿实的惶惑，何况女娲的神话与信仰在长期的地域扩布、民族迁徙过程中，已广泛地流播于全国很多地区和几个民族中了呢？……"但是依然勉为其难地做这个工作的原因，是因为发现"南方说"已经存在大量的局限和破绽，而因为没有对它的集中批评，它至今依然被当成是权威的定论，被许多有影响的教科书和学术专著所广泛引用，似乎这个问题已经是"铁板钉钉"，毋庸置疑。所以，我觉得如果自己研究女娲多年，积累了大量资料，不能有所争辩，让大家认识到这个问题其实并没有那么简单，而是存在许多的疑点和破绽，那是自己作为一个专门研究者的失职。而且，我的研究也只是在批判南方说的局限和缺陷的同时，提出可能性的推测，并没有要作什么结论。就像我在此书的"结语"里说的："我们此处提出'北方说'或'西北说'，也并不是要替这个问题作一个结论，而只是依据现有的、新发现的材料，对这个老问题进行一番再推测，以抛砖引玉，引起学者们对这个问题的重新思考和更为精深的探讨，从而推动相关研究工作的发展。如果将来有更新、更充分的资料，证明'北方说'的错误，那我们会十分高兴地接受新的论断——学术的发展史，不就是这样'后浪推前浪'地不断向前的么！"在起源地的推测上，我是很小心的。

追溯神话的源头、原型或者原初意义的研究视角，总体来看，在当今的学术潮流里显然已经有些过时，我最近写了一篇题为《神话的重建》的论文，也对这一理论视角进行了批评和反思。前不久陈泳超兄也专门著文，对"神话复原"研究提出了不少批评。尽管如此，我还是觉得"溯源"或者寻求神话的本真意义也不是错误的，其思路与视角自有其价值，不可一概否定。神话推原，始于追溯神话产生的源头和原初的本质和真相，不用说它在人类的认识论和心理上有其产生和存在的必然性，纵观神话学史，以此视角来探寻神话真谛而且较有影响的，就有人类学派、神话学派、历史-地理学派、神话-仪典学派、心理学派等，其中产生了无数皇皇巨著。拿中国学者的研究来说，一些学者认为嫦娥奔月神话原本是一则死亡起源神话，鲧窃息壤的神话则原本是潜水捞泥神话，日出于扶桑的神话原本讲的是用表木测日影的古代天文学实践等，我以为都是很有意思的、有启发性的成果。自然，这些结论很难完全被证实，可也不能就因此全盘否定它们存在的合理性和价值。我觉得只要言之成理、能够启迪和丰富大家对神话的认识，就是有意义的工作。

廖： 2001年你结束了在美国印第安纳大学的访学回国之后，陆续发表了几篇关于中国当代民俗学理论和方法的介绍和评论文章，其中特别注重对表演理论的介绍和应用。这一理论为什么吸引了你的兴趣？

杨：之所以对表演理论产生兴趣也是与我对现代民间口承神话的探索分不开的，也是对我自己以往的研究视角的一个超越。因为在中国神话学、民间叙事学领域里，长期以来占主导地位的是文献考据的方法，依赖的主要是古代文献记录和考古学资料。学者们打量叙事文本的眼光基本上是历时性的，视角和分析方法模式主要是历史溯源式的，即往往是通过对文献资料的考据，或者结合采集的口头叙事文本，或者再有考古学的材料，——总之，往往是通过对文本形态和内容的梳理和分析，追溯其原始形貌和原初含义，勾勒它在历朝历代演变的历史脉络，并探寻其可能蕴含的思想文化意义。应当说，历史视角和历时性方法特点的形成，是与中国悠久的社会文化传统分不开的，它是中国学者在分析中国文化事象上的一个特点和长项，也是认识事物本质的一个有力的途径。但是，总是从这样一个"文本的历时性研究"的思路和模式出发去分析民间叙事，却不免单一和僵化，更重要的是，它忽视了民间叙事（包括神话）往往是在特定语境中、由一个个富有独特个性和讲述动机的个人来讲述和表演，不可避免地要受到众多即时和复杂的因素的协同作用，因而忽视了民间叙事的许多本质特点这一现象。那么，如何能通过民族志的细致考察和微观研究，对现代社会中活生生的神话讲述和表演事件进行深入研究？这个问题一直困扰着我。

2000—2001年，我有机会得到国家留学基金的资助，到美国民俗学的中心之一——美国印第安纳大学民俗学与音乐人类学系访学，接触了鲍曼（Richard Bauman）以及其他一些当代国际著名的民俗学家，同时进一步了解了表演理论，发现它的视角和理论兴趣与我的探索有许多一致的地方。

表演理论在20世纪60年代末70年代初在美国民俗学界兴起，八九十年代最为兴盛，至今仍然具有强大生命力，并广泛影响到世界范围内诸多学科领域（例如民俗学、人类学、社会语言学、文学批评、宗教研究、音乐、戏剧、话语研究、区域研究、语言学、讲演与大众传媒等）。与以往民间文学研究领域中盛行

的 "以文本为中心"、关注抽象的、无实体、往往被剥离了语境关系的口头艺术事象的观点不同，表演理论是以表演为中心 (performance-centered)，关注口头艺术文本在特定语境中的动态形成过程和其形式的实际应用。具体来讲，表演理论特别关注从以下视角探讨民俗文化：(1) 特定语境 (situated context) 中的民俗表演事件；(2) 交流的实际发生过程和文本的动态而复杂的形成过程，特别强调这个过程是由诸多因素（个人的、传统的、政治的、经济的、文化的、道德的等）共同参与，而且，也是由诸多因素共同塑造的；(3) 讲述人、听众和参与者之间的互动交流。例如，故事如何被讲述？为什么被讲述？一个旧有的故事文本为什么会在新的语境下被重新讲述 (recontextualize)？周围的环境如何？谁在场参与？讲述人如何根据具体讲述语境的不同和听众的不同需要而适时地创造、调整他的故事，使之适应具体的讲述语境？(4) 表演的即时性和创造性 (emergent quality of performance)，强调每一个表演都是独特的，它的独特性来源于特定语境下的交际资源、个人能力和参与者的目的等之间的互动。(5) 表演的民族志考察，强调在特定的地域和文化范畴、语境中理解表演，将特定语境下的交流事件作为观察、描述和分析的中心，如此等等。因此，总体上说来，与以往关注 "作为事象的民俗" 的观念和做法不同，表演理论关注的是 "作为事件的民俗"；与以往以文本为中心的观念和做法不同，表演理论更注重文本与语境之间的互动；与以往关注传播与传承的观念和做法不同，表演理论更注重即时性和创造性；与以往关注集体性的观念和做法不同，表演理论更关注个人；与以往致力于寻求普遍性的分类体系和功能图式的观念和做法不同，表演理论更注重民族志背景下的情境实践 (situated practice)。在表演理论的视角下，民间叙事文本不再是集体塑造的、传统和文化的反映，也不是 "超机体的" (super-or-ganic)，即它不再是一个自足的、具有自己生命力的、能够自行到处巡游 (travel) 的事象，而是植根于特定情境中的，其形式、意义和功能都植根于由文化所限定的场景和事件中；研究者也不再局限于以文本为中心、追溯其历史嬗变、地区变化或者蕴含的心理和思维信息的研究视角，而更注重在特定语境中考察民间叙事的表演及其意义的再创造、表演者与参与者之间的交流，以及各种社会权力关系在表演过程中的交织与协调。

我觉得在研究现代民间口承神话以及其他民间叙事文类（genre）时，许多地方可以借鉴表演理论的视角和方法，把神话的讲述作为表演事件来研究，这可以让我们看到很多以往被忽略的东西，从而更深入地理解其内容、形式、功能和意义。

廖：但是你似乎并没有完全搬用表演理论，我注意到你在2004年8月召开的第二届"民间文化青年论坛"上的发言，提出了民间叙事的"综合研究法"。什么是综合研究法？它的提出有什么针对性呢？

杨：我那篇论文叫作《民间叙事的表演——以兄妹婚神话为例，兼谈民间叙事的综合研究法》，最近将发表在《文学评论》2005年第2期上。"综合研究法"（synthetic approach）的提法受到了芬兰著名民俗学家Lauri Honko教授的启发，但是此方法的提出依然紧紧地与我的研究实践和问题意识相联。因为我在学习和运用表演理论时发现：虽然表演理论对芬兰历史–地理学派的研究方法提出了许多批评，但是它也有自身的一些问题，比如注重特定语境下的即时性创造，而对历史则有轻视或忽视的倾向，这一点已经受到了一些学者的批评。而中国有着悠久的历史，有着丰富的古代文献记录，因此，忽视历史，忽视这些珍贵的古代文献资料，显然无法深刻地理解和认识中国的社会和文化。所以，如何能既积极吸收表演理论以及其他国际前沿的神话学、民间叙事学理论和方法，同时又能立足于中国本土的实际，发展出适合中国民间叙事研究的方法？这是我近来一直努力探索的一个问题，也是我未来将继续努力的一个方向。因此在那篇文章中，我以淮阳人祖庙会上的两次兄妹婚神话的表演事件为个案，在积极借鉴表演理论的长处的基础上，力图超越表演理论的局限，对民间叙事研究方法做进一步探索：能否把中国学者注重历史研究的长处和目前一些西方理论（包括表演理论）注重"情境性语境"（the situated context）和具体表演时刻（the very moment）的视角结合起来；把宏观的、大范围里的历史–地理比较研究与特定区域的民族志研究结合起来；把文本的研究与语境的研究结合起来；把静态的文本阐释与动态的表达行为和表演过程的研究结合起来；把对集体传承的研究与对个人创造力的研究结合起来？在结论中，我认为民间叙事的讲述与表演是一个充满了传承与变异、延续与创造、集体性传统与个人创造力不断互动协商的复杂动态过程，因此，只有将上述视角结合起来进行综合研究，才能比较深入地了解民间叙事的传承和变异的本质，以及其形式、功能、意义和表演等之间的相互关系。当然，这只是我的一个初步探索，还请大家多多批评指正。

廖：我还注意到去年11月，你在中山大学民俗学会议上的发言，题目是《神话的重建——以〈九歌〉〈风帝国〉和〈哪吒传奇〉为例》。请问你这篇文章主要针对的问题是什么？

杨：这篇论文也会于近期在《思想战线》上发表。文章针对的是这样几种在神话研究领域里流行的看待和阐释神话的观点和方法。一是认为神话是远古文明的产物，是属于遥远古代的、死去了的东西，因此只能在古代文献中才能寻觅到它们的芳踪。而且，只有远古的神话才是纯洁的、本真的（authentic），而后世传承的神话都是不同程度上对古老神话的扭曲和污染（pollute）。二是在阐释神话的意义时，总是去追寻它们对于远古文化的意义，似乎在神话中内在地、天生地附着着一个意义，而这个意义是历久不变的，神话研究者的首要任务，就是找寻和挖掘出这个原初的本意。三是将神话视为与传承主体和活态语境相剥离的文本，只重视神话文本（作品）的分析，而不关注创造和传承神话的人以及神话生存其中的社会和文化语境（context）。似乎神话就像一个物质实体的陶罐一样，人们只是经手而代代机械地传承它，而对它的内容、形式、本质和功能不会产生影响。这篇文章则通过对三个案例（一个是屈原的《九歌》，一个是前不久刚在北京上演的音乐剧《风帝国》，一个是2003年在中央电视台热播的电视连续剧《哪吒传奇》）的分析，认为：第一，神话远非被创作出来之后就静止不变了，而是永远处在被不同的个人，出于不同的目的、需要和旨趣而不断对其加以重建的过程中。这一方面使古老的神话不断得以传承，一方面也使其不断在新的语境中以新的形式、内容和功能而焕发出勃勃生机。第二，神话被重建的过程是一个充满了多种复杂因素影响的过程，特定时空环境下的政治、经济、文化、民族、伦理道德规范，以及个人的人生经历、思想追求、艺术趣味等，都在其中起着重要的作用，而且，这些因素之间也充满了互动与协商（negotiate），从而共同塑造了特定语境下的神话重建结果。第三，神话学者、民俗学者应该关注神话和民俗重建的现象，不再把民俗看成是过去的"遗留物"（survival），是一成不变地延续下来的"遗产"，总是用溯源的办法去追寻它的原创意义和功能。而要把它们看成是"不断变动着的现实民俗"，它们和人们的现实生活息息相关，并且由人们根据自己当下的需要和目的而不断重新塑造。国际民俗学界一度盛行的对于folklore和fakelore的争议，对于民俗的真实性和虚假性的争议，其实都没有多大意义——传统既不是真的（genuine），也不是假的（spurious），因为它不是一件被代代相传的物件，而是当下语境中的象征性重建。在神话学和民俗学的研究中，我们要关注的，不是这些东西原来是真的还是假的，也不是（或者说，不完全是）其原初的功能和意义为何，我们更要关注的，是它们在当下的现实语境中如何被人们主动地、富有创造性地不断加以重建的过程。

因此，与一般神话学者关注古典神话的文本分析的方法和视角不同，这篇论文特别关注现实生活中对于神话的运用和重新创造（reconstruct），它的理论视角的形成主要受到表演理论、传统的发明与重建理论（the invention of tradition），以及民俗主义的启示。

廖：我同意你的看法，民俗学应该从研究"遗留物"的局限中解放出来，关注那些当代社会中的新生文化，只有这样，民俗学才不会总是以"残余文化"（residual culture）为研究对象，总是向过去寻找研究资料，而失掉了研究当代文化的创造的资格。在这方面，国外对民俗旅游、迪斯尼乐园里的白雪公主，大众传媒对口头文学和民俗的利用等都应该引起我们的关注，民俗主义以及公众民俗学等许多理论和实践也都值得我们借鉴。那么，你目前正在做哪些方面的课题呢？

杨：我目前正主持三个省部级项目，其中一个项目是"中国的神话母题"，它的目的是要初步回答这样一些问题：在中国，到底有哪些神话母题是普遍流传的？它们都流传在哪些地方、哪些民族中间？在哪里可以找到研究这些母题的书面或者口头的资料？这主要是做基础的索引工作，工作量很大，进度也很慢。其中我特别倚重的就是部分地区的"三套集成"资料本。这个项目快完成了，相信成果出来以后，会对大家研究中国神话，或者将中国与其他民族的神话进行比较研究有些帮助。另一个项目是"现代民间口承神话的传承与变异"。这个项目特别关注口承神话与当代社会文化之间的关系，注重把神话置于特定区域的背景中，考察神话的表演过程、神话的讲述人和传承人、听众，探索神话的传承和演变与特定时期、地域内的政治、权利、经济、性别、科学、伦理、教育、旅游工业、大众传媒等的互动与协商。神话不再是孤立的文化事象，它的传承、演变，与个人经历、社会文化变迁都息息相关。个人生活史和经验，主体的创造性被特别予以关注。第三个项目是"现代民间口承神话的表演"，力图选择性地把表演理论运用于中国民间现代口承神话的研究中来，对现代民间口承神话的表演事件进行民族志的细致考察和微观研究，关注具体讲述情境下口承神话的"文本化"过程等。这里面的不少问题在以往的中国神话学史上是很少被探讨的。

廖：你能说说近期你还有什么别的研究计划吗？

杨：在近期的研究中，我会进一步探讨以下两个方面的问题：一是继续探索如何把对文本自身的研究与对文本的表演结合起来。因为我发现：表演理论更关注的，往往是表演的过程，口头艺术（verbalart）本身往往被置于次要的位置，这一点我觉得有问题。另外，尽管在每一次表演中同一类型的神话故事的细节和母题组合都有大大小小的差异，但是神话的类型和核心母题的变化很小，可见，文本也有其自身独具的意义。所以，如何把对文本自身的研究与对文本的表演结合起来,将是我要继续探索的一个问题。另一个是打算继续以神话为切入点,关注当代社会中传统文化的重建和再生产问题,比如民俗旅游、大众传媒中对神话的利用和重塑等。我认为在这后一点上,目前国内民俗学界关注的还很不够。

廖: 你的研究似乎是不断在探索中国神话研究的新视角、新领域。从你的经历,一定程度上也可以看出中国神话学界不断探索和前进的历程。你是如何看待各种研究神话的视角和方法的呢?

杨: 钟敬文先生生前经常说研究神话就像"猜谜",我觉得这话有道理。其实不仅神话如此,许多别的文化研究,也都有相似之处。我常常觉得研究神话,好比盲人摸象,摸着它的腿的,说大象像柱子;摸着它的耳朵的,说大象像扇子。孰是孰非,难有定论,也难有高下之分。只要我们虽然摸着柱子,但并不咬定这就是亘古不变、放之四海而皆准的"真理",也不急于批判"扇子论"者为"子虚乌有""一派胡言",而是认真倾听各种意见,取长补短,不断改进自己的观点,也许,只有这样,我们才有可能弄清楚大象到底像什么。对神话研究来说,我认为神话学者一方面要开阔胸襟,对各种理论和方法抱着宽容和理解的心态;另一方面要解放思想,增强对理论和方法的"自觉意识",积极追随时代的脚步,不断尝试从各种新的学术思想、新的理论视角和新的研究资料出发,努力推动神话研究的发展。只有这样,我们才有可能接近对于神话本质的认识。

（原载《民族艺术》2005年第1期）

大地飞歌：民族审美经验的研究方法及其理论意义

王杰　廖明君

王杰，教育部长江学者特聘教授，浙江大学传媒与国际文化学院"求是特聘教授"、浙江大学人文学部副主任、浙江大学当代马克思主义美学研究中心主任，《马克思主义美学研究》集刊主编，兼任中华美学学会副会长、中国艺术人类学学会副会长、中华美学学会马克思主义专业委员会主任等。

主要研究领域包括马克思主义美学、审美人类学和当代美学问题。著有《审美幻象研究——现代美学导论》《马克思主义与现代美学问题》《现代审美问题：人类学的反思》等。

廖明君（以下简称"廖"）：王杰教授，学术界注意到近年来你在积极推动从美学和人类学的角度对少数民族艺术的研究，广西师范大学出版社出版了"审美人类学丛书"，其中你主编的《寻找母亲的仪式——南宁国际民歌艺术节的审美人类学考察》以及《朴素而神圣的美——黑衣壮文化的审美人类学研究》让人感到新鲜，你们这种用审美人类学的方法研究民族艺术的做法引起了我的兴趣。审美人类学是一门什么样的学科，美学研究为什么要进行人类学转向，这种研究理念和方法对于民族艺术的研究有什么价值和意义，你的研究工作下一步有什么设想和计划？希望你能谈谈。

王杰（以下简称"王"）：我与同事们对少数民族艺术的关注最初产生于广西师范大学国家文科基地中国语言文学点学科建设的需要。也就是说，在1997年前后，在国家文科基地建设的过程中，我们努力将西南地区丰富的少数民族文化的资源优势转化和提升为学科建设的资源，以便形成广西师范大学中文系作为国家文科基地的学科优势和学科特色。经过几年的发展，这种工作从一种外在和被动的要求，已经转化为内在而自觉的努力。在田野调查和学科建设中，我们的思想和研究方向都发生了很大的变化。到现在为止，应该说审美人类学还只是中文学科、美学学科和人类学学科一个初步的交叉形态，需要研究和解决的问题很多，但是令人欣喜的是这种学科交叉的生命力及其理念的魅力已经初步显示出来了。

简单地说，我所理解的审美人类学主要是以民族审美经验和艺术活动为研究对象，用人类学的方法和理念，改造传统美学，使其成为现代形态人文学科，目的在于恢复美学对当代现实的解释力，激活对现实矛盾思考和批判的能力。当然对于当代中国美学的责任和使命，我们只是从自己的条件和立场出发，努力从少数民族艺术和审美经验的角度进入问题。

廖：我注意到你使用"恢复""解释力""激活""思考和批判的能力"等判断，这是不是意味着你认为当代中国美学在对当代现实的思考和解释方面存在着某种不足和薄弱？

王：是的。美学这个学科在中国有一个很好的传统，就是始终没有彻底学院化。它通过批判性地思考大众所熟悉的"公共媒介"来获得自己的话语权，当然中国也有形式研究的美学，但始终成为不了主流。这大约与儒家文化有关，在近几十年，则与马克思主义传统有关。艺术和审美经验是个大众化的话题，也是个体经验与意识形态的结合部，在这里形成了认同、反抗、异化和陌生化等构成的复杂的"多元决定"关系。因此，艺术和审美经验一直是思考、解释、批判现实的矛盾性以及不合理性的最佳角度和进入方式。然而，在国内美学界，近十余年来，面对现实重大理论问题的意识相对薄弱了，不像我们三四十年代和七八十年代美学大讨论那样富于现实关怀的激情。通过这几年的研究和思考，我认为民族艺术，特别是少数民族的艺术和审美经验是当代美学理论研究与现实的生活和社会发展建立起某种理论关系的对象和媒介。

廖: 你能否用你主编的关于南宁国际民歌艺术节的这本研究文集来具体说明这种理论关系呢? 而且, 我对你使用的书名"寻找母亲的仪式"有点困惑不解, 因为, 在人类学的理论术语中, 还没有指认过这样一种"仪式"。

王: "寻找母亲的仪式"是我使用的一个比喻性的概念。我们知道, "仪式"是人类学十分重视的社会现象, 它的原生形态存在于原始神话时代和未开化社会的社会和文化生活中, 其基本功能是强制性的认同, 包括身份的认同和文化的认同。在现代社会, 原始文化仪式以各种变体的形式广泛存在于各种社会组织和文化形式中, 在美学方面, 罗兰·巴特的《神话学》、伊芙特·皮洛的《世俗神话》、布迪尔的艺术场域理论都有所涉及。在西方马克思主义美学传统中, 瓦·本杰明、阿多诺、路易·阿尔部塞都曾分析过仪式与审美活动的关系。阿多诺十分深刻地把审美仪式主观化和内在化的过程与社会的现代化过程联系起来, 分析了审美活动的意识形态效果。在撰写《审美幻象研究——现代美学导论》时我注意到在一部分中国现代的文学作品中, 存在着母亲象征性缺失的现象, 我感到这是具有文化意味的。在全球化的语境和条件下, 这种意味逐渐明显化。母亲的形象是与情感、想象、文化之根联系在一起的, 寻找母亲的仪式就是当代大众用想象性投射的方式建构并且认同一个公共的情感家园。在全球化的巨大压力下, 民歌丰厚的文化内蕴使它成为孤独个体的象征性母亲。民歌节通过大众化的审美仪式, 为缺乏安全感和文化渴望的大众提供了一个表达的对象和方式。南宁国际民歌艺术节的主题歌名为《大地飞歌》, 这里的"大地"就是母亲形象的一种隐喻性的表达。

廖: 南宁国际民歌艺术节到今年已经是第七个年头了。从去年开始, 南宁国际民歌艺术节与中国–东盟博览会同时举行, 成为一个引人注目的现象。在这里, "文化搭台, 经济唱戏"的策略得到了很好的实现, 现在南宁这个城市已开始融入世界经济体系中去。在南宁崛起和走向世界的过程中, 应该说南宁国际民歌艺术节起到了十分重要的作用。但是在学术界, 特别是在民族艺术研究领域, 对南宁国际民歌艺术节的批评一直不绝于耳,请问你是怎样看待和评价这种现象的?

王: 我主要从事美学的教学和研究。对我来说,关于民族艺术的研究仅仅是这几年的事情,应该说,在这个方面我没有多少发言权。但是我想说,在全球化的条件下,民族艺术和民族文学的概念发生了很大的变化,相对于"世界文学"和"世界艺术"的发展,相对于文化全球化和文化帝国主义的形成和发展,整个中国的文学艺术都已经民族化了,詹姆逊等西方学者用"民族寓言"来表证和概括中国的现当代文学艺术,强调了"民族寓言"的政治作用。我赞同詹姆逊等西方学者关于"民族寓言"以及中国现当代文学艺术社会功能的分析和评价,在此基础上,我更关心的是,在全球化的条件下和中国社会现代化的进程中,民族艺术的复杂性和多义性,而这种复杂性和多义性的基础正是民族的审美经验。在审美经验中,除了对审美对象、对现实社会存在和社会矛盾的感受和体验以外,文化记忆和个人经历的记忆也起着十分重要的作用。民歌作为一种较为特殊的文化形式,与民族的历史、民族的深层记忆保持着一种天然的内在的联系。民歌能够在谈情说爱的过程中,复制和传达了这一个民族和族群感知世界、解释世界的方法和原则。在文化全球化的压力下,民歌既为大众喜闻乐"唱",又在不经意中唤起人们对文化身份的辨析和焦虑。

我认为,审美经验并不是一个明晰的和自觉的社会现象,具有很强的主观性和情感性,与混沌而不确定的欲望直接联系。审美经验价值指向的确定最根本的还在于现实的制约,包括主体的立场、现实关系的复杂矛盾,以及历史和族群的深层记忆。事实上,同一个审美对象,可以产生出不同的审美场域、不同的欲望投射,也就是说产生出不同的审美经验。例如南宁国际民歌艺术节的开幕式晚会,从审美对象的构成来说就是十分复杂和矛盾的,有国内不同民族、不同时代的民歌,有国外的民歌和民族舞蹈,有原生态的山歌,有经过流行歌手演绎的各种"民歌新唱",还有后现代风格的伴舞,再加上现代光电手段的处理和"加工"等,由此构成的"民歌"的确不是民俗学和人类学意义上的民歌了。但是,如果我们承认民歌是一种以民族歌曲为媒介的审美意识形态,那么我们可以说乡村中古朴的山歌和南宁国际民歌艺术节舞台上的"民歌新唱"都是审美意识形态,社会的发展变迁不仅导致民歌的形式和内容都有所变化,而且社会条件、文化语境包括仪式的方式和功能等方面都发生了很大的变化,因此,不能用同一种标准和研究方法去对待它们。把这个问题解决了,在我看来,根本的分歧和对立就不存在了。

廖: 近几十年,马克思主义对意识形态问题的研究重心正在从政治意识形态转向审美意识形态,其中的原因在于审美话语对人们现实生活和价值判断的影响越来越大。随着文化产业的兴起并且在GDP中所占份额的迅速提升,审美问题,以及审美话语中的矛盾和冲突就具有了越来越重要的社会意义。对于中国西部的区域文化而言,在全球化的趋势和压力下,对民族艺术审美价值的重新解读的确越来越重要了,你以及同人们开展的审美人类学研究在这方面是怎样考虑的?

王: 审美人类学作为美学现代形态的一种转型和建设,主要有这样几个考虑:首先,美学作为一门传统人文学科,长于思辨和批判性的理论思考,但是对于审美经验的具体研究而言,则相对薄弱或者长期忽视。而对于美学的研究而言,离开对具体语境中审美经验的深入研究,审美活动的丰富性和价值意义是无法真正确定的。此外,没有对具体审美经验的研究和分析,美学是不可能与现实建立联系,更不用说发挥自己的作用了。在对南宁国际民歌艺术节的田野调查和对广西那坡县城厢镇弄文屯黑衣壮民歌文化的田野调查过程中,我深刻地感受到这一点。其次,是对民族审美经验的理论解释。对于当代中国美学研究而言,这是一个十分迫切的课题。毫无疑问,中国已经进入全球化的进程中。现实的情况是,由于传媒技术的特殊性以及迅速发展,文化全球化的速度可能会走得更快。在中越边境的那坡县黑衣壮族群居住地的调查中我惊讶地看到,与用黄泥巴糊墙的干栏住房并存的是接收卫星电视讯号的巨大锅状天线。可见在经济全球化远远没有触及的大石山区,文化全球化的过程已经迅速展开了,由此带来大量的社会问题、文化问题和心理问题。去年南宁国际民歌艺术节期间,"东南亚国际时装秀"的表演由黑衣壮山歌《壮族敬酒歌》拉开序幕。在十分后现代的演出现场，当我忙着给来自山寨的黑衣壮姑娘们拍照时，千里之外山寨里的电话就打到了我的手机上。村民们在直播电视中看到我在镜头中走来走去，直接打电话给我。你可以想见，在陈旧的干栏式木楼的火塘边，村民们一边看自己的女儿在国际性舞台上与全中国顶尖名模同台演出，一边在昏暗的灯光下砍猪菜或喝酒，耳边不时传来的是一板之隔的楼下牛吃草发出的响声。这些村民的审美经验自然不同于民歌节各表演现场的追星族和来南宁从事商贸活动各类人员的审美经验。严重的问题是，我们的美学研究和艺术研究者并不了解这些人，特别是黑衣壮村民们的所感所思，仅仅从自己的审美经验出发去分析和解释这种审美现象和艺术活动，其中的理论误差必然是很大的了。最后，理论建设和理论创新的可能性。西方学者已经指出，文化的全球化事实上也就是文化的殖民化。事实上，在文化全球化的过程中，对强势文化压力的反抗和挪用也在悄然兴起，并有星火燎原之势，理论的责任是及时地跟进并作出理论上的概括。因为中国西部少数民族的审美经验到目前为止仍然处在西方学者和国内主流学术的视野以外，其理论上的盲点为新的理论创新和理论建设提供了可能，对此我们应该有所自觉、有所努力。在我看来，中国西部民族审美经验包含的矛盾和所起的作用是目前所有国内外的美学和艺术理论不能完全解释的，而现实的发展又十分迫切地需要正确的理论去说明和指导。在我看来，南宁国际民歌艺术节的艰难起步，已经引起了广西经济和社会文化的新一轮发展，那坡县黑衣壮山歌文化的发现和初步阐释，也引起了黑衣壮族群在现代化发展过程中某种方向性的改变和调整。审美文化，或者说审美意识形态正在成为中国西部社会发展的重要牵动力。对这些问题的深入研究将丰富和推动美学基本理论的发展。

廖：你说的这些是有道理的，但实践起来恐怕不容易。请谈谈你们的做法。在我看来民族审美经验的研究因为主观性太强而不容易进行人类学的调查和理论上的分析。西方学术界关于审美经验的研究常常引入精神分析的方法而不是人类学的方法，对此你是怎样考虑的呢？

王：我认为，用人类学的方法对民族审美经验进行研究不仅是可行的，而且是必要的。在西方学术界，用心理学的方法研究审美经验有很长的历史，孕育出十分重要的美学理论，例如格式塔美学、精神分析美学等，在用人类学的理论和方法研究审美经验方面也做了不少工作，例如，美国学者埃伦·迪萨纳亚克的《审美的人》和范·丹姆的《语境中的美——走向审美人类学》等，在西方马克思主义美学传统中，乔治·卢卡契的《审美特性》和雷蒙德·威廉斯的《漫长的革命》都有所涉及和阐发。我们想做的仅仅是，在同内外学者已有研究成果的基础上，引进田野调查的方法，对民族地区急剧变化着的审美经验进行一定程度的实证调查研究，在田野调查中发现问题和研究问题。我们课题组已连续六年对南宁国际民歌艺术节进行田野调查，对那坡县城厢镇弄文屯审美文化的田野调查从2002年元旦到现在，不定期有人下去，课题组部分同人与村民们建立了良好的关系，逐步积累了一些资料，相应的研究正逐渐开展起来。海力波老师的博士论文就主要以对弄文屯的田野调查为基础，范秀娟老师的博士论文也是直接研究黑衣壮的审美文化和审美经验。我希望经过几年的努力，在南宁国际民歌艺术节和黑衣壮审美文化两个个案的研究上能做到调查比较系统完整，分析较为深入，在此基础上作出关于民族审美经验和民族艺术的审美人类学阐释。

西方的精神分析理论和方法在审美经验和大众艺术现象的深度解释方面是十分成功的，但是几乎没有考虑不同民族、不同族群的审美经验的差异性，而在文化全球化的条件下，这种差异性具有十分重要的理论意义和现实意义。我想，这就是审美人类学存在的空间。令人高兴的是广西师范大学和广西教育学院最近先后成立了"审美人类学研究中心"，"审美人类学丛书"第一批5本也已经出版。我相信只要方法正确，又有一批志同道合者共同努力，审美人类学的研究会取得实质性的进展的。

廖：恩格斯曾经说过，社会的需要会比十所大学更能推进科学技术的发展。

在人文社会科学的研究方面,情况也应该是如此。当代社会发展已经证明,社会的需要会推动一流大学和一流学科的产生,同时,一流大学和一流学科的发展又会极大地推动某一地区、某一领域社会和文化的发展。审美人类学的发展除了现实动因的刺激之外,还有没有自己的动因和推动力呢?

王:学科的健康发展需要许许多多的条件,机构、人员和经费只是最基本的。去年我看到一个报道,"文化研究"的发源地英国的伯明翰大学在不久前关闭了在五六十年代曾经十分著名的"伯明翰大学当代文化研究中心",但是我们看到,在美国、英国、澳大利亚一些著名大学类似的研究中心早已发展起来,推动着文化研究的不断发展。对于一个好的学科发展状态而言,优秀的制度保障是非常重要的,有一流的学术平台才可能形成一流的学术团队并做出高水平的研究成果,这也是我转到南京大学继续审美人类学研究的原因。

在我看来,"大地飞歌",既是生活厚重而又充满激情的一种表征,也是情感和精神升华的一个象征,它的基础是在泥泞的大地上的艰苦跋涉和劳作。令人欣慰的是,当歌声飞扬起来的时候,泥泞的大地也就具有了诗意。艺术家的责任是表达和强化这种"诗意",理论家的责任是解释并且守护这种"诗意"。

(原载于《民族艺术》2005年第3期)

走向自觉的家乡民俗学

安德明　廖明君

安德明，中国社会科学院文学所民间文学室主任、二级研究员、博士生导师。兼任《民间文化论坛》主编、国际民俗学会联盟秘书长、中国民俗学会副会长等。曾为美国印第安纳大学、哈佛大学访问学者，德国柏林洪堡大学、中国台湾东华大学客座教授。

主持国家社会科学基金项目及多项省部级课题，多次获省部级奖，代表作《作为范畴、视角与立场的家乡民俗学》、"Intangible cultural heritage safeguarding: a global campaign and its practice in China"、《天人之际的非常对话》、*Handbook of Chinese Mythology* 等。

廖明君（以下简称"廖"）：我注意到近几年你提出了"家乡民俗学"的命题，并围绕相关问题作了不少探讨。可以说，这的确是抓住了中国民俗学当中一个重要、显著却又长期被忽略的特征，因此能够得到许多同行的认可，被认为有"开风气之先"的意义。你能不能谈谈自己是怎样提出这个问题的呢？

安德明（以下简称"安"）：你过奖了！近三四年来我之所以会从这个角度来思考问题，首先同我个人十多年从事民俗学学习和研究的特点有直接关系。从学士学位论文——《街子乡迷信习俗的调查与分析》开始，我所研究的主要地区，就一直是家乡甘肃天水，而家乡的民间信仰习俗，是关注的主要方面之一。我的硕士学位论文和博士学位论文，都是关于天水地区农事禳灾习俗的研究。回想起来，形成我的这一研究特点的主要原因，大概有两个：一是在家乡进行调查和研究十分便利。在写作学位论文的那些阶段，作为学生，由于经济力量有限，我很难到其他地方去做田野，而回家调查却能够帮我解决这个难题。同时，家乡熟悉的环境、熟悉的生活文化和熟悉的人际关系,对我尽快确立研究对象、顺利进入深层的调查而言,都是十分现成的良好条件。第二个方面的原因更为重要,它同我所认识到的中国民俗学界对于民俗的理解有关。在学习民俗学基础理论的过程中,各种基本理论著作中关于民俗和民俗文类(genre)的定义以及所举的具体例证,常常会让我联想到在自己家乡的生活经验。逐渐地,我开始意识到,原来民俗并不是迥异于日常生活的奇异特殊的事象,也不是被学者从生活实际中抽象出来的玄奥对象,而就是我们生活的一个部分——我们每个人其实时时刻刻都生活在民俗当中。因此,民俗学者的主要任务,并不在于寻找偏远、冷僻的奇风异俗,而是从日常的生活中发现不寻常的意义,在普通的生活中寻找并不普通的诗。基于这样的认识,我在选择研究对象的时候,自然而然地选择了家乡民俗。当然,我所遇到的老师——包括学士论文的指导老师董晓萍、硕士导师刘铁梁以及博士导师钟敬文等先生——在学术上的包容和远见,是使我能够进行家乡研究的重要基础。

在一段时期内,我一直觉得这种研究在学理上是毋庸置疑、不证自明的。随着田野工作和相关经验的增多,以及对传统人类学强调在异文化(other culture)中进行田野作业的原则等的不断了解,特别是受导师钟敬文教授的启发,我在博士论文写作的后期,才开始对学者进行家乡民俗研究的利弊等问题,有了一些初步的思考,不过,那时还没有就这一问题作深入的探讨。

其次,这一问题的提出,也是基于对中国民俗学从发轫至今所形成的特征的思考。有关家乡民俗的考察和研究,是贯穿于中国民俗学发展过程的一个重要的、具有连贯性的学术传统,对塑造民俗学学科的理论与方法特性有着至关重要的影响。可以说,去除了那些关于家乡的调查和研究,我们学科中已有的成绩会减少一大半。但对这一重要的学术现象,国内学术界却一直很少关注和讨论。对其中涉及的许多重要学术问题,例如,家乡民俗研究在中国现当代民俗学中有什么具体表现?具有哪些特点?开展家乡研究有什么优势和局限?与国际民俗学及其他相邻学科的有关研究相比,中国的家乡民俗研究在研究视角和方法上表现出了怎样的独特属性？这种属性如何影响和塑造了中国民俗学理论和方法上的特点？等等，迄今为止几乎未有细致的清理和讨论。相反，在当代国际民俗学及人类学领域，关于家乡或本土研究的理论探讨却是十分热门的话题，由此产生的一系列富有深度的思想和观点，不仅深刻地影响了这些学科本身，而且影响到了人文社会科学的其他许多领域。这首先表现在民俗学、人类学等学科所共享的民族志研究方法中关于"家乡"（hometown）、"本土"（native or indigenous）、"熟悉的地方"（familiar place）研究的视角转换上。传统民族志研究被认为是一门"文化科学"，它强调客观性、科学性、普遍性和真理性，这使得研究者关于自己文化的研究曾一直因无法满足此要求而受到排斥和禁止。20世纪60年代以来，受一系列"二战"以后陆续兴起的新思潮的影响，越来越多的民族志学家开始对这种观点提出了反思和批评。他们指出，田野调查和民族志写作总是不可避免地包含着诸多人的主观因素和意识形态的影响，研究者永远也无法达到"纯粹的客观和科学"，而只能通过描述来表达自己对社会、文化、人生的阐释，揭示部分的真理。正是在这种思潮的变化中，"家乡的""本土的"研究得到了学界的接纳，出现了一大批以自身文化为研究对象的著作，它们逐渐构成了一种新的研究潮流，即"本土民族志"（Indigenous Ethnography）或"局内人的民族志"（Insider Ethnography）。在民俗学（包括民间文艺学）、人类学等诸多学科领域，都对这种研究的特征、具体表现形式、得失等问题进行了比较深入的探讨，反思的学术范围也越发广泛，例如家乡研究者的心态与视角的调整，家乡研究者与异文化研究者的差异，如何更好地发挥"局内人"研究者的优势同时避免其不足，研究者的主观性以及他们个人化的田野研究经历对于理解研究对象的作用、对其研究视角的影响，如何把在家乡进行研究的经验运用到异乡的研究中，等等。这些探讨，在极大地促进了民俗学、人类学等领域的家乡研究实践的同时，也进一步发展出了许多具有广泛影响的理论观点。

值得注意的是，西方的"局内人民族志"，是在经过长期的学术反思和理论争鸣之后才逐渐为学界所接受的，而中国民俗学中的家乡研究，则是在缺乏理论探索和充分自觉意识的情形下自然走出的一条道路，二者运用的理论和方法也具有较大的差别。这种差别，恰好为我们探讨中国民俗学的特点和独特经验留下了诸多值得挖掘的空白。

廖：你的博士论文《天人之际的非常对话——甘肃天水地区的农事禳灾研究》，正是你所说的"家乡民俗学"的一种研究成果。其中有大量关于当地日常生活和求雨、禳雹、祛虫等仪式的细致描写，而且对相关问题也有许多深入分析和独到见解，因此得到了学界的好评。有学者认为，你"所搜集的大量第一手科学资料以及所得出的令人信服的结论，不仅是这部论著的坚实基础和学理精髓，而且必将成为后世学人关于民俗和民间信仰研究极为珍贵的历史财富"。你认为自己这部著作主要有哪些贡献呢？

安：对于你所引用的评价，我更愿意把它理解为前辈老师对后学的一种提携和鼓励。如果要说这本书有什么不同于学界以往的研究的地方，我自己觉得，它主要有这样几个特点：第一，它以中国农业灾害史和传统农耕文化为大的背景，把求雨、禳雹及祛虫等各不相同的信仰活动，看作一个整体，并创用了"农事禳灾"的术语来概括和考察，在相关研究方面具有一定的开拓意义。中国是一个传统农业大国，自然灾害的发生又十分频繁，因此农村社会历来存在着丰富的克服农业灾害、维系正常耕作周期和社会秩序的仪式–符号手段。农事禳灾即是其中十分重要的部分。从古至今，这种通过对超自然力的祈求和利用，来期冀解除灾害的象征仪式，始终在许多传统农业地区传承和延续，对人们的生活和观念发挥着重要的影响。对这种文化现象的形态、性质、功能等进行考察，是认识中国民众的观念及文化生活的一个重要角度，也是认识中国文化史的一个重要窗口。但是，长期以来，对这一现象的系统研究却一直比较缺少，而把各种相关仪式看作一个整体，来探究一个特定区域中的民众在面临灾害时的心理，他们对于灾害的理解，以及农事禳灾的性质，仪式的组织、功能等方面的论著，就更为罕见。第二，它在分析农事禳灾的结构时，首次提出了"中国民间信仰中的多神崇拜是以地方神崇拜为中心的"这一观点，从而澄清了长期以来相对模糊的一个问题，这对于认识中国民间神灵信仰的性质和结构特征，以及其中体现的中国民众的宇宙观、世界观等，具有一定的参考价值。第三，它在分析与民间信仰相关的民间组织所具有的集体性和村落封闭性、民间组织内部的角色分工等问题之时，也提出了自己的见解。第四，它通过系统的田野作业，对一个区域的农事禳灾习俗进行了比较全面、深入的调查和记录，同时以当地人民整体的生活文化为背景，应用民俗学、宗教学、民间文艺学等学科的理论，并结合古文献及其他地区的民俗志资料，来揭示这种习俗的本质、内涵、结构和功能等。在探讨农事禳灾的仪式-象征意义的同时，又着重从对该习俗的社会、心理功能的分析，说明了这一习俗之所以长期延续的原因。这种方法和角度，对于相关问题的研究，也都有一定的参考意义。

廖：钟敬文先生在为你的博士论文所作的序言中，对你的研究给予了比较高的评价，说它属于"土著之学"。可以看出，钟先生对研究者进行家乡民俗研究的重要价值是有着清醒的认识的。

安：钟先生以及在他之前或之后走上民俗学、民间文学学术道路的许多老一辈学者，最初所做的民间文学作品搜集与记录工作，大都是在自己家乡进行的。这种经历，显然对他后来的民间文艺学、民俗学思想乃至中国民俗学的发展道路产生了深远的影响。直至晚年，钟先生始终对扎实的田野工作格外重视，他曾在多种场合，高度评价那些经过踏实调查写出高质量民俗志的地方学者，认为他们所做工作的重要性不亚于科班出身的学者们的研究。由于钟先生的特殊地位和影响，这种评价，既极大鼓励了那些在各自家乡进行调查研究的学者，也无形中进一步推广了民俗学的家乡研究。在指导研究生时，他对学生进行本民族或自己家乡民俗研究的意愿，也予以了积极的引导、支持和鼓励。我自己就是其中的一个受益者。我的博士论文，从确定题目、结构到最后完成，自始至终都得到了先生的精心指导。对于论文所采用的以民族志为主体的研究方法，先生从一开始就给予了肯定和支持。在论文写作过程中，我每完成一部分都要念给他听，以征求他的指导意见。我清楚地记得，在一些涉及细致的民俗事象描写和相关分析的地方，例如关于神灵信仰的体系、禳灾仪式的组织等内容，先生都会点头表示赞成，说这是只有中国本土学者才能够做出的调查和分析。

在为我的论文所作序言中，钟先生曾引用日本著名民俗学家柳田国男先生的观点，说民俗学的研究可以分为三种：一种是走马观花式的"旅人之学"，就是到某个地方跑一跑，看一看，得到一点一般性的信息；一种是"寓公之学"，就是在一个地区住三五年，进行长期考察；第三种是"土著之学"，就是当地人来研究当地民俗。他认为，最重要的是第三种方式，因为作为当地人来研究当地的民俗文化，占有很大优势，有许多的知识，他根本用不着去专门进行访谈，他从小就亲眼看到、亲身经历那些习俗和活动了，所以能比较容易而准确地理解其中的深刻内涵。钟先生虽然没有专门对这一问题展开论述，但他的视角，却给人极大的启发，使我开始对"土著之学"的特点等问题产生了兴趣。我在博士论文的自序中，就对学者研究家乡民俗的利弊等作了一些归纳。

说到这里，我想起了钟先生为帮助这篇论文出版所付出的辛劳。1997年我的论文通过答辩之后，钟先生马上就把它列入了自己正在策划主编的"中国民间文化探索丛书"之中。当时一同被列入该丛书的首批书目，还有钟先生自己的《中国民间文学讲演集》、许钰先生的《口承故事论》、赵世瑜博士的《眼光向下的革命》和杨利慧博士的《女娲溯源》——这四种书均已在丛书中出版。虽然由于特殊的原因，我的书稿在印出了三校稿之后还是未能作为该丛书之一出版，但先生对学生的关爱和对民族志研究的重视和支持，却让我永难忘记。

廖：显然，家乡的调查和研究对你在博士论文中取得深入的结论具有不小的帮助。不过，从你正文部分的行文，好像看不出究竟是在家乡还是在异乡做的调查。

安：的确如此。在写作博士论文的时候，我其实在极力地回避所谓的"主观色彩"，力图要表现出客观、科学的态度。比如，每当涉及有关自己家人或亲戚的内容时，对于所有的资料提供人，包括我的长辈，我都要直呼其名，并且要严格按照学习过的田野调查的有关要求，写出他们的年龄、性别和文化程度等。虽然在写到自己长辈亲友的名字时，也会有心理上的不适——觉得这样做不大恭敬，然而写作"科学论文"的要求，还是战胜了隐约的焦虑。因此，尽管对在家乡研究没有什么疑问，但对田野过程中与当事人的亲友关系等还是在有意无意进行回避，生怕这种关系的透露，会有损于我的研究的客观性、科学性。这种情况，德国柏林工业大学民族学博士生吴秀杰在为这本书所写的评论中，也有敏锐的发现和批评，她把它比作"戴着镣铐的舞蹈"，认为它是受制于"现行制度对博士论文的要求"的结果。[①]我很同意这个看法。确实，学术界长期以来形成的对"科学论文"的要求，是很难允许研究者、特别是学位论文的作者在自己的"学术研究"中表现过多的主观因素的。事实上，许多学位论文都存在这样的问题。我在北师大的师兄弟中，也有不少以自己家乡乃至家人为主要资料提供人或研究对象的，他们学位论文的行文风格，也无一例外地具有这种突出"科学性"而极力掩盖亲情关系的特点。现在看来，这种做法引起的研究者在心理、情感上的矛盾与冲突，是很值得关注的。

廖：如果说你的博士论文是家乡民俗研究的一个具体例证，那么，你后来出版的《重返故园——一个民俗学者的家乡历程》，就是首次正式提出"家乡民俗研究"的概念并对它进行全面论述的著作了？

安：这我应该向你表示感谢——《重返故园》这本书，是你所主持的"西部田野"丛书中的一本。你邀约我加入这套丛书的写作，给了我一个集中思考和总结自己过去田野研究特点的机会，从而直接促使我开始关注家乡民俗学的话题。你知道，在答应参加丛书写作之初，我报的题目是关于农事禳灾问题的。但后来，在酝酿和结构全书内容的过程中，我越来越清楚地意识到，自己的"田野"，

----

① 吴秀杰：《带着镣铐的舞蹈——评安德明著〈天人之际的非常对话——甘肃天水地区的农事禳灾研究〉》，《民间文化论坛》2004年第4期。——编者注

就是"家乡"，自己的调查对象，大都是我的亲人或朋友，于是，我便把这本书的主题定成了民俗学者带着学术的目的重回故乡。需要交代一下的是，开始这本书的写作之前，我刚刚完成了钟敬文先生的传记《飞鸿遗影》。在传记的写作过程中，我也积累了不少或显或隐的感受和心得，其中之一就是，钟先生早期的民间文学搜集、研究工作，是在自己家乡进行的。这种认识，也是引发我从这一角度来思考自己的田野特征的重要因素。

在《重返故园——一个民俗学者的家乡历程》当中，我在围绕"带着学者的眼光回家"这个中心检讨自己田野经历的同时，结合中国现代民俗学的发展历程以及自己所了解的国际人类学、民族志的发展趋势，对诸如在田野中学者如何进行自我定位、田野研究中的"科学"与"人文"、客观与主观、在家乡做调查的优势与劣势等问题，进行了讨论。在为写作这本书而翻检自己过去的田野笔记、重听田野录音的时候，我注意到，许多曾被自己忽略的问题重新变得清晰和重要起来，而这些问题，是只有在家乡做田野的人才可能遇到、可能正视的。前面提到的伦理冲突问题就是其中的一个。又比如对自己的乡亲在现实生活中遇到的各种困难，外来的研究者可能也会产生同情，但他不一定会像我一样感同身受。这样，虽然我可能会比外来的研究者更容易、更深入地理解各种文化现象，但我所承受的心理负担也会更重。每当直接面对家乡、面对家乡父老的时候，如何应用自己的知识为家乡做贡献的"责任感"或心理负担，常常会油然而生。可是，假如是去异乡做田野，当我们操着不同的语言、怀着不同的情感、带着特殊的目的，对作为研究对象的人群进行观察和研究的时候，这方面的压力要小得多。

由于这本书"田野报告"性质的限制，书中对各种问题的讨论并没有完全展开。只是在稍后完成的《家乡——中国现代民俗学的一个起点和支点》（以下简称"《家乡》"）一文中，我才对家乡民俗学的问题作了一次集中探讨。

廖：你的《家乡》一文，对家乡民俗研究在中国民俗学发展史上的状况、地位、利弊等进行了系统的探讨，可以说具有这方面研究的开拓性的意义。

安：其实，正像我们在前面说到的，当前学界有许多同人，都在作关于家乡的研究，他们在相关问题上也有不少思考，我不过适逢其会，比较早地对这个问题作了较系统的讨论而已。这也是《家乡》一文在发表后能得到许多同行的积极回应和批评的一个重要原因——在这里，我要再次感谢你慨然在贵刊发表这篇文章，也要感谢人大书报资料复印中心的《文化研究》月刊对此文的全文转载。

在这篇文章中，我清理了家乡研究在中国民俗学不同发展阶段的表现状况，并对我国民俗学界历来较少关注这一现象的原因作了分析，最后，又结合西方民族志领域自20世纪六七十年代以来兴起的"局内人民族志"，说明了对中国民俗学的家乡研究之特征、得失等从学理上进行分析、总结和概括的必要性与重要意义，初步归纳了作为"局内人"进行家乡研究的优势与局限。总的来说，由于文章属于探索阶段，因此，尽管它在首次提出"家乡民俗研究"这一话题并进行系统分析方面，具有一定的开创性，但对一些问题的论述还不够充分，而有些十分重要的问题也没有涉及。例如，为什么数十年来中国民俗学界一直没有把这一重要现象作为一个问题来探究？在民俗学与人类学共享着许多理论和方法的形势下，经典人类学强调做异文化研究的重要观点，不可能不对民俗学者，特别是进行家乡研究的学者产生影响。但为什么没有人就此对民俗学的家乡研究提出疑问并加以反思呢？（也许有人曾产生过怀疑，但在一种约定俗成的学科传统当中，却没有进行深入的探究。）又如，作为一个命题，"家乡民俗研究"或"家乡民俗学"当中所包含的问题，应该远不止通过与异乡研究相比来论述孰优孰劣那样简单，而应该是对其中所折射的文化和伦理等问题的深入探讨。

不过，这诸多问题的存在，在表明我的这篇文章有着这样那样不足的同时，却也说明了在这个领域，还是有着广阔的探索空间，有许多值得深入探讨的话题。

廖：对于"家乡民俗研究"的话题，我曾经有过这样的疑问：民俗学本来就是在本国或本土开展的，和以异文化为研究对象的人类学在学术传统上有很大不同。后者出现关于本土或家乡研究的学术转向，很值得研究，而前者中出现对家乡的研究是一种自然而然的结果，因此，提出"家乡民俗学"似乎没有太大的必要。但现在看来，问题并不是那么简单。

安：《家乡》一文在参加第一届民间文化青年论坛会议（2003年）的时候，也有同人提出过类似的疑问。受这些意见的启发，在进一步思考"家乡民俗学"这个命题的过程中，我也产生过一种怀疑，就是：所谓"家乡民俗学"，是不是一个伪命题？从民俗学的发展史来看，世界许多国家——例如德国、英国、芬兰、日本等，其民俗学从一开始就是指向本土的、本文化的，中国的情况尤其是这样，这同西方人类学从一开始就是针对殖民地、异文化的传统有很大不同。那么，指出中国民俗学中"家乡研究"的现象并加以探究，是不是没有什么意义呢？

产生这一怀疑的一个前提，大概同没有明确界定"家乡"的含义、"家乡"与"本土"之间的关系有直接关系。其实，所谓的本土或本国，同我们所说的"家乡"还是有很大不同的。的确，民俗学在整体上是倾向于本土的，但每一种"本土"文化，都不是均质的，而总是存在着亚文化或文化的差异性，"十里不同风，百里不同俗"就正是对同一文化中的这种差异性的生动描绘。因此，虽然我们说中国民俗学者研究的都是本国的（本土的）民俗文化，但学者同他的研究对象之间仍然可能存在着"风俗背景"的差异性。另一方面，在家乡还是在异地做调查，研究者同被调查者之间的关系、研究者对所调查地区环境的熟悉程度等，也有着很大的不同。

在2005年第4期的《民间文化论坛》杂志上，我应约编辑主持了一个专栏，题目是"家乡民俗学：从学术实践到理论反思"，其中我所写的《民俗学家乡研究的理论反思》一文，主要就是针对我们这里所涉及的问题来谈的。在文章中，我对"家乡民俗学"中的"家乡"一词，作了这样的定义："它首先指的是研究者出生于此、生长于此并在此处有比较熟悉或稳定的社会关系，同时又可以被研究者对象化的地方，也就是说，这里的'家乡'，是民俗研究者的家乡，它既是研究者身处其间的母体文化的承载者，又是可以被研究者所超越和观察的一个对象。其次，这个概念又可以扩大为研究者与之建立了熟悉的人际关系和生活实践关系并可以把它对象化的任何地方，这样，'第二故乡'一类的地方，也都可以作为'家乡民俗研究'所关涉的范畴。"而与此相关的"家乡研究者"，则指的是那些能够运用民俗学的理论与方法，对自己家乡的民俗事象进行观察与分析的研究者。

明确了这个前提，我们会发现，对家乡民俗研究的讨论究竟是否成立的问题，其实已经不重要，更重要的是，我们应该把关注的重点转向家乡民俗研究者在田野研究过程中的心理与情感张力，学者与研究对象之间的交流、互动，以及由此产生的民俗学的学科定位等问题。具体来说，这些问题包括：家乡研究者如何把本来与自己处于同一状态的地方、事象和人乃至于研究者自己的生活加以对象化，使之成为一个外在于他的可以被审视、被探究的客体；在这种对象化的过程中，研究者在心智上具有什么样的特点，承受了怎样的情感、伦理等方面的压力；在既是自己的生活空间又是自己工作场域的家乡，研究者是怎样协调自己既作为学者又作为当地人的矛盾身份的；在对家乡民俗事象进行展示（描述）之时，研究者承受了怎样的道德与义务上的困扰，他作为当地人的身份、他对家乡的情感和种种顾虑如何影响了他对所展示内容的选择；在民俗事象的展示过程中，他是怎样处理与作为资料提供人乃至研究对象的亲友之间的关系的；在把自己所熟悉的文化现象向更大范围的读者进行介绍之时，他采取了怎样的技术，来处理那些自己习以为常而异乡人却毫不了解，但对理解民俗文本至关重要的"语境"方面的知识，等等。这些问题，抛开人类学的参照，只就中国民俗学家乡研究传统的发生和发展历史来说，都是需要我们着力探寻的。

所以，我认为，如果说关于家乡民俗的研究，以往在中国民俗学中只是一种自为的实践，那么，在学术发展的今天，对它进行自觉的理论反思，应该是一种当务之急。

廖： 我也看到了你在《民间文化论坛》上的文章和主持的专栏，从中可以看出有一批学者在关注这个话题。

安： 的确有许多学者在关注家乡民俗学的问题。这期专栏，我原计划要约请更多的同人来贡献大作，包括想请熟悉日本民俗学的朋友介绍日本曾经有过的关于家乡民俗问题的专门讨论、请美国学者来介绍北美民俗学界的相关情况。可惜由于时间的关系，这个计划未能完全实现。发表出来的文章中，刘锡诚先生的《台静农：歌谣乡土研究的遗产》，是关于中国民俗学发展早期家乡研究方面的一个扎实的个案分析，祝秀丽和我的文章，结合自己的田野经验和对中外相关理论的理解，从家乡研究者的伦理、方法等角度进行了讨论。而吕微的文章，则从发生学的角度，运用现象学的观点，对家乡民俗学给予了很高的定位，认为它就是民俗学的纯粹发生形式。虽然我自己更倾向于把家乡民俗学看作民俗学者观察生活文化、进行自我反思的一个角度，但吕微这种从哲学的视野出发对学科本质问题所作的探讨，却为关于这一话题的研究提出了更高的要求，这对我们就家乡民俗学的话题来探讨更广阔领域的问题，是具有启示意义的。

廖： 就家乡民俗学的问题，能够探讨什么样的更广大的意义呢？

安： 单是"家乡"这个关键词，就有十分广阔的探索空间。比如，什么是家乡？是不是只有那些远离了家乡的人，才会有所谓的"家乡"；而如果一个人始终生活在他出生和成长的地方，从来没有离开过，就不会有"家乡"的概念？而在后现代的语境中，家乡尤其具有特殊的意义。比如，在社会飞速发展的时代，我们究竟失去了什么？我们要在这种日新月异、让人头晕目眩的变化当中寻找什么？为什么人们在获得了曾经极力追求的现代化的优越生活之后，又要去找寻"故园"的宁静、田野的情趣以及种种在发达的现代生活中无法获得的东西？"故园"究竟在哪里？等问题，足够一个人长期研究下去的了。

廖： 能不能谈谈你现在正在做哪些方面的研究？

安：目前我正在主持两个省部级项目，一个是"家乡民间文学研究——中国现代民间文艺学史上的一个重要流派"，一个是"权威的话语——民众生活语境中的民间谚语研究"。另外，在负责一个省部级项目的子课题"中国民间文学史·谚语卷"的工作。其中，关于谚语的两个项目已接近尾声。在这两项工作中，我努力地要把对谚语文本的研究同语境的研究相结合，从谚语在交流、文化与身份认同、权力等方面的功能出发，来考察它在民族文化整体当中的传承与播布情况。而这两项工作中积累起来的在我家乡进行谚语调查的经验，以及有关中国历代学者在家乡搜集谚语的各种资料，都是我集中进行关于家乡民俗学的研究工作的重要参考。在这项研究中，我将对我们在前面所提到的相关各种问题进行系统的探究，希望最后能够完成一部具有一定新意的著作。

廖：近期你还有什么别的研究计划吗？

安：在下一步的研究中，我打算以自己家乡一个村落中神庙的重建及神灵信仰的变化情形为主，来考察民间信仰与社会变迁之间的互动关系。主要关注的问题将包括：在这个不断迈向现代化的村落中，人们对神灵信仰的态度有什么样的不同？村落中的神庙在"文革"之后是如何被重建起来的，中间有什么样的复杂过程？在神庙重建的过程中，来自国家政策、经济力量、集体记忆、个人创造以及制度化宗教的不同力量，是如何相互协商、相互影响的？民间信仰中的不同力量又是如何相互冲突、妥协和融合的？科学技术的逐渐推广、地方旅游业的不断发展以及大众传媒的日益普及，对民间信仰具有什么样的影响？村落中的不同个体又是怎样应用民间信仰的策略资源来提高他们的社会地位的？等等。我想通过细致的调查、详尽的描述，在回答以上问题的同时，也对目前学界有关文化多样性、传统文化与现代化、传统与个人的创造性等话题的讨论，贡献一个中国民俗学者的看法。

在这一研究中，我将注意不仅仅把眼光局限在对民俗事象（即民间信仰）本身的调查、描写和分析上——这种静态的关注，虽然也有它的价值，但还很不够——而是要在对人们生活全貌的观察中，把文化事象与活生生的人相结合，把文本与具体的生活语境相结合。这样，民俗就不再是那种静态的、被从具体的生活实际中抽离出来的文本，而是不断适应各种现实问题而变化的动态的"生存工具"，作为民俗主体的人，也就不再隐藏在事象的背后，而是成为被关注的一个重点。这种做法，与以往的许多研究是有所不同的。过去虽然我们一直强调要把民俗作为整体生活的一个部分来看待，虽然也重视民俗的"语境"，但实际的操作，却往往只是把民俗作为一种自足的现象进行"全方位"（尽可能详细）的描述，对语境的介绍，大多也只限于一种民俗现象位于某一个地区、该地区有什么样的历史地理特征、这些地区特征如何影响了民俗的形成，等等。这样的做法，只重传承而忽略变化，只重民俗事象而忽略民俗事象的主体——人，特别是具体社区的人及其在具体现实生活中的各种境遇，也就不可能去考察民俗作为一种生存资源与现实互动、协商的问题了。

（原载《民族艺术》2005年第4期）

在江南探寻中国民族的诗性精神

刘士林 廖明君

刘士林，上海交通大学城市科学研究院院长、教授、博士生导师。兼任国务院发展研究中心东方文化与城市研究所学术委员会委员、国家教育国际化试验区指导委员会委员、中国商业史学会中国大运河专业委员会主任委员、光明日报城乡调查研究中心副主任、浙江省城市治理研究中心首席专家等。

主持国家社会科学基金重大项目"大运河文化建设研究"等。著有《中国诗性文化》《苦难美学》《都市文化原理》《城市中国之道》等。

廖明君（以下简称"廖"）：我注意到，在《学术月刊》与《文汇读书周报》联合评选的2005年度十大学术热点中，有一个是"城市化与文化研究转型"，其中一个重要部分为"江南美学与文化研究"，如"江南诗性文化""江南美学与中国文化""上海与长江三角洲区域文化发展""当代江南都市文化的审美生态"等，大都是你近年来开拓的新研究方向，看到它们受到学界重视，我感到十分高兴，在此首先向你和其他从事研究的学者朋友表示祝贺，在开始今天的访谈之前，想请你先介绍一下，这个研究方向是怎样成为一个学术热点的？

刘士林（以下简称"刘"）：我对江南文化的关注，大约是从2002年暑假开始的。当时我刚读完了博士，很想做一点自己更喜欢的事情，美丽的江南就是在这个时候进入了我的学术视野。我的这个想法得到一些朋友的赞同，所以很快我们在第二年就推出了"江南话语"丛书，丛书第一辑有三种，分别是《江南的两张面孔》《人文江南关键词》《江南文化的诗性阐释》。这套书设计精美，附有江南音乐CD,再加上我们追求的"诗性叙事"风格,所以很快受到读者的欢迎,截至去年已经印了三版。这同时也引起媒体的关注,如《中国文化报》《社会科学报》《评论》等先后开辟"人文江南"专版,《江苏大学学报》推出了常设性栏目"江南文化诗学研究笔谈",《光明日报》《中国教育报》《解放日报》等也很快介入,研讨的话题也涉及"江南诗性文化""江南文化与中国诗学""江南小城镇文化""江南文化与齐鲁文化""江南文化与中原文化"等方面,我在2002年招收的研究生朱逸宁、李正爱、刘铁军的硕士论文也集中研究江南文化,分别是《晚唐五代江南诗性文化研究》《江南鱼稻文化的诗学研究》《明清江南乡绅话语研究》,初步显示了一种集群效应,预示了一个新的学术方向正在形成。

在2005年,江南美学与文化更显欣欣向荣。这主要表现在三方面:一是文章发表与著作出版,如《光明日报》《新华文摘》《学术月刊》等重要媒体纷纷发表或转载相关研究成果,东方出版社则推出了我的《西洲在何处——江南文化的诗性阐释》,《光明日报》《中国教育报》《中国图书评论》等先后发表评论,使江南诗性文化开始为更多的人所接受。二是表现在主题性的学术会议上。我所供职的上海师范大学在4月份连续召开"江南都市文化的历史源流及现代阐释"、"中国美学的地方经验与世界价值"(一个主要议题为"中国美学与江南文化")学术研讨会,提出注重从江南地方经验的角度研究中国美学的新构想,《人民日报》《光明日报》《中国教育报》《中华读书报》《社会科学报》《文艺报》《中国文化报》《文艺研究》等发布有关会议信息与文章,引起了学术界的广泛关注。三是一些相关研究机构正在浮出水面,上海师范大学成立了中国美学研究中心,"江南美学与江南文化研究"是其中最具特色的一个方向。据悉,华东师范大学也正在筹备成立"江南文献与文学研究中心",作为一种江南美学与文化的专业研究与知识生产机制,它们将会有力地推动江南美学与文化的走向学科化与中心化。也许正是这些原因,使"江南美学与文化研究"在2005年度中国人文学术研究中显得十分醒目,并在年度学术热点评选中,与"生态文艺学美学""超女"等都市文化现象研究一同占据了"文化研究"的席位。

廖：据我所知，江南概念主要是一个政治经济学术语，学术界一般也是从经济功能去界定江南地区的。如明清经济史学者李伯重认为，江南主要包括八府一州，八府是苏、松、常、镇、应天（江宁）、杭、嘉、湖，一州则是指太仓，它的总面积大约4.3万平方公里，由于东面是大海，北面是长江，南面是杭州湾和钱塘江，西面是皖浙山区，因而构成了一个相对封闭的地理空间。以地理、水文、自然生态上的相似性为基础，同则江南也构成了一个完整的经济学"单元"。另一方面，尽管古典文学、中国历史等学者在具体的研究中，对江南文学、社会、文化也多有涉及，但基本上不出"诗分南北""衣冠南渡""南唐""南明"一类的话题。尽管不少人都挺喜欢这个对象，或者说，江南本身很有精神魅力，但具体到学术研究方面，一般人很难想象，这里面还有什么重大的问题需要分辨和研讨，我想这就是江南文化研究一直"不温不火"的原因。所以我想问的是，到底什么原因使江南研究在学术上成为"热点"，或者说，"江南美学与文化"研究到底给我们提供了哪些新东西？

刘："文变染乎世情，兴废系乎时序。"这是刘勰《文心雕龙》的一句名言。对于江南文化研究也是如此。这既有历史的背景，也有现实的原因。在某种意义上讲，江南文化是中国民族审美创造与审美享受的最高表现形态，而"现代性"运动的一个重要诉求则是所谓的"美拯救世界"。由于在西方审美文化中无法得到真正的满足，所以从后现代文化的"肉体狂欢"，回归"花轻似梦""细雨如愁"的古典江南文化，是十分自然的。另一方面，文化的生产与消费都需要有雄厚的经济基础，当代长江三角洲地区在经济社会发展上表现出的勃勃生机，特别是像中心城市上海提出的"国际化大都市"发展目标，以及整个长江三角洲地区16城市联手推进的"世界第六大都市群"建设，也是使人们对其文化传统与学术研究开始重视的重要原因。我们从美学角度进行的江南文化研究，就是对这种当代现实的一种学术敏感或者说是理性的回应。至于我们的具体工作，我想主要在这样几方面：一是为江南文化研究提供了新的"文化理论"，二是提供了以美学为中心的"解释框架"，三是阐释了江南文化的"本体精神"与"深层结构"，四是在实证角度探讨了"江南诗性文化"的历史源流，五是初步涉及它在当代的发展问题。也许正是由于这样的工作,才使我们的江南文化研究,给人一种既焕然一新、又似曾相识的感觉,说"焕然一新",是因为人们会发现"原来可以这样来理解江南",而说"似曾相识",则意味着这绝非好事者有意为之,而是它早就活生生地存在于心灵世界的深处。用古人讲江南园林的话,就是"虽由人作,宛若天开"。当然,这是我们希望达到的理想境界,至于是否可以达到,还要看大家怎么看。

廖: 正如我们前边谈到,在江南文化的研究上,由于不存在重大的分歧,所以也很难出现重要的突破。在基本文献与材料上看,由于江南地区自古就以教育与文化发达著称,所以在文献保存与整理上做得相当出色,不可能在这个方面有重大的突破。另一方面,在理论与方法上大家也相差不大,主要是来自本土的文史之学与来自西方的人文社会科学理论。由于这两方面的原因,要实现江南文化研究的学术创新,其困难是可想而知的。从美学角度出发研究江南文化,对它的传统学术形态具有明显的发展与创新意义,在这里想请你具体谈一下,是哪些特殊的条件促成了江南美学与文化研究的崛起?

刘: 经验材料与理论方法的趋同,既是一门学术有一定积累、相当成熟的标志,同时也是一种负担,甚至预示着开始走下坡路。要改变这种停滞或发展迟缓状态,一般来说也不外乎两条道路:一是有新材料出来,使既有学术研究的经验基础发生改变,从而带动已形成的思维模式与解释框架变革与拓展;二是吸收新的思维、观念、理论与方法,通过发动思想观念的革命创新传统学术范式,使各种已成定论的经验材料重新进入学术生产的循环中。对江南文化也是如此。一方面,20世纪中国人文社会科学的迅速发展,特别是"西学"的大量引用并被普遍认同,为我们提供了重新研究任何问题的工具与空间,这是不言而喻的。另一方面,20世纪以来,对长江流域诸文明的考古学研究,绝不只是发现了一些新材料——如果是那样,只需对既有框架做一点修修补补就足以应付了——而是直接颠覆了人们习以为常的中国文化解释框架。具体说来,就是使我们第一次发现了江南文化传统的独立性。长期以来，由于历史与政治等方面的原因，人们普遍使用的解释框架是"黄河中心论"，而把包括江南在内的中国其他区域文化，都看作是黄河文化向不同方向传播的结果。它造成的一个最大问题是，不管江南的什么事情，都要在黄河文化中去找原因、找答案。但晚近几十年来的考古学发现，早在新石器时代，长江文明就已发育得相当成熟，两者"本是同根生"，根本不存在所谓的"文化传播"问题。正如李学勤先生说，"黄河中心论"最根本的问题，就是"忽视了中国最大的河流——长江"。在确认有一个独立发生的长江文明之后，不仅使中国文明的起源研究陡然变得十分复杂起来，同时也提出这样的要求，只有重建全新的"文化理论"与"解释框架"，才能使江南文化研究获得合法性。江南美学与文化研究正是在这个背景下发生的。需要申明的是，一方面，由于江南文化研究的传统相对比较稳定，吸收新的理论与方法不足，所以一旦有新的视角与话语出来，就很容易使人们感到新鲜与兴奋；另一方面，由于黄河文明的"文化理论"基础是伦理文化，而江南文化在本质上可以称为审美文化，所以从美学研究的路向，也比较容易切入江南文化与精神的核心。这大概也是江南美学与文化研究容易产生一定影响的一个原因。

廖：江南地区向来以文人荟萃与学术发达著称，对乡邦文献收集整理的重视，对区域文化传统与精神的弘扬，一直是江南学术研究的重要方面，你是如何看待当代江南学术研究的，比如如何分类，各自的代表与基本特色，它们存在的问题等。与之相对，从美学角度研究江南文化最重要的意义是什么，它是否也有自己的传统或早期形态？

刘：由于特殊的自然环境与人文传统，有关江南文献的整理、区域社会与文化的研究，在当代人文学术界一直颇受关注与好评。比如在书店中看到题名中有"江南"二字的新书，我想很多人都会驻足、观赏一下的，这是因为，与所谓的"理论是灰色的"不同，江南学术是一个极富魅力、诗意的东西。但就当代江南学术研究的深层结构看，却主要局限在历史学与经济学两大领域中，也就是说显得相对的单调与枯燥，开个玩笑，就是好像有点对不住"江南"这个美丽的名字。具体说来，在历史学中又有两大显学：一是各种文献的整理与汇编。从卷帙浩繁的集大成——如《江苏地方文献丛书》，到某一专学的资料汇编——如《明清苏州农村经济资料》，都是如此，这样的东西在当代非常多，而且可以相信以后会越来越多。文献整理尽管必不可少，但也不应评价过高，因为它只是学术研究的初级阶段。二是偏重于区域文化小传统的研究，如地方志、方言、民俗土风等具有"乡邦文化"或"旧国旧都"性质的研究与著述，在江南文化研究中占据的份额也很大。它们的主要问题是有时流于"钻故纸堆"，缺乏现代人文价值的阐释与发明。在经济学的研究中，主要侧重的是区域经济与经济社会史，这也可分两种类型：一是侧重历史，如李伯重《多视角看江南经济史》、陈学文《明清时期太湖流域的商品经济与市场网络》、张佩国《近代江南乡村地权的历史人类学研究》、段本洛《苏州手工业史》等。二是侧重当下，近年来，随着长江三角洲区域经济发展的不断升温，特别是从城市化水平、国际化程度、经济社会发展、文化教育事业等方面看，由于这一地区最有希望建成世界第六大都市群，以上海为中心的长江三角洲经济社会发展研究呈现出勃勃生机。如上海社会科学院的《2004年上海社会发展蓝皮书》系列，如上海证大研究所的《长江边的中国——大上海国际都市圈建设与国家发展战略》，尽管它们也涉及文化发展问题，但由于主旨在于区域经济一体化，所以这些研究的基本特点可以概括为"偏实证而轻人文""偏江南文化的科学研究而轻其现代性价值阐释"。即使有所谓的"文化研究"，如果不是局限在文化产业、提高城市综合竞争力等方面，就是偏重于对西方消费文化、时尚文化的引进与介绍，传统研究中轻人文、重实用与轻审美、重功利的态度与旨趣，也没有发生根本性的改变。如果追究根源，我以为就在于在当代江南学术研究中美学的"缺席"。

真正使这一局面有所突破的，是以美学为中心话语的江南文化研究的出现。这其中最重要的原因在于，以美学为学科背景去研究江南文化，容易发现在其他研究中被忽略的江南文化的审美本质。也就是说，美学的研究方法与作为研究对象的江南很容易建立起桥梁，或者说有充分的合法性。这可以从三方面加以深入认识。首先，借助于美学学科的特殊知识形态——既与认识论领域的概念、逻辑等相联系，与社会科学研究有沟通的可能，又与伦理学领域中的欲求、价值等相牵连，与人文学科有内在密切联系——可以使江南文化的审美精神得到揭示，同时这对于经济学、历史学的实证研究也有一种重要的矫正作用。其次，这与我提倡的非主流美学话语相关。与西方理性美学——如思辨型的西方古典美学，以语言分析和存在主义为基础的现代西方美学，还有中国主流美学——主要是指在西方影响下滋生的各种"西学为体"的中国美学，在研究话语与价值理念上不同，非主流美学是一种以汉语言为表述媒介、以诗性智慧为审美认知图式、以中国民族的生命自由活动为研究对象的美学知识谱系。特别需要指出的是，非主流美学与江南文化具有内在的统一性，它恰好为江南诗性文化的研究提供了最佳的学术语境。再次，这也与当代美学形成的开放的学术襟怀相关。当代中国美学一直是一门勇于接受其他学科新知识、新理念的开放型学科，对江南文化也是如此。比如它充分吸收了20世纪考古学关于长江文明的研究成果，与多数江南研究对江南文化源自长江文明置若罔闻不同，江南美学与文化研究最早把这个新成果吸收进来，为重新理解江南文化精神提供全新的解释框架。正是借助新的知识条件与开阔的胸襟，在美学研究中才发现了江南文化中最耀眼的东西。在某种意义上讲，这个美学视角一直存在，不过是以中国美学的特殊形态与话语方式存在的。多年前，我就有一个说法，中国民族精神主要表现在古典诗学中，今天也不妨说，江南文化的精神内涵主要是以诗词、绘画、园林等话语形态存在的。在中国古典诗歌或其他文学艺术话语中，江南文化的诗性精神一直明白无误地存在着。而我们今天所做的工作，不过是想把它们转换为一种更具普遍性与现代意义的理论话语而已。

廖：听了你关于美学方法与江南研究的解释，我也有同感，想想也是，从儿时诵读的《忆江南》《江南春》《采莲曲》《长干行》等古诗开始，江南对于我们就几乎是一个唯美的世界，但另一方面，从审美角度研究江南文化，在学术界是很少见的。这也就是古人说的司空见惯混常事。但是这里还有一个问题应该提出来，说江南文化中包含或较多地包含了审美精神，可能容易被大家认同，但如果说江南文化的本体精神是审美，可能有人就会不同意，如果碰到这样的疑问，你会如何回应呢？

刘：我想不是"如果不如果"，肯定会碰到这样的质疑。关键在于如何理解"本体"或"本体精神"的概念。在我看来，一个对象的本体或本体内涵在于与其他相关对象的差异上。研究江南文化也是如此。比如，我们说江南文化是诗性文化，这并不意味着江南文化中就没有功利与残酷的东西，正如我们说齐鲁文化是伦理文化，也不等于说它完全没有任何审美的超功利的表现。进一步说，在后者，尽管有所谓"孔颜乐处"的美感，但与江南的"登山临水"相比，它在本质上更是一种道德愉悦，而在审美上不够纯粹，反过来看，在前者，尽管也有"文以载道"的要求，但与"讽诵之声不绝"的齐鲁文化相比，它在严肃性、主流性与霸权性等方面要逊色许多。在这个意义上讲，我所谓的本体论阐释主要有两层内涵：一是在江南与其他区域文化的关系上，重点在于探索它们的差异而非相同或相通处；二是就江南自身而言，由于任何文化在结构与机理上都是复杂的，所以最关键的是确定具有结构要素意义的东西。因为正是由于这些东西，江南才成为江南。反过来说，如果失去了它们，江南与其他区域文化就不再有明显的区别。这既是我们阐释江南文化精神所遵循的基本思路，同时也是我把它命名为"江南诗性文化"的根本原因。

具体说来，在江南与其他区域文化的关系上，我主要是在江南与巴蜀、齐鲁的比较中探索的。首先，尽管江南的第一个特点是所谓"鱼米之乡"，但雄厚的经济基础却并非为其所独有，因为有"天府之国"之称的巴蜀地区同样也是"富甲天下"的。其次，文教发达、文人荟萃、文运昌盛也不能看作是江南的本质，因为齐鲁文明之邦在这方面更有资格做中国文化的代表。如果说物质财富只是文化的基础，在这个层面上没有什么可比性，那么也可以说，江南之所以成为江南，或者说江南文化的最高本质恰在于要比齐鲁的"礼乐"多一些什么。在我看来，与人文积淀深厚悠久、"讽诵之声不绝"的齐鲁礼乐之邦相比，它多出的正是几分"越名教而任自然"、最大限度地超越了文化实用主义、代表着生命自由理想的审美气质。正是在诗性与审美的环节上，江南文化才真正超越了儒家的人文观念。儒家最关心的是人的道德教化问题，对于作为生命更高需要的审美自由基本上没有怎么考虑过。在中国区域文化传统中，正是由于充分关注到人的审美需要，江南文化才呈现出一种特殊的人文景观。需要强调的是，由于诗性与审美代表着个体生命更高层次上的自我实现，所以说，人文精神发生最早、积淀最深厚的中国文化，是在江南文化中才实现了它最高的逻辑环节，以及在现实中获得了最全面的发展。一言以蔽之，江南文化中的诗性人文，或者说江南诗性文化是中国人文精神的最高代表。

廖：与中国其他区域文化相比，江南文化的确是最具审美价值，但接下来我想提的一个问题是，江南文化的审美本体是自古就有的，还是在历史中逐渐生成的，如果是生成的，那么，在这个发生过程中最关键的时期或环节是什么？

刘：根据我在《苦难美学》中的看法，早在人类的轴心期，就是公元前8世纪到前2世纪这段历史时期，人类生命结构中的真善美三种机能就已生成，作为人性中三种相互矛盾、对立的结构要素，由于各自需要的现实条件不同，它们在历史上的发展形态也不一致。在这个意义上，对江南文化的审美本体只能两分层说，在作为人性结构要素的层面上，审美是在轴心期和人类的其他精神要素一同发生的，也可以说是自古就有的。但在历史发展形态上看，在轴心期以后相当漫长的岁月中，由于缺乏必要的社会条件与现实空间，它只能以非主流的方式或不成熟的形态缓慢地延续着。江南诗性文化走向成熟形态，最关键的时期是我提出的"江南轴心期"。这个概念借鉴了雅斯贝尔斯的轴心期理论。在他看来，在轴心期以前，尽管人类已生存了漫长的年代，但由于人的哲学意识尚未觉醒，所以还不能说有了人类的历史。仿此也可以说，在江南文化的历史过程中，直到主体的审美意识觉醒之前，江南同样也是没有什么江南精神的，或者说与中国其他区域文化差别不大，只有经历了一个具有脱胎换骨性质的审美精神觉醒过程，江南诗性精神及其每一个审美细节，才由一种古老的逻辑形式转换为具体的现实存在形态。

　　具体说来，就像每个民族早期都有一个"野蛮的童年时代"一样，后来文质彬彬、长于"动口"而短于"动手"的江南民族，同样有过一个野蛮好斗、总是喜欢逞匹夫之勇的年代。这与近代以来人们熟悉的天津卫的小混混，在性格和行为上是十分相近的。像这样一块贫瘠、野蛮的社会土壤，之所以可以成为"人人尽说江南好，游人只合江南老"的生命圣境，当然是既需要有特殊的历史与现实条件，同时也需要有一种全新的生命精神焕发出来。在我看来，这些条件是在魏晋南北朝时代才终于凑齐的。如同人类在轴心期的巨大现实变革一样，东汉末年的"天下大乱"可看作是江南轴心期的开端。剧烈而痛苦的政治与文化震荡，迫使江南人去找根源、想办法，生产出一种回应现实的新智慧。这种新智慧的核心是在两汉文化中极其稀有的审美精神。如果说，中国民族在轴心期最重要的精神觉醒是"人兽之辨"，是由于意识到人不同于动物而把自身同大自然区分开，那么也可以说，江南轴心期最根本的精神觉醒是唤醒了个体的审美意识，使人自身从先秦理性精神的异化中解放出来。如果说前者的目的是提升为道德主体，那么后者的理想则是发展出自由的生命。正如诸子哲学对中国文化具有的基础本体论意义一样，在江南轴心期中觉醒的审美精神，也构成了中国民族审美意识的"原本"与审美活动的"深层结构"，以后大凡真正的或较为纯粹的中国审美经验，都可以在江南轴心期的精神结构中找到原型。江南轴心期对中国文化结构的建构意义重大而深远，正是有了这"半壁江山"，中国文化的基本构架才完整起来。如果说北方政治–伦理文化是中国现实世界最强有力的脊梁，那么江南诗性–审美文化则构成了中国民族精神生活的支柱。如同西方哲人说人类文明产生于轴心期的精神觉醒一样，正是在经历了大灾难之后的南朝文化中，一种具有诗意栖居内涵的江南才成为一个务实民族倾心向往的对象。

廖：据我的了解，对江南美学与文化研究，至少存在一种不同的看法或态度，就是在中国当下，既有广大不发达，甚至是相当贫困的中西部地区，也有在城市化进程中大量的"城市社会问题"，这些问题不是更值得去关注与研究吗？所以在偏激者看来，像江南诗性文化这样的研究，无异于一种当代形态的风花雪月乃至于无病呻吟，我不知道你们在具体的研究中有没有碰到这类价值判断或认同上的障碍，你本人如何看待这一类的意见？

刘：对这种观点，我既有所耳闻，也早在意料之中，因为在最初这也是我自己真实的思想。后来为什么发生改变呢？主要有两方面的原因。首先是一种现代学术意识的自觉，使我在自己的研究中学会了区分"现实问题"与"学术问题"。或者说希望破除在学术研究中的"大一统"或"宏大叙事"，前者的问题是研究同一个问题大家都不分彼此一拥而上，不懂得现代学术的一个基本特点在于"术业有专攻"；后者的问题是用一种话语、一种观念去强制本该千姿百态的学术研究，完全忽略了学术要求多元化、多向发展这种当代诉求。具体到中国文化的研究，一个人当然可以按照自己的学术训练与价值理想去研究他认为最重要的学术问题或现实问题，但这也要有一个基本底线，用我对康德伦理学的阐释就是"己之所欲，亦勿施于人"。另一方面这也是我对自己的要求，从不敢"以天下之美尽在江南美学与文化研究"，它的意义充其量只是使我们的学术研究在话语上多元一些，使日常生活世界的精神文化消费更丰富多彩一些。其次是在研究江南文化的同时，也改变了我心目中许多因袭下来的"江南假像"。这里可以举一个例子，大家都知道法国作家莫泊桑有一篇小说叫《项链》，讲的是追求虚荣如何害人不浅。这个故事当然是走极端的，但由于非常投合中国民族的传统文化心理，所以也是现代中国人最喜闻乐见的西方故事之一。但如果去读一下李渔的《闲情偶寄》，就会发现在江南话语中存在着另一种经验。同是对待女性的穿着打扮，李渔与莫泊桑就完全不同，在他看来，"妇人青春几何？男子遇色为难"。对一个交上"桃花运"的普通人，如果由于自己的吝啬而不舍得以"一二事娱悦其心""一二物妆点其貌"，这就无异于"暴殄天物"。他还说，一般的普通修饰多费不了几文钱，结果却是"既悦妇人之心，复娱男子之目"，这难道不是非常合算吗？无独有偶，明代的苏州人卫泳在所编《枕中书》中也说："儒生寒士，纵无金屋以贮，亦须为美人营一靓妆地。或高楼，或曲房，或别馆村庄。清楚一室，屏去一切俗物。"这些话语，代表的是与中国北方文化圈完全不同的"江南意识形态"或"江南人生哲学"。它的核心意思是，不要把审美与实用的矛盾搞得那么突出、势不两立，如孟子讲的"鱼"与"熊掌"不可兼得那样。在某种意义上讲，把江南诗性文化看作是当代的风花雪月或无病呻吟，其实也不奇怪，这本就是延续着历史上黄河文化对江南文化的"道德批判"而来，属于康德说的"在理论上讲不通，在实践中行得通"的历史现象。对此，我想我们不妨以江南文化特有的风格给以"同情之了解"。也就是说，我们如果能够相认同，自然很好，即使目前不能，甚至受到一些非议与批判，也无可厚非。令我们并不特别寂寞的是，作为一个富有学术魅力的话题，江南美学与文化在相当的范围内还是颇受欢迎的。这或许就表明，每一个人的心中都有一个江南，都有对优美、和谐的古典生活世界的渴望与向往。而我自己之所以很看重江南诗性文化——因为要是不看重，我就不会投入精力研究它了——主要有两方面的原因：一是江南特有的诗性精神气质在粗鄙的后现代文化中正在走向消失，这是令人不能不加以关注的；二是阐释江南诗性文化的现代性意义，可以为我们研究与解决现实问题提供一种具有另类性质的精神资源。正如我在一篇讲演中所说：现代性的基本困境在于，在现代条件下获得充分发展的个体，如何才能解决"自我"与"他人"日益严重的分裂与对立。在中国文化传统中，除了审美功能比较发达的江南诗性文化，其他传统对个体基本上都是充满蔑视与敌意的。所以江南诗性文化最有可能成为启蒙、培育中国民族的个体性的传统人文资源。在这个严重物化、欲望化的消费时代中，如何守护与开放好这一沉潜的诗性人文资源，依据它的原理创造新的诗化文明，是必须充分研究江南诗性文化的根本原因。

廖：我们已经谈到，在一般的江南学术研究中，往往牺牲了江南文化研究的审美特质，另一方面，江南文化最根本的东西又恰恰在审美-诗性方面，那么在你看来，如何才能改变目前的现状，使这一具有重要理论与实践意义的学术研究深入下去？

刘： 对此我想最重要的有两方面。首先，对于一般的江南学术研究来说，最重要的是对既有学术框架做必要的修正与拓展，使江南文化固有的审美属性可以进入研究的视野中。否则，就如我们在当下众多江南学术研究中所见到的那样，尽管可以找到一大堆有关江南的地理位置、历史沿革、生产方式、风俗民情等知识，但它最核心的东西、最具现代人文价值的东西却变得下落不明。这也是不能简单地把江南诗性文化纳入这些人文社会科学框架，或者是直接运用相关的技术手段分析、归纳与总结的原因。在某种意义上说，江南学术研究本身的特殊性在于，与一般的知识与学术研究要求尽力罢黜主体的情感与主观性不同，对于像江南这样被充分诗化了的研究对象，恰恰需要有特殊的审美感觉、审美体验乃至艺术化的人生观与世界观才可能进入。其次，是以美学的理论与方法为基础，为江南诗性文化的深入研究建构一种新的人文学术框架。在这个过程中，我想最重要的是切忌把问题简单化。一般人总是有一个错觉，以为像江南诗性文化这样的感性对象很容易处理，而实际情况往往相反，由于审美对象本身特有的不确定性与发散性，要解释它们的内在机制与存在方式，往往需要比一般的实证科学与学术更复杂的思维与方法才行。在我看来，对于江南诗性文化来说，最重要的是如何区别经济人文、社会人文与诗性人文三个范畴。如果说经济人文属于经济学及其相关社会科学的研究对象，社会人文属于历史学及其相关实用性人文科学的研究对象，那么对于诗性人文来说，就必须建构一种以纯粹审美经验为对象的中国诗性美学。所谓中国诗性美学，是相对于以"真"为对象的西方主流美学，以及以"善"为对象的中国主流美学而言的，它以更为纯粹的审美经验为自己的研究对象。具体到江南诗性文化，是特别注意要把它与经济学的江南研究、历史学的江南研究区别开，因为在这两种当代江南研究的"显学"中，江南文化的诗性与审美特质恰恰被遮蔽了起来。当然，这绝不是完全排斥经济学与历史学的研究，而是要解决好目的与手段的关系问题。对于江南诗性文化的研究来说，经济学与历史学的研究提供的只是物质条件与社会背景，如何在这个基础上揭示中国民族审美机能的历史发生及其活动原理，才是江南诗性文化研究的根本目的。总之，只有为这个特殊对象建立一种适合它自身的人文学术框架，才能为我们在当代发现与认识江南诗性文化提供可行的道路。

廖：记得几年前，我们曾就你原创的"中国诗性文化"理论作过一次愉快而有意义的对话，几年以后，我们的话题已经成了"江南诗性文化"，请你简要谈谈两者之间的关联，好吗？

刘：在某种意义上讲，江南诗性文化是中国诗性文化研究的进一步延伸与发展。至于发生这种转换的原因，主要可以从两方面看：一是与我本人的一点学术觉悟有关，就是在学术范式上反对宏大叙事，以及努力在叙事上使学术话语微型化。具体到中国文化研究，尽管诗性文化的范围已经缩小到以诗学文献为基础，但实际上这个题目还是内容过于丰富、层次过于复杂、叙事过于宏大的。江南诗性文化的提出，是进一步缩小材料、经验与视角，或者说对中国诗性文化进行"南北"分层研究的结果。二是这也与我这几年的江南生活有关。八年前，我写"中国诗性文化"的时候，尽管当时人已在南京，但由于个人的北方经验居多，所以当时的研究，仍然主要是从政治伦理语境入手的。记得在书的后记中，我还写道：如果一个人对中国政治一窍不通，就根本不可能懂得中国文学。尽管不能说这一解读完全错了，但却是有片面性的，因为它只能解释北方的诗性文化。与北方那种充满政治伦理内涵的诗性文化不同，江南诗性文化在气质上是艺术的与审美的。所以，现在我倾向于这样理解中国诗性文化，它有两个系统，一个是以政治伦理为深层结构的"北国诗性文化"，另一个是以审美自由为基本理念的"江南诗性文化"。至于两者的关系，我的基本看法是，由于"北国"的审美特征不够清晰，所以应该被看作是中国诗性文化的"初级阶段"或"早期状态"。

廖：最后还有一个问题，在前面我们主要谈了美学对江南文化研究的启示，另一方面，以江南文化为经验基础的美学研究，反过来对中国美学研究会有哪些影响呢？

刘：经验基础的改变，当然会影响理论思维。江南文化独特的地方经验，对中国美学也会有重要的影响。具体说来，江南美学与文化的研究，不仅为中国美学提供了全新的经验基础，也直接影响或改变了中国美学一些广为认同的原理与观念。以美感的发生为例，以前人们多从李泽厚的"积淀说"，以为最初的艺术与审美活动是实用的，只是随着时间流逝，政治、伦理等直接的现实需要消失，它们才成为审美对象或具有了美学意义。但如果以江南诗性文化为经验基础，就会发现"积淀说"有很大的局限性，它源于北方文化圈的审美经验，充其量只能解释北方民族的审美活动。如果说，北方民族的审美类型是"伦理在前，审美在后"，那么在江南民族中，伦理与审美的矛盾对立在审美活动中要微弱得多。如果说北方民族的审美机能主要是后天积淀的经验产物，那么在江南民族中，审美从一开始就是作为一种天性而存在的。这也就意味着，中国美学研究应该从江南诗性文化开始。总之，江南美学与文化研究是当代人文学术的一个新方向，代表了从西方理性美学向中国诗性美学、从本土经验向地方经验、从宏大叙事向微型叙事的转型，深入地研究与阐释它，对于推动中国美学的学科建设与深层结构更新，对于重新理解与多角度地认识中国文化精神，都是有重要意义的。

（原载《民族艺术》2006年第2期）

从妙峰山观察中国

吴效群 廖明君

吴效群，河南大学文学院教授、博士生导师。兼任中国民俗学会常务理事、中国影视人类学会常务理事。主要从事民间文化的田野研究以及人类学纪录片拍摄。

出版《妙峰山：北京民间社会的历史变迁》等学术专著5部，拍摄人类学纪录片2部。主持国家级重点项目"中国民间信仰与民间组织关系的田野研究"、教育部人文社会科学重点研究基地重大项目"黄河中下游地区民间信仰与社会组织关系的田野研究"等。两次获得中国民间文艺"山花奖·民间文艺学术著作奖"。

廖明君（以下简称"廖"）：祝贺你的《妙峰山：北京民间社会的历史变迁》出版！我们知道，你的妙峰山研究历时10年，请你谈一下什么原因让你进行了这样长时间的研究？

吴效群（以下简称"吴"）：谢谢你的祝贺！1925年顾颉刚等老前辈的妙峰山调查开了中国民俗学田野调查的先河，也使民俗学这门发生于西方的学科真正在中国扎下了根基。我们知道，民俗学在英国最初是作为稽古学出现的，当它移植到中国时必须寻找到一个合适的立点。当时的中国与工业革命后的英国情况完全不同。应当说，是顾颉刚等先生的妙峰山调查为中国民俗学确定了存在的价值和意义，那就是研究认识民众的文化和他们的社会，为中国社会和文化的重建服务。可以说，民俗学在中国一开始就有着明确的参与社会改革的目的。

顾先生等老前辈的妙峰山研究在中国民俗学史上有着崇高的地位，被誉为中国民俗学的一面旗帜。在对这一课题进行重观研究时，我压力很大，大师的盛名像利剑一样悬在头上，催促我追求卓越。我特别认真地对待这个课题，多方准备，反复思考，长期求证。在长期的调查研究过程中，我经常感到自己知识储备欠缺，一边学习一边进行研究，研究的过程也是学习的过程。这样也有好处，题目完成了，知识积累也比较完备了，比没有针对性的学习效果好多了。

再就是，妙峰山行香走会活动持续了近400年，地域范围包括北京、天津、河北等广大地区，涉及上至皇族下至普通百姓的多个社会阶层，这样一个波及范围大、持续时间长、社会影响深刻的社会文化活动，调查工作量巨大，很难短时间内完成。10年的时间我并没觉得太长，说实话，我还有许多事情没有调查清楚呢。

廖：由于顾颉刚先生在中国民俗学史上的贡献，妙峰山民间文化研究成为学术史上一个令人瞩目的题目，你是如何选择妙峰山作为博士论文研究的？面对大师的盛名，你又是如何设计自己的研究的？从今天的结果看，你当初的设想实现了多少？

吴：我1995年考入北京师范大学随钟敬文先生攻读民俗学博士学位，那个时期学术界正盛行反思旧世纪、展望新世纪的学术之风。在人类学界，一些世纪初的著名研究被人拿来进行重观研究，人们希望通过研究展示一个世纪以来中国社会的变迁。我就是在这种情况下选择做妙峰山的重观研究的。当时，本专业中并非我一人看到了这个题目的价值，但是，因为香会组织的调查不好做，其他人不得不放弃。我机缘特别好，有意做这个题目后，便一路绿灯似的得到了几位关键人物的帮助，于是义无反顾地决定以顾颉刚20世纪20年代初妙峰山研究的重观研究为博士论文的选题。

刘锡诚先生在我调查的每个阶段都帮我安排好调查关系，使我顺利、高效地进行调查，我调查及思考过程中的困难他都愿意帮助我解决。高丙中师兄将我的课题纳入他刚申报成功的霍英东教育基金项目"改革开放与民族文化重构"，帮助我确立了研究主题、框架并赠予我调查研究的资金；郑然鹤同学无偿帮我拍照、录像。比起其他不得不离开北京做调查的同学来,我就在北京进行调查,时间显得特别充足。就像后来有人评论的那样,在这个题目上我天时地利人和全占了,我非常庆幸有如此好的机缘!

顾颉刚先生1925年主要调查的是香会组织的情况,他从中了解了当时民众的生活状况:"我们在这里,可以看出他们意欲的要求,互助的同情,严密的组织,神奇的想象;可以知道这是他们实现理想生活的一条大路。"[①]相应地我也将考察的重点放在香会组织身上,想通过考察香会组织在不同历史阶段的价值追求来看社会变迁的情况。在缺乏有机联系的传统北京民间社会,以为妙峰山老娘娘尽忠尽孝为宗旨的香会组织是唯一能将整个社会联系在一起的社会组织。

顾先生看问题能够抓住关键,他重点对庙会活动的主体——香会组织进行调查,但他1925年的调查民俗学学科意识并不强,也没有放下知识分子的架子。他是从传统的考据的角度通过搜集香会张贴在山上和进香途中的会启来进行研究的。顾先生的研究告诉了我们香会组织的名称、地域范围、类型、会费募集方式、会规、组织结构等,但没有告诉我们香会组织在妙峰山上都做些什么、香会组织怎样解释自己的进香活动、他们有什么样的诉求。而这些情况对于认识香会组织是必不可少的。顾先生等五人在山上待了三天,却没有就这些重要事情对活动在身边的香会组织进行访谈,这不能不说是个遗憾。

我是这样设计自己的研究的:要通过香会组织价值追求的变化来反映社会变迁,就要了解当初北京民间香会组织何以建立、民众通过香会组织要表达什么。一件事情只有认识了起源,才能认识其本质。在进行了这一关键性工作以后,我又根据调查材料,分别对晚清和当代两个时段香(花)会组织妙峰山活动的情况进行了研究,得出了自己的看法。之所以选中晚清和当代两个历史时段,一是晚清中国传统社会开始解体,当代中国社会进入改革开放的转型时期,另

---

① 顾颉刚编著《妙峰山》,"妙峰山进香专号引言",上海文艺出版社,1988。——编者注

外这两个时段的调查材料也比较多。

对于当代花会（1949年后破除迷信，香会更名为花会）的情况，可以通过参与观察获得。对于过去的情况，一方面我通过与花会人士密切交往，听取他们对于所了解的过去情况的回忆、交谈获得。香会组织妙峰山行香走会的历史对于今天花会界人士来说是骄傲的昨天，由于时间间隔并不太长，许多往事是大家津津乐道并奉为榜样的。另一方面，清代和民国年间的一些著述，如奉宽的《妙峰山琐记》、金勋的《妙峰山志》、顾颉刚等人1925年和1929年两次的调查等，已经记载了不少历史情况，它们对于我把握历史、把脉现在以及展开进一步的调查都起到了重要的作用。

要让材料说话，就得对材料的来源进行选择和甄别。传统上，妙峰山是一个开放的公共活动舞台。我研究的是北京市民价值追求的变化，那么考察范围主要应该是北京城里的香会组织。北京城及附近的香会组织有自己传统的势力范围划分——"井字里"和"井字外"，"井字里"的会基本上就是城里的会。之所以有这样的划分，原因在于它们内部的认同更多，有着更经常的社会联系。他们的生活形成民俗学和人类学研究中所强调的"社区"。我的调查范围虽然超越了这一划分，但立论的材料主要是来自"井字里"的香会。

国家与社会的关系是我分析北京香会组织的基本框架。在一个有着国家机器的社会进行民间文化的研究，这一框架是最为基本的。从这一视角，我们会发现许多民间文化活动其实都受着国家显在或潜在的影响，是与国家政策、法令互动的结果。自己评论自己的研究，我感觉有些地方处理得粗糙了，但基本上完成了自己的研究设想。

廖：你如何评价当代民俗学界流行的学术范式？社会变迁作为学术问题一直存在着不同的声音，有学者认为变迁的概念是进化论直线性思维的产物，而历史的发展是复杂的、多元的，你怎么看？

吴：首先我要说明的是，我是一个理性主义者！我相信任何事物都有着本质和规律，正确的认识事物的方法是发现这些本质和规律。这就是科学研究。在今天这个文化上美人之美、美美与共的全球化时代，我对于其他知识体系保持着崇高的敬意，知道它们是不同地域和不同历史遭遇下的人们生活经验、智慧和价值的总结，其中包含了大量符合科学的或对社会有益的东西。但是，我不能同意将科学也视为一种"地方性知识"，将各种知识体系等量齐观的做法。

在后现代学术思潮喧嚣云天的今天，我之所以固守这一看法，源于我对于我们为什么需要知识、知识的传承等问题的看法。现象世界是乱哄哄的，所以经验没有太大的价值，只有将经验进行分类、归纳，从中抽象出本质和规律，也即形成科学的认识——科学知识，才能指导人们的生产、生活实践活动，处理一个个未知的困难和挑战。从知识传承的角度讲，以经验作为传承对象没有意义，因为人们时时面对的是不一样的情况；再有，若以经验进行传承，数量十分庞大，这是人类根本办不到的。抽象的理论知识的传承则可以避免这些问题，人们在有限的生命时间里，通过对于科学知识的学习，去面对一个个具体的问题，举一反三，从而战胜困难，成为生活的主人。

不错，像福柯（Michel Foucault）所看到的，我们的社会科学知识充斥着霸权和谬误，但是，人都是受制于一定立场的，无法摆脱历史、民族、阶级、性别等因素的影响和制约，他们生产的知识存在错误是不可避免的，是正常的事情。谁能穷尽天下的道理？人类只能取得他们那个历史阶段相对正确的对于事物的认识，科学知识是不断进步的，人类的伟大就在于永远对身处的世界保持着探究的热情，面对未知的挑战，他们不畏艰难，在现有知识的基础上生产出更加先进的知识，实现知识的进步，从而战胜困难，在理性光芒的引领下向"自由王国"迈进。就这样，人类知识的大厦不断地得到修正、完善和提高，在这一过程中人类也实现了自身的完善和发展。

诚如哈贝马斯（Juergen Habermas）的理论所道出的，社会世界与自然世界不同，对于社会世界的探寻需要的是沟通理性，因为研究者与研究对象之间互为主体，人们只有在完全自由、开放，彼此尊重、平等状态下才能真正做到互相理解、真诚交流。这一认识将过去人们视为条件的东西上升到了本体论的高度，对于学科的发展具有着重要的意义。可是，现代人类学、民俗学所一直倡导的"参与观察"表达的不也是同样的道理吗？"参与观察"就是为了解决主客体之间因关系不对等可能造成理解上的错误或理解上的霸道而提炼出的方法。"参与观察"要求研究者融入研究对象的生活中，暂时放弃自己的文化属性和社会身份，像研究对象一样生活在被研究的文化中，观察体验被研究者的生活，体会研究对象赋予自己文化的价值和意义。在结束田野调查后，研究者跳出研究对象的生活，以科学的方法叙述、描写被研究者的生活，传达出他们赋予自己文化的意义，并对他所研究的文化进行自己的评价和解说。这本质上是用一套语言概念（科学）去翻译另一套语言概念所表达的文化。

后现代学术思潮在中国民俗学界获得了热烈的响应，遗憾的是，实践却没有理论认识表现得精彩和深刻。我们看到，为了照顾到"主体间性"，研究者完全以被研究者之是为是；为了避免话语霸权，研究者尽力展示社会活动中所有人的看法；为了强调语境的重要性，不再承认事物的本质属性。

"不识庐山真面目，只缘身在此山中"是一个非常简单的道理，否则就不会出现被研究者观点互相打架的情况；力图让所有人的观点都表现出来并不等于能正确地反映事实，实质上这是放弃学者的责任，从知识生产的角度说，是倒退到经验论的层面。况且，在一定的研究篇幅中，能让多少人的声音发出来？恐怕还是有选择的吧！这时候，研究者入乎其中又超乎其外，进行科学的归纳是非常必要的。专业工作者为社会大众生产知识，提供一般的科学知识是专业工作者的责任。归纳并不意味着从民众的认识中选择出一个正确的，科学的认识可能与被研究者的认识一致，也可能完全不同；可能是民众认识的一种，也可能是他们的全部。不能将研究者的科学归纳视为话语的霸权和知识的暴政。

今天，人们在民俗学研究中强调研究者与被研究者之间的伦理关系无疑是正确的，这是获取科学知识的前提条件。但是，我们却实在没有必要把这些调查和研究工作中去粗取细、去伪存真的知识提炼过程一股脑儿地展示给大家，以显示我们和研究对象之间的主体间性，显示我们对于研究对象的尊重、平等和一种完全自由交流的状态。总而言之，这些东西没有必要放在台面上，它们应该是专业工作者在文章之外去努力做好的事情。

再说一下语境问题。将研究对象放在所处的语境中进行认识，这是科学认识的基本方法，但若大讲意义的临时生成、随缘而生，从而取消事物本身固有的本质属性，则是虚无主义的立场。这个世界若没有质的规定性，也就意味着是不可认识的。从人类历史的发展来看，正是基于对世界本质和规律的认识，人们才创造了今天的文明世界。这是个不言自明的道理，我不想多说，我提醒人们在这个问题上不要矫枉过正。

关于变迁的理论认识，你所说的是当前学术界比较流行的一种观点。关注历史发展的复杂性、多样性，无疑有一定道理。但是，这种看法却从过去进化的极端走向了非进化的极端。当代自然科学的新发现并不意味着理性的终结，只表明对理性应该有一个新的认识和定位；社会系统当然是复杂的、具有偶然性的，但并不能因此否定规律性和必然性的存在。实际上，辨证史观从未否定社会发展的多样性以及偶然因素的影响，只是强调多样性与偶然性背后有一致性与必然性的统一。这种貌似公允的看法其实并未突破辨证史观的理论框架，只是将其中一部分不适当地推向了极致。①

总结以上所言，后现代学术思潮的意义在于让我们认识到，过去我们一向视为神圣的科学方法存在着缺陷，因而提醒我们要在知识生产过程中保持必要的审慎、谦虚态度，并培养出开放、对话的学术制度，在力所能及的范围内完善我们的研究方法，使我们生产的知识更少一些纰漏，更接近于一些真理。后现代学术思潮是依附于它所批判的对象而存在的，与科学认识方法相比它永远是第二位的。

---

① 安然：《沃勒斯坦的现代化思想研究（三）》，http://www.modernization.com.cn/beida3.htm——编者注

廖：人们认为你妙峰山研究的一个成功之处在于长期细致的田野调查，请介绍一下这方面的情况。我们还听说，你相当多的调查材料来自刚刚过世的北京民间花会领袖隋少甫，谈一下他对你妙峰山研究的影响。

吴：我是从当代北京民间花会领袖隋少甫开始进行调查的。隋少甫家几代人热衷于行香走会活动，他自己又是北京城赫赫有名的"万里云程踏车老会"的会头，他熟知民间香会的情况，在当今北京花会界具有非常高的威望。在北京香会组织和妙峰山庙会的调查上，他无疑应该成为最重要的调查对象。

隋少甫这个人很有特点，他为人豪爽，办事利落，重感情讲义气，有着不少旧时代北京民间社会所崇尚的道德特点，但他自小在北京城三教九流中摸爬滚打，身上也带有明显的市井气。他有一定的文化，很注重搜集香会和妙峰山庙会的材料，自己打算进行这方面的研究。在我认识他以前，有不少人采访过他，后来都不欢而散，许多人说他不好交往。

我是通过刘锡诚老师认识隋少甫的。与别人不同的是，我没有在采访几次后被逐出"家门"。我们非常投缘，关系越处越好，在他去世前两个月他郑重地将"万里云程踏车会"的会腕交给了我，让我成为这档闻名遐迩的老会的会头。坦率地说，我的大部分材料以及我对于妙峰山行香走会活动的理解首先来自隋少甫。但是，我在一个更广泛的范围内对于这些材料进行了验证，最后所采用以及提炼出的观点都是北京花会界所熟知和认可的。

通过隋少甫的引见和长期参与他们的活动，我与北京花会界的许多人成为大碗喝酒大块吃肉的朋友，成为他们中的一员。和妙峰山乡政府及景区管理处的关系也是这样，毕业前后我曾在山上住了较长一段时间，与那儿的工作人员相处得非常融洽，一起做了不少的事情。

我的许多材料就是在这种参与他们活动的过程中得到的。这是一种没有被干扰的真实的民俗生活状态，我可以观察并把握所研究的对象在他们生活中的真实存在，了解它们是怎样被人们运用，又如何赋予它们意义的。民俗学调查的意义绝不在于单单得到特定的材料，通过参与观察，在民众自然、真实的生活状态中观察了解民俗事象与人们生活的关系，进而正确地把握其社会功能才是最为重要的。限于各种原因，有些民俗学调查无法做到参与观察，只找一些知情人在非自然的状态下做口头访谈，这样根本无法了解所调查对象的真实状态，无法对它们在民众生活中的位置有一个恰如其分的认识。参与观察还会产生一些只可意会不可言传的感觉，这些感觉虽然很少诉诸到字面但却对理解研究对象有非常重要的作用。

在长期的参与观察过程中，我逐渐弄清楚了行香走会活动所蕴含的一些复杂深邃的象征意义，才确定要从象征的角度来理解民众在活动中的一些安排和行为。在他们中间"生活"久了，我才深切地体会到了他们所居的北京城带给他们的自豪感和优越感，以及社会地位的低下造成的他们心理上的反差。这些下层社会的人们参加香（花）会组织在妙峰山上狂欢发泄、出风头，其实可以理解为是他们对于这种落差的弥补。历史是接续着的，我从今天花会人士的心态更容易理解过去人们行香走会的诉求。我相信过去在阶级和文化差异巨大的北京城，下层民众的这种感受会更为强烈。其实，不单单妙峰山行香走会活动的一个重要意义是针对社会不平等所做的情绪上的反抗和发泄，这种大规模的群体性民间文化活动的狂欢发泄性质是全人类普遍的。

廖：我们看到，你对于妙峰山传统庙会本质属性及民间香（花）会组织行香走会活动主题随时间所发生的变化把握得非常清楚，不仅如此，你行文中更多次以妙峰山的事例表达对中国文化、中国社会以及狂欢节的一般性看法，你觉得这种从具体到一般的学术工作方式是否妥当？有什么理论依据？

吴：我定义传统时期的妙峰山庙会是中华封建帝国首都的狂欢节，认为妙峰山庙会百年来行香走会活动主题演变的历史脉络是：行善和追求社会声望—邀取皇宠—经济利益，这与一些民俗学研究只叙述现象的做法有较大的不同，我力图从具体的材料上升到一般性的认识，以让社会大众对于妙峰山民间文化及其变迁有一个一般性的认识。不但如此，我更力图通过北京香会组织在妙峰山上的活动来表达对于中国社会和中国文化的一般性看法。我觉得这种从具体材料的归纳上升到一般性理论认识的科学研究方法非常重要，也非常必要，学术工作缺少了这一环节，只能算是没有炼出钢材的原料。中国民俗学若想成为社会科学领域合格的一员，必须社会科学化，即遵循科学研究的一般方法，力图从自己的角度对一般的社会科学理论有所贡献。

由于历史上的原因，中国民俗学研究的从业者大多出身于中文系，或者与中文系有着渊源关系，普遍缺乏社会科学的意识、素质和训练，有着从文艺角度进行民俗学研究的传统。我们必须知道，民俗学和民间文学虽然研究对象一致，但却是性质完全不同的两个学科。由于学科定位模糊，这么多年来，中国民俗学研究停留在资料梳理和感想评论的水平，没有提炼出有价值的概念和理论方法，更没有贡献出一般的社会科学知识。对于民俗现象的感想评论并不是科学研究，或许一两个人可以非常高明地看透一些本质性的东西，但由于缺少论证的过程，结论是站不住脚的，而且这种观感式的研究其方法也是不可复制、不可传递的，缺少学术传承的价值。

有趣的是，中国民俗学还没有来得及接受正规的现代科学洗礼的时候，后现代学术思潮却如大潮般汹涌而来，搞得许多人一时间"六神无主"，左右为难。对于后现代学术思潮，我前面已有了较多的评论，不再赘述。在这里再补充一个观点：抽象与具象是人类把握世界的两种方法，人类创造的社会和文化具有工具性和价值性双重特点，因此，无论是具象的表现或是抽象的分析，对于一件事物的认识来说都会产生偏颇。对于社会和文化现象进行理性分析，我们或者承认其偏颇，或者放弃不用。想糅合出一种横跨两界的方法不可能，也没有任何意义！

如同生物有机体的部分能够反映整体的一般特性一样，小的社会单元——社区作为社会的一个有机组成部分，肯定反映着这个社会的一般属性，通过对一个社区的观察研究完全可以回答关于它所隶属的社会的一般问题。人们没有必要也不可能对一个庞大的社会进行研究，在这里社区研究是试验场也是目的本身。

廖：学术研究方法不一而足，关键是要有自己的认识和主见，在这点上你无疑有着自己坚定的认识和追求。请介绍一下通过妙峰山的研究你所得到的一些一般性的认识。

吴：通过对于妙峰山民间文化的调查研究，结合已有的中国社会、文化知识，我尝试着得出了这些一般性的看法。首先，我认为象征应该成为认识中国民间文化的重要范式，由于世界观的关系，民众往往以情绪化的方式对待外在的世界，具体讲就是运用象征的手法表达他们对于世界的认识和愿望。

在传统中国社会，民间文化往往表现民众对于官方文化的想象和模仿。"小传统"（the Little Tradition）和"大传统"（the Great Tradition）共有一个源头，共享一种价值，它们之间可以方便地转化。

在对待秩序和规则这些问题上，中国民众普遍奉行合情合理的原则，讲究一切根据实际的情况进行判断和决定。这其实是先贤强调的"中庸"哲学的生活化表现，究其本质是一种辩证法的思想。

在传统中国社会，社会声望是社会价值观念的核心，它丰富的内涵以及人们对于它的追逐，表现了小农经济社会社会化程度低的特点。

由于社会化程度极低，在中国传统社会那些热情、慷慨、侠义、活动能力强、社会关系圆融并乐于助人的人，也即是民众所说的仗义之人，在下层民众中成为极受欢迎的人物，他们的活动能够使"一盘散沙"式的社会产生更多的社会联系，这种人一般都有着显著的卡里斯玛（Charisma）人格。在中国传统社会，这样的民间权威（popular authority）成为诸多心怀社会理想的民间人士争相竞争的目标，这种身份实际上被赋予了控制和调动民间社会资源的权力和威望。

由于国家与社会关系的相对疏离，在传统社会的非常时期，当常规形态下的行政运作无法保证君权专制的延续时，最高统治者往往直接利用那些能够切实了解社会状况、有着极广泛社会关系、处事能力强、行动上又少有牵挂和顾忌、具有流氓品性的人直接为他服务。这成为中国传统社会一个重要的现象。

廖： 妙峰山的研究完成了，请介绍一下你下一步的学术工作计划。

吴： 我的学术兴趣始终在传统文化的当代价值上，我打算下一步进行医学人类学的研究，具体想把中医、中药中属于文化想象的成分给指出来，并对其生成的机理进行探讨。在文化多元化的时代，人们对于疾病的处理和对健康的关注有了更多选择的可能，各民族传统的医疗观念和行为也因此获得了走向世界、为全人类服务的机会。中医是我们传统文化的瑰宝，其中包含了数千年来中国民众与疾病作斗争、保卫生命、爱护生命的经验和智慧。要把中医中药介绍给全世界，就要从科学的角度对其进行说明，尤其要说清楚它们与传统文化的关系，把得之于实践的药效、疗效所掺杂的文化想象的成分给分析出来。由于医学在人类生活中的重要性，我相信目前这一工作是迫切的，也是极有意义的。这一学术探讨既能发挥我的专业才能，又能实现我学术直接转化为生产力的理想，我非常喜欢，对之寄予很高的希望！

（原载《民族艺术》2006年第3期）

非物质文化遗产保护的日本经验

周星 廖明君

周星，日本神奈川大学国际日本学部教授。曾任北京大学社会学人类学研究所教授、日本爱知大学国际交流学部教授、爱知大学大学院博士课程指导教授、爱知大学国际中国学研究中心所长、中国民俗学会副会长、中国艺术人类学学会副会长。

著有《史前史与考古学》《民族学新论》《民族政治学》《境界与象征：桥和民俗》《乡土生活的逻辑》《本土常识的意味》《生熟有度：汉人社会及文化的一项结构主义人类学研究》《道在屎溺：当代中国的厕所革命》《百年衣装：中式服装的谱系与汉服运动》等。

廖明君（以下简称"廖"）：周星教授，这次在北京见面，非常高兴。多年前，我们曾邀请你担任《民族艺术》杂志的编委，你虽然婉言谢绝了，但还是很支持我们刊物的工作。这次你答应接受我的访谈，真是很感谢。近几年，国内有关非物质文化遗产保护的话题方兴未艾，你能否就"非物质文化遗产保护的日本经验"，向《民族艺术》的广大读者作一些介绍？

周星（以下简称"周"）：谢谢廖先生。当年不敢答应做贵刊的编委，是深感责任重大，我那时工作很忙乱，实不宜空挂头衔，以免耽误了你们的工作。但这些年，我一直很关注贵刊，并从贵刊发表的著述中学习到很多知识。这次承蒙不弃，我愿就你出的这个题目作一些评述。我留意到国内学术界在讨论非物质文化遗产的有关问题时，很自然地会关注先行一步的发达国家包括我们的近邻日本、韩国的经验。因为已经有一些文章或著述多少介绍了日本非物质文化遗产保护的经验与现状等，那么，我这里的评述应该说只是以补充或讨论为主吧。

廖: 我曾到过日本访学, 对日本高度发达的现代化和他们对传统文化的珍爱与保护有较深的印象。虽然日本国内一直也有学者在不断地讨论现代性和传统文化的关系, 对于在全球化冲击下日本传统文化的存续很有危机感, 但从我们看来, 他们在这方面处理得还是比较好, 就是说, 日本现代化的成功基本上并没有以传统文化为代价, 而是实现了现代化和传统文化的和谐共生。你觉得, 他们在这方面都有哪些经验值得我们借鉴?

周: 在大力推动现代化进程的同时, 积极致力于传统文化的保护, 实现传统与现代的和谐共生, 可以说是历届日本政府长期持续的目标, 这个目标自明治政府以来一直没有改变过。其间虽然有战争的破坏, 也有国家主义意识形态对传统文化的压制(例如, 旨在建立"国家神道"而强化对社寺的管理、废佛毁寺、压制佛教民俗等), 但总的来说, 其文化政策在保护传统遗产方面是具有一贯性的。日本的文化遗产保护制度, 大约创始于明治时代, 后来的一百多年间屡有修改和补充, 被纳入保护的范围也不断扩大, 各种制度的细节也逐渐趋于完善。日本人做事认真、细致, 这也反映在他们对文化遗产的保护方面。现在, 日本政府和日本社会各界正在进一步地致力于把他们的文化遗产作为"资源"盘活, 一方面采用新的"登录制度"以弥补此前"指定制度"的不足, 另一方面则是积极地让文化遗产不再只是躺在博物馆或仓库里做"标本", 而是要想方设法地让它们能够公开给全体国民, 让它们能够被继续利用, 包括被应用于国际文化交流的各种事业。

相比之下, 我国的现代化进程非常曲折, 除了国家积贫积弱、饱受列强侵略掠夺之外, 还有内战和革命, 特别是自"五四"以来, 中国思想界和知识分子大都把传统文化看作是现代化的阻碍和对立面, 认为全要破除。文化原本是应该不断积累、建设和发展的, 结果却成了"革命"的对象。正是连续性的断裂和意识形态偏见, 才导致了我国眼下面临的文化危局。简单地说, 保护和珍爱祖国的文化遗产包括传统的文化, 应该是国家一项长期持续的基本国策。在这方面, 我们以前确实做得不够好, 有关非物质文化遗产保护的政策也是刚刚提出来，还比较仓促和粗糙，今后应该不断完善并坚持下去才对。政府应该把这方面的工作越做越细，而不应该像搞"运动"一样，只是空喊口号，更不能因为其他任何原因而使文化遗产的保护工作再次发生中断。我想这里应该指出的是，这次国家文化政策的转型（从革除到保护），除了国内经济与社会发展的大背景之外，接受来自联合国教科文组织的一些国际文化领域新理念的"输入"，也是非常重要的推动力。换言之，把祖国的传统文化和民间民俗文化作为社会资源和文化多样性的标志提升到国家的议事日程，这方面应该说是亡羊补牢，犹未晚矣。

日本政府在保护文化遗产方面，不仅有连续性，还有很强的系统性和全面性。根据其《文化财保护法》的界定，所谓"文化财"主要包括：1."有形文化财"，包括"重要文化财"和"国宝"，主要是指那些在日本历史上有很高艺术和历史价值的建筑物、美术工艺品。其中，美术工艺品又可包括绘画、雕刻、书法、工艺制品、典籍、古文书及历史和考古资料等。2."无形文化财"，主要是指在历史和艺术上有很高价值的传统戏剧、音乐、艺能、乐舞、工艺技术等。由于其"无形"的特点而较难把握，所以，那些承载或传承着无形文化财产的表演者和工艺美术的传统技能持有者，也就是所谓的"传承人"，也被包括在"无形文化财"的范畴之内。3."民俗文化财"，包括"重要无形民俗文化财"和"重要有形民俗文化财"，它们分别是指各种传统的民俗艺能，如民众在各种年节庆典或祭祀时举行的表演与民俗活动，还有就是可以体现日本国民的"生活样式"，涉及衣食住行、职业、生产、信仰、年节岁时等各种民间生活的器皿、用具和设施等。4."纪念物"，包括"史迹"（如寺院、贝冢、古墓、都城旧址、城堡、宫殿、旧宅等）、"名胜"（如人文的庭园、桥梁等和自然的溪谷、海滨、山岳等）与"天然纪念物"（如日本特有的动物、植物、矿物等）。"纪念物"一般是在历史和学术方面有较高的认识价值，在艺术或观赏方面具有较高美学价值，或者是在学术研究价值方面较高的动植物和矿物等。5."传统建筑物群"，主要是指由市町村等各地方自治体按照有关条例所划定的传统建筑物群的保存地区，其特点是具有较高历史或环境、景观的价值。

如此看来，日本对文化遗产的认识和保护范围是颇为全面和系统的。近些年，他们又提出了所谓"近代化遗产"的保护问题，这主要是指日本在实现现代化过程中创造的一些尚存且具有重要价值的遗址和遗产，比如说，像某电报局旧址、某段铁道或某学校的遗迹。也就是说，今天我们国内大力鼓动的"口头和非物质文化遗产"，其实只是文化遗产体系中的一部分而已。我觉得，只是一味强调某些文化遗产的"口头和非物质"属性，或者把文化的那些属性看得比其他属性更加重要，这似乎是有失偏颇的。

廖: 我国对于文化遗产的保护，早期是比较重视考古发掘的文物，后来则不断地扩充"文物"概念的内涵和外延，如"民族文物""革命文物""民俗文物"等，但基本上都是说保护物化形态的文化遗产。近些年，非物质文化遗产的保护被提到了议事日程，引起了全社会的普遍关注。应该说，从"物态"到"非物质"，从"有形"到"无形"，确实反映了我们国家对于传统文化遗产认识的不断深化。

周: 的确，这样的认识深化过程其实具有一定的普遍性，欧洲各国和日本先行一步，也大都经过了这个从古物、遗址等"有形文化"遗产逐渐扩展到所谓"无形文化"遗产的不同的发展阶段。甚至联合国教科文组织的理念，也是如此发展过来的，20世纪70年代后期，教科文组织虽然提出了文化遗产包括"无形"的部分，但大概是到了80年代中后期，才对"非物质文化遗产"作了较明确的界定，从而为保护非物质文化遗产的工作提供了理论和学术的依据；再到90年代，才逐步开始了保护非物质文化遗产的具体项目。无论如何，我们应该意识到，文化传承固然可以有"口承"与"书承"的不同，文化形态固然也可以有"有形"和"无形"的分类，但这只是为了在文化遗产保护工作的具体操作层面上使用时方便而已，而绝不是说"无形"的文化遗产比"有形"的更加重要，也不是说文化真的就可以那样截然地分为"无形"的部分和"有形"的部分。我认为，事实上是很难做得到把"口头和非物质文化遗产"和其他形态的文化遗产截然切割开来予以保护的。

廖: 我记得巴莫曲布嫫博士曾经撰文讨论过"口头与非物质文化遗产"这一概念的有关问题,她指出说,这个概念实际上是来源于日本的"无形文化财"概念。巴莫博士说的没错,日本政府通过向联合国教科文组织施加影响,从而把他们有关"无形文化财"保护的一些理念推销到了全世界,在这个意义上,应该说我们也是间接地受到了日本文化财保护理念的一些影响。

周: 确实如此。我也是比较同意巴莫博士的意见,觉得用"无形"文化遗产比起用"非物质"文化遗产要更为贴切一点。但眼下更重要的是,学术界不宜像媒体那样,对"无形""口头"或"非物质"做过甚的强调,而应该了解到文化的物化形态和非物化形态其实只是一种相对的分类,通常主要是为了在有关文化遗产保护的行政工作中方便而使用的。实际上,日本所谓的"重要无形民俗文化财",往往也都是有其物化或有形形态的一面。从日文的"无形文化财"到英文nonphysical cultural heritage,再到中文翻译成"非物质文化遗产",基本上没有太大的问题,但可能还是intangible cultural heritage较为准确,"非物质"不如"无形"来得更妥帖。由于中日间有汉字相通之便,故用"无形文化遗产"也很好,很方便。大体上说来,像剪纸、年画、刺绣或端午节、泼水节、火把节、女书、东巴文字等,其实都很难简单地用"有形""无形"或"物质""非物质"去表述它们。剪纸所用的纸张、剪刀或刻刀,还有那些作品,都是物态的、有形的;但剪纸艺术家所使用的剪法或刀法,作品的风格、图案或纹样,剪纸被使用的那些人生礼仪(如婚礼)或社区节庆(如过年)的场景,此外,还有像刺绣的工艺流程、绣女或匠人的技艺、有关各种民俗艺术或节庆祭典的口头传说,其中所反映的民俗观念、历史记忆、文化价值、乡土知识以及传承的机制等,大概都应该属于较难捉摸和把握但又非常重要的无形文化。显然,要保护有形的部分并不难,但要保护无形文化遗产或文化遗产无形的部分,就需要花费很多心血和气力了。还有一个相反的例子,比如说"风水",我们不难把某个村落(像浙江的八卦村)确定为有形的文化遗产,可如果没有它"无形"的部分,也就是风水,我们也就很难理解这个村落。然而,风水思想的传承至少目前还没有很大的危机,它在民间依然根深蒂固地存续着,问题是我们做好了把"风水"也视为"非物质文化遗产"的准备了吗?

廖:要切实保护好我们国家的非物质文化遗产,首先应该做的是调查和研究先行。目前,我国在有关非物质文化遗产的全面普查、深入的田野工作和基础性的学术研究方面,还都有很多的不足,据说在这一方面日本有不少经验或许值得我们借鉴。

周:是啊,这一点大家都已经比较熟悉了。日本在文化遗产保护方面取得的成就,实际上与他们的田野调查先行和全面、扎实的学术研究积累是密不可分的。日本政府和日本学术界曾先后组织、实施了很多次全国规模的农村、山村及岛屿、渔村民俗调查,积累了大量可靠而又翔实的资料。现在,几乎所有的村、町(镇)、市、县,均有各自颇为详尽的地方史记录和民俗志报告出版或印行;此外,还有"民俗资料紧急调查""民谣紧急调查"以及"无形文化财记录"等多种名目的学术调查活动。1950年政府颁布《文化财保护法》以后,全国范围内的"文化财调查",更是产生了大量的《文化财调查报告书》,这些报告书通常是在把有形文化财、无形文化财和民俗文化财加以分类之后又编在一起的。所有这些调查及其成果的积累,为他们对文化遗产的认定、登录、保护及灵活应用等,创造了坚实的基础。举一个简单的例子,爱知县三河地区的深山里有一种传统的民间祭祀活动"花祭",1976年6月,它被日本政府指定为国家的"重要无形民俗文化财",但在此前很早,就有民俗学家早川孝太郎在那里做过调查和研究,很早就有非常深入和翔实的田野报告和专著。正是这些调查资料的积累和学术研究的成果,证明了"花祭"的民俗文化意义和价值,从而也就为对它的认定、保护以及如何将其应用于观光资源的开放等,提供了不可或缺的前提和基础。加强对非物质文化遗产的实地调查和记录工作,实际上也是日本文化遗产保护制度的重要一环。几乎他们的每一项被认定的文化遗产，均有将其历史与现状、价值和特点、传承方式等予以全面和科学地记录的田野工作报告问世，此种对无形文化遗产坚持不懈的田野调查和记录制度，应该引起我们的深思。

廖：我们国家现在也通过一些程序认定了一批"非物质文化遗产"，并公布了相关的名录。可是，若要仔细地去推敲，就不难发现其中不少却还较为缺乏调查资料和学术研究成果作为其严谨、有力的依据或基础性的证明。我们可以看到，有关这方面的为数不多的出版物往往也是临时凑起来，是编纂性的。眼下，确实是需要有一个"补课"式的紧急调查。我们可以想象，只是仅仅把国家公布的名录里每一项都做了翔实严谨的调查，并出版了高标准的调查报告，那一定是会成为学术和文化价值都非常高的祖国文化瑰宝，但若是没有这样的调查和研究，那它很可能只是一个名录而已。眼下有关非物质文化遗产保护的学术会议颇多，但每次都很少看到有翔实的调查报告或严谨的研究论文，更多的还是一些呼吁，谈谈感想，说说这种保护工作如何重要或祖国的非物质文化遗产多么丰富。我们觉得，还是应该沉下去做调查，如果中国民俗学会、中国民间文艺家协会和中国艺术人类学学会的会员们，每个人都能去做一项具体的调查，那么，汇总起来的成果就是非常可观的成就。

周：你说得对，我很赞同。我们国家当然也做过一些调查，像早年的文物普查，还有我们的民族民间文艺集成，少数民族地区社会历史调查等，特别是20世纪五六十年代的全国工艺美术普查，应该说对家底还是掌握一些，只是和我们国家文化遗产的丰富程度，和国外的学术研究水平等相比还有差距，需要做更多的努力。

廖：最近，越来越多的有识之士均指出，如何促成和提高全体国民对祖国非物质文化遗产的重视和爱护的意识，可以说是非物质文化遗产保护工作能否成功的关键。日本在这方面是怎样做的？有哪些可以给我们做一些参考或启示的呢？

周: 我想说的是，眼下我们国家有关非物质文化遗产的热潮，其实是一个全民性的"文化自觉"的过程。"文化自觉"这个概念，是费孝通教授提示给我们的。在文化遗产的抢救和保护成为话题的时候或国家与地区，通常资本主义经济和现代化生活方式有很大发展，传统的各种文化表象或形式出现危机，进而也才会有这样的自觉。另外，通常也只有在国民教育水准高度发达，像欧洲和日本那样的地区和国家，全体国民的文化遗产保护意识也才会比较高。日本是世界上国民教育最为发达的国家，它也是现代化进程颇为迅速和成功的国家，这样就使得日本国民对自己的文化遗产有高度的危机感，同时也由于日本国民有很强的法律意识，故对国家通过立法保护文化遗产有着高度的认同，因此，他们确实在保护文化遗产方面，是有全体国民的积极参与。例如，日本全国各地从繁华的大城市到偏僻的乡镇，几乎都建立有保护他们地方的文化遗产的民间社团组织，像"狮子舞保护协会""花祭保存会""田乐保护协会"等，这些地方性和民间性的文化遗产保护组织，可以说发挥了核心、骨干和社会动员的作用。我任职的爱知大学所在的丰桥市，也有一种民间祭祀活动叫作"鬼祭"，被日本政府指定为国家的"重要无形民俗文化财"，其"所有者或管理者"即为"丰桥鬼祭保存会"。旨在祈愿地方安泰和繁荣的"鬼祭"，每年2月11—12日定期举行，参加的街区居民很多，在其中发挥核心作用的正是所谓的"丰桥鬼祭保存会"，每年快到"鬼祭"举行的时候，他们就会在繁华的新干线丰桥站的大厅竖立起"鬼祭"的标志广为宣传。

说起宣传，像媒体（报纸、电视、广播、因特网等）、学校、企业，都很热衷于有形或无形文化遗产的宣传和教育，或大量播放乡情和地域文化的影像节目，或组织学生修学旅行去做文化遗产的探访之旅，或采用传统文化的表述方式组织广告，或积极赞助地域社会里频繁举行的传统节祭活动。此外，政府、地方自治体、民间社团、博物馆和各类美术馆、艺术馆、出版界、行业组织等，也都分别在文化遗产的宣传和保护活动中发挥着重要的作用。例如，日本有著名的全国"斗牛"比赛、全国"艺能"表演大赛、国技"相扑"比赛、"人间国宝"的各种展演活动、传统曲目演奏会、茶艺和插花的表演会、西阵织和服会馆的和服表演以及为数众多和名目繁多的展示和陈列等，所有这些便在日本国民中形成了一个浓郁的氛围，那就是热爱和珍重自己民族的传统文化。最近，日本政府修改了《教育基本法》，为强化国民的"爱国心"，甚至规定国民要热爱"乡土"；在日本的教育大纲中，还列入了教育孩子"尊重和维护日本传统文化"等内容。正是日本政府和社会各界的良好合作，才促成了全体国民积极参与文化遗产保护的局面。换言之，文化遗产被认为是国家和全体国民的文化财富，保护文化遗产是政府的基本职责，也是所有国民的义务，因此，他们基本上形成了国家、地方自治体、各种社会团体、文化遗产拥有者和全体国民一起保护的格局。

在我国，由于东南沿海地区的经济、社会的发展与变迁，还有民众所受教育程度高于全国平均水准，因而对文化遗产保护的积极性和文化自觉的意识，近年来确实有很大提高。但总体来说，我国有关文化遗产保护的国民意识还不够平衡，有些地方还有较大差距，今后如何提高是一个大问题。现在越来越多的人认识到现代化发展不只是经济，还应包括环境、制度和文化，文化是中华民族复兴和国家发展的"软实力"，因此，我们还应该在提高国民意识方面下更大的气力。除了像把昆曲艺术、古琴艺术、木卡姆艺术、蒙古长调等申报为"人类口头和非物质遗产代表作"或"世界文化遗产"那样，积极参与联合国教科文组织有关文化遗产的国际协作之外，中国政府自2005年底发出了《国务院办公厅关于加强我国非物质文化遗产保护工作的意见》以来，已决定从2006年起将每年6月第二个星期六设定为"文化遗产日"；2006年年初，中国国家博物馆还举办了"中国非物质文化遗产保护成果展"，应该说这些都为提高我国广大国民对文化遗产的保护意识发挥了很好的作用，以后这样的工作还应该继续坚持多做一些。但无论如何，国家实际上是做不到大包大揽的，在这一点上，我们应该借鉴日本文化遗产保护体制中能够充分调动各级地方、文化财所有者和全体国民一起参与保护的那些经验。

廖： 你在我们《民族艺术》曾经发表过一篇论文，主张把民族民间的文化艺术遗产保护在基层社区，你的观点给读者留下了深刻的印象。确实如你所说，无形文化遗产首先是对它们的社区母体或族群的民众具有现实的意义，它们首先是基层社区、地域社会或族群共同体的文化。如果要想保护得好，就需要承认和尊重这一点。日本一年四季，几乎每个城市或村镇、街区，都有自己地方性的"节祭"，届时社区居民均会踊跃参加，从而既有效地保护了以节祭形态存续的非物质文化遗产，又能够促成社区团结，增加地域或社区、族群的认同。

周： 我觉得，无论我们把保护非物质文化遗产的口号喊得多么高调，也无论我们把非物质文化遗产的热潮鼓吹得多么热闹，最后都必须落实到它们所依托的社区，都必须使它们在民众生活中得以延伸或维系。保护非物质文化遗产的有关问题，并非出版了多少本书、拍了多少部纪录片、开了多少次研讨会所能够解决的；它也不是仅靠申报国家名录，靠政府投资、拨款或开发旅游业赚钱所能够解决的，这些固然都很重要，但更重要的还是如何才能让基层社区、地域社会或族群的居民们认识到那些非物质文化对于他们自身和整个国家的价值和意义。我们所说的非物质文化遗产，通常是首选表现为地域性，是特定地域社会里的文化，固然它其中可能蕴含着超越地域、族群或国家的价值，但归根到底，它是地域的，若是脱离了地域的基层社区，它就会变质，就会营养不良或干枯而死。

廖： 我们大家都知道，日本在通过法律保护其文化遗产方面做得比较好，国内学术界在讨论非物质文化遗产的保护问题时也经常会举出日本的例子作为参考，希望我国也能够很快地建立起一个健全的法律、法规保护体系。

周： 正如你所说的那样，大多数在文化遗产保护方面走在前面的国家，都非常重视这一点，其中日本算是比较有代表性的。通过立法保护文化遗产，在日本大约始于明治维新时期，我们知道，明治维新是日本走向资本主义、"脱亚入欧"和全面西化的一场深刻的社会大变革，但日本人很快就意识到同时保持日本传统及其文化遗产的重要性。1871年，也就是明治四年，旨在保护日本传统工艺美术品的《古器物保存法》出台；1888年，日本政府在宫内厅设置了主持全国范围内"宝物"调查的机构；1897年，公布实施《古社寺保存法》，开始了对所谓"特别建造物及国宝"的认定制度；1919年即大正八年，《史迹名胜天然纪念物保存法》公布实施。可见，日本的文化遗产保护其实是形成了一个立法的传统，这些法律在实施过程中也逐渐地得到了积累和完善。

1945年日本战败，当时确实是民不聊生、百废待兴，但他们很快就于1950年颁布实施了《文化财保护法》，并把它看作是国家重建与民族文化复兴的重要环节。《文化财保护法》是一部全面、系统和统一的有关文化遗产保护的法律，它基本上涵盖了此前的一系列法律，并有了显著的扩充，扩大了保护的对象，例如，将"无形文化财"也列入文化遗产的范围之内，以法律形式确立了非物质文化遗产的地位，从而形成了更加丰满的"文化财"理念，这一点意义非常重大，后来对世界不少国家包括联合国教科文组织均有深远的影响。再比如，把国家、社寺、地方自治体和个人所拥有的文化财均列入保护范围之内；还有对于被确定为"国宝"的，相关的所有者就有义务向公众公开，例如在博物馆陈列展示等。此外，该法还就设置文化财保护委员会、涉及文化财保护的行政运作（中央与地方的协作体制）等方面进行了规范。

1954年对该法所作的修订，在创设了无形文化财指定制度的同时，还把"重要民俗资料"一项单独列出来，这一点我觉得非常重要，因为它直接和我们民俗学的学术研究有关。"重要民俗资料"也是文化财的一种，把它单独分类，其实凸现了他们非常重视普通民众的生活方式及其价值。这里值得指出的是，并不是所有的民俗文化事象均有可能被列入"重要民俗资料"，政府基于专家建议所确定的标准是它们有助于反映日本国民的生活及其变迁发展的历史。后来据此建立的重要民俗文化财指定制度，涉及有形民俗文化财的部分，大体上参照了以前对待"重要文化财"的做法，而涉及无形民俗文化财的部分，除予以详细记录、刊行田野调查报告等方法之外，还努力使无形民俗文化财继续存活于民间。1954年的修法还有一个特点，那就是姿态更加积极了。以前主要是针对濒危的文化遗产，也就是说，如果政府不出面保护就可能失传或绝灭的才会被指定；但1954年的修改则强调不管是否"濒危"，而只看其本身是否有"价值"，若有价值就可以指定，这样就使得与日本传统文化有关的很多工艺、技能与民俗活动，也都成为被保护的对象。应该说这个变化很大，也很有意义。

20世纪60—70年代，日本进入经济的高速增长期，其社会、文化出现了更加急剧和彻底的变迁，从而使各种文化遗产面临许多新的挑战和危机，这也就为文化遗产的保护提出了更高的要求。于是，他们先后于1975年、1996年等多次对《文化财保护法》进行了完善性的修订。1975年的修法，进一步充实了"民俗文化财""重要无形文化财"和"有形文化财"的有关部分；对于传统的建筑物群，则新设"保护地区"（如村落、乡镇或街区）制度；强调要提高文化财保护的技术水平（日本的文化遗产保护科技，现已领先世界）；强化了地方自治体的保护责任和文化遗产行政的运作机制（如在地方自治体设立"文化财专门委员会"和"文化财保护审议会"）等。1975年新版《文化财保护法》对"民俗文化财"作了更加明确和具体的界定，也就是把原先的"重要民俗资料"再细分为"无形民俗文化财"（如衣食住、生产、信仰、年节庆典等习俗)和"有形民俗文化财"（各种习俗的物质形态，如服饰、器皿、家具、家屋、各种设施等）。至于对传统的建筑群落设定"保护地区"，则多少有可能是受到了欧洲如法国和意大利等国对所谓"历史街区"或对历史风貌、景观等进行整体性保护的理念的一些影响。此后，日本在都市化的开发中，也确实比较注意这一点。

1996年的修法又引入了所谓"文化财登录制度"，使得文化遗产保护的范围进一步扩大，并调动了全体国民参与的积极性；同时，它还明确了"指定都市"的责、权、利以及各级地方政府所应承担的职责；要求进一步促进文化遗产的应用、公开与国际文化交流事业等。新的"登录制度"是对以前"指定制度"的重要补充。所谓"指定制度"，主要是从国家的立场出发而对文化遗产中特别重要、突出和具有特殊价值的予以严格筛选和"指定"，进而对其所有者也作出一些必要的限制，多少具有强制性。但此种指定制度并不能够很好地适应更大面积、品种和门类更多的文化遗产保护的需求，随着全社会富裕程度的提升、生活方式和价值观的多样化趋势和全体国民对文化遗产重要性认识的不断深化，于是，也就应运而生地出台了"登录制度"。较为灵活的登录制度，其实也就是申报制，它是在由拥有者申报之后，再通过指导、建议、劝告等手段，对各种文化遗产进行较具缓和性和宽泛性的保护。根据"有形文化财登录基准"，凡建成后经过50年以上的建筑或土木构造物，并符合具有国土历史意义的景观、具有规范性造形、不易再现等条件的均可登录。按照这样的标准，自然也就包括了很多所谓的"近代化遗产"在内。我们国家眼下暂时还不大重视这一点，顾不上，但从长远看，我们的"近代化遗产"将来也是需要给予保护的。

廖： 从你的介绍看，日本现行的《文化财保护法》实际上是经过了很多次不断完善和补充的修法过程，所以，也才是比较成熟的。这部法律符合他们的国情，它把所有类型的文化遗产全部都涵盖其中，在日本国内很有权威性，在国际上也很有影响，它曾直接影响到韩国后来的相关法律，它的一些基本理念甚至还对联合国教科文组织的一些文件和有关文化遗产保护的国际法，如《保护非物质文化遗产国际公约》产生了较为深远的影响。日本把文化财区分为"有形"和"无形"的做法，促使人们广泛注意到"非物质文化"的保护问题，这确实是对世界文化遗产保护事业的一种贡献。

周： 的确如此。战后的日本无法在国际社会谋求政治大国和军事大国地位，这反倒促使他们去追求所谓"文化大国"和"生活大国"的目标。于是，他们积极参与联合国教科文组织的工作，并在其中渗透他们的一些文化理念，其中"无形文化遗产"可以说是很明显的一个例子。

刚才你说日本的《文化财保护法》把所有的文化遗产类型均包括在这一部

法律里面，这确实是一个特点。回头看我们中国的有关立法，是在已有的《文物保护法》的基础上扩充、完善，增加非物质文化遗产的内容呢，还是另起炉灶？看来，可能是要分开，另行出台一部《民族民间文化遗产保护法》了。这样做，当然有这样做的道理和好处，但可能也存在把文化遗产按照"有形""无形"或"物态""非物质"割裂开来的问题。我有些担心的是，会不会又形成不同的管理部门和条块分割的体制？而我们知道，文化遗产的保护却是非常需要能够相互协调的机制的。还有一点也很重要，就是我们的立法水平还较为滞后。日本《文化财保护法》的最近一次修订是在2004年6月9日，也就是说，他们能够随时发现问题，并立刻就能修订法律予以应对。我们国家的立法技术较为滞后，立法机关隔很长时间才开一次会，可能较难适应形势的发展。而且，我们国家的情形更复杂，社会发展也不平衡，文化遗产在各地方面临的状况也不尽相同，很多学者寄期望予一部法律就能解决非物质文化遗产保护的全部问题，显然是把问题简单化了。例如，对保护范围的设定如果宽泛了，国家就保护不过来，因为谁也无法把老百姓的生活方式固定下来，不让变化，不让发展；而如果设定窄了，又有疏漏之嫌。再比如，对那些含有信仰和祭祀成分的民俗活动或无形文化遗产究竟该怎么办？保护不保护？又该怎么保护？国家似乎还没有拿定主意。看来，出台一部全国统一的有关保护非物质文化遗产的法律，确实需要有很好的研究基础，需要有一个准备的阶段，而且它在出台之后，还必须根据实施过程中涌现的问题不断地予以修订和完善才行。

廖：国内学术界在讨论非物质文化遗产保护的有关问题时，提出要特别重视"传承人"和"传承群体"，应该说这是根据非物质文化遗产的"传承性"特点及其以人为本、口传身授的传承机制而得出来的重要结论。日本在这方面的经验主要有哪些？据说他们还建立了所谓"人间国宝"的认定制度。

周：是的。不过，"人间国宝"主要是媒体的叫法，在《文化财保护法》中并不存在这个概念或用语，它主要是媒体宣传所采用的大众化语言，往往一些被认定者自身也不大认同这个用法。日本法律所认定的保护对象，其正式名称是"重要无形文化财保持者"，不过，"人间国宝"的简称既通俗易懂，又能充分地反映并给予这些无形文化遗产传承人崇高的社会地位。因此，有人指出，这不仅意味着他们高超的技艺得到举世公认，甚至还包含着对其艺德、职业道德和高尚人格的赞许。

日本政府对于像戏曲、音乐、工艺、技术、民俗节祭等"无形文化财"和承载这些非物质文化遗产的所谓"人间国宝"是非常重视、爱护有加的。《文化财保护法》对于由政府的"文部科学大臣"从无形文化财中认定的"重要无形文化财"及其"保持者"的权限、程序、依据，进而对被认定的所谓"人间国宝"的权利、责任以及义务，均有明确记载。他们把在历史或艺术以及传统技术等方面具有重要价值的传统戏剧、民俗艺能、音乐、工艺、技术及其他无形文化的载体或传承者，亦即无形文化财的保持者和保持团体，认定为"重要无形文化财保持者"。据《朝日新闻》在今年3月份的报道，此种认定非物质文化遗产传承人或保持者的制度设立半个世纪以来，经历年多次认定，至今共诞生了360位"人间国宝"。他们全都是在工艺、技术或艺能表演等方面身怀"绝技"、拥有"绝艺"或所谓"绝活儿"的表演者、艺人、匠人或手艺人。除了那些所谓比较"雅"的无形文化，像歌舞伎、能乐、雅乐、文乐、组踊等之外，类似陶艺、染织、漆艺、金工、木竹工、人形、截金、和纸等传统工艺，甚至连我们所说的铁匠也都可以入选"人间国宝"。这说明日本政府的文化理念还是较为均衡的，这也正是值得我们参考的地方。

"重要无形文化财"的认定和"人间国宝"的命名，均须采取严谨的认定程序。他们是在国家认定重要无形文化财的基础上，再将那些具有高超的技能和技艺，并能够予以传承的个人或团体加以认定。根据《文化财保护法》，认定一般有"个别认定""综合认定"和"保护团体认定"几种类型。其中，"人间国宝"属于个别认定范畴，它是对某种技艺之传承人个人的认定，通常其所有者非常明确，没有异议。对于那些技艺或技能较为缺少个人特色，属于团体共同拥有或表现的，也就是形成为一个整体的技能保持者或传承人的认定，便是"保持者团体认定"。认定工作不定期举行，1955年是第一批，最近一次认定是2003年7月。认定的程序，通常是由设在文部科学省下面的事务机构即文化厅组织进行，具体地说，首先要在咨询文化财专业调查委员会成员意见的基础上，提出供筛选的认定名单；其次要通过"文化财审议会"的审查；进而再由文部科学大臣履行最后的批准程序并颁布认定证书。一旦通过了这些认定程序，政府每年就会拨出相应的"补助金"或特别扶持金，以改善其生活和从事相关活动以及培养后继传人的条件，并致力于收藏其作品、录制和保存其技艺，整理并公开相关的资料集成，出版有关研究报告等。接下来，需要负起责任的自然就是被认定的个人或团体，比如说，拿了国家的"补助金"，就必须负责任地认真做传承文化的事，必须不断努力从事其工艺技术的改进或演艺水平的提高，而不能坚持绝技"密不外传"，也就是要肩负起传承人的历史责任。此外，他们还需要向国家报告有关款项的支出、用途等。

　　一般来说，一经被认定为"人间国宝"，也就意味着其技艺或绝技和作品被全社会所认可，自然也就会价值倍增，但与此同时，他们在享有崇高社会地位的同时，也肩负有重大的责任。他们中有些人虽然可以从政府那里获得一定的资助，但往往却要拿出更多的钱用于其事业的振兴和传承。应该说，此种"人间国宝"的认定和扶持制度，确实是促成了一种很好的奖励传统文化持续延绵和发展的机制，像日本很多传统的艺术表演，"能乐"、"歌舞伎"、"狂言"、"讲谈"（说书），进而还有"茶道"、"漫才"（相声）等，都因此而获得了有力的保护和扶持。日本的这些传统艺术或工艺，往往原本都有自古而来的师徒传承或承袭名分等机制，现在再加上国家的辅助和保护，其传承也就能够得到基本的保证了。可以说，日本的这些做法，极大地提高了民间艺人和传统工匠的社会地位，也意味着他们非常理解"传承人"对于非物质文化遗产保护的重要性。

　　廖：我们国家的舞台表演艺术、各种形态的民俗艺术、传统的工艺制作和民间技术等，确实是丰富多彩、种类特别多，各个地方和各个民族中都有很多身怀绝技的"能人"，如何调动他们保护和传承其所承载的文化的积极性，如何给他们创造出有利于文化遗产传承的环境与条件，确实是非常重要的课题。这些年来，我们国家也在尝试建立诸如"工艺美术大师"或"民间文化传承人"之类的制度，但也还存在很多问题，例如，这些被认定的人的法律地位究竟如何，应该如何定义他们的知识产权和著作权？其作品和地域文化传统或族群集体传统的关系又该如何理解？所有这些问题，都很值得做进一步的研究。我的印象是，似乎我们还是多少有一点重艺术而轻传统工艺，或者有一点重"雅"轻"俗"。从你的上述介绍看，日本在保护非物质文化方面的先行经验，确实有一些值得我们借鉴的地方。

根据联合国教科文组织的文件和有关国际法的规定，对于非物质文化遗产的"保护"，实际上还包含了对其有效地加以利用和开发的意思。我们国内现在也很重视这一点，但大家好像总是很容易先想到旅游开发。那么，日本在非物质文化遗产的利用方面主要有哪些做法？

周：围绕文化遗产，开展旅游业，当然也是一个思路，在日本也有这方面的努力，例如，他们也有"日本的世界文化遗产之旅"之类的项目等。但是，对非物质文化遗产或一般意义上文化遗产的利用，应该看得更加宽阔一些，不宜只盯着钱和经济效益。日本政府和日本学术界认为，文化遗产是日本全体国民的财产，它既是理解日本历史和文化的基本教材，也是日本文化未来发展的重要基础。因此，文化遗产在学校教育、社会教育、国民文化教养的养成、学术研究等很多方面，都具有非常重要的意义。

日本的有关法律规定，文化遗产必须向全体国民和社会公众公开展示，以最大限度地发挥其影响和价值，这应该是他们"活用"其文化遗产时认为最重要的方面。例如，不断促使文化遗产的"公有化"，若是有人想变卖具有文化遗产价值的房产或收藏品，政府就会想方设法将它买下来，作为公共的财富予以保护；再有就是努力促使文化遗产的公开展示，以便尽量充分地发挥文化遗产在国民教育和文化的认知、传播与交流等多方面的功能。比如，像推进青少年体验文化遗产和乡土艺术的各种活动，我觉得就很值得我们借鉴。

另一方面，就是在振兴地方文化、突出地方特色方面，文化遗产也是功不可没。近些年来，由政府文化厅组织和实施的所谓"家乡文化再兴事业""地域艺术文化活性化事业""地方文化情报系统""推进青少年体验文化艺术活动"等很多项目，其实都是为了支持各个地方的文化事业，在某种程度上，也都是旨在促使地方传统文化的再生与发展的项目，其中自然也都包含了对文化遗产予以活用和开掘的思路。一是对地方所拥有的文化遗产、风土人情、民俗等予以保护和搞活，二是以此为基础，努力发展当地具有特色的地方艺术、地方文化产业和生活文化。

总之，在日本政府的文化政策中，对于非物质文化遗产的保护与活用是同等重要的。不过，如何才能使文化遗产，尤其是无形文化遗产与地方产业，特别是文化产业的发展相互结合起来，形成相互促进的关系，这其实是一个有关可持续发展的世界性难题。眼下，各地利用各种类型的文化遗产而组织的文化商品，确实已有一定的发展，但通常也多是在旅游，尤其是在所谓地方探险或故乡观光中有较多的应用。

廖：日本虽然有很多经验值得我们参考，但归根到底，我们有不同的国情，很多地方我们恐怕是不能照搬的。例如，苑利教授就曾经指出说，日本对文化遗产的分类，将文化遗产划分为有形文化财、无形文化财、民俗文化财、纪念物及传统建筑群落等五大类，但又把"民俗文化财"再细分为"有形民俗文化财"与"无形民俗文化财"。显然，这种分类有内在逻辑上的矛盾，我们不容易理解。

周：这主要是他们在不断地扩充保护范围的过程中形成的，在我看来，只是一个工作分类，而不是严谨的学术分类。当然，他们面临的问题和我们的不同，他们的有些措施自然也不一定适合我们，例如，在全国均高度都市化的背景下，他们最新的动向似乎是要把仅剩的农村都保护起来，这显然不大适合我们中国。我们中国还有大面积的农村和数以几亿计的农村人口，这是保护不过来的。

中国各地的情形很不相同，除全国有一个基本准则之外，各地方应该因地制宜。我听说，浙江省文化厅会同财政厅，已经制定了对非物质文化遗产保护专项资金的使用管理办法，明确了对那些重要的非物质文化遗产的传承人和民间老艺人发放津贴、补助，我觉得，类似这样的变化就会使我们很受鼓舞。不过，在保护非物质文化遗产方面，日本政府财力雄厚，这也是我们不能攀比的。我们应该做的是逐渐形成良好的法制环境和社会风气，提高和调动基层社区和每一位国民的保护意识和积极性。由于很多类型的非物质文化遗产，往往已经很难在现当代社会里顺利地实现再生产，因此，我们必须认识到，保护非物质文化遗产的工作其实是非常艰巨的。

最后，我想提到中日两国在非物质文化遗产保护方面的一点差异。日本是基于他们的国家意识形态（以天皇制为特点）而对所谓"无形文化财"予以选定的，其中有很多都涉及宗教，尤其是传统的神道教方面；相比之下，我们国家除了国家意识形态之外，还实际存在着无神论的意识形态，后者往往会使我们在认定一些涉及信仰、宗教或祭祀等方面的非物质文化遗产时有所犹豫。像国家不久前公布的保护名录，其中还是以艺术类居多，而信仰、祭祀类偏少。在这些方面，确实还需要今后加强对非物质文化遗产及相关问题的研究。

廖：非常感谢你为我们介绍了很多日本的情况，我相信，这次访谈一定会对我们《民族艺术》的广大读者有所启发和参考。

周：也谢谢你。

（原载《民族艺术》2007年第1期）

中国都市化进程的理性观察与人文关切

刘士林 *廖明君*

刘士林，上海交通大学城市科学研究院院长、教授、博士生导师。兼任国务院发展研究中心东方文化与城市研究所学术委员会委员、国家教育国际化试验区指导委员会委员、中国商业史学会中国大运河专业委员会主任委员、光明日报城乡调查研究中心副主任、浙江省城市治理研究中心首席专家等。

主持国家社会科学基金重大项目"大运河文化建设研究"等。著有《中国诗性文化》《苦难美学》《都市文化原理》《城市中国之道》等。

廖明君（以下简称"廖"）：都市化进程研究提出的时间不长，但却很快成为学术热点，2007年有众多的研究都涉及这个新领域，并以"都市化进程的学术镜像"入选《光明日报》理论部、《学术月刊》编辑部的"2007年度中国十大学术热点"。请你先介绍一下2007年都市化进程研究的大体情况。

刘士林（以下简称"刘"）：提出都市化进程的突出意义，在于为理解当代社会发展与城市化进程的新特点提供了理论基础与解释框架，使以往很多分散在许多领域中的研究与探索，在这个新的范畴与框架中找到了自身的位置与空间。或者说，在经过一段时间的摸索之后，许多有相关性的研究与探索，超越了彼此无关或联系松散的状态实现了更高层次的综合与统一。具体说来，如经济学中关于大都市区经济社会、"幸福指数"的研究，如人口学、社会学关于人口都市化、"城市群"发展的研究，当然也包括文学、美学与城市生活方式的研究等。除了大量的论文，最具有代表性的是学术会议，以2007年6月为例，先后有中国人民大学等联合主办的多元文化视角下的社区治理国际学术研讨会,中国人民大学与清华大学主办的增长、经济结构与减贫的政府透视(国际)学术研讨会,复旦大学与德国曼海姆大学等多所高校主办的讨论"欧洲模式"国际研讨会,华东师范大学等主办的全球化与大都市发展论坛国际会议,上海师范大学主办的2007中欧城市比较研究中心年度论坛等。这些会议的主题不仅表明都市化进程对学术研究的重要影响,同时也显示出这一研究正在走向全球化,成为人类共同探讨与解决的重大理论与实践问题。正如刘勰所说:"文变染乎世情,兴废系乎时序。"在都市化进程中,全人类的发展与命运与"大都市"以及"城市群"更加紧密地联系在了一起。在这样的时代背景下,集聚着大量人口、具有最好的物质条件与制度保障的大都市社会,也必定会成为社会思潮与学术关注共同关注的中心。我想这大概是都市化进程研究可以成为众多学科、不约而同关注的热点问题的主要原因吧。

廖:很长时间以来,我们熟悉的概念一直是"城市化"或"城镇化",这与你提出的"都市化"进程有什么本质的联系或区别?20世纪80年代以来,西风吹彻中国学术界,新观点、新理论和新方法层出不穷,时至今日人们对此已有了比较清醒务实的认识,因此,对于"都市化"的提法,也许不少人都会提出一个问题:即有没有必要弄出一个"都市化"的概念来呢?

刘:你的问题很有代表性,也是我在一些场合经常碰到的。的确如你所说,以前人们对城镇化、城市化,甚至是都市化都是不加区别的。比如西方学者有多种《城市社会学》一类的著作,有些人为了书好卖就把它们译成《都市社会学》。这与"urban"这个词既可译为"城市"也可译成"都市"相关。这与学术无关,不讨论了。我们提出都市化进程与此不同,它在很大程度上是个新概念。关于它的提出,主要基于三种考虑。首先,是现实世界中出现了一种发展水平更高的城市形态,即以大都市为中心的城市群,如美国东北部海岸的波士沃施,面积仅占全国的1.5%,人口却占到美国总人口的16%,是美国的政治中心、银行中心、媒体中心、学术中心和移民中心。波士沃施既是城市化进程发展到更高阶段的产物，同时也把城市的形态与本质提到了更高的水平。其次，是基于社会学与地理学近半个多世纪围绕着新兴巨型城市或城市密集地区的研究与探索。从法国地理学家戈特曼1961年在《都市群：美国城市化的东北部海岸》中首次提出"都市群"（Megalopolis）概念，到20世纪80年代以来中国学者陆续使用的"都市群""都市圈""大都市圈""大都市带""大都市连绵区"等，这些概念的出现当然是有现实根据的。再次，是基于近年来"大都市"与"城市群"迅速崛起与发展的中国国情。以大都市为例，从1978年至2003年，中国100万人以上的特大城市从13个增加到49个，50万至100万人的大城市从27个增加到78个。以城市群为例，目前已纳入中国城市群竞争力排名榜的就达到15个之多，也有专家提出到2030年中国要建成20个。正是面对这样生动的现实，我们认为城市化进程在当代出现了一种新模式，这就是以"国际化大都市"和"世界级城市群"为中心的都市化进程，它与传统城市化的最大区别在于人口、资源的流动方向与集聚空间有了重大的改变，这种变化不仅使当代城市化进程越来越快，同时也对人类社会的发展产生了重大的影响。在学理上讲，以往人们用一个城市化概念囊括所有类型的做法，可以称之为宏大叙事。它最根本的问题在于忽视了城市化进程的当代性。而根据城市化的规模与特点细分为城镇化、城市化与都市化，对于人们更准确地理解他们所面临的真实现实世界，无疑可以提供一种新的理论工具。这是我们用都市化（Metropolitanization）取代城市化（Urbanization），并把前者看作是后者的升级版本与当代形态的原因。至于提出一个新概念是否必要，我想关键在于两点：一是它是否有助于在学理上使概念的内涵更清晰，二是看它对当代人认识社会现实有没有什么重要的帮助。从这两方面看，提出"都市化进程"这个概念应该是相当必要的。

廖： 如果确实存在着一个都市化进程，那么为什么在城市社会学中一直没有得到关注？还有就是它与我们通常理解的城市化进程有什么区别与联系？

刘: 都市化进程在城市社会学那里被关注不够，我想主要有两方面的原因：一是在相当长的时期内，大都市自身的结构与功能未能得到充分发展，与一般城市的差异并不明显，因而没有必要把它特地拎出来进行研究；二是传统的城市社会学对大城市多持有沉重的忧虑与不安，城市化进程必然要产生"城市病"，这是"Megalopolis"这个概念在相当长的时间内一直被城市社会学家当贬义词使用的根源。但从200多年的城市化经验看，在城市化进程积累到一定程度后，确乎存在着一个从Urbanization向Metropolitanization的飞跃或质变过程。如纽约、伦敦这样的国际化大都市或波士沃施、北美五大湖城市群这样的世界级城市群，它们集聚着数千万城市人口和数以万计的高级人才，有着优越的地理位置、良好的自然环境、合理的城市布局、高效的基础设施和先进的产业结构，并以雄厚的经济实力、发达的生产能力、完善的服务能力和连通全球的交通、信息、经济网络为基础，使自身发展成为可以控制与影响全球政治、经济、社会、科技与文化的中心。在这样的现实背景下，对人类社会发展具有举足轻重地位的，就不再是一般的中小型城市，而是所谓的"国际化大都市"与"世界级城市群"。按照城市社会学的一般看法，城市化研究的一个重要方面是"影响环境和社会变化的机制是怎样的"，在这个意义上，作为城市化升级版本与当代形态的都市化进程，恰好构成了推动当代城市化进程的核心机制与主要力量。存在决定意识，这是都市化进程注定要成为一个重要的理论与学术对象的重要原因。

都市化从城市化而来，两者既有区别也有联系。它们最大的共同之处是人力资本、经济资本、文化资本从自然向社会、从农业地区向城市空间的流动与聚集。两者的不同主要表现在两方面：一是人口的流动与聚集的规模有重大差别。以世界城市人口在近两个世纪的增长为例。在城市化起步的19世纪初期，世界城市人口十分有限，并且增长缓慢。1800年世界城市人口比例为1%，一百年后为13.6%，这与20世纪城市人口占世界人口的比重相比有天壤之别。有关统计表明，1998年世界城市人口迅速上升到47%，比19世纪提高了33.4%。最新的统计表明，2008年城市人口已经超过世界总人口的一半。二是流动的方向与聚集的空间有本质不同。都市化意味着人口、资金、信息等社会资源向少数国际化大都市、国家首位城市或区域中心城市的高速流动与大规模聚集，这不仅在时间上表现为节奏越来越快，在空间上也呈现出以大城市为中心的新特点。从人口迁移看，2003年，美国10个大都市带区域的居民已超过了全国总人口的三分之二。从经济资本看，美国三大都市群（大纽约区、五大湖区、大洛杉矶区）的GDP占到全美国的67%，日本三大都市群（大东京区、阪神区、名古屋区）的GDP占到全日本的70%，中国的长三角16城市2007年GDP也占到全国经济总量的18.9%。都市化进程给人类社会带来的这些新现象与新变化，是我们无论如何都不应该置之度外的。

廖： 古代诗人曾说："昨日入城去，归来泪满襟。遍身罗绮者，不是养蚕人。"西方学者斯宾格勒在《西方的没落》中也将在乡土社会中生活的个体比喻为植物性的有根的生存，并把在城市社会中生活的人们看作是动物性的无根的生存，这些都可以看作是人们要求"回归自然"或"反对城市"的直接表现。城市化进程尚且如此，按照你的看法，都市化进程是人口与资源更高程度的集中，这势必会带来更多的城市问题。这是不是你们在研究都市化进程时遇到的最大的价值判断问题？如果是，你们怎样看待或处理这个问题？我想这也是当下不少人的困惑所在。

刘： 你所说的这些，可以统称为"逆城市化"思潮。它既有相当广阔的社会基础，也具有很大的历史的合理性，是我们在研究都市文化时经常遭遇的二难问题，它根源于历史与道德的二律背反。具体说来，一方面，都市化进程的历史必然性是不可逆转的。如联合国2001年对190个国家和地区的一项调查，它们中的大多数对城市化加快感到忧虑，有110个国家和地区甚至想减缓或改变现在这种不断加速的趋势，甚至还采取了相应的政策和行动。但实际上收效不大，就是因为这个原因。又如在西方1970年代，由于大城市在发展中带来了许多社会问题，一度出现了"逆城市化"现象，一些社会学家据此得出大城市走向衰落的结论。但实际上这只是表象或临时现象，从1940年到1990年，美国大都市区的发展主要表现为大型大都市区的优先增长。据2005年7月美国大都市学会发布的一份调查报告，目前美国已出现"成对"分布的10个大都市带区域，大都市群自身在内在机制上愈加完善，衰落的可能性愈加渺茫。另一方面，与传统的城市化进程不同，由于都市化进程意味着在全球范围内的资源与利益再分配，特别是对于城市化水平低、农业人口多、城市发展基础不牢的发展中国家与地区，必然要带来更多的伤害与更严重的盘剥。而分享成果少、付出代价大的弱势城市与人群，他们当然有充足的理由为自己的生存与发展辩护与抗争。这既是我们经常碰到的现实追问，也是都市化进程研究必须首先解决的价值问题。对此我想提供两点不成熟的想法：一方面，这绝不应该成为否定都市发展以及对都市化进程展开学术研究的借口，正如马克思说的"只有在现实的世界中并使用现实的手段才能实现真正的解放"。我们是不可能脱离现实世界中汹涌澎湃的都市化进程，通过回归自然或乡土社会实现自身的发展的。另一方面，这也并不意味着要完全被动地屈服于现实，如何通过理性的研究与制度的设计，尽可能地消除都市化进程带来的负面影响，推动中国社会和谐与可持续发展，是研究都市化进程的目的与理想。总之，一切必须建立在理性的基础上，而复杂的都市发展本身也需要有更复杂的理性系统来支撑，这是实现科学发展的灵魂所在。

廖： 在初步清理了概念的合法性与研究的价值基础之后，我想我们可以进入都市化进程的正题了。都市化进程主要是一种经济发展、财富积累意义上的单极的社会现象，还是一种整体性的历史社会进程？

刘： 不能否认，尽管都市化进程最直观的表象是人口，但它最吸引人的却是大都市迅速聚集与增长的财富。然而，由于人口与资源的增长直接影响城市社会的发展，因而都市化进程绝不会在经济层面上停滞不前，而是使人类个体与社会在整体上出现了"都市化"倾向。对个体来说，是人自身被再生产为"都市人"。在当代，一个人可能并不直接生活在大都市中，也可以对城市生活方式持激烈的批判与否定态度，但无论是现实中的衣食住行，还是在更高层的文化消费与精神享受上，两者都是不可能绝缘的。从对象角度看，都市社会构成了人类社会发展与个体存在的最新空间形态。正是城市，特别是发达的现代化大都市，才为个体的生存与发展提供了在乡村、城镇与中小城市不可能有的广阔空间。此外，"都市化进程"也深刻地影响精神生产、文化消费乃至于审美趣味，如都市生活方式与价值观念对中小城市，甚至边远乡村的渗透与影响等。这表明都市化进程已构成当代人类生存与发展的最重要的生活世界，也是相关研究从最初的"大都市经济圈"等，逐渐过渡到都市社会学、都市文化学、都市美学、都市传播学等领域的原因。与城市化进程本身是一个系统性的复杂过程一样，作为其高级形态的都市化进程显然是一个更加复杂的整体性的历史社会进程，这是毫无疑问的。

廖：城市化进程是人类社会与生产力发展到一定水平之后出现的人口、财富、技术与服务向特定空间的流动与聚集，按照《中华人民共和国国家标准城市规划术语》的定义，城市化即"人类生产与生活方式由农村型向城市型转化的历史过程，主要表现为农村人口转化为城市人口及城市不断发展完善的过程"。具体说来，在西方，城市化进程与资本主义工业化进程是并行的，工业革命一方面创造了丰富的物质产品，另一方面又以其特有的生产方式要求相对分散的乡土社会向聚集性发展的城市社会转变。在中国历史上，资本主义生产方式并没有获得充分发展，工业化进程也一直时断时续，因而纯粹意义上的西方城市化在中国本土是否存在还是一个问题，相反，处在从乡土社会向城市社会转变过程中的"城镇化"状态倒是很发达的。由此可以提出的一个问题，在城市化水平一直偏低的中国谈作为城市化高级形态的都市化进程，这符合中国国情吗，是否存在着一些逻辑与现实中的障碍？或者说，它的现实意义何在？

刘：这是一个很重要也是任何一种理论创新必须加以证明的问题。关于都市化进程与中国社会发展的关系，在此我想简单谈三个方面：首先，从世界范围内看，都市化进程尽管肇始于发达国家与地区，但在经济全球化背景下，已成为当今人类生存与发展最重要的现实背景。对于不发达国家与地区而言，它们不仅不可能再循序渐进、按部就班地走自己的城市化之路，更为严峻的是，由于工业经济基础薄弱、城市发展先天不足，特别是时间紧迫、环境复杂等原因，往往表现出更加强烈的都市化倾向。以大城市的人口与财富的集中而言，最强烈的并不是发达的国家与地区，而恰恰是所谓的"亚非拉地区"。如秘鲁首都利马，它的人口只占全国的20%，但财富却占了全国的一半以上，就鲜明地揭示了都市化进程中人口与资源的流动与聚集方式。其次是"中国与都市化进程有多远"，按照一般人的看法，中国至今仍有9亿农民，城市化尚未完成，与都市化更是相差甚远。但实际上，都市化进程早已波及中国。具体说来，在千年之交的2000年——这一年中国城市化水平达到36.09%，人均国民生产总值超过800美元，中国已开始踏入了自己的都市化征程。特别是在2005年中央"十一五"规划建议中，更是明确将"城市群"战略提到议事日程上。除了中国已经初具规模的长三角、珠三角、京津冀之外，城市群的战略在中西部同样是异军突起，特别是自去年以来，成渝城市群、长株潭城市群相继成为"国家综合配套改革试验区"，以及广西北部湾首个"国际区域经济合作区"的建设规划，都市化进程实已成燎原之势。再次，如果要谈都市化进程最直接的现实意义，我想是它可以改变城市发展的"穷过渡"模式。以城乡关系为例，在城市化进程中，农村或农业地区要完成从乡村到城市的升级，一般都有一个相当漫长的积累与演化过程，但在都市化进程中，由于城市化进程的不断加速，特别是在现代国家强大的政治经济结构的带动下，一个原本荒凉、默默无闻的农业地区，往往可以像影视明星一样被迅速地包装与制造出来。如上海浦东新区、天津滨海新区、深圳特区等，几乎是在"一夜之间"就迅速完成了从大自然或农业地区向国际化大都市的飞跃。不仅往日的萋萋芳草或农业植物迅速被巨大的金融资本、发达的高新技术产业及现代化高楼大厦覆盖，它们的人口规模与结构、经济生产的性质、社会结构与生活方式等也发生了沧海桑田的巨变。我们的研究不是超前，是补课，也是追赶中国城市发展的步伐。

廖：都市化进程应该不是只与城市相关，那么农村呢？比如，在中央关于"十一五"规划的建议中，不仅提出了"城市群"，同时还强调了"新农村"建设。这两者明显充满了矛盾与紧张：一方面，建设新农村意味着要将政策与资金更多地投向农业地区，这势必要削减与压缩中国城市的资源与发展空间，使城市群的进一步扩展与升级受到影响；而另一方面，发展城市群则意味着要进一步提升中国城市与城市密集区的发展水平，其在客观上只有从乡村、城镇吸收更多的人力与资本，才能实现中国城市在更高层次上的发展。而且可以相信，随着新农村建设的深入进行与城市群规模的进一步扩张，这两者对资源的需求以及对发展空间的争夺会变得日趋激烈，使城乡固有的矛盾与不平衡进一步升级。根据我的了解，"新农村"与"城市群"之间的关系问题也是你们研究的一个重要方面，你们在这个方面有哪些重要的思考？

刘：正如你刚才讲到的，"新农村"与"城市群"代表着中国社会发展在空间上的两极，由于发展的不平衡，它们的矛盾主要表现在三方面：从人口迁移的角度看，大规模的农村人口在短时间内迅速迁移到都市化地区，必然导致要比"过度城市化"更严重的"过度都市化"问题，并直接影响到以"大都市"与"城市群"为中心的都市化进程的可持续发展。从经济发展的角度看，"大都市"与"城市群"是经济增长方式转换的最大的受益者，而主要依赖现代工业的城镇经济以及依附于它们的现代农业是最直接的受害者。从文化变迁的角度，都市化进程在深刻地影响农业与农村地区政治经济结构的同时，强势的都市文化也比以往任何时代都更深刻地改造了农业文明的精神世界。由于模式老化与功能衰退，物质条件与精神资源的双重匮乏，农村社会与文化在都市化进程中受到的冲击更大。由此可知，都市化进程将进一步加大中国城乡、大城市与中小城市的分化与不平衡，使中国有限的资金与资源等变得更加紧张，"新农村"与"城市群"的竞争与矛盾也会更加尖锐、突出。这也是一些社会学者长期以来坚持中国要走城镇化道路的根本原因。

但另一方面，在看到"城市群"与"新农村"矛盾的同时，也要看到它们更深刻的、面向未来的相互依存关系。因为都市化进程在加剧农村与城市在人口迁移、资源分配、文化消费等固有矛盾的同时，也为它们在更高的历史平面上综合解决城乡之间的紧张与危机关系提供了重要的理论资源与先进的实践框架。比如，在目前的新农村建设中，突出的问题一是在经济上走传统工业化的老路子，只顾经济指标而不计环境与资源成本；二是在发展上沿袭城市化的传统模式，重蹈城市建设中的"摊大饼"与"千人一面"现象；三是在文化上侧重现代化的技术-经济模式，忽视了社会、文化与精神因素的重要性，在根本上偏离以人为本的理念。这都是农村发展依附于城市化模式的直接后果。在都市化进程研究中，我们提出了新农村建设的毛桥模式。与一般人们所熟悉的南街村、华西村模式不同——它们主要是以工业化与城市化为实现农业地区现代化的主要手段，毛桥村走的是一条经济增长比较平缓、人与环境相对友好、社会进步与文化传统较为和谐的新型发展道路。它是以较少的投入，通过改善农民的居住、卫生条件、农业文化保护以及对农村环境的景观化生产实现了自身的发展。具体说来，一方面是在硬件上借助大都市雄厚的"硬实力"，如利用与大都市接壤而天然地利用了城市交通、金融、对土地的需要等便利条件；另一方面则是更多地借助了上海都市社会的"软实力"，特别是在乡村景观改造、重建与创意上，与大都市通过营造城市形象、挖掘历史文化遗产以提升城市综合竞争力是殊途同归的。尽管毛桥村没有令人骄傲的GDP战绩，没有堪与都市相媲美的高级别墅，但由于避免了乡镇工业化带来的环境过度损耗与农业资源透支，使传统的农业社会与生活方式较为完整地保留了下来，因而是以最小的代价换取了适度的发展，在许多方面预示或开辟了农村地区在城市化进程中可持续发展的新的可能。在这个意义上，毛桥模式为中国农村在都市化背景下的建设与发展可以说提供了重要的思路。

廖：当代上海的城市化建设走在了中国的前列，去年上海又明确提出了要建设"文化大都市"，使文化建设在城市发展中显得十分重要，这可以说是一个关于城市建设的新理念。我们应该怎样理解这个概念呢？

刘：文化大都市的"大"，主要是形容规模与气派，这个概念的核心是文化都市。我们对此做过相关研究，也给出了一些基本的界定。按照我们的理解，首先，文化都市是一种城市结构、功能的当代生产形式与空间表现形态，与传统的政治型、经济型城市不同，文化都市是以文化资源为主要生产对象、以文化产业为先进生产力代表、以高文化含量的现代服务业为文明标志的新城市形态，其最突出的特征是城市的文化模式与精神生产成为推动城市发展的主要力量与核心机制。其次，文化都市不同于文化地理学的"文化城市"——文化城市是指以宗教、艺术、科学、教育、文物古迹等文化机制为主要职能的城市。它与文化都市的区别，并不在于城市的文化资源与文化生产力，而是它们赖以存在、延续与发展的城市本身在结构与性质有根本的不同，简单说来，以"国际化大都市"与"世界级城市群"为中心的都市化进程是文化都市最重要的前提与背景。这可以解释，为什么一些城市众多的文化资源默默无闻，甚至成为城市发展的沉重负担，而另一些城市却由于它的文化资源获得了空前的发展。再次，大都市特有的文化模式是文化都市的核心与本体。与一般的中小城市相比，这具体表现在文化资源增值、文化产业水平提升、文化服务能力强化三方面。巨大的生产、消费与服务能力及其对中小城市、乡村巨大的辐射与影响力，使都市文化必然要成为当今世界精神生产与文化消费的中心。这是建设文化都市重要的现实意义所在。一句话，文化都市是继承传统优秀文化、与西方文明平等对话、体现社会主义核心价值观念的大本营，对于在政治上促进社会和谐，在经济上提高生产力，在文化上推动人的全面发展具有极为重要的现实意义。

当然，作为都市文化学的新范畴和当代城市发展的新理念，对于文化都市的相关研究并不多，包括我们在内也做得都很不够。为了更深入与全面地探讨这个问题，我们策划了"文化大都市探索"书系，将从理论创新与实践应用相结合的综合视角、以跨学科与多学科的方式对文化大都市及其相关领域进行集成式的系统研究，我们希望它能为上海文化大都市建设提供科学的"生产观念"、多元的参照系与系统性的"战略目标"。"文化大都市探索书系"第一辑10种将于2008年内出版，涉及基本理论、城市管理、文化产业、现代服务业、社区心理救助、西方都市群、东亚都市群、江南城市文化等方面，将为上海的文化大都市建设与发展提供一种较为全面的理论支撑系统。

廖：我注意到，这与上海以往的提法与做法有很大的变化。自近代上海开埠以来，西方殖民势力的影响使老上海沿着畸形繁荣的道路一路走来。在1949年以后的计划经济时代，上海又担当了发展国家基础经济的重任成为一个工业城市，接下来是国际经济、贸易、金融、航运"四个中心"的国际化大都市目标。上海为什么要提出建设文化大都市？上海建设文化大都市有哪些有利的条件与不足之处？

刘：上海明确提出要建设"文化大都市"，这既是对在"硬件"方面已确定的"四个中心"的重要补充，也是在精神文化、城市文明等"软实力"方面的重大战略目标。对于上海而言，提出"文化大都市"，首先，与它作为长三角城市群首位城市的特殊地位相对称；其次，与上海2010年"国际化大都市"的发展目标相一致；再次，这也是中国城市必须转换发展方式的现实需要。上海的城市发展正在冲破传统政治城市、经济城市以及一般文化城市的发展思路与局限，"文化大都市"的提出不仅对上海与长三角地区的经济社会发展有重要的转型与引领作用，对中国其他区域的城市建设与发展模式也会产生积极的示范性意义。

尽管上海传统文化资源比较薄弱，但是，一方面，作为中国现代都市文化的发源地与主要集聚中心，上海有着十分丰富的现代文化资源。如20世纪以来深入中国社会生活的电影、音乐、舞蹈、戏剧，也包括咖啡馆、西方礼仪、洋节日等新生活方式与趣味，都是上海文化资源仓储中的重要组成部分。另一方面，在几年前建设国际文化交流中心的带动下，上海已经形成了巨大的文化工厂与市场功能，在文化展示、交流、深加工与市场化等方面积累了丰富的经验与机制，再加上长三角地区巨大的消费市场与市民们丰富的文化需求，如普陀区长寿公园的演出，一个月不到就达20多场。这些都为上海建设文化大都市提供了重要的环境。

当然，由于长期以来的重经济而轻文化，上海的文化都市发展目前也存在着不少的问题。与纽约、伦敦、东京等国际化大都市相比，这主要表现在一是第二产业所占GDP的比重一直过高，二是文化服务业与服务水平也有待进一步提升，关键要看它在今后的发展。

廖：你以前的主要学术方向与城市没有多大关系，如《中国诗性文化》《先验批判》《澄明美学》《新道德主义》等，基本上在传统文化与美学领域中。是什么原因促成了你要研究都市化进程？

刘：简单说来，这主要有两方面的原因。一是思想观念上的。任何一个受中国传统文化影响很深的知识分子，都会或多或少地希望理论能够与现实相关，我也不例外。如何让人文学术更多地介入现实，我想这也是许多人一直在思考的一个问题。二是现实的契机。自从三年前来到上海——这个中国最大的城市之后，特别是融入了上海师范大学蓬勃展开的都市文化研究群体后，良好的研究氛围很自然地就使我迈出了从美学向都市文化研究的重要一步。

此外，还有一个原因是日益感到人文社会科学疏远了火热的生活，这也是不少文史哲等传统学科、学者共同的困惑。理论脱离现实，不仅使学术研究越来越"圈子化"与"私语化"，也产生了一些相当严重的现实问题，如学生就业、科研脱离社会需要等，结果使传统学科出现了不同程度的生存危机。我也希望借助开辟新领域，对这个问题做一点试验与探索。我的体会有两点：一是仅仅空洞地喊危机和转型是不起作用的，要真正实现传统学科的可持续发展，关键在于如何抓住影响当今世界发展的主要问题与矛盾，然后相应地调整研究方向、更新学术手段、催生理论研究的生长点。只有这样才能与现实世界真正地融合起来，并在各种冲击与挑战中寻找到新的出路。以我带领的以"都市文化研究"为主要研究领域的中国文学学术创新团队为例。我们这个团队在成立时平均年龄37岁，全部具有博士学位与高级职称，在学科上分属于文艺学、美学、古代文学、世界历史等。尽管在以往的研究中，他们在各自学术领域都有所建树，但高度分工与专业化的学科布局,使他们很难在研究上相互打通。正是以都市化进程为中介,以都市化进程对中国社会与中国人文社会科学研究的整体影响为经验基础,我们解决了学科之间"老死不相往来"的问题,将优势科研资源与人力资本整合起来,并以都市化进程为对象找到了新的生长点。如美学与文艺学以都市文化与审美现象为对象,逐渐发展出都市文化理论研究新方向;如古代文学以江南城市文化与文学为对象,逐渐发展出江南城市文化与近代上海都市文化研究新方向;如世界历史以西方城市为中心发展出来的"西方城市理论与城市史"新方向。一方面,希望当代中国人文学术研究与思考更多地关注人的生活世界;另一方面,也希望以现实问题为契机提升学术思考的实践理性的品质,这是我们从事都市文化研究与探索的初衷与理想。

廖: 从学科分类上讲,你过去的研究主要属于中国文学学科,一下子闯入传统上分属地理学、社会学与经济学领域的都市研究中,会不会遇到认同上的障碍。或者说,你如何看待自身在都市文化领域的合法性?

刘: 大都市本身就是一个跨学科、多学科的研究对象,都市化进程更是涉及社会发展的方方面面,因而在某些时候遇到一些质疑是很正常的。关键在于如何从其他学科与学者的研究中吸取营养,把都市文化研究做得更好,而不是因为遇到问题就畏缩,这是我们在最初涉足这个领域时就充分做好的思想与心理准备。

我们的目标是建成一门独立的都市文化学,这个新学科的主干学科是人文学科中的中国文学与社会科学的社会学,再具体一点,是中国文学中的文艺学、美学和社会学中的城市社会学。创建这门新学科的目的,主要是想为当代人提供一种理性的方法、观念、理论与解释框架,用来整理他们在都市化进程中混沌的生命体验与杂乱的社会经验,帮助他们在生命主体与都市社会之间建立起真实的社会关系与现实联系,在重重矛盾与困惑中为当代人实现他们的生命自由与本质力量揭示一条历史必由之路。

中国文学是我们的出发点,目标则是广阔的都市化进程。与西方的相关研究主要隶属于社会学、人类学、地理学不同,中国都市文化研究在学术渊源与中国文学学科有密切的关联。都市文化研究与中国文学的学科渊源,可追溯到当代中国文学研究中的"文化研究"思潮。特别是将文艺学、美学的基本理论运用于迅速发展变化着的现实生活,使非文本的影视网络、非文学的大众文化、非艺术的审美文化、非学理的文化消费与文化娱乐、非书斋的日常生活与超级市场,甚至与经济学密切相关的文化产业、旅游文化等,或大摇大摆,或暗度陈仓地成为文艺学、美学的研究对象。在都市化进程中,由于影响人的"先天的和后天的各种能力得到自由发展"的主要矛盾已经由乡村转移到城市,由中小城市转移到国际化大都市,由于文学艺术与审美文化是都市文化生产与消费过程最直接、最重要的感性表现形态,这些直接促成了我们的都市文化研究。研究都市文化,除了继续运用文学符号、意象、文本外,由于都市文化生产的特殊性,我们与都市社会的关系变得越来越紧密。正是在这个基础上,我们提出了"都市化进程"概念,这不仅为当代纷纭复杂的社会发展提供了一个解释框架,同时也为我们的文艺学、美学研究建立了一个重要的时代背景。由于越来越强烈地感受到都市化进程是一个涉及亿万人现实利益与历史命运的社会运动,因而我们推出了《2007中国都市化进程报告》,希望为中国都市化进程的进一步发展提供一个相对全面、理性的参照系。下面的任务是如何把这项工作做下去,不断完善,使之成为我们整个研究工作的一个品牌。所有这有一切,正如恩格斯说:"社会一旦有技术上的需要,则这种需要就会比十所大学更能把科学推向前进。"可以这样说,我们最终要做的就是一个有超前眼光的、有责任心的、称职的都市化进程的理论家。

廖:根据你们的研究成果,对中国大都市发展是否可以提供一条最重要的忠告?

刘:如果用一句话说,就是如何防止大都市的"罗马化"。所谓罗马化,按照芒福德的观点，是"在物质建设上的最高成就以及社会人文中的最坏状况"。优越的物质条件与城市基础设施为都市人过上美好生活提供了可能，但由于文明素质、道德水准、艺术修养等方面的欠缺与不足，中国率先发展的都市化地区并未实现"城市让生活更美好"的理念。如何从粗俗的欲望满足与低级的物质享乐中超越出来，通过城市文明与文化建设防止中国大城市在未来发展中走向"罗马化"，这是中国都市化进程面临的一个更加艰巨的任务与光荣的使命。

（原载《民族艺术》2008年第2期）

《山海经》与中国古代学术体系

汪晓云　廖明君

汪晓云，厦门大学人文学院兼国学院教授、博士生导师。

主持"闽台民间艺术与族群认同"等国家社会科学基金课题。著有《一"字"之差："道"何以"道"》《一"名"惊人："昆仑"之"道"》《一"器"之下："翠玉白菜"何以为"镇国宝"》《一本正"经"：隐秘的汉语圣经〈海山经〉》《一本万殊：〈海山经〉文化寻踪》《从仪式到艺术：中西戏剧发生学》《神·鬼·人：戏曲形象探源》等。

廖明君（以下简称"廖"）：三年前的今天，我对你作过一次访谈，内容是关于中西戏剧的发生。时隔三年，再次为你作访谈，却是感兴趣于你的国学研究。去年我们曾发过你关于"人"与"阴阳五行"的一篇文章，从"人"在金、木、水、火、土中的位置分析"阴阳五行"，指出"阴阳五行"为王道由始而终的隐微叙事；后来你又发来一篇关于"阴阳五行"的来历与变迁的文章，为"阴阳五行"正本清源。乍一看，你的观点与论证都显得特别叛逆，但仔细体味，却句句源自古人，使人不得不对已有的定论提出疑问。促使你从戏剧转向国学研究的契机是"阴阳五行"吗？

汪晓云（以下简称"汪"）：学术研究的转向，既是命定，也是机缘。2005年博士毕业时，我还在计划着将来的戏剧研究，后来做博士后，本准备学习古希腊语，从古希腊神话开始研究古希腊戏剧，但许多偶然与客观原因最终使我转向了中国古代神话与宗教，当时老师叫我关注《山海经》，从此，我的学术研究之路发生了根本的转变。

最初接触《山海经》，几乎每天都要看好几遍，却仍然看不出所以然。后来集中于其中描述的诸神,有一天突然发现共工是雷、蚩尤是电、夸父是云,感觉《山海经》一定可以条分缕析、层次分明,否则流传不下来,于是便下决心弄清楚《山海经》的所有内容。但是郭璞与袁珂的注释似乎不能帮助我更好地理解《山海经》,相反,是越来越错乱、越来越复杂,以至于使我认为这些注释都是胡说八道。其间,我开始阅读与《山海经》关系十分密切的《穆天子传》《逸周书》《淮南子》《神异经》《楚辞》等,希望从这些书中能找到破解《山海经》的线索,同时试图梳理古代神话。

在梳理神话时我发现,"昆仑"是打开《山海经》的钥匙,同时也是打开《穆天子传》《逸周书》《淮南子》《神异经》《楚辞》等书以及中国古代神话的钥匙。于是,我决定从"昆仑"入手,逐步深入《山海经》。

《山海经》中"昆仑"出现十多次,"昆仑"并不仅仅称为"昆仑山",还称为"昆仑虚""昆仑丘"等。正是在试图解释"昆仑"的过程中,我深入郭璞以及明清两代《山海经》诸注,从而发现了《山海经》的非同寻常以及"昆仑"的非同寻常。仅以"昆仑"而言,释《山海经》者对"昆仑"大小以及方位的解释众说纷纭,这些不同的解释甚至体现在书写上,如"昆仑"有"昆仑""崑崙""崐崘"三种写法,汪绂《山海经存》一书则同时出现"昆仑"与"崑崙";"虚"亦有"墟""虚"乃至"虗"三种写法,郭璞注《山海经》与吴任臣《山海经广注》亦同时出现"虚"与"墟";同样,"丘"亦有"丘""邱"的不同写法。

在《山海经》之外,"昆仑"之非同寻常亦显而易见:刘勰言班固以为"昆仑悬圃,非经义所载,然其文辞丽雅,为词赋之宗,虽非明哲,可谓妙才",王逸以为"《离骚》之文,依经立义:驷虬乘鹥,则时乘六龙;昆仑流沙,则《禹贡》敷土。名儒辞赋,莫不拟其仪表,所谓金相玉质,百世无匹者也"。一言"非经义所载"、一言"依经立义",似乎有意形成对立。此外,《读史方舆纪要》言"自古言河源者,皆推本于昆仑",又引王鏊言"天下之山起于昆仑,天下之水亦宜出于昆仑";胡应麟言"昆仑"为"怪诞之祖",且"释道皆争据之";刘师培则言"昆仑"为种族"发源之迹""昆仑之名为汉土人民所共识";魏源言"国家抚有西域，主名山川，列正祭随祭者，十有六不当，反遗昆仑太祖"，"昆仑"为"太祖"而被"遗"，似与"名儒辞赋，莫不拟其仪表""释道皆争据之"以及历代对"昆仑"之考证与解释不符。

实际上，对"昆仑"的考证与解释不仅贯穿于"舆地之学"的始终，亦贯穿于以《史记》为首之史学与以《尚书》为首之经学的始终，考证、解释"昆仑"与"河源"的著述在清代蔚为大观，其中专门考证"昆仑"者就有万斯同《昆仑辨》《昆仑河源考》《禹贡昆仑辨》，以及李光廷《昆仑说》、魏源《昆仑释》、陈伦炯《昆仑记》、张穆《昆仑异同考》等。

"昆仑"之意义如此重大、"昆仑"之称谓如此复杂，把握"昆仑"就显得异常艰难。然而，在表面的聚讼与纷争之后，古人却给我们提供了破解"昆仑"的根本线索，这就是阎若璩所言"凡著书引古须直溯其昆仑源，不可从半路中钞袭，倘钞袭鲜有不误"。——破解"昆仑"的突破口在寻找"昆仑源"，其源不在地理意义之空间方位，而在于"著书引古"，此恰与《史记》言"天子案古图书，名河所出山曰昆仑"吻合。

《史记·大宛列传》言"天子案古图书，名河所出山曰昆仑云"，明言"昆仑"之为"名"源于"古图书"，"古图书"为何书、"古图书"中"昆仑"为何义，《史记》均未直接给出答案，而是围绕对"昆仑"的考证言："太史公曰，《禹本纪》言河出昆仑，昆仑其高二千五百余里，日月所相避隐为光明也，其上有醴泉、瑶池。今自张骞使大夏之后也穷河源，恶睹《本纪》所谓昆仑者乎？故言九州山川，《尚书》近之矣。至《禹本纪》、《山海经》所有怪物，余不敢言之也。"前皆言《禹本纪》，后来却言及《尚书》与《山海经》，并将《禹本纪》与《山海经》相提并论，此实有意言《山海经》即《禹本纪》。实际上，不仅《禹本纪》为《山海经》，"古图书"亦为《山海经》，后面我们将看到，《山海经》之所以不以本名出现，实因为"不敢言"。由此，"昆仑源"亦为《山海经》。

《山海经》"昆仑"虽有十多处，然直接描述"昆仑"者仅《西山经》《海内西经》《大荒西经》，对"昆仑"的三处直接描述实即"昆仑山""昆仑丘""昆仑虚"之三义，"昆仑"称谓之所以不同，实因"昆仑"之本义并非地理意义之"山"，而为政治意义之"道"，其内核为"阴阳五行""以气寓道"。对"昆仑"地理方位与历史事件的溯源与考证实际上是对"道"的溯源与考证。

"昆仑"作为打开《山海经》的"钥匙"，不仅揭示了《山海经》为经史之源，同时也揭示了经史相通、史地相通，其内核为"阴阳五行""以气寓道"。这样就涉及对"阴阳五行"与"道"的理解。

关于"阴阳五行"之来历，现代学界多以为由梁启超率先提出，实际上，早在《荀子》与《史记》中，"阴阳五行"的来历就已成为非常重要的问题，《荀子·非十二子篇》言"案往旧造说，谓之五行，甚僻违而无类，幽隐而无说，闭约而无解……"；《史记·天官书》则言"阴阳之术大祥而众忌讳，使人拘而多畏……"。"僻违""幽隐""闭约""使人拘而多畏"道出了"阴阳五行"之来历并非无人研究，而是难以研究。

直觉告诉我，如果水、火、木、金、土为五种自然元素，不可能使人忌讳而畏惧。一次无意中反复写这几个字，发现除"土"外，金、木、水、火皆由"人"构成，"人"在金、木、水、火中处于不同位置，其写法也有所不同，结合《说文解字》，则可看出，"人"在水、火、木、金中的不同位置和写法恰好体现了"五行"的含义，如《说文》："水，准也，北方之行，像众水并流，中有微阳之气也。""水"的整体形态正像左右各为一反"人"，寓意君不行仁义则民反君，成立新的帝王之治；"火"为"南方之行，炎而上，象形"，"火"之为"象形"，乃像"人"字上有两点，此即《说文》"光，明也，从火在人上，光明意也"，寓君凌驾于"人"之上，故"人"字分开写；"木"为"东方之行""下像其根"，实言"木"下为"人"，"下像其根"即寓王道之本为"人"；"金"字上为"人"，下为"王"下有左右两点，此寓王不行人道则受仁人志士攻击。水、火、木、金、土独"土"无"人"，《说文》："土，地之吐生物者也，二像地之下、地之中，物出形也。"段注"地之下"作"地之上"，"谓平土面者"，又"土二横当齐长，士字则上十下一，上横直之长相等，而下横可随意"。"土"之"平土面""二横当齐长"，乃言"土"寓无上下尊卑之分，"士"寓上尊下卑。

正在我对"人"的理解费尽周折时，突然看到俞樾《茶香室丛钞》引《医学三字经》言："人具阴阳，人字左笔为阳，右笔为阴；阳清而轻，故左丿轻；阴浊而重，故右乀重。阳中亦有阴，故左丿先重而后轻；阴中亦有阳，故右乀先轻而后重。"原来"人"即"阴阳"，"五行"即"阴阳"之"行"。"阴阳五行"并非自然现象，而是隐喻帝王政治。

帝王政治之根本实为"道"。张舜徽先生在《周秦道论发微》中曾急迫而慎重地表示自己"尝博考群书，穷日夜之力以思之，恍然始悟"先秦诸子之所谓的"道"，皆所以阐明"主术"，也就是"人君南面之术"。张尔田《史微》亦言自己"不惮反复证明""道为天子之术""道为君人之要术"，然"史统既归孔子，百家废黜，道始失传，遂使千古君人南面之术埋没于神仙方伎之中，迄无一人心知其意耳"。实际上，先秦典籍与历代道论多明言"道"为帝王之道：《荀子》有"君道"，言"道存则国存，道亡则国亡"；《韩非子》有"主道篇"，言"道者，万物之始，是非之纪也，是以明君守始以知万物之源，治纪以知善败之端"；《春秋繁露》有"王道"。"阴阳五行"为统一之整体且寓意帝王之道亦为历代大儒明言，如《春秋繁露》言"天意难见也，其道难理，是故明阳阴入出实虚之处，所以观天之志；辨五行之本末顺逆、小大广狭，所以观天道也"；戴震言"阴阳五行，道之实体也"；王崇庆《山海经释义》则言"以气寓道"。

"以气寓道"正是"阴阳五行"的本质内涵。正是"阴阳五行"隐喻帝王之道，涉及王朝政治之兴衰灭亡，因此为古代统治者"忌讳"，使人"拘而多畏"，故而有"扶阳抑阴"变"阴阳"为"阳阴"，同时变"五行"之序，使"阳"在"阴"前，"阴""阳"非自然之气，而隐言王道终始。至此，"阴阳五行"之来历与变迁豁然开朗。

廖：从神话到《山海经》，从《山海经》到"昆仑"，从"昆仑"到"阴阳五行""以气寓道"，你在逐渐缩小研究范围，同时似乎也越来越接近本源性问题。

你是否认为"阴阳五行""以气寓道"为古代学术之根基与脉络？

汪：是的。以"阴阳五行""以气寓道"为基础，中国古代天文、地理、方术、数术、医学、农学等"技术"皆根植于"阴阳五行"，同时亦皆隐喻帝王政治，故"农"亦称"农政"。文献愈古老，"阴阳五行"愈隐晦，作为中国古代学术之本的阐释学，从根本上说乃是"阴阳五行""以气寓道"的阐释，故汉儒为此学说之集大成，宋儒发展为"理气"，清儒发展为"道器"。不明白"阴阳五行""以气寓道"，就会误解"阴阳五行"之内涵，亦无从把握"阴阳五行"的来历与变迁，更无法把握古代学术之根底及其变迁。

弄清楚"阴阳五行""以气寓道"，则"道"为天人、圣王、王霸、古今、大小之分亦明。古代"道"论之核心，并不仅仅在言"道"为帝王政治，而是言帝王政治以"无道"为"有道"，故"道"非自然，而为人为。"道法自然"并非指现代意义之自然现象，而为"道"之本原。以"昆仑"而言，"昆仑"本为"天道"，然帝王政治自称"天道"，故有"天子案古图书，名此山曰昆仑"，"昆仑"遂由"天道"之本意变为非"天道"而自称"天道"之义，此即"乱名"，故"昆仑"有"昆仑山""昆仑丘""昆仑虚"三种名称，三者皆为"天道"，然尊王权者以君尊民卑为"天道"，尊民权者以民尊君卑为"天道"，持中间立场者则以无君民上下尊卑为"天道"。以《史记》"昆仑"为线索，溯源《山海经》之"昆仑"，即可发现古代文献所言"昆仑"皆非现代地理意义之"昆仑山"，而为政治意义之"天道"，与"昆仑"相关之"昆仑道""昆仑塞""昆仑关""昆仑冈""昆仑洋""昆仑海""昆仑国""昆仑城""昆仑奴""昆仑儿"等诸"名"亦皆隐言"天道"，把握"昆仑"诸名关键在于辨别其为三种"天道"的哪一种。由此，通过"昆仑"一名，即可把握古代"名教"之本为"教"，也就是"道"。

"昆仑"不仅是"名教"的最佳个案，亦是经学与史学之门径与要津。从《史记》《尚书》与《山海经》之对立，即可看出《山海经》为"昆仑"之源、《尚书》为"昆仑"之流。检阅"昆仑"所出诸书，亦可发现，除《尚书》外，"四书五经"中不见"昆仑"，而《山海经》《淮南子》《穆天子传》《十洲记》《博物志》《搜神记》《尔雅》等书却屡见之，由此，《文心雕龙》言班固以为"昆仑悬圃，非经义所载"与王逸以为"《离骚》之文，依经立义"并不矛盾，班固之"经义"为《周易》《尚书》等官方正统经典，而王逸之"经义"则为《山海经》《穆天子传》等经典。实际上，"四书五经"多不称"经"，而为《大学》《论语》《中庸》《孟子》《诗》《书》《礼》《易》《春秋》；相反，《山海经》《穆天子传》《搜神记》《逸周书》《博物志》等书则多名"经""传""记""书""志"。"文以载道"，正是由于古代学问皆为"道问学"，无一不涉及帝王政治，因此，尊王权为"天道"之书为王权政治推崇，而尊民权为"天道"之书被禁止与删改，此即"焚书""删书"。正是由于《山海经》《穆天子传》《搜神记》《逸周书》《博物志》等书有碍于王权政治，因此，本为"经传""书传""传记""书志"之书因被禁止而为"不经""野史""逸史"，相反，"四书无经""不正经"之书却登上大雅之堂为"正经"。由此，以"昆仑"为基点，经史之源流昭然若揭。

廖：这听起来真是有些骇人听闻。如果是这样，是不是就意味着我们要重新认识古代经典乃至历史？

汪：这是一个我自己想来也"骇己听闻"的结论，当初我准备研究神话与《山海经》，也只是想探究中国神话的真实含义，何曾想到会有这样的结果！但是一旦面对古代文献，所有的问题都无法回避。三年来，我几乎是殚精竭虑不停思考、不停质问，并用尽心力查阅各种古籍文献，最后的结果不仅无法动摇，反而更加坚固。我也想到，这些骇人听闻的观点一旦公之于世，不仅不会使自己的艰辛与努力得到认可，相反还被视为胡说八道、故弄玄虚。但是作为一个学者，我必须将这样的结果诉诸文字。这首先是因为我自己付出的全部心血以及基于对自己研究的信心，其次，则是因为我看到古人早就面临和我同样的境遇，比如前面我们说到张舜徽先生说自己"尝博考群书，穷日夜之力以思之，恍然始悟""道"为"主术""人君南面之术"，然张舜徽之说却如空谷足音，应者寥寥。而我自己，不仅深切体味了张舜徽先生"穷日夜之力以思之"的艰辛、"恍然始悟"的兴奋,同时也体味了应者寥寥的寂寞。

实际上,考证经史在古代一直被视为畏途。《史记》就说到"不敢言"《山海经》;清代学者戴震亦言其所为《经考》"未尝敢以闻于人,恐闻之而惊顾狂惑者众";章学诚在《文史通义》中也反复说自己"恐惊世骇俗,为不知己者诟厉""频遭目不识丁之流横加弹射",并"反复辨正""屡遭坎坷,不能忘情""激昂申于孤愤""始知学业之事,将求此心之安,苟不悖于古人,流俗有所毁誉,不足较也",并感叹"不虞之誉,求全之毁,从古然矣""不知文字一途,乃亦崎岖如是,是以深识之士,黯默无言""吾之所为,则举世所不为者也""故吾最为一时通人所弃置而弗道"……考证经史之所以被视为畏途,实即《扬子法言·问神》所言"经可损益""圣人之经,不可使易知""经之艰易"为"存亡",暗言"圣经"有"损益",真正的"圣经"隐而不彰。《新书·道基》言"圣人防乱以经艺",暗言"圣经"之所以隐而不彰,实因其可致乱。

戴震、章学诚所处的时代,仍然是"学以致用"的时代,二人之"恐",在很大程度上是因其考证经史,发现并证明经史之源并非正统所谓"正经""正史",然非正经、正史即意味着反叛朝廷,故为当权者排斥。"深识之士,黯默无言""吾之所为,则举世所不为者也"实皆同于《史记》"不敢言"《山海经》。时至今日,古代学术"经世致用"之本质已然改变,考证经史已与政治无涉,但学术传统的断裂使我们对古代学术的研究大多停留在表象,而没有深入挖掘那些隐藏在表象背后的实质性问题。每想到此,我就会振作起来,不顾一切利害得失,将其归于个人命运与学术研究之命运,而不惮以微弱之躯探究经史之源头及其演变,真实而客观地回归国学研究的起点性问题。

实际上,在研究过程中,除了艰辛与担心,也常常感到兴奋。因为这些看似骇人听闻的结论不仅古人早已言明,而且总是相互印证。比如当我从"昆仑"溯源《山海经》,发现《山海经》为"正经"的同时,亦可从历代《山海经》研究中发现《山海经》为"正经"乃至"圣经":

《山海经》在古代以"古""怪""难"等著称,亦有人言其"圣"。然论《山海经》者多对《山海经》之"怪"加以驳斥，明代庄汝敬《山海经图序》言："山海图而系之经，经，常也，是亦广生并载之常也，怪果云乎哉！"《山海经》不仅不"怪"，而且为"经，常也"，《释名》："经，径也，常典也，如径路无所不通，可常用也。"《山海经》为"经，常也"即言其为常用之经典，与"怪""异"所谓的"怪诞不经"截然相反。清代学者几乎凡言《山海经》者必言其"非""怪"，如阮元《刻山海经笺疏序》言"是经为山川舆地有功世道之古书，非语怪也"；毕沅言"《山海经》未尝言怪而释者怪焉""《山海经》非语怪之书矣"；陈逢衡言"但见《山海经》本文明白通畅，全无怪异之处"；梁启超言"《山海经》言，绝非荒谬"；刘师培则撰《〈山海经〉不可疑》之文；刘承幹《山海经地理今释》序言："毕郝二家出而篇第厘正、事物昭晰，读者不敢目为闳诞迂夸、奇怪俶傥之言矣！"

从司马迁言"所有怪物""余不敢言之"，到刘承幹言"读者不敢目为闳诞迂夸、奇怪俶傥之言"，《山海经》经历了从"因怪不敢言"到"不敢言其怪"的否定之否定。非《山海经》之"怪"与言其"古"实皆是其"圣"。然古代文人多不直言其"圣"，而是煞费苦心、不厌其烦地非其"怪"而是其"圣"，同时又转弯抹角、感慨万千地以其"古"言其"信"，以其"信"证其"非怪"，其中似乎隐藏着某种难以言说的隐衷，这一难以言说的隐衷正是司马迁言《山海经》"所有怪物""不敢言"暗示的"难言之隐"。

《山海经》"所有怪物"之所以"不敢言"，乃因《山海经》为古"圣经"，其内容为君无道则民反君。福柯曾经说过，《圣经》是苦难和反抗的武器、是反抗法律和光荣的声音、是反对国王们非正义的法律和教会的光辉，通过《山海经》，我看到了福柯的智慧。由于《圣经》是反抗的武器，历代统治者为维护自身统治，变"圣经"为"怪物"，并以"假正经"取代真正的"圣经"，从而使得《山海经》作为"圣经"之本意被遮蔽。然而，"一本正经"却表明，真正的经只有一本，这就是《山海经》而非"四书五经"。然《山海经》为"圣经"多为隐言，章太炎言"自《公羊》本意为董、胡妄说所掩，而圣经等于神话，微言竟似寓言，故与《推背图》、《烧饼歌》无别矣",一句"圣经等于神话",即暗示《山海经》为"圣经""微言"之本原面目。

由于《山海经》为"圣经",第一个为《山海经》作注者郭璞言"非天下之至通,难与言山海之义";明代王应麟言"累世不能穷其学,当年不等究其礼";胡文焕言"苟非穷远博见之士,唯不足以识此";宦懋庸序《山海经笺疏》言"博识之士至累世不能穷其源、毕生不足究其变",以致"汉魏以来笺注家欲畅厥敷佐,至取中国之书注之不足,则增以金石文字又不足,则益以诸子百家又不足,则证以殊方异域佛经道藏者流"……以如此笔墨论一本书,在古代并不多见。

古代为《山海经》作注作序作图者多为大师级硕学鸿儒:郭璞为之作传;王崇庆、杨慎、吴任臣、毕沅、郝懿行、吴承志、惠栋、吕调阳、汪绂、陈逢衡、王念孙、俞樾等为之作注作序;为其作序题跋者则有刘秀、尤袤、胡震亨、沈士龙、黄省曾、王世懋、朱谋㙔、李长庚、项絪、黄晓峰、刘大昌、孙宗吾、宦懋庸、孙星衍、阮元、李调元、叶德辉等;王崇庆、蒋应镐、吴任臣、毕沅、汪绂等则为之作图;此外,郭璞为之作"图赞"、朱铨为之作"腴词"、冯桂芬为之作"表目"、卢文弨与严可均则为"图赞""补逸"……

在这些硕学鸿儒笔下,《山海经》可谓声名赫赫:胡文焕言"士所当必识",王应麟言"古今语怪之祖",《艺海珠尘》收录杨慎《跋山海经》言"《文选》、《山海经》,食品之山珍海错也""二书非宵三肄朝百诵不得其益",朱铨《山海经腴词》言"庶令读者采用,绝古如紫文金简不致怪如牛鬼蛇神矣",吴任臣言"《山海经》实博物之权舆,异苑之嚆失",刘承幹言"圣作明述之巨编",孙星衍言"多识于鸟兽草木之名,多莫多于《山海经》",阮元言"上古天尚通,人神相杂,山泽未烈,非此书未由知",《四库全书总目提要》言"小说之祖"……此外,《吴越春秋》言《山海经》为"金简之书",《博物志》言"太古书今见存有《神农经》、《山海经》"等,皆表明《山海经》非同寻常。

不仅如此,《山海经》从一开始出现即与"上"有密切联系,刘秀《上山海经表》不仅称"表",亦称"奏","表""奏"即臣上呈于君之文,文后"臣秀昧死谨上"更明言为"臣""上""君","昧死"则暗言上《山海经》为犯死罪,文中言东方朔晓毕方之名、刘子政辨贰负之尸"上大惊",则暗言"上"亦知晓毕方之名、贰负之尸,同时暗言"上"知《山海经》传而"大惊";《史记》言"至《禹本纪》、《山海经》所有怪物,余不敢言之也"实承"天子案古图书,名河所出山曰昆仑"而来,"古图书"实即《山海经》,以"古图书"称《山海经》,实因《山海经》被"废"(郭璞等言),"废"《山海经》者不是别人,正是"天子"!由"天子案古图书,名河所出山曰昆仑"可看出,"天子""废"《山海经》之途径实将《山海经》之名具体化、实物化,将"昆仑"之"天道"变为"昆仑"之"山",从而使《山海经》改头换面。

《汉书》将《史记》"至《禹本纪》、《山海经》所有怪物,余不敢言之也"改为"至《禹本纪》、《山经》所有,放哉",不仅将《山海经》改为《山经》,亦将"所有怪物,余不敢言之也"改为"放哉",其实乃暗言《山海经》被改头换面为《山经》,"海"被藏,故"山经"为"五藏山经"。如淳言"放荡迂阔不可信也",表面似言《山海经》"放荡迂阔不可信",实际则暗言《山海经》变为《山经》为"放荡迂阔不可信"。曾巩《战国策目录序》言"君子之禁邪说也,固将明其说于天下,使当世之人皆知其说之不可从,然后以禁则齐,使后世之人皆知其说不可为,然后以戒则明,岂必灭其籍哉! 放而绝之,莫善于是"。"放哉"实暗言《山海经》被"禁""戒"。由此,《山海经》之"废""灭"乃为"禁""戒","使当世之人皆知其说之不可从""使后世之人皆知其说不可为",也就是"不敢言",此实《山海经》由"圣"变为"怪"之根本原因。

此后,《后汉书·王景传》言"明帝赐景《山海经》、河渠书以治河",汪绂《山海经存》题"宣城刘景韩、长安赵展如中丞鉴定",郝懿行《山海经笺疏》为御批且有"顺天府府尹游百川"所进"奏折",皆表明《山海经》与"上""天子""帝""王"具有剪不断、理还乱的特殊关系。在"上""天子""帝""废""禁""赐"《山海经》的另一面,则为"臣""传""上""进"《山海经》。刘秀"臣秀昧死谨上"与郭璞"余有惧焉,故为之创传"表明《山海经》

虽被禁，然仍有人冒着生命危险使之"传"。

对于《山海经》，古人可谓费尽心机。当这本古圣经今怪书终于历尽艰辛、从"因怪不敢言"回到"不敢言其怪"，其作为"一本正经"的本原面目简直可以清晰可见，然古代学术体系却发生了根本的转向，急于告别古代的中国人似乎对《山海经》为圣经并没有太多兴趣，而是匆忙间将西方引进的"神话"概念作为《山海经》的外衣，使得这本已褪去怪异之衣的圣经再次罩上神怪之衣，至此，《山海经》遂如章太炎所说，由圣经变为神话。作为新一代学人中的后来者，我本指望循今人之路破解《山海经》之神话，结果却回到古代以音义训诂注疏《山海经》的原路。没有别的路可走，只有从原地出发——才能真正认识作为"圣经"或者说"正经"的《山海经》。

廖：比起你刚才说"昆仑"为"道"、"道"为帝王政治、"阴阳五行"为"以气寓道"，《山海经》为"圣经"似乎更骇人听闻。当下《山海经》研究多为神话、地理、医学乃至天文学研究，从政治角度研究《山海经》并认为其是汉语"圣经"也是闻所未闻。你举出这么多例子，才使我对《山海经》作为"圣经"以及《山海经》由"圣"而"怪"的前因后果有所了解。除袁珂外，现代人研究《山海经》，似乎并不常参照你所引用的各种《山海经》注疏与序跋，经你这么一梳理，《山海经》似乎终于露出"庐山真面目"。除了古代《山海经》研究，你本人对《山海经》的结构与内容是否也已有完整而清晰的认识？

汪：你所提的问题实际上是我指出《山海经》为"圣经"的前提。正是在古代《山海经》研究的基础上，我对《山海经》从整体到局部乃至细节都有了明确而清晰的认识，我的下一个计划就是逐字解释《山海经》。从老师叫我作《山海经》研究至今，这一直是我悬置在心头的大任，我现在所做的努力其实也都是为了完成这一重任。

除古代《山海经》研究本身，我还从其他角度发现《山海经》为"正经"，这似乎也是命运与机缘。暑假我去台湾，本来是奉命查找语言人类学资料，结果却像打仗般奔波于台湾各图书馆，从而有幸看到许多大陆未见的《山海经》版本。与此同时，我在台北故宫博物院第一次看到"镇院之宝"——"翠玉白菜"与"肉形石"（真是孤陋寡闻），当时立刻想到《吕氏春秋》"菜之美者，昆仑之苹"，由于我已知晓"昆仑"为"天道"，就很自然地想到"菜"亦与"道"相关；与此同时，"翠玉白菜"上的"螽斯"与"蝗虫"则使我想到《山海经》与《淮南子》皆有"螽蝗为败"。我感到这里一定大有文章。果然，在台湾大学图书馆的一本书中，我就看到一幅配有"爱菜歌"的"白菜碑"拓片图，"爱菜歌""古之圣贤皆从这里做工夫"实暗言"菜"非日常食用之"菜"，而隐喻"圣贤"之"道"，关乎王道政治，故而又有"菜之味兮不可轻，世间万事皆可成：士知此味学业成，农知此味稼穑盈，工知此味术艺精，商知此味财货赢。但愿人人知此味，天下何愁不太平"。

回来后，我查找相关资料，发现"翠玉白菜"为"无根菜"，实隐喻帝王治不以民为本，与虫所在处为破叶相应；与此同时，"螽斯"虫则为"断须虫"，亦隐喻王政。与菜之颜色、形态乃至根、茎、叶的每一个细节都蕴含着特别的寓意相同，虫的每一个细节也都蕴含着特别的寓意。螽斯须断曾被认为是人为损坏，实际上，螽斯断须与白菜无根一样，皆为有意为之。古书论蝉、蜂蝶、蟋蟀、秋虫等多言及"须"，并有"伤须""卷须""碰断头须""秃须""须卷""须光""水须""独须"之说，且"伤须""卷须"为"不传之秘"，"伤须""卷须"即"断须"，之所以为"不传之秘"，乃因其隐喻君行暴政必导致灭亡。

与"翠玉白菜"同为"镇院之宝"者尚有"肉形石"，当时听说"肉形石"尚有几十块同类，我便对其为何为"镇院之宝"发生了兴趣。不是吗？如果说"翠玉白菜"尚因翡翠之巨大与菜虫雕刻之复杂艳压群芳，那么，"肉形石"又是因何而取胜？且为何一为玉一为石、一为菜一为肉。诸多疑问，使我不得不放下手头的其他研究而寻根究底。我发现，与"翠玉白菜"为"无根菜""断须虫"相应，"肉形石"为"无骨肉""缺角石"，二者相辅相成。"翠玉白菜"与"肉形石"为"镇院之宝"，实即"镇国宝"，古代正史、野史乃至笔记小说多言"镇国宝"，且多为玉石，并多言其有缺损。"镇国宝"实即"治国道"，其以器言为"肉形石"，而以道言则为"正国刑"，寓帝王无道而自称有道，从而将"道"之本意遮蔽。与此同时，抽象之道被变为具体之器，从而使古代传道之器变为见物之器，遂使得器之义发生根本的改变，现在我们看到的各种皇家珍宝，几乎无一不是道器分离的产物，作为"镇国宝"的"翠玉白菜"与"肉形石"亦然。

特别有趣的是与"蠡蝗"源于《山海经》相应，"肉形石"实为郭璞注《山海经》所言"碔砆石"。至此，由"翠玉白菜"与"肉形石"亦可溯源于《山海经》。在解释"翠玉白菜"与"肉形石"为"镇国宝"的过程中，我发现古代诗歌、小说、戏曲、笔记不仅多解释"翠玉白菜"与"肉形石"，亦多解释"镇国宝"。"小说之祖"《山海经》为"正经"，小说、戏曲、笔记等亦为经典。由此，通过"翠玉白菜"与"肉形石"，不仅可更具体地把握"气"如何变为"器"、"以气寓道"如何衍生出"以器寓道"，还可深入理解古代名物训诂与名教言"道"之本质，而最为重要的，是可追溯《山海经》为"一本正经"，小说、戏曲、笔记等亦多释此"一本正经"。

廖：如此说来，你的研究可谓环环相扣，殊途同归。你似乎是从不同角度发现并证明《山海经》为古汉语"圣经"，是不是发现的途径与证据越多，你的结论越来越坚定？你是否想到这一结论有可能对中国古代文化产生巨大影响？

汪：是的。我现在对于《山海经》为古汉语"圣经"的结论越来越坚定。马昌仪先生在《全像山海经图比较》中说到日本奈良市出土约为天平年间木简中有"山海经日大"的字样，背面有墨书《山海经》经文片段，"山海经日大"当为"山海经曰大"，暗言其为"一本正经"。我在台湾看到日前川文荣堂版《山海经》，上面亦有"秘藏"字样，由此可以看出《山海经》在日本也具有"圣经"的地位。因此，《山海经》作为古汉语"圣经"，不仅会对中国文化与日本文化产生深远影响，甚至会对中日民族渊源产生巨大影响。不久前，韩国学者指出《山海经》中的炎帝、蚩尤、夸父及风伯等神均在高句丽古墓壁画中出现，从而认为中国很多神话传说源自韩国，并引发了中韩文化之争。如今，《山海经》作为隐秘的汉语"圣经"被发现，且其发现乃基于对中国古代文献的梳理，这对于韩国文化乃至中韩民族渊源的认识也将有实质性的突破。由此，我深深感到，只有抛开一切成见与争论，平心静气从古代文献本身重新寻找古代文化的"根"，才能从根本上消除那些本末倒置的误解与争议。真正值得我们反思与警醒的是，认请韩国与日本对自身文化与中国文化的误解以及我们对自身文化的误解，不要让这些误解变成真理，从而阻碍我们发现并寻找真正的真理。

就我自己的研究而言，我在发现《山海经》为"圣经"的过程中，真正体会到了什么是"追根究底"，同时也体会到"圣经"作为"一本正经"对于中国文化的根底性意义。从《山海经》到"昆仑"、从"昆仑"到"阴阳五行"、从"阴阳五行"到"道"，然后再由"道"到《山海经》，必须拨开重重迷雾、突破种种阻碍，才能看到《山海经》作为"圣经"之真相。在此过程中，我体会到许多习以为常的成语与俗语揭示的深刻内涵，仅以"经"言，如"一本正经"原为真正的经只有一本，与此相应，"正经""假正经""不正经"则言经有真假；"离经叛道"言"经"与"道"相关、"道"之变导致"经"之变、"不正经"取代"正经"；"真金不怕火炼"则以"火"寓暴政，言真经虽被禁然而却代代相传……以此为基点，则可看出《南华真经》《道德真经》等为何以"真经"命名，而历代大儒笔下多次出现的"疑经""反经""议经""删经""增经""尊经""争经""诬经""变经""乱经""变乱真经""乱经诬圣"等义亦明。从这里看司马迁、戴震、章学诚等对考证经史之恐惧，就会恍然大悟。

廖：听说你现在正在进行四本书的写作，这四本书是否是将《山海经》作为把握古代学术体系整体脉络的线索，以"阴阳五行""以气寓道"为核心，分析《山海经》为何为"一本正经"？

汪：是的。《山海经》是把握中国古代学术体系的重要线索，不了解《山海经》，无法把握古代学术体系；不梳理古代学术体系，则不能把握《山海经》。

在梳理《山海经》的过程中，我发现必须从"道"开始，阐明"阴阳五行""以气寓道"，进而解释"昆仑"，最后再整体把握《山海经》，三者实即穷一字（道），明一名（昆仑），正一经（《山海经》）。后来写"翠玉白菜"与"肉形石"，才发现此实为格一物（"镇国宝"）。有趣的是，当我将《山海经》定为"一本正经"时，想到"道"与"昆仑"为一字、一名亦有相应的成语，此即"一字之差""一名惊人"，查阅相关资料，发现"一鸣惊人"之"鸣"本为"名"，于是，三本书分别为"一字之差""一名惊人""一本正经"。更为有趣的是，有一天突然恍然大悟"一气之下"之"下"当源于"形而上者谓之道，形而下者谓之器"，与"一鸣惊人"之"鸣"本为"名"相似，"一气之下"之"气"本为"器"，这恰好是"镇国宝"之为器物的最好体现。由此，四本书即为《一"字"之差："道"何以"道"》《一"名"惊人："昆仑"之"道"》《一本正"经"：隐秘的汉语圣经〈海山经〉》《一"器"之下："翠玉白菜"何以为"镇国宝"》。翻阅《辞海》，找不到这四个成语的正确解释，似乎只有这四本书才可以正确地解释这四个成语：

首先，"一字之差"。今人眼中的"一字之差"实皆为"二字之差"，不是吗？"张"与"李"为两个字，而不是一个字，真正的"一字之差"实言一字而有差异之义，此一字即为"道"。宋杨时编《二程粹言》卷上"论道篇"言："子曰，传道为难，续之亦不易，有一字之差则失其本旨矣。""传道"与"续之"皆为"道"，然"传道为难，续之亦不易，有一字之差则失其本旨矣"实言"道"一字而有差义，虽皆为"道"，然其义不同。

其次，"一名惊人"。今人眼中的"一鸣惊人"皆为突然之间引起别人的注意。实际上，"一鸣惊人"语出《史记·滑稽列传》："此鸟不飞则已，一飞冲天；不鸣则已，一鸣惊人。""鸟"并非现代意义之"鸟"，而隐喻"道"，"淳于髡说之以隐"即言其为隐喻。淳于髡言"国中有大鸟，止王之庭，三年不蜚又不鸣"，乃因"百官荒乱，诸侯并侵，国且危亡"，也就是君无道。"淳于髡"之"大鸟"实寓"大道"，言君无道而"大道""止"；"王"之"鸟"实寓以无道为有道，"一飞冲天""一鸣惊人"实即"无道"假"道"之"威行"。

此外，淳于髡所问为"不知此鸟何也"实即"不知此鸟何名也"，"王"不言鸟之"名"，而换之以"鸣"，亦暗示"鸣"与"名"相关，"名"为"名教"，"鸣"则为"鸣叫"，"名教"寓"道"，"鸣叫"寓"无道"假"道"，故"一鸣惊人"实即"一名惊人"。俞樾《茶香室丛钞》言"鸣秋""名久晦""鸣氏僻姓，未详所出"。"名久晦""鸣氏僻姓，未详所出"实言"鸣""所出"乃因"名""晦"。由此，揭示"名"之"晦"当反"一鸣惊人"而为之，使"鸣"由无道自称有道之义回复为"名"为"道"之本意。此"名"即"昆仑"为"山"之"名"。

再次，"一器之下"。今人眼中的"一气之下"皆为非常生气，因此而失去理智。实际上，"一气之下"当与"形而上者谓之道，形而下者谓之器"互释。"道寓于器"实因"以气寓道"，"器"源于"气"，"一气之下"当为"一器之下"。"器"而言"气"，即因"器"源于"气"。

最后，"一本正经"。"一本正经"明言仅"一本""正经"，其余为"不正经"，故"四书五经"非"一本正经"，"一本正经"实为被"四书五经"遮蔽、取代之"圣经"。"经"之变实因"道"之变，也就是"一字之差"；与此相应，"名"变为"鸣"、"器"变为"气"，因此，与"正经"相应，亦有"正名""百物""正气"。

道有真伪、名有正乱、器有大小、经有本末，一字之差、一名惊人、一器之下、一本正经，互为因果、相互印证，自成体系，使浩如烟海的古代文献条分缕析、层次分明，真有点不可思议。穷一字、明一名、格一物、正一经，即由表及里、见微知著，为古代知识体系追本溯源，字、名、物之源头皆与经相关，此经即古圣经《山海经》；名、物、经皆归因于字，此字即"道"。在"字"与"经"之间，是"昆仑"之名与"镇国宝"之物，前者为打开"经"与"道"之门径和要津，后者为沟通"道"与"经"之桥梁和纽带。祖先们用智慧与心血设置如此玄妙之境，今人置身其中，恍然如梦、如梦方醒。

有时我甚至想，这几本书似乎不是我自己写的，而是古人早已安排好，只要按照这样的顺序，谁都可以写。不是吗？这几个成语就是最好的解释！对于我来说，一切都如命中注定，无论结局是悲剧还是喜剧、成功还是失败，似乎都不重要,重要的是擦亮双眼、借助古人的文字之光、找到古人早已安排好的密钥、打开这玄妙殿堂的三重门或四重门,然后,把自己看到的堂奥"骇人听闻"地告诉大家,使大家"闻所未闻",甚至引领大家一同前往古人用浩如烟海的文字设计而成的玄妙殿堂。如此,我就可以为古人、亦为自己,抵挡昨日艰辛、诠释今日命运。

廖:从你的描述看,穷一字、明一名、格一物、正一经,乃是发现《山海经》为"圣经"、为中国古代文化追根溯源的必由之途,古人似乎已经设计好了这样的途径,为什么这条途径现在才被发现呢?

汪:实际上,古代文人对于这条途径皆心知肚明、不言自明,只不过迫于王权政治只能隐而不宣。这常常使我想到"道"的含义,《说文解字》以"人所行"释"道","道"有大小,路亦有大小,为求做官的文人所走的是"明道""大道",而隐士走的是"暗道""小道",前者通向仕途,后者通向畏途。事实上,恰恰因为这是一条"畏途",才吸引许多既有才识又有胆量的大儒费尽心机、小心翼翼去"冒险"。这正是历代大儒皆有意无意言及《山海经》的根本原因。随着古代文化传统的断裂,古人隐而不宣的微言大义已少有人体认,这一不断有人"冒险"的"畏途"也便消失得无影无踪。而我似乎像个冒失的孩子,偶然走进这人迹罕至的荒草乱石,无意间却发现荒草乱石下藏着一条神秘的小路,这条路通向古代文化的源头,深入其中,则可以看到古人用浩如烟海的文字设计而成的玄妙殿堂……

廖:看得出,你是用整个生命与热情在思考、写作,其中的神秘小路、玄妙殿堂令人期待。最后,请允许我把你从理想带回现实、从古代带回现代:对于当前的国学研究热,你是如何理解的?你认为当前国学研究的当务之急是什么?

汪:国学研究经历了三个阶段:第一阶段,是作为政治意义之"国学",与"君学"相对,为"民学",以邓实、刘师培、章太炎等为代表,主张"学"以救

"政"，其目的在于"经世致用"，推进国富、民强、政治，其指向乃为中国传统文化自身；第二阶段，是作为文化意义之"国学"，与"西学"相对，为"中学"，以胡适等为代表，其出发点在于以西方文化改造中国文化，推进中国物质文明与精神文明；第三阶段，是作为学术意义之"国学"，与作为知识体系与研究方法的西方化现代学术相对，其出发点是重新体认国学之学术价值、延续国学之根基。

比较前两次国学研究热，此次国学研究热之内涵与背景均已发生转变——今天的"国学"已不再是面对西方文化冲击须守卫、可守卫之"国学"，而是被"西学"知识体系过滤、改装后面目全非之"国学"。西方现代知识体系与研究方法对国学传统的改造使国学根基动摇，研究者无法发现国学研究的探本性问题，从而导致对国学的严重误读。因此，今天提倡国学研究，实为我们这些在现代语境中成长的知识阶层以何种方式、如何解释与体认国学的问题。我认为，抛开对"国学"概念的种种争论，平心静气反思国学研究的得与失，纠正国学研究之误区，回到国学的起点性问题，彰显国学研究之学术价值，确立国学研究之学术规范，才是当前国学研究之根本。

（原载《民族艺术》2009年第1期）

传统节日与非物质文化遗产保护

萧放　廖明君

萧放，北京师范大学中国社会管理研究院、社会学院二级教授、博士生导师。兼任国际亚细亚民俗学会副会长、中国民俗学会副会长、中国民间文艺家协会理事兼中国节日文化研究中心主任。

主要研究岁时节日文化、传统礼仪文化，主持多项国家与省部级科研课题。出版《〈荆楚岁时记〉研究》《中国民俗史》《岁时——传统中国民众的时间生活》《传统节日与非物质文化遗产》等著作十余部。多次获政府与行业学术奖励。

廖明君（以下简称"廖"）：年初你在《光明日报》"光明讲坛"栏目发表了《春节的历史变化与民俗传承》万字长文，在社会上有较大反响。你长期从事岁时节日文化研究，出版了多部有关传统节庆研究的专著，在全国性学术刊物上发表过多篇关于非物质文化遗产保护方面的论文，我们今天就围绕着传统节日与非物质文化遗产保护进行一次学术访谈。

萧放（以下简称"萧"）：好的，感谢《民族艺术》对这一话题的关注，借此机会我也想系统综合整理一下自己近年来的一些想法，以让更多的人对传统节庆有更全面的认识与更深入的思考。

廖：传统节日作为一种传统文化现象，在近年来有显著复兴的趋势，这一复兴过程与国家非物质文化遗产保护工作的推进有着密切的关系，人们越来越关注传统节日。关于传统节日是不是非物质文化遗产问题在学界也曾引起争论，以春节为例，有的学者与媒体提出"保卫春节"的口号，认为在现代社会中传统节日面临着生死存亡的挑战；也有学者公开发表不同意见认为春节人人都过，它不是文化遗产，不需要保护。那么，非物质文化遗产应该如何界定，传统节日是否应该属于非物质文化遗产？

萧：传统节日是否属于"非物质文化遗产"，取决于两个条件：一是关于非物质文化遗产的权威定义，二是传统节日自身的性质。传统节日的性质我们后面再谈，先来看看非物质文化遗产概念形成的历史、非物质文化遗产的官方定义，以及联合国教科文组织在非物质文化遗产保护方面的具体实践等。

"非物质文化遗产"是近年的热门词汇。非物质文化遗产保护是新世纪以来联合国机构工作的重点之一，它是世界遗产保护工作的重要扩展。世界上一些国家很早就开始了非物质文化遗产的保护工作，如日本1950年就颁布了《文化财保护法》，其中就有"无形文化财"（包括演剧、音乐、工艺技术等）、民俗文化财（包括有关衣食住行、生产、信仰、年中节庆等风俗习惯、民俗艺能的无形民俗文化遗产和表现上述习惯与艺能的衣服、器具、房屋等物件的有形民俗文化遗产）等内容。受到日本对无形文化遗产的保护和实践影响，韩国在1961年颁布了无形文化财保护法，以后逐渐得到菲律宾、泰国、美国和法国的响应。法国在文化遗产保护方面成就突出。1972年联合国教科文组织通过了保护世界文化遗产与自然遗产的《世界遗产公约》。在讨论世界自然与文化遗产名录的过程中，人们对无形文化遗产也给予了相应的关注。1989年在巴黎召开的联合国教科文组织第25届大会上，通过了《保护民间创作的建议案》，这里的民间创作也可表述为传统的民间文化。[1]

1998年联合国教科文组织执委会在第155次会议上通过了《人类口头和非物质遗产代表作宣言实施规则》，号召各国政府、非政府组织和地方社区采取行动对那些被认为是民间集体的保管和记忆的口头及非物质遗产进行鉴别、保护和利用。对于人类口头和非物质遗产有一个定义，并明确指出它出自《保护民间创作建议案》，定义如下："指来自某一文化社区的全部创作，这些创作以传统

---

① 杜晓帆：《文化多样性与人类口头及无形文化遗产的保护和传承》，2003 年 7 月乌鲁木齐"非物质文化遗产保护传承与开发利用"学术研讨会会议论文。——编者注

为依据、由某一群体或一些个体所表达并被认为是符合社区期望的作为其文化和社会特性的表达形式,准则和价值通过模仿或其他方式口头相传。它的形式包括:语言、口头文学、音乐、舞蹈、游戏、竞技、神话、礼仪、风俗习惯、手工艺、建筑及其他艺术。"在这一定义中强调特定文化空间,强调这一空间内自发传承的生活知识、艺能与技能,以及社区共享的文化传统。

2001年5月18日联合国教科文组织公布了首批人类口头和非物质遗产代表作,保护人类非物质文化遗产工作进入实质性阶段。

2003年10月联合国教科文组织第32届大会通过了《保护非物质文化遗产公约》(*Convention for the Safeguarding of the Intangible Cultural Heritage*),对非物质文化遗产重新定义,这一定义与1998年的定义相比在非物质文化遗产的界定上更为明确:"各社区、群体,有时为个人视为其文化遗产的各种实践、呈现、表达、知识和技能,以及与之相关的工具、实物、手工制品和文化空间。各社区、群体为适应他们所处的环境,为应对他们与自然和历史的互动,不断地被创造,使这种代代相传的非物质文化遗产得到创新,同时也为他们自己提供了一种认同感和历史感,由此促进了文化多样性和人类的创造力"。[①]《公约》还就非物质遗产涉及的范围作了具体的界定,非物质文化遗产有以下五个方面的内容:(1)口头传统,包括作为无形文化遗产媒介的语言;(2)表演艺术;(3)社会实践、仪式礼仪、节日庆典;(4)有关自然界和宇宙的知识和实践;(5)传统的手工艺技能。进而确定非物质文化遗产的"保护"是指采取措施,确保非物质文化遗产的传承的生命力量。如果用简要的语言表述的话,"非物质文化遗产"是指特定空间、群体传承的知识、信仰、情感、艺术、技术及其外部表现形式。

---

① 联合国教科文组织官方网站刊发《公约》关于非物质文化遗产的英文原文为: The "intangible cultural heritage" means the practices, representations, expressions, knowledge, skills – as well as the instruments, objects, artefacts and cultural spaces associated therewith – that communities, groups and, in some cases, individuals recognize as part of their cultural heritage. This intangible cultural heritage, transmitted from generation to generation, is constantly recreated by communities and groups in response to their environment, their interaction with nature and their history, and provides them with a sense of identity and continuity, thus promoting respect for cultural diversity and human creativity. ——编者注

在非物质文化遗产保护公约中，节日庆典得到前所未有的重视，以前的宣言、条例中都没有明确节日庆典在非物质文化遗产中的位置。首批19项人类非物质遗产名录中玻利维亚奥鲁罗狂欢节（2001）已经名列其中；第二批人类"非遗"名录中新增四项节庆遗产，它们分别是哥伦比亚的巴兰基亚狂欢节、墨西哥土著亡灵节、比利时狂欢节以及立陶宛波罗的海歌舞庆典（2003）；第三批人类"非遗"名录中又增加了四项节庆遗产，分别是摩洛哥坦坦地区木赛姆牧民大会，比利时、法国的巨人和巨龙游行，西班牙的帕特姆流行节日以及韩国的江陵端午祭等（2005）。在三批人类"非遗"名录中，我们看到传统节庆占有相当的比重。从世界范围非物质文化遗产保护的理论与实践看，传统节庆不仅属于非物质文化遗产，而且是其中重要组成部分。

中国自然也不例外，而且还有出色表现。2004年8月十届全国人大常委会第十一次会议批准了联合国教科文组织《保护非物质文化遗产公约》，标志着中国在保护非物质文化遗产的进程中迈出了重要一步。中国传统节庆的保护自然也就纳入了非物质文化遗产保护工作之中，2006、2008年政府相继公布的两批国家级非物质文化遗产名录中，春节、清明、端午、中秋、重阳等传统节日已经是榜上有名。2008年部分传统节日成为法定假日就是落实非物质文化遗产保护政策的重要体现。

廖：从世界非物质文化遗产保护的理论与实践中，我们知道传统节日在其中占有重要位置，但传统节日何以受到世人的重视，还得请你以中国传统节日为例，谈谈传统节日的概念、性质、内涵、节日传统要素及在当代的文化功能意义。

萧：传统节日是人们在长期的历史社会生活中逐渐形成的划分日常生活时间段的特定人文符记。但这种时间段落的划分，又不仅仅是由人们的主观的时间观念，或者如胡塞尔所说的由"内在时间意识"来决定。它是自然时间（季节时间）过程与人文时间意识的有机结合。岁时节日是人们认识、处理自然时间过程与人事活动协调的时机。岁时节日随着历史社会的阶段变化，不断地调整着自己的文化主题，在早期社会它主要表现为人对自然的时间顺应，以及对神灵的祭祀，此时人们对自然的认识是戴着神秘的眼镜的，是神化了的自然。所以人们是在顺应神灵意志的形式下顺应自然，所谓循时而动，遵循的就是神秘的天时，是自然性与宗教性的时间表达，在后来随着人们主体意识的增强，社会力量的强大，人们更强调国家与社会在生活中的影响与地位，岁时节日中的自然时间性质日渐淡漠，季节性祭献的时间仪式也逐渐世俗化为家庭或社会的聚会庆祝活动，岁时节日主要成为社会性与政治性的时间表达。

岁时节日的这种演变从人本的角度看，无疑是巨大的历史进步，是文化演进与社会生活调整的积极结果。但换一个方向思考，从自然时序的角度，考虑人们的社会生活安排，同样符合人的本性。只要我们脱去神秘的信仰意识，将天时回归到自然季节流转的本质属性上，我们就会从早期社会的时间意识上升华出适应真正人性需要的现代时间观念，从而建立一套新的时间生活体系，以服务当代人们生活的需要。在有着强大文化传统的中国，这种新的节日生活体系的建立，当然离不开传统节日民俗，它只能是在传统节日生活基础上的继承与发展。

作为非物质文化遗产的传统节日，它要在文化遗产学上确立自己的位置，首先，必须阐明其文化内涵；其次，要说明它在当代社会的文化功能与意义。只有明确了这两大方面，我们才能把传统节日是一宗重大的非物质文化遗产的评估，真正落到实处。

从上述"非物质文化遗产"的定义看，它强调了两大方面：一是特定空间的传统形式的文化活动，二是特定群体传承的文化传统。传统节日的文化内涵正符合这一概念规定。我们结合传统节日民俗活动，重点探讨中国节日传统要素。

中国传统节日是中国民俗文化的主干内容，传统节日包含物质生活、社会生活、精神生活三大层面，这三大层面又可归结为五大要素：信仰、人伦、传说、饮食、娱乐。

信仰是节日发生与传承的重要动力，节日信仰包括自然信仰与人鬼信仰两大部分。在传统社会中,节日信仰经历了重大的历史变化,它由节日形成初期的绝对支配地位演进到节日成熟期之后的逐步退隐的状态,随着节日文化的发展,节日信仰由浓郁趋向淡化,但是节日中的信仰成分仍然在节日因素中居主导地位,所不同的是后代的节日信仰形态发生变化,人们将信仰的重心转移到社会人事方面,人们更看重情感与人伦,是与世俗密切关联的生活信仰。古代年节"蜡祭百神",以自然神灵为重点,今天人们在庭院中拜祭天地、在堂屋拜祭祖先,以祖先为重。

人伦是节日社会运行秩序原则,中国传统社会是强调伦理原则的社会,节日是人伦集中体现的时机,中国传统节日充满了人伦色彩,直到今天社会,节日中的人伦因素仍然鲜明存在,虽然有所淡化。

传说是节日民俗的解释,传说因为附着在节日之上而世代流传;节日习俗因传说获得生命的活力,从而也为节日习俗的传播提供了重要的精神力量。人们不断地通过节日传说接续节日传统,使节日在历史社会中始终保持着新鲜与完整。

饮食是节日的物质象征,是人们满足口腹之欲、表达民俗信仰与情感、体现人伦的重要方式。

娱乐是节日活跃的灵魂,所有的节日都跟娱乐分不开。传统节日发展到今天,尤其要注意节日娱乐,首先让大家从感性上喜欢传统节日。很多人不是不喜欢传统节日,而是觉得传统节日太贫乏、东西太少。其实传统节日有着非常丰富的内容,只是我们没有有效地发掘它。以前我们把很多传统节日习俗当作包袱抛弃掉了,今天应该把丰富的内容还给我们的传统节日,这其间包括鞭炮。本来中国人天性就喜欢热闹,闹新年、闹元宵、闹社火,所有的民俗活动都是在热闹的气氛中度过,鞭炮是非常助兴的一个民俗物品,用北京大学陈连山博士的话说是"辞旧迎新的文化象征符号","它可以使人更加深切地体验到旧与新的区别,使生活更加富于艺术美感"。但是由于以城市生活与人身安全的理由,相当程度上禁止燃放鞭炮,我们的春节曾经较长时间是静悄悄、冷清清的。这些烘托气氛的民俗物象被抽掉之后，它对中国人感情伤害很大。万幸的是，从2006年开始去掉了完全禁止鞭炮禁令，将禁放改为限放，虽然一字之差，却体现了中国社会的重大进步。春节燃放鞭炮，是民众情感的表达，是普通百姓祈福的方式。在民间生活中传承的民俗是不能随意禁止的，否则就会对社会群体造成严重的精神损害。

传统节日作为非物质文化遗产，在当代社会具有重要的传承文明的功用。

首先，传统节日是文化传统的重要载体。我们平时生活跟传统距离比较远。日常生活中，我们是工厂、公司的职员，过着现代的刻板生活。但是我们在传统节日期间，就可以脱离日常的时间的安排，进入一个特殊的时空里面，这个时间就是民俗个体生活的时间。在这个时间里，我们看到传统在起作用，传统在这个时空里表现得十分充分。假如我们有时间在四月初一至四月十五上京西妙峰山，就可以看到妙峰山庙会里那种传统景象。所以，传统节日承载、传递着传统文化。人们利用传统节日定期进行传统的表演与传统的教育，使传统在民众生活中得到延续与加强。

其次，节日最大的特点是周期性复现。传统节日在年度时间中循环，人们可以不断地脱离日常世俗时空，回到神圣的历史时空中，直接面对自己的祖先，反复重温传统、体味传统，从中汲取新的文化力量。传统节日保持坚守并强化着传统。我们不能说传统就是过去，我们的身上有传统、有现在、也有未来，传统在过去、现在、未来都可能在我们身上有联系。而且今天在全球化时代加强文化本位、文化自信的时候，更需要传统。传统节日为我们复兴与重温传统提供了重要时间保证。

再次，传统节日给传统的创新与发展提供了重要机会。传统不是一成不变的，但变化也是在传统节日中实现的，它不断地增添新的内容。比如说庙会里有许多的民俗风情出现，但有些民俗风情并不是庙会所固有的，而是外来的东西。比如鲤鱼旗，它是2008年北京春节地坛庙会的一个标志物，但它实际上不是我们的，而是来自日本。日本端午节的时候挂鲤鱼旗，家里有几个小孩就挂几条旗。这是全球化时代中国传统节日的新变化。当然，传统节日，无论它怎么变，它的核心就是服务大众生活、服务社会，强调社会成员的联系。我们传统节日的创新，最终要服务于人民的生活需要，以人为本。人与自然的关系，人与社会的关系，人对自我的精神调节，在传统节日中有着全面的体现。

廖：传统节日是特定群体共享时间传统，在民族文化传承保护中发挥着综合多样的文化作用。由于传统节日有着久远的历史与复杂的构成，它不像手工技艺那样单纯，我们在保护传统节日方面是否有一个切入点，比如给传统节日以公假，2008年我们国家的节假日制度已经在原来春节放假的基础上增加了清明、端午、中秋等固定假期，但是不是有了假日，就可以说传统节日的保护目标已经实现了？

萧：你对传统节日的概括很好，它是我们整个民族或地方族群共享的时间传统。对于节日传统的维护与传承是一项大工程，需要全社会的共同努力。它需要社会动员，需要政府、学校、媒体、民众的多方合作才可能将节日文化传统转变为现实生活的组成部分。对于传统节日这样一个复杂的文化系统，需要有周全的保护措施。虽然我们没有上升到生死存亡的保卫程度，但也应该看到在全球化过程中，外来文化与新兴工业文化对传统时间观念的改变与冲击是我们时时感到的现实威胁。加上我们国家特有的历史经历，在近一百年来，传统节日在总体上是被当作旧的文化现象，遭到排斥与压制，由此造成传统节庆习俗失落、断裂与畸变，传统节日的复兴面临种种困难。在这一新的时代环境下，将传统节日作为国家法定假日无疑是一项复兴节日传统的重要举措，它的意义绝不仅仅在于放几天假，让大家在传统节日有娱乐休息时间（当然这很重要），而是表明政府对优秀传统文化的高度重视，是政府在新时期社会文化政策的重要转向。这一转向对于我们国家的文化传承来说，是一个重大的历史机会。但是，作为非物质文化遗产的传统节日，放假是否就解决了传承保护问题，那不一定。放假给传统节日以时间保证，这只是完成了非物质文化遗产保护的部分工作。还有更重要的工作是我们如何去用心经营、呵护我们的节日传统，并且要将传统节日视作文化资源加以有效地开发利用, 也可以视作文化资本让传统节日有文化增值与文化生产的能力, 以充分发挥它在维系传统、和谐社会、增强文化自信、显示民族文化身份方面的特别作用。所以尽管传统节日放假了, 我们要做的工作还很多。

廖: 在当前的时代环境之下, 确实应该充分重视对传统节日文化遗产的保护传承。传统节日不同于其他非物质文化遗产, 它是流动的文化财富, 对于这种流动性、群体性很强的非物质文化遗产, 我们应该思考如何实现对它的传承与创新。

萧: 在全球化的语境及多样化的文化选择面前, 传统节日要想生存发展, 并影响民族的未来, 就必须适应时代变化的需要, 主动变革创新, 必须对节日内涵与节俗形式进行合理的文化重组与再造, 以获取新的生命力量。在继承传统的基础上, 树立新的节俗标志象征, 这是传统节日存续的关键。

当代传统节日的复兴是传统发明与文化再生的过程, 这也符合非物质文化遗产继承传递的规律。在现代文明的全新环境中, 奠基于农业社会的传统节日要适应当代社会, 其内在性质与外在形式的变化及调整是必然的选择。全盘照搬昔日的节俗事象, 固守传统形式, 既不可能也无必要。我们强调节俗传统保护, 主要在于保护它的生活服务功能与文化象征意义。同时我们也有责任与义务更新节日传统。更新的节日传统大概应该具有以下三种类型:

一是服务公众生活的节日传统。传统节日是家庭为主的节日, 当代节日回归家庭依然有现实意义。但毕竟我们的社会已经是一个流动的多元社会, 家庭之外的社会关系已经是人际关系的重要内容, 对这些关系的协调自然应该在节日要素之内, 而传统节日在这方面有着明显的不足, 适当将传统节日主题由家庭向社会移动是积极的方向, 符合当代社会的要求。在现代居民社区中, 我们可以利用公共活动场所开展春节团拜活动, 元宵、中秋节都可以有集体赏月联欢的社区聚会。通过共享的节庆习俗, 增强公众的公共文化空间的意识与责任, 以孕育培植社区共享的精神传统。

二是以节庆娱乐为主的节日传统。传统节日重视神灵信仰与祭祀活动, 精神信仰是传统节日的核心。在当今时代，人们更看重自身的精神愉悦与身体的放松，定期的娱乐休闲活动是振作精神与保持社会活力的重要方式。因此节庆中娱乐因素应占据重要位置。

三是开放包容的节日传统。传统节日是体系完整、节俗鲜明的民族节日，它在传承民族文化方面有着独特的历史贡献，但在全球化时代，当地球人成为比邻而居的"村民"时，节日文化成为共享的文化，相互欣赏对方的节日文化是新世纪的公民道德。我们没有必要因为强调传统而排斥西洋节日，我们也无须因为世界各地参与春节游街活动而过分欣喜。传统节日正在成为人类文化遗产，我们传承民族节日是传承民族文化遗产，传承民族文化遗产就是在保持人类文化生态的多样性，保持文化生态多样性就是为了世界人民健全的心智生活。世界文明的未来可能趋于同质化，但不是同归于欧美文化标准，而是世界文化兼容之后的新形态。

从近年来的传统节日复兴实践中我们可以看到各大传统节日适应现实的积极变化，如清明节的网上祭祀活动，七夕节、重阳节节俗重心的移动，说明了传统节日具有积极的演化能力，新的节俗传统正在形成过程中。从节日复兴变化中我们可以看见传统节日的未来。

廖：你对中国节日传统的更新方向作了很好的概括与说明。如果从非物质文化遗产保护的角度看，如何让社会多数成员能够自觉接受这些节日传统的理念呢？尤其是对于年轻人来说，该如何传递我们民族节日文化传统？

萧：中国节日文化传统的保护确是一个大的课题，需要全社会方方面面的共同努力，最关键的是要提高人们对传统文化价值的认识，要认识到优良的传统文化是一笔重要的文化财富，我们要好好享用、保护、传承这笔财富。这种思想认识的培养需要有广泛的社会教育，因此政府、教育机构与新闻媒体，以及广大社会文化人士都有职责，都应该为其鼓与呼，并积极参与到这样的教育工作之中去，像捍卫我们的领土那样去捍卫我们民族的节日文化。有了这种思想认识后,我们就会自觉地在行动中重视它。

对于年轻人来说,有一个文化教育与养成的问题,首先要重视中小学对于传统节日文化的教育,正如2005年中宣部等部委联合通知中说:"要让广大的青少年更好地了解传统节日、认同传统节日、喜爱传统节日。"这句话讲得非常透彻。有了解才有认同,有认同才会有喜爱,就是要把理性的认识和情感的认识结合起来,这样才能去爱护传统节日,才会去享受传统节日。"要把传统节日中蕴含着中华民族的传统美德纳入学生平时日常行为习惯养成教育体系中",把传统节日中关于传统美的东西通过教育作为学生成长过程中一个养成的内容。我觉得传统节日作为非物质文化遗产的一部分,应该重视学校这一阵地,让全国性传统节日或地方性节庆题材编进教材,青年人在学习教科书中就接触到传统节日。同时根据传统节日的周期性,在传统节日到来之际,结合传统节日民俗将人们对天地自然、祖先、亲邻的特别伦理情感呈现出来,以感染年轻学生。学校也可以开设专题节日讲座,传播传统节日文化知识。事实上,我们还应该将传统节日知识向社会普及,作公民的教育与启发。本来,传统节日是老百姓自己的文化而无须教化,但是因为中国社会在近一百年间发生了很大变化,本来大家熟知的生活文化内容,变成了一个专家之学。所以,应该利用每个传统节日到来的时机做传统节日知识的普及,通过讲座等告诉大家怎么去享受这些节日,让大家了解到不仅西方节日吸引人,我们的传统节日也很有魅力,我们七夕的星空比情人节的玫瑰更自然更令人神往。

同时,我们也要对传统节日内容作适当调整与变化。传统节日主要是家庭节日,家庭是社会的一部分,当代家庭意识没有传统社会那么鲜明,但家庭仍然是人们生活的重要空间,传统节日服务于家庭的意义在中国农村与城市同等的重要。当然,在现代都市生活中,很多人离开传统家庭,他们更多地生活在社区之中,他们需要有公共的节日活动。传统节日民俗在这方面有扩张的必要,其实,传统节日中也有强调公共活动的民俗内容,只是需要我们去发掘整理与开发利用。

廖: 现在是全球化的社会, 西方许多节日也随着欧美经济文化的进入, 成为许多年轻人喜好的时尚。我们应该如何看待这些外来的新型节日?

萧: 当代中国是开放的中国, 中国土地上生活着拥有不同肤色与不同文化背景的人群, 他们选择或共享某种文化, 都有其历史依据。特别是来自欧美的外资企业, 他们的员工要过欧美的传统节日, 这些传统节日对一些年轻人来讲, 新奇、好玩有吸引力。商家为了经济利益也借机炒作, 比如圣诞节、情人节等。我觉得这些新型外来节日, 在中国有一定影响也很正常。在某种意义上, 它是对我们传统节庆的补充。说不定过了若干年, 这些外来节日逐渐变成我们节庆体系的一部分, 所以我们对外来优秀节日文化应该持宽容理解的态度。当然, 我们更应该高度重视民族传统节日的建设与传承, 我们不能在给外来节日提供方便的同时, 限制我们自己的传统节日(这一点以前是有的, 当然我们现在正在改正)。我们应该明白我们的民族的立身之本不仅仅是经济, 到了一定的阶段, 文化更是我们民族的精神, 假如放任欧美节日流行, 很可能我们也就消灭了自己的民族文化。这绝不是危言耸听。保护中国传统节日事实上也是在为人类传承共享的文化财富, 为保护世界文化的多样性做贡献。

廖: 近年来各地方借非物质文化遗产保护挖掘、整理各种地方文化资源的机会, 举办各种地方文化节会, 你对此有何评论?

萧: 近年来, 中国基层社会兴起了举办地方性节会庆典时尚, 其实这是一个全球化过程中区域民俗文化复兴的世界现象, 促成这一文化现象的原因很复杂, 但主要原因大概有两个: 一是在经济全球化过程中, 如何凸现自己的地方特色, 提高地方知名度, 从而在消费市场上获取广告效应与商业利益。即人们俗称的"文化搭台, 经济唱戏"。这应该是一些地方积极争取举办地方节会的最主要的考虑。这种创地方文化品牌, 提升地方经济实力的做法, 无可厚非。但如果仅仅是为了经济利益, 单纯追求地方政绩, 那就是对地方文化资源的滥用, 是对非物质文化遗产保护工作的干扰。二是地方社会借保护非物质文化遗产的机会, 进行地方文化传统的重建,人们对有助于建构地方文化精神、树立地方文化信心、显示地方文化地位的标志性文化资源进行深度发掘,让传统历史文化名人重回故里,让历史文化资源转变为现实的社会效益。这样的文化开发,值得我们关注、重视与肯定。当然也要防止对一些边界模糊或不符合历史事实的拉郎配的事情发生。这一点我在《非物质文化遗产核心概念阐释与地方文化传统的重建》中已有论述,这里就不展开叙述了。我觉得,地方节会的举办是地方文化复兴的重要内容之一,也是传统节庆服务当代社会的重要方式,总的方向值得肯定。当然要避免为了地方政绩的铺排浪费,以及过分突出地方文化而对整体文化与其他地方文化造成的伤害。

廖: 谢谢你。希望通过我们的访谈将传统节日与非物质文化遗产保护的意义传递给社会,让大家共同珍惜我们祖宗留下来的宝贵文化财富,让我们在传统节日中能体味到民族文化的温暖。

(原载《民族艺术》2009年第2期)

迎接神话学的范式变革

叶舒宪 廖明君

叶舒宪,上海交通大学文科资深教授、博士生导师,神话学研究院首席专家,中国社会科学院文学研究所研究员。兼任文学人类学研究会荣誉会长、中国神话学学会会长、中国民间文艺家协会副主席、中国比较文学学会副会长。

主要著作有《中国神话哲学》《比较神话学在中国》《图说中华文明发生史》《玉石神话信仰与华夏精神》《玉石之路踏查记》《诗经的文化阐释》《现代性危机与文化寻根》《四重证据法研究》等五十余部,译著有《好吃:食物与文化之谜》《萨满之声》等七部。

廖明君(以下简称"廖"): 作为《民族艺术》的编委成员,你从20世纪80年代文艺新方法大讨论中步入学坛,曾经倡导神话–原型批评和结构主义神话学的方法;90年代起和萧兵先生进入中国上古经典的文化阐释工程,提出"三重证据法"并身体力行去实践其有效性,一些观点也引发了回应和讨论。进入21世纪以来,你又提出"四重证据法",并于2008年开始在《民族艺术》开辟"神话与图像"专栏,引起多方面的关注和评议。中国学术一贯有"文史哲不分家"的传统,你这些年来在学术方法上所产生的变化,在学术脉络上应该有一定的传承吧?

叶舒宪(以下简称"叶"): 学者对自己的知识格局进行补充和更新的能力和速度,是其获得自我超越的条件。在学术观点上,大致有两种类型,可称为与时俱进型和固步自封型。未可强求一律。有学者终生为坚持自己的观点而不懈努力,也有学者变化较快,甚至让人目不暇接。马克思其实就属于后一种吧。可惜后来大多数打出马克思旗号的人转向了前一种类型。

我在20多年前翻译原型批评和结构主义时，基本上延续的是文学性的神话研究路径，也试图将哲学和认识论方面与文学打通，所以有神话哲学的探究。近十年来情况发生了改变，主要目标不在译介，而在于探讨解决中国文化特殊性的研究方法问题。涉及人类学和史学方面的思考更多一些，希望把神话从文学本位解放（或者称释放）出来，作为文化的编码和基因来看待，这样就能够成为真正打通文史哲宗教学心理学等学科樊篱的有效工具。泛泛地讲一些跨学科的大道理较容易，但是要拿出具有跨越学科性质的创新性研究成果却很不容易。一个根本原因就是没有找到足以打通多学科之间壁垒的利器。文化概念当然要算关键的一个，但是文化概念毕竟过于宽泛，还需要有能够直接上溯到文化和文明源头的超学科概念工具，神话概念恰恰就是这样的有利工具。一旦将神话从书写的文学文本的狭小范围释放出来，其潜在的跨学科能量是惊人的。举一个例子说：辽宁出土的五六千年前红山文化玉鸮，不是用图像叙事表达的史前神话观念吗？何其珍贵啊！为什么研究中国神话的人不屑一顾呢？出身牛津大学的比较宗教学家凯伦·阿姆斯特朗2005年推出《神话简史》，一上来就讲两三万年前的"旧石器时代神话"。相比之下，国人的神话研究还能老是滞留在《楚辞》和《庄子》的文本里吗？一个世纪积累下来的中国神话学研究范式面临大的突破。

廖：80年代你译介神话—原型批评和结构主义神话学以后，好像并没有继续译介后现代主义和后殖民主义的意向。最近几年却又在译介和倡导后现代神话观，如在《中国比较文学》2007年开设的"新神话主义"栏目，有《后现代神话观》《再论新神话主义》等，以及去年翻译的《叙事的神圣发生——为神话正名》（《江西社会科学》2008年第8期）等文章，能否谈谈后现代神话观"新"在何处，"后"之后会是怎样的呢？

叶：我岂好"后"耶？我不得已而已。

梁启超在第一次见到康有为之后，引发了震撼性的自我反省，似乎以往所学的知识一下子全部被否定了。梁启超的那样一种感觉，虽然未必是十分正确，但是对于学人反思自我的学术认同（包括观念、立场和方法）却是非常有效的。

现代教育制度培育出来的国人，有个习惯，喜欢看或者是听别人的介绍，不喜欢自己用心去精读原作，这样就难以融会贯通。否则不会出现有人在电视上讲过《论语》就引发书市上持久的《论语》热潮。现代传媒所造成的愚民效果，对于大多数对传媒副作用根本没有警觉，也就没有抵抗力或免疫力的人来说，前景堪忧。在中国引进西方的学术思潮、流派和方法时，"后学"的情况也是这样。几乎少数"学术洋头办"就足以包办了。其实当年的译介者多从文学艺术角度立论，并没有将后现代思想大潮的精义传达过来。大多数人以为后现代是赶时髦，中国人还没有实现"现代"，哪里需要什么后现代呢？如果不听别人介绍和炒作，自己读原著，其所带来的学术进步有时确实像梁启超所形容的那样，是立竿见影的。不信就找来利奥塔的几万字小册子《后现代状况》读一下。

后殖民、后现代和后结构，这些在"学术买办"们的推介中被弄得名声不大好的新理论，原来具有如此重要的"知识范式革命"意义，以及"理论旅行"的意义。在福柯、萨伊德等人之后，的确不能再像以前那样看待知识和学术的问题了。我们七七届是在1978年春进入大学的，说来也巧，那既是我们中国大陆改革开放之年，也是国际上后殖民理论的里程碑《东方学》问世的一年。历史就这样和我们开玩笑啊：我们入校时发的教科书还是"工农兵学员"即"文革"时代遗留下来的，那时当然无缘了解什么"后学"理论。同样道理，在艾利亚德、卡西尔、罗兰·巴特和列维–斯特劳斯、杜梅齐尔之后，是否还能完全按照茅盾、谢六逸、袁珂所划定的文学范围去看待神话呢？除非把现代性所建构出的文学专业看成像神授的圣经那样界限森严而不可冒犯、不可逾越，否则就无法限制今人在文学范围之外去重新看待和理解神话。就拿艾利亚德代表作《永恒回归的神话》来说吧，这应该是20世纪最具影响力的神话学名著之一。我们习惯于从民间文学的一种体裁来理解"神话"，可是该书讲的神话涵盖着整个文化史和思想史。1945年写作时法文题为《宇宙与历史》，后改为《原型与反复》，1949年出版时改为《永恒回归的神话》。弗莱的原型批评理论就深受艾利亚德的启发，不过他还只在文学范围谈原型，局限性明显；而且他对西方以外涉猎不多。艾利亚德就大不一样了，率先走向知识全球化的大视野。他给学界带来巨大振动：不懂神话，免谈历史，也免谈思想。艾利亚德在《萨满教》大著中用萨满魂游的眼光解说屈原《楚辞》，启发了从张光直到藤野岩友等几代学者；他的弟子吉拉道特则写出《早期道家神话与意义》。可惜国内学人限于文学的神话观，对这些开拓要么根本不知道，要么视而不见，还是按照义理辞章的老套路去对待道家和儒家思想的探讨。（补记：《萨满之声》这部名著的中译本在2019年作为"神话学文库"之一种由陕西师范大学出版社出版，书中有全球各地36位萨满的治疗术自述，与艾利亚德巨著《萨满教》的理论建构恰好形成相辅相成的对照。）

廖：单从西方文学史的情况看，对神话概念的理解就是几经起落并且争议很大的。在基督教神学统治下的中世纪是排斥神话的。文艺复兴使得异教的希腊罗马神话重新走上前台。而在18至19世纪的西欧，是高举幻想大旗的浪漫主义诗人和作家们推崇神话，并且成功扭转了神话的负面形象。作为一门学科的神话学正是在此学术背景中孕育出来的。最初的一批神话学家基本上是属于语言文学专业的，如麦克斯·缪勒是比较语言学家，格林兄弟和施雷格尔等是民间文学家。到了20世纪由于人类学和比较宗教学等新兴学科的大发展，神话学的格局也就相应拓展开来。由于茅盾和袁珂等中国神话学开路人基本上承袭的是19世纪以来的文学本位的神话研究路径，1949年后的学术封闭使得国内学人对卡西尔、列维-斯特劳斯一线的20世纪大神话学进展不甚了解，更不用说大量的迄今尚未介绍到中国来的神话研究成果了。这方面的补课性质的工作需要有人来做。

叶：国际上的神话学研究日新月异，发展的速度和规模都是惊人的。十三年前，英国神话学家西格尔编出一套总结性的文丛——六大卷本《神话理论》，其中的文学批评方面只占一卷，也就是六分之一吧。人类学、心理学等方面研究占据六分之五。[1]换言之，当今的神话研究动向，可以由此六卷书获得大概的了

---

[1] Robert A. Segal. *Theories of Myth.* （6Vols）vol.1.*Psychology and Myth.* New York : Garland Pub., 1996. vol.2. *Anthropology, Folklore, and Myth.* New York : Garland Pub., 1996.——编者注

解，文学方面的神话研究虽然也在继续和发展，但是其比例已经不到20%。出于这种国内外差距的考虑，我正在组织新的规模性的译介工作——"神话学文库"；同时也指导研究生写出了《20世纪希腊神话研究史论》，其论述范围是从一个世纪以来研究希腊神话的一百多部西文专著中筛选出几十部重点介绍。希望能够对郑振铎和周作人以来，我国翻译介绍希腊神话及研究的滞后状况做出一些弥补吧。不过，翻译和介绍的工作很辛苦，涉及希腊文、拉丁文等多种高深文字难点，在当今体制下还往往不算学术成果。以公费出版那些拼凑起来的东西反倒算成果。尽管如此，要想改变学术大滑坡的可悲现状，费力不讨好的译介工作还得勉力做下去吧。

廖：希望这样的规模性引进工作早日见成效。在21世纪推进中国的神话学研究，需要特别关注的问题为何？哪些方面可以作为学术的生长点呢？

叶：这里只能介绍个人的看法，预测和展望是不容易做好的。当年黑格尔和马克思等都不看好神话的未来。结果呢，当今的文学、电影、动漫、网游全部热情拥抱神话。据近年的研究进展情况看，那种将神话局限在某一个别学科来研究的格局正在被突破。现在有理由说：神话，一不光是文学，二不只是艺术，三不只是宗教，四不只是原始哲学，五不只是幻想……换一种说法：神话是文、史、哲、艺术、宗教、心理、政治、教育、法律等的共同根源。今天围绕着以上多种对象分门别类地建构出来各个学科，如文学（文艺学）、历史学、哲学、思想史、宗教学和宗教史学、心理学等，无一不涉及神话。尤其是在上溯其研究对象的初始阶段时，就必然进入神话叙事的领域。原先的学人只是在探究文学的原型时才看到神话生成性的作用；现在呢，对神话的生成性认识扩展到整个文化方面，所以可以比喻为"文化的基因"或"文化的原型编码"。[①]

从西方现代的精神危机意义上讲，坎贝尔等将危机的根源追溯到现代性对

---

① Jarich G. Oosten. *The War of the Gods :the Social Codes in Indo-European Mythology*. London: Routldge, 1985.——编者注

神话的抛弃和遗忘,他还称神话为"我们赖以生存的东西"①;阿姆斯特朗则强调用纯世俗的眼光就根本难以进入神话的世界。随着新时代运动、新萨满主义的广泛流传,以复归神话的神圣境界为号召,以此来拯救被物欲横流的现代商业社会所放逐的人类精神性(spirituality),正在形成全球性的文化大潮。这方面的情况,对于还在盲目追赶现代化之梦的我国知识界,是相当陌生的,需要及时补课才好。从新萨满主义的代表作家卡斯塔尼达的系列小说,到当今人类学和人文学科重新树立起美洲印第安文化的神话思维和精神性,都可作为现代人学习效法的新榜样。可先参看20世纪90年代美国杜克大学英语系主任托格尼维克的《原始的激情》②一书,以及英国学者图柯尔诠释20世纪西方艺术与文化中萨满教精神复兴的巨著③,回过头来再读宾夕法尼亚州立大学历史学杰出教授杰金斯近年推出的《寻梦者:美国主流文化如何发现原住民的精神性》④,对照之下,就会发现自己所理解的神话观,相差有多远的距离。

从学术研究的拓展看,需要及时借鉴的新动向,在于神话学主动打通其他学科的突破性成果。如"神话历史""神话考古""神话图像学""神话生物学研究"等。其认识论意义上的关键改变就是人文学者如何学会"通过神话去思考"的问题。⑤

廖: 这几个方面国内所知不多,不妨再展开谈谈。

叶: 就拿"神话历史"(mythistory)来说,我和我的研究生们正在读的一部书书名就是"神话历史"。保守的史学界人士看到这样的题目,要么嗤之以鼻,

---

① Joseph Campbell. *Myths to Live By.* The Viking Press, 1972.——编者注

② Marianna Torgovnick. *Primitive Passions.* New York: Alfred Knopf, 1997.——编者注

③ Michael Tucker. *Dreaming with Open Eyes: Shamanismin 20 Century Artand Culture.London: Aquarian.*1992.——编者注

④ Philip Jenkins. *Dream Catchers How Mainstream America Discovered Native Spirituality.* Oxford University Press, 2004.——编者注

⑤ Kevin Schilbrack. *Thinking Through Myth.* London and New York: Routledge, 2002.——编者注

296　文化探究:跨学科视域中的多元对话

要么会发出"有没有搞错"的疑问。其实回顾近二十年来史学界的大变化，这样打通神话与历史的界限，绝不是个别人的别出心裁，而是新史学超越旧史学范式的一种发展潮流。晚近的史学家们把通常认为是虚构的"神话"和求实的"历史"概念组合为一体，造出一个新词"神话历史"，不是要讲什么"神话的历史"（袁珂先生有《中国神话史》，即指中国神话的历史），而是要讲历史本身的神话性质，亦即历史和神话的不可分割性和一脉相承性。应该说，"神话历史"概念的出现，标志着启蒙以来的科学性历史观的终结和新的人文性历史观的再生。历史研究可以不再遵循以客观性为目标社会科学的路径，不是因为那个目标不好，而是因为过于理想化，在实际研究中太不现实。与其追求一种达不到的飘渺的目标，不如将有限的精力放在力所能及的范围里：探究历史脱胎于神话，想超越神话但又始终无法超越的实际状况。这种情况正像人类学从早年的目标"人的科学"（the Science of Man）转向了晚近的"文化的阐释"（the Interpretation of Culture）一样！

廖：人类学关于"写文化"的大讨论给整个人文社会科学研究带来一大疑问：问题不在于写得真还是不真，而在于谁在书写？历史也一样：对史事真实与否的判断，是因书写人或叙述人而变化的，并不存在绝对标准。

叶：相对而言，掌握着历史书写特权的，当然是社会权力阶层和战争的获胜一方。败的一方也许被灭掉了，何谈书写历史呢？所以后人看到的大多是战胜者登基时给自己脸上贴金的"历史"。就拿一个三星堆遗址来说吧：两米六高的青铜大立人像，举世罕见，以青铜文明著称的中原文明也没有。这是何等辉煌的古国文明？你去查文字记录的二十五史，居然连一个字也没有提到它。从"格物致知"的意义上看，当你面对两米六高的新出土青铜人像，应该说再真实不过了。这是什么民族建立的古国，传承了多少年，又是怎样神秘地消失在巴蜀大地的？以司马迁读万卷书行万里路的大气魄，在他的时代已经无人能够企及了。他的《史记》中有第一百一十六卷《西南夷列传》，远及云南的夜郎和滇国史事；

他能知道比三星堆早两千年的黄帝事迹传闻，怎么就压根不知道四川盆地有个三星堆古文明呢？也许正是历史的客观性假象被"书写"问题的反思所揭破，追求绝对真实的历史研究者才恍然大悟，他们部分地转向"历史叙事""历史修辞""俗民社会史""物的历史""图像证史"等新的目标。这也是将神话学视野融入史学视野的现实契机。基于对"神话历史"的初步讨论，我们在《百色学院学报》2009年第1期开设了"中国的神话历史"专栏。

如果说八十年前的"古史辨"派学人，本着科学实证的历史学宗旨，要把一部中国上古史还原为神话或者"伪史"；那么，从今日神话学大发展的学术背景看，完全可以期待一场"神话辨"派的反向运动：从神话传说中诠释出一部失落的古史线索，或者是众多的边缘性叙事的复数的"古史"线索。

廖：这样看来，神话学观念拓展是有非常诱人的目标前景。请你给出具体一些的示例来做进一步明确的说明。

叶：那就试着提示三方面的实例吧。第一方面是古希腊的神话历史，第二方面是日本史的，第三方面回到我们中国的例子。

古希腊的神话历史关系到西方文明史的发源，历来是西方各国人文学的重镇。近几十年的研究突破大致有两种路径：一是考古学与神话学结合，二是人类学、比较宗教学与神话学的结合。后者的代表可以举出德国学者瓦尔特·伯克特的系列著作[1]。前者的代表著作是尼尔森的《希腊神话的迈锡尼起源》[2]一书。该书开篇第一章题为"希腊神话有多古老？"，从文学中的神话讲起，引申到

---

[1] Walter Burkert. *Homo Necans: The Anthropology of Ancient Greek Sacrificial Ritual and Myth*. Berkeley: University of California Press, 1983.

Walter Burkert.*Babylon, Memphis, Persepolis: Eastern Contexts of Greek Culture*. Cambridge, Mass.: Harvard University Press, 2004.

Walter Burkert. *Creation of the Sacred: Tracks of Biology in Early Religions*. Cambridge, Mass.: Harvard University Press, 1996.——编者注

[2] Martin P. Nilsson. *The Mycenaean Origin of Greek Mythology*. University of California Press, 1972.——编者注

近代的历史语言学倾向的"比较神话学"以及历来的"神话历史化"问题争论。由此带出的还有神话–历史学派、神话与史诗、荷马问题等,这些都是过去在文献资料的范围内纠缠不清的一系列疑难和焦点。然后介绍新兴的考古学材料与史学材料的相互发明印证,由作为文学的古希腊史诗的溯源求本,进入探索古希腊文明的迈锡尼源头领域,根据新的发掘出土的神庙及实物,来给希腊神话想象与崇拜的最初场景,重新描绘出一幅逐渐清晰起来的蓝图,称之为"迈锡尼艺术品中的神话"。这实际上是将考古学、艺术史、物质文化研究、历史学和比较神话学融为一体的研究,具有十足的范式创新意义。像过去希腊神话和史诗中耳熟能详的一些形象,珀耳修斯、达那厄、阿特柔斯、阿伽门农、阿耳戈斯、普洛提得斯姊妹、达那伊得斯姊妹等,被重新还原到史前的"迈锡尼诸城邦"的背景中加以辨识,注重分析一些人物当初得到崇拜的神性背景,如希腊联军的统师者就被视为"具有神性阿伽门农"。关注不同地域文化与族群的复杂关系,如神话中的小亚细亚、伊奥利亚、特洛伊联盟的性质,谁是利西亚人与西里西亚人,谁是小亚细亚的希腊人,等等。由此可见,为什么可以说尼尔森的希腊神话探源研究具有神话学史上的里程碑意义。从这部书足以看出,地下出土的实物新材料对于重新解读古代神话传说,起到了怎样的杠杆性作用。在这方面,影响力更加广泛的人物当属已故美国考古学家金芭塔丝。她的较早代表著作是《女神的语言》,其最后著作《活着的女神》[1]标志着神话考古学所达到的足以傲视前人的学术高度。特别是在女神男神关系及其远古演化脉络方面的探究。金芭塔丝根据她多年从事欧洲考古发掘和研究的经验,寻觅出在男性中心的书写文明遮蔽下失落的文化线索,将希腊神话和荷马史诗以来的西方文化的发源,看成是史前期崇拜女神的文化——又称"古欧洲文化"(Old European Culture)被后来的父权制男神崇拜文化——"印欧文化"所征服和同化的产物。透过这种不同文化源流的梳理,重新认识西方宗教和神话的构成要素,包括史前母系社会的

---

[1] 金芭塔丝:《活着的女神》,叶舒宪等译,广西师范大学出版社,2008。——编者注

女神宗教在克里特、希腊、伊特鲁里亚、巴斯克、凯尔特、日耳曼、波罗的海诸文化的后世宗教、神话与民俗中的遗留形态和表现方式。这样进入历史纵深的穿透性视野，是建立在大量翔实的考古发掘材料的系统分析之上的，尤其是她对在文字出现以前的图像符号、几何符号同女神宗教的象征传统之关系的研究，既具有"超长时段"（相对于新史学的"长时段"而言）的宏观俯视力度（一至两万年），又具有具体神话意象的微观解剖式分析（如代表女神的常见八种动物象征）。尽管金芭塔丝的女神文明理论对女性主义者回溯历史具有极大的牵引作用，也因此而引发业内人士的反弹与争议，也还是较为充分地代表着20世纪神话学研究的创新范式与理论透视深度。

20世纪中期以来，随着考古学发现的迅速累积，对古代文化的认识发生了巨大的变革。在历史叙事的起源与文明起源等重要领域中，出现了神话学与考古学相互接合的现象，非常引人注目。除了《希腊神话的迈锡尼起源》和《活着的女神》，还可以参考具有"知识考古学"性质的研究成果：如跨文化比较视野的神话传播史研究，有彭加勒斯的《希腊神话与美索不达米亚》[1]（中译本即将问世）；思想史和观念史视野的研究，有理查德·奥尼安斯的《欧洲思想的起源——关于身体、心灵、灵魂、世界、时间和命运》[2]；此外如需要了解西方考古学新成就与心理分析视角如何结合，还可参看乔治·弗兰克《心灵考古》[3]等书。

日本方面的神话历史研究，有80年代以来的吉田敦彦《神话的考古学》《绳文土偶的神话学》，以及最新的安田喜宪主编的《龙的文明史》[4]等。这里仅举出文学专业出身的三浦佑之教授《神话与历史叙述》一书为例，这部书体现着

---

[1] Charles Penglase. *Greek Myths and Mesopotamia*. London and New York: Routledge, 1994.——编者注

[2] Richard Broxton Onians. *The Origins of European Thought about the Body, the Mind, the Soul, the World, Time and Fate*. Cambridge at the University Press, 1951.——编者注

[3] 乔治·弗兰克：《心灵考古》，褚振飞译，国际文化出版公司，2006。——编者注

[4] 安田喜宪主编《龙的文明史》，八坂书房，2006。——编者注

神话学与历史学的学科互动与再生。如书中分析"记纪"所记载的梦故事（说话）：崇神天皇（公元前97年即位）时遭遇瘟疫，他在神床上进入梦境，得到大物主神的传授，用祭祀主神的方式克服了危机。三浦认为天皇充当萨满的职能，是掌握通神之梦的神职人员。对日本天皇制起源于祭司王（priest king）提出知识考古学的证明①。众所周知，在日本，国家创建的历史，起源于"天皇家的历史"。对日本史古层的发掘，神话学和考古学给出同样重要的再认识线索。在崇神朝以前的系谱中，看到集中表现氏族之祖的女性即母系方面的倾向。而在7世纪后半叶，史书写定之前夕，则出现明显的父系家长制的主张和倾向。三浦佑之还指出，史书记载了日本第十四代天皇仲哀天皇对神明的怀疑，这种怀疑直接导致他的死亡。对神圣秩序的破坏带来国家的混乱状态。仲哀天皇的妃子息长足姬是具有通神和降神能力的女神官，她在天皇死后尊神意而讨伐新罗，乃是恢复神圣秩序的举措。史书关于仲哀之子的叙事，是息长足姬所怀的神之子诞生物语。息长足姬对其敌对者忍熊王等的讨伐性的东征，则带有祓禊性质。因为混乱平息本身也是结束混沌与污染状态、恢复秩序和洁净的象征。历史叙事和神话叙事所遵循的共同原型是仪式叙事：混沌与秩序的周期性循环。

廖：对仪式和神话关联体的深入探讨，是20世纪人类学的重要进展。现在看来这一发现已经应用到历史叙事研究中，带来多学科互动的效果。仪式与历史的关联得到重视，这对于大部分只有神话而没有成文历史的民族来说，也是极富有学术意义的。21世纪将出现历史学家和社会科学家更多转向神话研究的情况，这也是很自然的。在此可以看到神话观念的新界说与人文研究的范式变革意义吧。

叶：是的，就是神话学打通文、史、哲、宗教与思想研究的津梁和纽带意义。正因为有神话观念的这种变革，我们才不再像80年代那样单纯强调文学意义上

---

① 三浦佑之：《神话与历史叙述》，若草书房，1998，第188—189页。——编者注

的原型，而是在弗莱、茅盾和袁珂的神话研究范式之外去探讨文化的原型；或者说到文字表现的原型之外去寻求图像表现的原型，以及作为实物的原型。通过补充有关图像叙事和物的叙事的新知识，来重新判断乃至纠正文本叙事的局限性。最后举出中国方面的例子来说吧。

弗莱从原型批评视角对西方文学史整体把握和对批评理论的科学建构，成为过去的20世纪重要的学术遗产。但是单凭文学原型的视野还不足以带来神话学打通文史哲的功效。必须借助于考古学给出的神话图像与实物，摸索到探寻文化基因之原型的有效途径。《民族艺术》2008年以来的"神话与图像"栏目，就为此目的而设。这里再举一例来说：汉语文学关于鸱鸮即猫头鹰的建构，是一种"恶鸟"和"不孝鸟"的负面形象。看钱锺书《管锥编》对贾谊《鹏鸟赋》的评述，即可知矣。这样的文字解读是有误读嫌疑的，也不能帮助解读新发现的鸱鸮形象。如甘肃礼县秦先公大墓群的重要发现之一，是秦国早期的大墓中的神话动物形象，标示出秦文化源流的重要信息，是连司马迁也未能看到的，其珍贵程度可想而知。有一种贴于外棺四壁的金制鸱鸮，被盗墓者在国际的文物市场出售，后辗转被法国巴黎著名的集美博物馆收藏展出，这才引起国内相关专家的注意。据《史记·秦本纪》记载，嬴政的先祖大业是颛顼之苗裔孙名叫女脩的吞玄鸟卵所生。这和"玄鸟生商"的神话显然属于同类鸟图腾感生母题。争议较纷繁的是对"玄鸟"的理解。过去"燕子说"似乎占据上风，近年来则有"鸱鸮"即"猫头鹰说"抬头。在"燕子说"和"鸱鸮说"相持不下的情况下，秦国祖先墓葬出土器物的分量就可想而知了。秦人传承着鸟生人神话，为什么会制造出这样的猛禽鸱鸮形象呢？出土的器物本身没有解释，应该也属于早已经失传了的文化。在汉语文学中，从《诗经·鸱鸮》篇开始，对猫头鹰有一个很不利的污名化的过程，唯有在边远地区的原住民族神话中，鸱鸮才保留着初始的神圣面貌。比较神话学的知识在此大有用武之地。日本的原住民阿伊努人就崇拜鸱鸮为图腾。在阿伊努的寨门上就高挂着木雕鸱鸮神像。台湾的原住民邵人奉猫头鹰为圣物，为部落守护神。该族的一个神话叙事讲猫头鹰是一位怀孕的少女所化。每当妇女怀孕，就有猫头鹰降落其屋发出鸣叫，提醒注意身体和保护新生命。这样的神话把猫头鹰表现为生命新生或再生之神的象征。用在秦先公大墓中木棺四周的一组金质猫头鹰形象，是否能够得到解释呢？只有联系三千年前的殷墟妇好墓出土铜鸮尊、石鸮、玉鸮，四千年前齐家文化出土的鸮面罐系列，五千年前红山文化的玉鸮，以及六千年前仰韶文化出土的陶鸮面，一个比秦人的历史长一两倍的鸱鸮神圣崇拜的传统才隐约地浮出水面。这就是四重证据给当今的文史研究提示的宝贵线索。在有限的文字材料之外去思考神话和历史，应是未来的一大学术景观吧。

廖：《民族艺术》近年来注意刊发艺术人类学和宗教图像方面的研究成果，和"神话与图像"的新栏目成为一种互动和互补的研究态势，非常感谢各位的探索和支持。希望能够有进一步的讨论、争鸣，特别是在现有各学科视角整合创新的意义上。例如，艺术史方面图像学研究和新史学方面的"图像证史"研究，相互沟通的空间可观。能否把艺术作品作为可诠释的图像文本，像解读诗歌小说那样加以"解读"呢？这是牵涉到美学的形式主义、图像学和艺术史的共同问题。在单一学科内部看和打通来看，结果很不一样。新艺术史中的符号学思路与传统的图像学研究路径，就存在天然的方法论联系。实际上，人类学的"文化文本"概念足以打通以往相互隔绝的学科关系。像文学文本、艺术文本、历史文本等，统统可以视为文化文本的某种形态，处于同样有待于诠释和解读的召唤状态。如美国艺术批评家克劳斯（Rosalind Krauss）的新形式主义理论就突出强调这种内在的联系：她反对依据艺术家生平行事解释其作品的做法，倡导后结构主义符号学和心理分析视角，将符号学的解读分析看成艺术史学科更新换代的驱动力。克劳斯的观点显示了超越既有学科本位观点的大趋势。

叶：窃以为，突破学科本位主义束缚的最好办法，是不要偏食本学科、本专业的著述；而是同时阅读围绕相似主题的多学科名著。以图像叙事和物的叙事问题而言，如将人类学家张光直的《美术、神话与祭祀》，考古学家伊恩·霍德、司格特·哈特森的《阅读过去》①，艺术史家贡布里希的《理想与偶像：价值在历史和艺术中的地位》②和新史学家彼得·伯克的《图像证史》③等书对照起来读，其所获得的启发性认识绝非某一学科所能够企及。

（原载《民族艺术》2009年第3期）

---

① 伊恩·霍德、司格特·哈特森：《阅读过去》，徐坚译，岳麓书社，2005。——编者注
② 贡布里希：《理想与偶像：价值在历史和艺术中的地位》，范景中等译，上海人民美术出版社，1989。——编者注
③ 彼得·伯克：《图像证史》，杨豫译，北京大学出版社，2008。——编者注

世博会与都市文化

刘士林　廖明君

刘士林，上海交通大学城市科学研究院院长、教授、博士生导师。兼任国务院发展研究中心东方文化与城市研究所学术委员会委员、国家教育国际化试验区指导委员会委员、中国商业史学会中国大运河专业委员会主任委员、光明日报城乡调查研究中心副主任、浙江省城市治理研究中心首席专家等。

主持国家社会科学基金重大项目"大运河文化建设研究"等。著有《中国诗性文化》《苦难美学》《都市文化原理》《城市中国之道》等。

廖明君（以下简称"廖"）：万众瞩目的2010中国上海世博会正在如火如荼地进行中，第一周世博会的参观人数就超过100万，开园首月累计游客超过800万。如此前的很多预期一样，世博会在全球范围内迅速催生了一股势头强劲的交流热潮和文化狂欢，不仅直接冲淡了后金融危机时代的层层阴霾与愁苦，同时也遮蔽了最近一段时间不断发生的各种自然灾害、政治动荡和经济冲突，如中国南方的暴雨成灾、希腊的财政危机和泰国的政治危机等，使人们充分感受到生活中希望、光明和欢乐的另一面，请问你是如何看待这一点的。

刘士林（以下简称"刘"）：在世博盛会期间我们进行这样的对话，我觉得是有特殊意义和特别高兴的。的确，世博会的举办，给在政治、经济、种族、社会甚至环境与资源等方面矛盾不断升级的人类带来了全新的经验和感受，这些经验与感受十分宝贵与及时，有效地稀释了人们内心的焦虑，转移或缓解了现实中的矛盾、冲突，展示了经济全球化进程中的美好、光明和激情，这对于我们这个联系越来越密切但又冲突与矛盾不断的世界，当然可以起到很好的润滑和调节作用。在这个意义上说，本届世博会可以使人想到远古时代的狂欢节，把文化特有的调节与修复功能在当下表现得淋漓尽致。一方面，它修复着不断激化甚至濒于崩溃的全球或区域的政治、经济矛盾，减轻了它们激烈的程度或冲突的性质，产生了一般的外交与文化交流无法比拟的效果。同时，又以文化特有的审美功能为焦虑的大众编织了一个美丽和欢快的梦境，使被折腾来折腾去的人们可以暂时抛开现实的痛苦与烦恼。这种审美慰藉同样具有很大的现实需要，所以世博会早在开始之前，就入选了俄罗斯2010年最值得期待十大事件。由于这些深层的原因，我们看到，文化已成为上海世博会最突出的标志，而不是各种新的技术、发明或商品。只要随便看看有关世博会的报道，可以说都不难印证这一点。

廖：据我的了解，始于1851年的世博会，原本叫"万国工业产品大博览会"，背景是工业。当时工业最发达的英国创办这个博览会，主要目的也是推销工业技术和促进商品贸易，因而充满了功利性和商业动机，根本没有文化的位置，所以，我想问的是，世博会是怎么与文化结缘的？

刘：这其中的主要原因，可以归结为文化本身不仅无处不在，同时也反映着人类最根本的需要。特别是在经济和城市生活繁荣的时代，这种文化的需要会变得更强烈。即使在首届世博会上，当时全心推销技术与产品的英国人，到了闭幕式前夕也醒悟了过来，作为弥补，他们在闭幕式上特地安排了音乐演出。尽管这在后来一直被诟病为"英国人没文化"，但实际上也可说，早在"万国工业产品大博览会"上，就已出现了世博文化的胎息。到了1855年的第二届世博会，情况发生了很大的变化。与相对比较刻板的英国人不同，原本只是作为资本扩张载体的"万国工业产品大博览会"，到了充满激情、以罗曼蒂克著称的法国人手里，迅速完成了"从功利到超功利""从实用到审美"的飞跃。不仅巴黎会展的主题已丰富为"农业、工业和艺术"，同时，艺术在会展中也安排得相当丰富。巴黎世博会专门设立了美术品展览馆，展出的绘画与雕刻作品接近5000件，同时还举办了首届世界摄影展。此外，在为世博会建造的"工业宫"四周，巴黎人每隔十步就设置了一个小剧院。越往后来，世博会的文化与艺术氛围就越浓厚。如1970年的大阪世博会，口号是"世界文化的盛大节日"。从这个口号可以了解到，世博会的商业色彩已经相当淡化。还有一点值得谈论的是，正是这次世博会，直接导致了电子先锋音乐在全球的流行。

廖：我最近专门查了一个资料，发现中国与世博会的亲密接触，主要是在改革开放以来的新时期，具体是1982年，中华人民共和国首次参加世博会，与国际展览局建立联系；1993年，中国被国际展览局接纳为第46个成员国；1999年12月8日，中国代表在国际展览局上宣布支持上海申办2010年世博会；2002年12月3日，在蒙特卡洛举行的国际展览局第132次代表大会上，89个成员国的代表选出上海作为2010年世博会的主办地。现几年你在上海，也一定感受到城市为了筹备世博会的巨大努力和付出。实际上，我想不少人都可能会有这样的疑问，在目前的中国，花这样大的财力与精力办世博，是否值得呢？

刘：的确，这是个很值得讨论的问题。对于中国这样的发展中国家，举办规模如此巨大的国际活动，当然不可能是一件容易的事。实际上，自成功取得主办权之后，世博会就被作为"一项光荣而艰巨的重大任务"写入了上海"十一五"规划，其中明确写道："要在党中央、国务院领导下，紧紧依靠国家有关部门和全国各省市，动员和凝聚全市力量，全力办好一届成功、精彩、难忘的世博会。"这表明，举办世博会是一个重大的国家战略和国家行为，它涉及的层面与负载的意义，也是远远超过世博会本身的，要想把它办好，当然需要很大的努力与很多的付出。因而，国家的高度重视、主办城市的全力以赴，以及主体的殚精竭虑和客观的巨大花费，都是不可避免的。至于这样做是否值得，有什么意义？这是一个仁者见仁、智者见智的问题。在这里，我只能根据自己的理解给一个参考答案。

关于"值不值"这个问题本身，我想到先秦时代儒家与墨家的一个争论，争论的核心是"礼与食孰重"，简单地说，就是"精神文明重要，还是物质生产重要？"。在墨家看来，大量的物质财富被用于"一不能当吃，二不能当喝"的精神文明建设，是人们为了谋取基本的生活资料而不得不铤而走险的根源。因而，墨家强调的是"先质而后文"，并反对儒家提倡的礼乐文化。但在儒家看来，一切社会动荡的根本原因在于个体失去了"礼"的束缚，而治理它的根本出路则在于投入巨大的物力人力从事精神文明建设，所以儒家更看重的是礼乐教化。在儒墨的辩论中，有一种很深刻的悲剧意味，都从关心中国民族的生存出发，按理说两家绝对不应该水火不容。但问题在于，一旦他们把自己的观点推演到极端，就不可能在物质文明与精神文明的必然矛盾中找到一种相对平衡的解决方法。墨子重视社会的物质生产和财富的积累，当然是正确的，但如果走到极端，把一切物力人力资本都投入物质再生产过程中，甚至把礼乐文章等从国家财政预算中一笔勾销掉，其结果必然是"人的东西成为动物的东西"，并导致孟子最担心的"率兽而食人"。反过来也如此，尽管儒家充分注意到，在人的消费欲望与生产力之间是一种"道高一尺，魔高一丈"的关系，无论怎样生产都不可能完全满足"人之大欲"，但也不能因此而忽视物质基础的重要性。可见，儒墨两家既有其偏颇之处，又各有其高明之见。因为墨家充分揭示了人类生存中人与自然界的矛盾，而儒家更关注的则是一个社会中人与人之间的关系，这两者都是人类生存与发展必须面临和解决的问题，偏于其任何一方都是不可能有好结果的。

如果明白了这一点，就可以知道，世博会究竟该不该办是不可能有一个抽象的最终答案的，而应结合具体的时代与现实来分析。在我看来，世博会的必要性可从三方面来了解：首先，在世界范围内这是出于融入全球都市化进程的需要。都市化进程是全球资源与财富在世界范围内的一次大洗牌，在这个过程中，那些拥有雄厚经济基础、完善制度建设和优良生活方式的世界都市将成为最大的赢家。举办世博会尽管艰辛不易，但对上海这个中国最大的城市却是一次最好的练兵机会，其战略价值是自不待言的。其次，在中国范围内，目前中国最大的发展问题是如何改变以"旧型工业化"为主导的传统城市化模式，世博会在政治上是一个世界性的文化事业，在经济上是一个全球化的文化产业，这两方面将会极大地提升上海的软实力，这对于改变中国城市粗放型的经济发展方式具有重要的示范性价值。再次，对于上海本身而言，改革开放以来，上海主要被设计为一个经济中心城市，包括后来提出的国际经济中心、贸易中心、金融中心和航运中心的发展定位，甚至包括最近刚刚提出的现代服务业中心，可以说都主要局限于城市发展的"硬实力"方面。这不仅表明上海在城市建设与发展的观念上的滞后，也不利于整个长三角的良性与全面发展。所以，这几年来，包括上海提出的文化大都市战略，也包括我们一直在倡议的上海"艺术之城"的战略目标，都是想对上海这个方面的欠缺能有所弥补。

廖：你刚才讲到的"艺术之城"，我觉得很有意义。几年前，我们曾刊发过费孝通先生的一篇文章，费老说："美好的生活不仅仅是一个吃饱穿暖的生活。……我志在富民，这是不错的，但仅仅是富还不够……需要什么呢？除了物质的需要，还需要art，也就是艺术……我所致力的还只是要帮助老百姓吃饱穿暖，不要让他们饥了寒了……但更高一层次的要求，也就是美好的生活，这是高层次的超过一般的物质的生活，也是人类今后前进的方向……"最近，我还看到一个国外的研究报告，称中国已成为世界第一"拜金主义"国家，因为根据他们的调查，当下的中国人普遍认为金钱最能象征一个人的成功。

刘：是的，这个问题在当下的确越来越严重。我还可以告诉你国外另一份研究报告，它把在全球到处旅游观光的中国人称为"会走路的人民币"。这与一直被称为"礼仪之邦"的传统中国可谓有天壤之别。造成这种现状的深层的原因，我觉得与新时期以来的城市化模式密切相关。

中国是传统的农业国家，如果从1949年算起，新中国的城市化进程也有了一个甲子的历程。从城市发展模式的角度看，60年来，新中国的城市化主要经历了1949—1978的政治城市、1978—2005的经济城市，以及2005年以来，以"宜居指数""生态指数""幸福指数"等城市发展观为标志的文化城市三个阶段。政治城市是一种以政治理念和意识形态需要为中心、一切服从于国家政治需要与政治利益、带有浓郁"逆城市化"特点的城市化模式。它尽管把城市治理得井井有条，但也扼杀了城市的经济天性与文化活力，造成的是城市经济生活与文化生活的普遍贫困，乃至死气沉沉。改革开放以来，出于发展经济的第一需要，中国城市迅速转向了以GDP为中心、一切服从于发展经济生产力的经济型城市化，社会主义市场经济模式的确立、城市经济的改革开放、城市商业与服务功能的全面复兴，以及城市建制与城市人口的迅速扩张，构成了这一阶段城市发展的基本特征。尽管这对治愈政治型城市化的后遗症十分必要，但在经济城市贪得无厌的扩张与追逐中，中国城市也普遍出现了规模失控、结构失衡与精神文化功能丧失等症状，特别是对自然环境环境资源，如土地、水、空气的过度消耗，以及对城市物质文化遗产和非物质文化遗产的大肆破坏，已严重影响到中国城市的可持续发展。经济型城市化在文化生产上的重要后果之一，是城市社会学家讲的把一切简化为"值多少钱"。以"吃光、用尽、玩完"为主题的"美国梦"，是这一方面的最高代表。国外媒体所谓中国已成为世界第一"拜金主义"国家等论调，就可以看作是中国经济型城市化的一个侧面形象。

经济型城市化带来的问题是全球性的，它在把人类城市家园推向极端危险的深渊边沿的同时，也促使在经济狂热中的都市开始重新审视和思考城市的本质。如费孝通先生寄希望于中国能够在"科技兴国"之后，来一次更伟大的"文艺复兴"，以解决改革开放以来经济型城市化产生的各种后遗症，就具有重要的象征意义。因为它意味着人们正在逐步认识到，城市不仅要使人生活得安全、富裕、健康，同时还要使人感到生活得愉快、自由与有意义。世博会首次提出的"城市，让生活更美好"，可以看作是近年来关于这个问题的思考和找寻的集大成。

廖：通过世博会的宣传，现在大家都知道了城市与美好生活的联系。但这与我们传统对城市的理解有很大的出入。在中国古代，城市往往被理解为一个寄生虫，是一切腐化、堕落、奢侈等不道德的根源。在西方现代世界，城市也被理解为一个没有生命的"荒原",上面长满了"恶之花",甚至是人的健康天性和自由生命的"地狱"。所以,在古往今来的诗人和艺术家那里,城市都是一个被口诛笔伐的对象。即使在今天的城市中,我们一般的印象也不好,如拥挤的交通、昂贵的房价、竞争的激烈和人与人之间的冷漠等。所以,我想提出的一个问题是,我们究竟应该如何理解"城市,让生活更美好"这个命题的内涵。

刘:这的确是一个很值得讨论的话题。我想,古往今来对城市的批判、否定甚至是诅咒,在逻辑上都可以概括为"逆城市化"思潮。"逆城市化"理论的明确提出,与现代大城市的发展直接相关。在20世纪70年代,西方大城市或中心城区在发展中带来许多问题,导致出现城市人口向郊区或中小城市"回流"现象,这被一些社会学家称为"逆城市化",并据此得出大城市走向衰落的结论。但作为一种思潮,"逆城市化"却要源远流长得多。它是习惯了大自然和农业生活的人们对城市化难以适应与接受的产物。这与社会学家所谓的"城市病"假设有关,即与大自然和传统的农业社会相比,"城市环境会产生一种精神上的病态:孤独、压抑、忧郁"。这也是当下许多人痛恨都市文明、愿意加入"逆城市化潮流"的原因。但实际上,农村生活是否优越于城市生活,也包括城市必然产生病态生活的假设,本身都是存在问题的。一位现代城市社会学家曾指出:"城市虽然不是天堂,但也不像有些人认为的那样是地狱。它比其他类型的聚居地具有更大的容忍性,并不像人们挂在口头上的那样不近人情,更不会产生大量的城市病。"实际上也是如此,不管什么年代,城市总是代表着文明发展的最高水准,意味着更好的物质生活和更丰富的精神享受,并总是可以为人们美好生活提供更优越的条件与基础。以医疗卫生为例,大都市尽管人满为患,但由于医疗条件、技术与服务水平的优势,它对生命的救治与保护是农村或中小城市无法相比的。所以简·雅各布斯说:"城市曾经是疾病的最无助和凄惨的受害者,但是它们后来成为了疾病的最大的战胜者。所有的如手术、卫生、微生物、化学、电讯、公共卫生措施、教学型和研究型医院、救护车等,这些东西基本上都是大都市的产物;假如没有大都市,这样的事情是不可想象的。"更重要的是,在当今世界，城市化已成为人类发展的主流，也是不可抗拒的。以全球为例，据联合国2001年对190个国家和地区的一项调查，发现其中大多数对城市化进程的加快感到忧虑与不安，有110个国家和地区甚至想减缓或改变现在这种不断加速的趋势，并采取了相应的政策和行动，但对实际上越来越快速的城市化进程的影响甚微。如果说"逆城市化"在根本上是行不通的，那么接下来就应该很好地反思各种"逆城市化"思潮。也可以说，真正理性的态度就不是一味地批判、谴责和诅咒城市，而是应该以建设性的姿态勇敢地面对它、认真地研究它、以更高水平的发展去解决城市本身的问题与矛盾。上海世博会首次提出的"城市，让生活更美好"，我觉得在很大程度上有助于纠正各种"逆城市化"思潮。这对于未来主要生活在城市的人类，可以说是一种重要的理论准备和观念热身。

廖：关于"城市，让生活更美好"，我们都知道它源自亚里士多德《政治学》的名言："人们为了活着，聚集于城市；为了活得更好，居留于城市。"这句话好像也不太好理解，前半句好像是说被生活所迫，后半句又好像对城市很满足。你这几年一直研究都市文化，也参与了与世博会相关的一些研究，请根据你的研究与体会，告诉我们这句话的完整含义应该是什么。

刘：好的。世博会与我们既有的一些项目有关联，也和都市文化新学科建设相关。"城市，让生活更美好"，也是我们一直关注和研究的对象。所以关于这个概念，我自己也有一些认识，不一定正确，这里提出来与大家交流一下。前半句的意思的确如你所说，人们来到城市主要是因为生存的需要，但这并不意味着对城市的否定，这需要结合具体的历史语境来了解。在古希腊时代，也包括像古代中国那样的农业文明世界，和我们今天有很大的不同，当时，美好生活的代表可以说不是城市而是乡村。这是因为，在以农业文明为主体的古代社会中，拥有土地或其他自然生活资源的农民或猎人，才是生活美满和生命自由的象征。在通常的情况下，农民只有在丧失土地等直接的生产资料之后，才被迫以破产者、流浪汉的身份背井离乡，到他们十分陌生的城市，靠出卖劳动力和自由谋生。所以说，人们最初来到城市，只是"为了能够活下去"。现代城市化进程在刚启动时也是如此，如英国在工业革命时期，为了使不愿意离开土地的农民进入城市，曾发明了"羊吃人"的圈地运动，而更臭名昭著的则是当时的贩卖黑人奴隶。其目标只有一个，就是让农民尽快丧失土地与人身自由，以便为工业化提供足够的新鲜血液。但这与后半句——"为了活得更好，居留于城市"并不矛盾。这是因为，城市无论在什么时代，都代表着更高水平的物质与文化生活，因而芒福德把城市比喻为一个巨大的磁体。这也是后来的农民主动放弃土地、涌入城市的根源。这一点在19世纪表现得十分突出，如马克思和恩格斯多次谈道："自从爱尔兰人知道，在圣乔治海峡彼岸只要手上有劲就可以找到工资高的工作那时起，每年都有大批大批的爱尔兰人到英格兰来"，"工资提高了，因此，工人成群结队地从农业地区涌入城市。人口以令人难以相信的速度增长起来，而且增加的差不多全是工人阶级"。这种情况在今天更加突出，发达的经济条件、良好的制度保障以及丰富的文化消费，使城市成为人们向往和竞相追逐的对象。在中国的中西部和非洲一些国家，农村地区普遍出现的"空心化"，也可以从反面证明这一点。

廖：在整个世博会中，艺术演出特别抢眼。这是我们作为一个艺术研究者所关注的。从媒体的报道看，目前已纳入节目表的节目总数为807个，总场次17288场。同时，还基本做到了每个参会国家至少有一台演出，甚至来自非洲、西亚、南太地区的小国、岛国也申报了大量节目。此外，非洲的黑人杂技第一次来中国献艺，沙特打破了近30年来从未在世博会演出的纪录，使本届世博会成为多元文化艺术交流共享的盛会。艺术活动的频繁与多元，与美好生活的"美"关系密切。这是不是表明未来城市与艺术会更紧密地联系在一起，或者说艺术将成为未来城市与文化发展的方向？

刘：很可能有这样一个信息在里面。美好生活可以分几个层面。首先是物质基础，其次是制度文明，再就是我们经常讲的"精神文明"。关于后者，可再分为"美"和"善"。香港中文大学前校长金耀基先生曾说："人文学主要有两大块，一个是美学，一个是伦理学，分别讲什么是美的，什么是善的。"这是很有见解的。实际上，城市文明的主体也主要是"城市的善"与"城市的美"，它们相当于中国古代的"礼"与"乐"。前者用来生产秩序、规范行为，后者用来调节情感，使人获得快乐与自由。在当今世界，城市雄厚的"物质生活基础"已足以抗拒大自然的暴力，不断完善的社会制度与保障体系也为人们更好地生存与发展提供了条件，因而，基础性的"物质文明建设"与基本的"政治、法律制度建设"，已不能体现出城市文明在当代的发展水平，作为一个社会更高发展目标的"城市的善"与"城市的美"变得更加重要。如每个城市都重视精神文明建设，也重视城市形象等。但在城市精神文明中，也存在着一对新的矛盾，它可以称之为"礼"与"乐"的矛盾。这个矛盾在西方城市化进程中已出现。由于深深懂得"若没有约束，我们将存在于霍布斯主义的丛林中，也就不可能有文明存在"，因而西方城市的现代机制建设十分成功与完备，但由于"制度""规范"等仅相当于"礼"，正如《礼记·乐记》说"礼胜则离"，与"制度""规范"过度的片面发展相伴生，是大量的焦虑、压抑等异化性力量激增，这直接影响到西方城市的可持续发展。西方社会学家经常讲到的"城市危机"，在这个意义上就可理解为"重礼轻乐"的苦果。在快速城市化进程中的中国也是如此，为了使城市中紊乱的人际与社会关系重新有序化，决策者与管理者往往重视"礼"的建设，这是当代中国城市迅速出台的法规、政策的根源。尽管这是绝对必要的，但也是不全面的，因为城市管理与生活越来越规范的同时，居民的幸福感也越来越少。从根源上说，这是他们不知道比"礼"更高级的是"乐"。如果说，"制礼"的目的在于梳理因社会发展所带来的外部系统的混乱，那么只有通过"艺术与审美"，才能使当代城市化进程中产生的压抑、焦虑与不适应得以稀释与溶解，使在社会变迁中惶惶不可终日的都市人得到自由与快乐。在这个意义上，审美与艺术对当代社会的稳定与和谐，显然比外在的规范与秩序更加重要。本次世博会对艺术的张扬，我觉得是一件很好的事情，它预示着城市发展将与人的最高理想，也就是人的审美生存或艺术化生存越来越密切地联系起来。

廖：在郭培章主编的《中国城市可持续发展研究》中，曾这样评价上海："上海目前已具备了建设国际大都市的一些基本条件，但仍存在不足。首先，上海占全国GDP比例仅为5.1%，低于世界级城市的平均水平（纽约8%，伦敦18%，东京18%）。另外，城市的软件设施及其相关软环境与世界级城市要求相比有较大的差距，这在一定程度上影响了上海经济对生产要素的集聚能力和配置水平。上海在走向国际大都市的进程中，除了应继续推动经济发展和城市建设外，还应花大力气改善城市和软环境，这也是上海未来抗衡商务成本上升和提升经济积聚和发散能力的重要手段。"经济上我们不谈，单就文化而言，自改革开放以来，人们也普遍感到上海的文化影响力在不断下降。这次世博会如此高扬文化旗帜，你觉得它对上海文化发展最大的意义在哪里？

刘：是的。特别是晚近十几年来，上海不仅在电影、音乐、美术、文学、新闻出版等方面优势衰退，同时在文化产业、文化服务业、文化贸易、公共文化等新兴文化产业和文化事业领域也缺乏品牌。如与纽约新闻出版业相比，上海至今没有一家世界性大报。就国内看，上海文化的影响不仅远逊于北京，在一些具体领域也明显落后于其他省市。如在广播电视业上比不上湖南，在教育竞争力上排在江苏、湖北之后。面对这个问题，不少人也十分苦恼。因为上海不仅有雄厚的经济基础，也有辉煌的现代文化传统。20世纪以来深入中国社会的电影、音乐、舞蹈、戏剧，以及西方礼仪文化、餐饮文化、节日文化等生活方式资产，都起源于上海。爱因斯坦、玻尔、卓别林、罗素、泰戈尔以及中国的鲁迅、茅盾、巴金、林风眠、徐悲鸿等，先后游历或居住过上海。

上海文化在20世纪以来逐渐落后，在客观上主要有两方面的原因：一是自20世纪中期开始，上海被迫选择了政治型城市发展模式，因而迅速从国际都市体系中淡出。尽管中华人民共和国成立后复杂的全球政治势力和新的世界政治格局是这一选择的主要原因，但由于政治型城市与现代城市化进程的格格不入，所以到了70年代的上海，早已不再是那个霓虹闪烁、欲望横流、美丑交织、东西杂糅、古今缠绕的"东方巴黎"了。二是在改革开放以来，经济需要成为中国最大的政治需要,恢复经济生产和解放生产力也成为每个城市在新长征路上的第一要务。以上海为例,1985年2月,在《国务院批转关于上海经济发展战略汇报提纲的通知》中,特别强调了"把上海'国民生产总值'作为首要指标",可以明显见出中央政府对上海经济发展的看重甚至是某种焦虑。以后上海的四个中心的城市定位,更是强化了经济的主题。由此不难看出,正是在政治城市与经济城市的双重挤压下,原本有着深厚现代文化积淀与传统的上海,在文化建设上很难再有什么突出的表现和贡献。

至于世博会,肯定会为上海文化发展带来契机。至于其贡献,我想主要不在搞了多少活动,而是它能够在多大程度上改变上海作为经济城市的性格与功能。这是上海能否借助世博东风,完成自身从经济城市向文化城市转型与创新的根源。在我看来,在文化发展或振兴中,最重要的是观念的变革与创新。古人说"人不风流只为贫"。一般人之所以对艺术与审美加以回避,是因为紧张、艰辛的物质生存条件压抑、扭曲了主体的审美与自由需要,这当然是可以理解的。但作为中国大陆地区发展得最为成熟的国际化大都市,上海已为满足人们更高层的精神需要积累了雄厚的物质基础,因而它对艺术与审美的忽视,不能简单归结为物质条件的局限,而只能说别有原因。什么原因呢? 我想最关键的问题是出在"观念"领域,是由于头脑中充溢着过多的实用理性意识,因而很难想到非功利性的艺术与审美。另一方面,这并不是说上海市民没有审美与艺术的需要,实际上,由于物质文明发展在先,上海市民的艺术与审美需要比国内一般城市要强烈得多。这只能说明我们关于城市的观念与框架已远远落后于时代的需要。从历史上看,文艺复兴往往需要一个契机,我们很愿意希望世博会能为上海提供这样一个机缘。

廖: 在当代城市发展研究中,西方学者很重视重大事件(mega-event)的作用。"mega-event"最早源于旅游学界,"mega"的意思是重大的或超大的,"mega-event"是指对城市或国家产生重大社会和经济影响的事件,它往往会极大地促进城市的发展并创造出非同寻常的知名度。在美国大都市委员会《重大事件对大城市影响》的专题报告中，曾提出了重大事件的五个标准：第一，事件的独特性；第二，需要大量投资；第三，影响城市持续的转变；第四，吸引大量游客；第五，吸引国际媒体报道。有关预测表明，上海世博会的举办会给城市带来六方面的影响：第一，刺激投资和经济增长，上海世博会总投资将达4000亿元人民币；第二，促进城市群的发展，京津冀和长三角的一体化水平得到了极大提升；第三，推动产业转型，旅游业、会展业、体育业、演艺业等获得了极大发展空间，从而推动了产业转型；第四，提升城市形象，对于传播城市形象具有非凡作用；第五，促进城市更新，在城市基础设施及环保方面投入很大，包括地铁、轻轨、铁路等的建设显著改善了城市的交通、通信、居住环境等；第六，培育城市人文精神，世博精神与城市文化的融合，使得城市更具魅力和凝聚力。从这些条件看，世博会完全符合重大事件。当然，这些都比较抽象，我想请你从城市文化角度谈谈世博会将对上海发展产生哪些重要的影响。

刘：我把世博园看作是上海继浦东开发之后城市发展的又一重大事件，它们共同构成了中国都市化进程中的标志性工程。如果说，浦东开发意味着上海城市经济结构与方式的重大变迁，目标是以高新技术产业、金融资本运营、信息产业、文化产业等为基本标志的后现代工业与商业逐渐取代传统工业制造业，那么，"城市，让生活更美好"的世博园，很可能意味着上海启动了一种以文化城市为理念、以城市全面与可持续发展为战略目标的新城市发展模式。这是直接面向未来的。就目前而言，世博会对上海文化建设的影响，可能主要在四个方面。首先，在都市政治文化层面上看，世博会有助于上海国际文化交流中心的建设。国际文化交流中心上海提得比较早，也一直在推进中，以往主要是一些中外文艺演出活动。但像世博会这样184天、189个国家、57个国际组织、7000万参观人次的大型活动，在上海还是首次，这对于加快上海国际文化交流中心的建设、提升上海城市的国际文化地位和在全球城市的文化影响力，显然具有重要的意义。其次，在都市经济文化层面上看，世博会有助于上海经济发展方式的转型及现代服务业的发展。人们普遍认为,与国际大都市相比,上海主要落后在软实力上。世博会为上海服务业建设提供了一次难得的大练兵的机会,同时,对刚刚批复的《长三角规划》中的"现代服务业中心",也是一种重要的经验积累。再次,在都市社会建设层面上看,大都市最容易出现的是"社会解体",世博会是一个重要的交流与对话平台,也是对上海社会结构的开放度与社会生态多样化的一次挑战,对于如何落实"海纳百川"的城市精神,培养一种面向全球的现代城市结构意义重大。最后,在都市文化层面上看,大都市最大的问题是防止"罗马化"——"在物质建设上的最高成就以及社会人文中的最坏状况"。在当代都市化进程中,由于人口、资源等在短期内向少数国际化大都市的集聚,一种更可怕的"罗马化"现象正在迅速泛滥开来。世博会"城市,让生活更美好"的主题,有助于消除上海国际化大都市特别是在经济大都市发展中的"罗马化"问题,使长三角摆脱"经济发达,文化简单"的初级形态。总之,我们的期望是,尽管上海世博很快会过去,但由世博会唤醒的文化精神成为永恒。这是城市发展的希望所在。

廖:据我所知,你和你的团队参与了一些世博项目。我想了解的是,在你们参与或主持的项目中,你觉得最成功的和最遗憾的是什么?

刘:最成功的是我们参与的"长三角世博主题体验之旅"。2007年,上海市人民政府发展研究中心率先提出在长三角打造"世博主题体验之旅"的设想,目的是共同抓住世博机遇,向全球展示长三角丰富的世博主题元素、优美的自然环境和深厚的文化底蕴,推进区域旅游合作。2008年3月,我和我的团队应邀为该项目进行内容创意研究,主要是对最初的44个入围示范点进行策划与创意。现在如果你看看长三角的报纸,到处都可以看到相关的广告,说明它已成为一个由世博会直接催生的重大文化产业项目。在最近的《文汇报》上有一篇报道,讲到杭州仅"五一"三天的旅游收入就达到18.42亿元,其中特别提到杭州的十条世博体验之旅。我们关于江南文化的研究,能够为江南地区带来直接的经济效益，以及为广大的游客展示江南的美，这当然是我们特别高兴的。

但也有一个很大的遗憾。与长三角世博之旅相比，我们还为市政府做了一个辐射大半个中国的旅游规划，就是"京杭大运河自驾车房车游线"。它全程1782公里，跨越6省市，贯通北京、通州、天津、沧州、德州、临清、聊城、济南、济宁、徐州、淮安、扬州、镇江、常州、无锡、苏州、嘉兴、杭州18个城市。我们当时的想法是，城市是上海世博会的主题，汽车是当代都市生活的基本符号，汽车自驾游、房车生活方式是当代都市人美好生活的一个重要标志。我们研究的京杭大运河自驾车房车游线，以京杭大运河沿线城市为中心，结合与大运河相关的历史、文化、经济、审美诸要素，以生动、多元的形式全面再现京杭大运河的历史源流与现代价值，是一个理念创新、结构开放、内容丰厚、工艺先进的世界性旅游线路，也可以使"城市，让生活更美好"的世博会主题深入更为广大的城乡地区。但是很遗憾，由于各种原因，这个项目最后没有落地。

廖：这的确有些遗憾，但你们还有其他补救的想法吗？

刘：当时也做了一个预案，是在中国馆世博期间的内容撤展后，把它改造为大运河城市文明馆，中国馆的一个目的是展示中华民族的城市智慧，而大运河城市群可以说代表着中国古代城市的最高水平。我们当时的建议是让它成为中国馆的永久陈列内容。

（原载《民族艺术》2010年第3期）

文学人类学：一门新兴交叉学科

叶舒宪 廖明君

叶舒宪，上海交通大学文科资深教授、博士生导师，神话学研究院首席专家，中国社会科学院文学研究所研究员。兼任文学人类学研究会荣誉会长、中国神话学学会会长、中国民间文艺家协会副主席、中国比较文学学会副会长。

主要著作有《中国神话哲学》《比较神话学在中国》《图说中华文明发生史》《玉石神话信仰与华夏精神》《玉石之路踏查记》《诗经的文化阐释》《现代性危机与文化寻根》《四重证据法研究》等五十余部，译著有《好吃：食物与文化之谜》《萨满之声》等七部。

廖明君（以下简称"廖"）：人文学界对文学绝不陌生，而文学研究也是传统学术的重镇。文化人类学虽然属于新兴的学科，但其重要性也获得了现代学术界的普遍认可。作为国内文学人类学的主要倡导者之一、比较文学专家，你认为突破传统学科界限，整合之后所产生的文学人类学究竟是怎样一个领域呢？换句话说，文学人类学同文学、人类学是什么样的关系呢？

叶舒宪（以下简称"叶"）：这是一个开门见山的问题，也是了解文学人类学的最基本的问题。这样的问题经常有人问。要回答清楚，可能需要一本书来解决，这里简单讲一讲。文学人类学及其理论、方法的形成是经历了一个探索的实践过程的，那就是从民族文学、国别文学到比较文学，再从比较文学的跨学科研究中催生出交叉学科的文学人类学。从发生上看，文学人类学属于现代以来两大学科打通和互动所催生的一种新研究范式。人类学的民族志写作，近年来提出"写文化"的方法大讨论，新锐学者以规避西方中心式的科学叙事为出发点，向人文阐释方面转向，甚至转向"文学"表述方式，意图对原住民文化提供一种新鲜、生动的"原生态"呈现。

知识全球化的背景是文学人类学产生的思想渊源。19世纪以前，人类对于文学虽然早已有了系统的认识，但是那时候的文学研究基本面向是本土文化内部，也就是通常所说的民族文学或国别文学。在地理大发现的作用下，文学研究逐渐开始重视全球范围内相互交流与影响传播的可能。尽管这样的文学互动同其他学科领域的情况一样，往往是建立在西方强势话语的基础上的，而且带来西方中心主义的束缚。各个本土文化自发形成的我族中心主义观念，同全球化以及人类无差别的现代文化相对主义观念背道而驰。因此，批判与反思形形色色的我族中心观和地方中心观，成为现代思想文化界通行的新理念。这正是比较文学与人类学所追求的文化研究的大视野。比较文学倡导跨越文化、民族、语言界限，并借鉴不同学科方法的文学研究。人类学在20世纪中期以来摆脱科学主义的束缚，将目光转向不同文化的"地方性知识"和文化文本解读的符号分析与人文范式。为了总结这方面的经验，中国文学人类学研究会正在组织编辑一部文集《人类学的文学转向》，给大多数不熟悉人类学的文学专业人士提供他学科的借鉴。文学批评的方法能够对其他学科产生这样重要的影响，本学科内的人却不大清楚。这就是学科本位主义造成的自我限制。

廖：在20世纪后期的跨学科潮流的整合之下，文学人类学成为一种新的研究范式。可以说文学创作和文学研究中都有了人类学的观念因子，人类学中也有对文学的诉求。文学人类学能够理解为运用人类学方法的文学研究吗？

叶：从文学专业立场看，似不宜把文学人类学只归结为人类学的子学科。在我国，文学人类学起初是比较文学中滋生出来的一个跨学科的领域。但是，人类学的学科范围比一切文学和语言的范围都要广阔得多。因为，它是以人类的文化和社会为对象的。这样，文学人类学所跨出来的学科眼界和它所能解决的问题就超出了起初文学研究的范畴。于是文学人类学这样一种过去被理解为新方法的，现在也需要看成是一种理论、一种理念。理解文学人类学的前提，首先是知识全球化的背景和跨学科的渊源（文化人类学、比较宗教学、心理分析学以及比较神话学）；其次是要认识到文学人类学的产生过程，即从民族文学到世界文学、比较文学，再到文学人类学。

举个例子来讲，现代主义文学的经典作家，创作了现代"奥德修纪"——《尤利西斯》的乔伊斯，除了将荷马史诗赋予全新的现代意义，还在作品中充分吸收了人类学的成果。这是文学创作中出现的人类学"转向"。乔伊斯还将人类学家弗雷泽的大作《金枝》中所揭示的原始文化主题——永恒轮回的神话，作为小说《芬尼根的觉醒》的结构要素，让历史本身以不断重复的形式得以展开：同样的人物、事件和机构会以不同的面目反复出现，甚至让书中出现数以百计的历史人物的名字，让读者感觉是在重新经历人类往昔走过来的历程。熟悉《金枝》的读者还会在乔伊斯的笔下看到众多的取自弗雷泽大著的原始意象、象征和主题。如有关性、死亡、永生和法则的观念如何贯穿在整个人类宗教史的表现之中。与乔伊斯相对应，现代主义在诗歌方面的头号代表无疑是T.S.艾略特，其里程碑式的代表作《荒原》开篇就注明其灵感来自弗雷泽的《金枝》和杰西·韦斯顿的《从仪式到传奇》。那正是在人类学和文学之间架设沟通桥梁的两部经典，加拿大批评理论家弗莱认为《金枝》就是开启文学人类学批评的永恒典范，而艾略特的长诗怎样将跨文化比较的题材和母题按照文化的并置和对照的方式加以呈现，使得现代主义诗歌有别于19世纪诗歌传统，批评界已有充分的揭示。这一技巧正是他从人类学著述中学到的，像西方中世纪的圣杯传奇和东方智慧经典《薄伽梵歌》的对应，还有原始部落社会杀死树灵的仪式等，统统被组合到诗歌意象整体中。正是这样的文化交流与借鉴，才可能使人们认识到整个人类文学的共通性与不同经验表述。也正是在这样的多元文化因素杂糅的过程中，文学研究才出现可以整合为文学人类学的契机。

廖：这样看来，文学人类学的出现首先可以追溯到文学创作方面的人类学转向。受到人类学影响的此类新型文学作品在20世纪的出现，必然对文学研究者的原有知识结构提出新的挑战和要求。实际上，理解文学人类学的产生过程就是理解其本身的最好途径。你曾经引用过高尔基的"文学就是人学"，还有克鲁伯"人类学是人的科学"的说法，来提示对文学与人类学之间学科联系的探讨。请再具体说明一下，以文学人类学的产生过程而言，其对文学研究的观念和方法更新起到什么作用呢？

叶：20世纪早期，高尔基和克鲁伯分别讲出他们的名言时，上述的学科关联性问题还没有明确出现。文学专业人士对高尔基的"文学是人学"说津津乐道，对应的是文学家为"人类灵魂工程师"的流行观念。克鲁伯作为美国人类学家，他在编写教科书时不得不对人类学作出学科性质的界定。他注意区别了作为晚生的"人的科学"的人类学与其他研究人的学科（如生理学、医学）、其他研究人的作品（works）的学科（如文学批评和艺术史）之间的差异。为了争取在大学课堂上的合法地位，人类学家们所要强调的当然是学科的独立和特殊的一面。学科间的科际整合问题尚未浮出水面。到了20世纪后期，在市场社会和新兴媒体的双重冲击下，文学逐渐失去了往昔的号召力，遇到了生存危机。文学批评和研究也不再是昔日的显学，逐渐被边缘化。而作为"人的科学"的人类学却经过不断自我超越和更新，以其"文化"概念为媒介，给所有的人文、社会科学带来影响。"文学人类学""人类学诗学"和"民族志诗学"这样的跨学科组合的新名目应运而生，传统的文学理论和文学批评面临变局。中国传统文献中的"文学"一词的本意，从孔子《论语》的用法看，指的是整个的礼乐典章制度。孔子说西周"郁郁乎文哉"，这个"文"大致相当于"文明"，而今人被现代性的狭义的文学观所限制，凡是说到"文"总习惯联想为诗歌散文小说等。

综观人类学这门新学科的优势和跨学科影响力，有两大原因值得注意：一是作为该学科基础与核心的文化概念对原有的人文、社会科学诸学科都有巨大牵引力和穿透力。文化概念提供的宏观整合性视野是文、史、哲、政、经、法等所有学科都没有也都需要的，因而自然发生了超越学科界限的新知识整合与重建过程。这一过程至今远未结束，这就给各个学科带来变革机遇。二是人类学自身显示出极强的自我反思与超越特性，促成西方知识观发生后现代和后殖民的转变——自古希腊以来的西方知识体系和认知范式的普世合法性问题，第一次遭遇到文化相对主义原则的质疑。放弃西方中心主义和科学主义目标，转向人文性的文化意义理解的阐释人类学派，提出"地方性知识"概念。其多米诺骨牌效应是，在学界催生出全球性的本土文化自觉浪潮，掀起批判现代性弊端的文化寻根运动。非西方的民族国家如何给现行的知识传承——大学教育制度"去西方中心"和"去殖民化"，成为本土文化自觉的突出表现。就此而言，我国近年来的国学复兴热潮，可理解为"全球地方化"的国际文化寻根运动在本土的余波。

廖： 如果从人类学专业立场看，文学人类学又可称为"人类学诗学"，是以文学方法展开民族志写作的创新性表述方式，为的是尽量避免西方科学范式和术语在表述原住民文化时的隔膜与遮蔽作用，尽可能带有感性地、完整和丰富地呈现原汁原味的地方文化。这对于文学学科的专业反思有什么启迪呢？

叶： 人类学"本土化知识"的基本理念，对于现代西学东渐以来随着洋学堂而建立起来的中国文学学科，确实提出了批判性反思的任务。首先需要重新认识的是，西方现代文学学科的观念如何束缚本土多样性的文学现实问题。就国内而言，史学界方面历史人类学异军突起，这是传统史学在人类学视野和范式改造下的交叉结果。还有，在哲学界方面，近年也提出"中国有没有哲学"这样十分尖锐的本土性反思问题，均值得注意。相比之下，文学学科方面的变化情况略显滞后。虽然也有一些争论，如重写文学史的争论，以及文学与文化关系的讨论。但终究限于学科本位主义的视野束缚，对构成"中国文学"学科基础的西方现代性文学观及知识范式没有根本性的触动，缺乏本土文化立场的深切反思。倒是在少数民族文学研究方面，出现了规模性的讨论和积极转变的态势。从本土立场看，当今的文学专业人士在思考"中国文学""中国文学史"问题时，有一个不容易察觉和超越的限制，即对象和素材是中国的，而思考的概念、理论框架和问题模式都是照搬自西方的、现代性的。举一例来说，国人过去热衷讨论的为什么中国历史上没有出现资本主义的问题，看似很时髦，从人类学立场看却是误导性的问题。它把只有在西方历史上才发生的资本主义，预设为具有普世性的意义，陷入一种张冠李戴式的误区，把韦伯式的问题当成我们自己的问题。

近二十多年以来，人类学内部关于"写文化"的方法争论，虽然本来针对的是民族志写作，却足以给文学和人文研究提供宝贵借鉴。我们长期以来信奉为放之四海而皆准的西方观念和理论范式，需要重新看待、重新权衡，仔细分辨其应用于中国文学实际时的优劣和利弊。从本土的地方性知识角度，更需要反观本土文学所特有的因素，重建思考文学史问题的观念构架。这是一项长期的任务，有待于多数从业者的觉悟过程。《民族艺术》侧重发表的大量从民族和地域文化视角研究文艺现象的论文，对于促进原有学科的"人类学转向"，具有较大的引导作用。文化自觉的一个积极效果就是走出张冠李戴式的误设问题，面对现实，激发原创性思考。

廖：你强调了文学人类学这一新理念对本土文学传统的重新认识问题。同时，我们也注意到，你在描述从民族文学到文学人类学的范式转变时，还提示比较文学的中介作用。比较文学研究有可能发挥建构文学人类学的理论先锋作用。这样看来，比较文学同文学人类学之间似乎有着特殊的联系。在我国，比较文学与世界文学并置而成为中文学科下的二级学科，你对此有何认识？

叶：在学科体制内工作的人容易把学科划分看成天经地义的，并且整天为本学科建设而奔走呼号。其实，学科的分化组合从来就没有停止过。比较文学是超越民族文学的封闭视野而出现的，因此它天生就带有开放和超越的特性，相对不易墨守成规。人类学作为比较文化的需要所催生的学科，也是整个社会科学中能够体现开放性特色的一个广阔领域。比较文化和比较文学的关系，是整体与部分的关系，同时二者也有知识界限上的差异。从发生的时间看，比较文学与人类学堪称伯仲兄弟。一般把1871年的《原始文化》视为人类学诞生的标志，而1886年问世的第一部比较文学理论著述——波斯奈特的《比较文学》，也被视为比较文学学科诞生的标志。人类学研究的具有眼光向下的特色，关注被西方贵族化的文史哲学科和社会科学所普遍遗忘掉的一些弱势文化和边缘文化。这是人类学最大的贡献之一。早期的比较文学也跨文化、跨语言和跨民族，但是根本上没有跳出欧洲中心主义和白人优越论的束缚，没有跳出学院派的知识格局和研究习惯。以无文字的所谓"原始文化"为基本对象的人类学，成为引领西方知识格局大变革的先锋和旗帜。由此也在文学批评理论界引发了正统文学"经典"观和"再经典化"问题的探讨，以及口传文学与书面文学关系的探讨。在这方面，对活态文学的文化价值进行再认识，与非物质文化遗产保护问题密切相关。这是当下现实给学院派提出的新课题。

在我国，比较文学和世界文学作为中文一级学科下的二级学科，反映着大学专业教学的现实需要。但是知识的边界是人为设置的，不会具有不变的合法性。1996年中国比较文学学会的年会上，学会领导倡议成立文学人类学研究会，以便更加有效地组织相关的教学和研究活动。就此而言，中国目前的文学人类学专业队伍，是作为比较文学界孕育出的一门边缘学科。从学术史看，在文学人类学的新理念之前，早有"世界文学"的理念，早期的倡导者主要有两位：歌德和马克思。那是在前人类学时代提出的，根本不可能包括数以千计的无文字社会的原住民文学。如今时过境迁，老概念"世界文学"难以适应新现实。文学人类学的概念可以相应地弥补世界文学概念的缺失。"比较文学与世界文学"虽然用在我国的二级学科划分上，但是老概念本身也需要更新。比较为了什么？不是为了比较而比较，而是为了通向对文学总体的认识。这个"总体"就是指人类文学的总体。加拿大批评家弗莱倡导原型批评，也更强调整体性的文学经验。不过，不论是当年提出"总体文学"的西欧学者，还是希望借助于文学传播的原型单位去建构整体文学经验的弗莱，其比较研究的一门边缘学科。从学术史看，文学人类学的眼界和范围主要局限在西方文学，更不会重视原住民无文字社会的口传文学。今天的国际比较文学开始扩大到第三、第四世界，比较的范围已经远远超出以往。这时需要的是后殖民时代的话语，文学人类学的提法可以突出后殖民时代的新文学观，所谓的"第四世界"指的是殖民地的国家和民族，原来处在被奴役的地位，在世界上根本发不出自己的声音。如今的文学观念如果还不能包括它们，那么就谈不上全世界意义上的世界文学。就此而言，文学人类学的理念中包含一种解殖民化的学术伦理诉求。

廖：文学人类学要发展为一门交叉学科，是否需要形成自己的问题意识和研究范式，其特色是怎样的？

叶：用人类学的视野看文学，希望将被贵族化和文本化的文学，重新还原到多元文化的大语境之中，同时关注具有非物质文化遗产意义的活态文学。像民族志的材料，尤其是神话和仪式表演等传承方式，对于文学人类学而言就是很好的考察角度。文学人类学不仅"眼光要向下"，眼光也要向大和向古，一直到文明起源之前的无文字状态即口传时代。只有这样看，神话的现实功能才得以显现。最近的研究表明，文学和神话的关系问题值得重新探讨。究竟神话应该属于文学（民间文学）呢还是文学应该属于神话？实际上，神话的虚构概念是不断建构出来的。在无文字时代，神圣信仰、神圣叙事都是真实的，尽管以我们今天所认为的非理性状态存在。但人的行为背后一定有观念支持，只不过这一观念是神圣信仰还是理性逻辑的区别而已。对于初民社会，这样的神话会传达出文字所无法追记的现实信息。目前中国文学人类学研究会的同人展开的"神话历史"探讨，提示对《春秋》以来的中国历史叙事之神话性，给予充分的关注。

从文学的起源来看，西方文论一开始就有柏拉图的迷狂说。这样的问题用纯粹理性的分析是无法看清的，民族志的材料则给出了解答问题的丰富参照。大量的原住民文学伴随着通神的迷狂、宗教叙事及仪式表演。最为重要的是这些属于口传时代的内容，在文字出现之后依然留下蛛丝马迹。比如《尚书》虞夏书中"曰若稽古"和金文中的"王若曰",其中"曰"都是文字产生之前口传时代叙事开始的标志。一直到儒家的对话式教育方式之"子曰诗云"。与此相似,文学人类学视野下的神话研究也面临着范式的变革。神话作为原初的综合体,涵盖着后来诸多学科的最早信息。在人类学研究的启迪下,对原始或原住民生活状态的追寻,除了新知的追求以外,还体现着当代知识分子试图从理性之外寻找到解决自身精神危机的良药。禳灾仪式及相关神话叙事,不仅成为文学表现的原型,更为解决现代性文化危机提供新的契机。

廖:通过你的介绍,我们对文学人类学已有初步的了解:从一开始作为文学研究的一种方法,到现在已形成一种看待文学的新理念。在文学人类学研究中,尤其针对国学传统创新的实际需求,出现了继承前人又不断开拓的"四重证据法",你能否具体谈谈这一方法?

叶:二十多年来,文学人类学研究者经过不断摸索,逐渐形成一套方法论,称为"四重证据法"。下面通过一个案例来讲一讲这四重证据能做什么,它和传统的文学研究、和平常人们熟悉的教科书中的文学评论到底有什么区别。

为什么要讲四重证据法?大家都知道在20世纪80年代曾经有一个方法论热,原型批评也就是在那个时候第一次系统地介绍到中国来。当时的情况非常热烈:文学、社会学、心理学、数学、控制论,五花八门的东西都有。经过二三十年的沉淀,很多已经没有了,比如没有人再做文学控制论了。还有信息论,当时也被称作"三论"之一,都没有人做了。现在看来有一些沉淀了下来,像女性主义、原型批评、结构主义。那么这些外来的西方方法能不能和自己本国的学术传统相结合呢?提出多重证据法就有这方面的考虑。外来的东西如何与中国的传统结合?今日国内大学里学的东西除了唐诗宋词元曲和中国历史以外,几乎全部是照搬西方的。什么生物、物理、化学、电子、经济学、考古学、管理学等,中国古代没有这些学问。我们有自己的人文学传统,希望能把自己的人文学传统和西方学术方法结合起来,四重证据是这样提出来的。

起因是二重证据法，那是王国维提出的。他把地下出土的甲骨文字看成是研究殷商史的新证据，即二重证据。在他以后也有人提三重证据，但是从理论上将其作为方法来传授，需要今人的努力。像历史学家杨向奎——"古史辨派"顾颉刚的弟子、孙作云——闻一多的弟子、饶宗颐——香港学者三人都提过三重证据。各人的说法不同，都缺乏系统的学术史梳理。20世纪90年代，由湖北人民出版社出版了一套"中国文化的人类学破译"丛书。萧兵的《楚辞的文化破译》为开端，本人的《诗经的文化阐释》为后继。那时明确提出三重证据法。除了甲骨文金文这些出土的文字材料之外，研究文学和历史，还有哪些证据可以用呢？三重证据主要指人类学的证据。人类学做的田野作业以无文字社会为主，所以你要原住民社会拿出什么二十四史来，绝对不可能，往往连一个字都没有。那么，他们有没有历史？有没有文化？他们的文学怎么来研究？只能靠实地调查的、口传的、仪式上表演的来认识。三重证据到哪去找？到多民族的民间去找，甚至到跨越国界的田野去找。人类学即比较文化，全世界的民俗学材料都可以用来作为参照。关键问题是第三重证据的证明力度如何，能不能像二重证据那样解决古人解决不了的问题，这些争议很大。证据法的讲究，关系到人文研究成果能否有检验标准，所以对今日的研究者确有帮助。大家意识到，中国文学人类学要形成自己的方法论。证据法这个词是来自法学的。什么叫证据？在法庭上你说他有罪，他说他无罪，我听谁的？法官必须非常慎重地作出判断。有人把《红楼梦》主题说成是排满，也有人说是爱情，这个无所谓，随便怎么说。但是要把文学研究变得有一些客观的依据，能像西方人说的科学的方向，那么就必须慎重地拿出证据。因为三重证据是跨文化的，不是直接的，而且其年代无法追溯到上古去，所以在应用上有很大限制。不过，也不应该轻视三重证据的作用，它具有巨大的解释能量。在20世纪90年代时，利用三重证据反过来看古代经典，取得了一些经验。在国际上，人类学的民族志和考古学方法相结合，催生出"民族考古学"，做出了某种结合的表率。

从三重证据到四重证据，是近年来的新进展。2005年我在四川大学所做的学术报告中提出四重证据。为什么有四重证据？除了人类学民间调研的非文字材料，还有另一类非文字材料——实物与图像。从符号学的意义上讲，语言文字是人类文化中最主要的符号，但它绝不是唯一的符号。人类学的田野作业除了调研口传记录以外，还要大量地收集和考察实物，如博物馆学。人类学跟博物馆学是相互关联的。原住民的文化、少数民族的文化多数没有文字系统，他们的历史主要不是靠书本来传承的。其途径有两种：一是靠活态的文学，二是靠器物、仪式、图像。我将实物和图像作为第四重证据，对应的是国学传统的金石器物之学。比如文献记载黄帝有"有熊氏"的称号，怎么个来历？文献本身没有说清楚。在河南新郑黄帝故里有个叫"能庄"的村落，可以佐证黄帝和有熊的关联。能庄也就是熊庄，"能"即"熊"的本字。当地流传着丰富的黄帝传说。这些传说不是后人新近杜撰的，而是流传久远的。这就是三重证据。但是，这些材料只是来自民族学、民俗学的收集，其年代是不够的。人类学的下属的学科有考古学（在我国考古学被划归历史学）。考古学给出的实物和证据，应该说是可以考出年代的，用科学方法就能直接测年。八千就是八千年，三千就是三千年。其解释力度，以前所有证据都达不到。一重文献证据的记录毕竟在年代上难以达到远古，因为文字产生的年代是比较靠后。就我国来说，殷商的书没留下来，怎么办？所以二重证据比一重证据可靠，因为它可以提供殷商人直接刻在甲骨上的占卜文字。这些东西挖出来的时候就知道是三千年前埋下去的，比任何传世书本上的文字记录都可靠。只可惜那些东西太有限，可遇不可求。如果想研究一下殷商哪个大臣家生活上的事，就没有记录了。甲骨文只是为王作占卜用，只是为最高的权力者的通神需要，除了这方面的记录其他都不甚重视。三重证据虽然年代上不能上溯到古远，但它对证明和解释有参照和旁证的作用。

从证明力看，四重证据比一二三重证据都要有力。在法庭上这就是物证：既不是听原告说，也不是听被告说，各有各的理。所谓抓贼要抓赃，实物证据就摆在那，阐释也就有了依据，而不是单纯想象。这样的一种物证对于做中文、历史的人来说似乎隔得远。考古学实际上是文科中最接近科学的一门学科，虽然它也被划在文科里面，但是它现在用的手段基本上都是自然科学给予的，碳十四、热释光，还有天文学推断年代，这都是较为确凿的，不像文字记载那样版本众多、争议纷繁，所以它能达到的认识真相的程度超过以往。考古学的材料如果能够被人文学者所重视和利用的话，那么对文史现象的理解和解释将大大前进一步。还举黄帝有熊氏的例子，《史记》和一些典籍记载了，但都被人们视为传说，后人无法知道五千年前黄帝时代的人和熊是什么关系。如今依靠出土文物和史前艺术造型，我们看到红山文化的牛河梁女神庙中供奉着熊头骨，还有和女神像并列的泥塑熊神像残件（熊头和熊掌），这才意识到五千年前熊可以是神的化身或象征。从红山文化到小河沿文化，再到龙山文化和商周高等级墓葬，神熊的形象一脉相承，直到汉代画像石上还有大量的神熊，这样的实物与图像累积起来，以图像叙事表明着一个深远的神话观念传统。参照楚帛书"太初有熊"创世神话和上博简《容成氏》大禹建中央熊旗的叙事，今天终于可以明白："有熊氏"不是一个简单或随意的称号。古人观察物候，亲近自然，从穴熊冬眠春出的季节习性中，体悟出生命死而复生的神圣模式。当代研究者是幸运的，古人没有这样的眼界和条件。

廖：文学人类学已经有了自己的专业学会，多年来活跃在学界。学会申报的"中国文学人类学理论与方法研究"正式列入2010年国家社会科学基金重大基础理论招标项目（见《光明日报》2010年9月20日），在全国的文学专业起到跨学科研究的导向作用。作为现任会长，请介绍一下文学人类学研究会的情况。特别是近几次年会，拓展出哪些新的研究领域及新的问题？

叶：文学人类学在中国的开拓，从闻一多、郑振铎这一线起步，经过闻一多的弟子孙作云，再到萧兵等，这是在和苏联的庸俗社会学方法占统治地位的模式作斗争中，艰难地生长出来的。萧兵作为学会的前任会长，对这一研究领域做出了突出贡献，产生了很大的影响，如今的带头人还有徐新建、彭兆荣、程金城和方克强等中年教授。他们的专著《民歌与文学》《文学与仪式》《文学人类学批评》等都是这一领域学生必读书。这两年台湾学者也开始文学人类学研究，以政治大学的高莉芬教授为代表；台湾原住民的第一位文学博士浦忠成教授的原住民文学研究，特色鲜明，也给大陆的文学人类学带来启发。两岸学者在近几次年会上交流增强，未来的互动空间可观。

从2008到2010年，中国文学人类学研究会召开了第四届和第五届年会，关注的问题包括当今国际文学创作的前沿动向，以及文化产业的文艺产品之新动向，基本上可概括为"从民族文学走向文学人类学"。何以见得？就如今年初风靡全球的电影《阿凡达》，编导卡梅隆不是西方学院派，但是他所追求的目标，在我看来和文学人类学的理念不谋而合。他把地球人和想象中的潘多拉星球作为对照。如果仔细看他为潘多拉塑造的文化元素，基本上是来自人类学调研的原始部落。在当今的文化产业中，引导新潮流的就是这样一种人类学的理论资源。《阿凡达》实际是参照人类学的文化并置原型来构思的。不了解这些知识背景时，人们讨论得最多的就是外景之美和3D技术等，没看出它是异常生动的一部人类学作品。从传播力上，它的观众是数以亿计的。它没有用教科书的语言，表达的却是人类学的思想。究竟哪个是文明，哪个是原始，《阿凡达》把这个观念完全倒转过来。所以，这样的一部作品在我们看来，就是文学人类学的经典作品。除此以外，世界级最畅销小说家村上春树、诺贝尔文学奖获得者大江健三郎，也都分别在2009年推出的长篇小说中，表明类似文学人类学的创作意向。他们将人类学家弗雷泽的经典《金枝》作为典故写进自己的小说，这都远远超出以往民族文学的边界。尤其是村上春树2009年发表的《1Q84》，主人公的对话就是："《金枝》你读过吗？"今天最新潮的评论家们，如果没有一些人类学的背景知识，就连这类最畅销小说也难以读懂了。

廖：你在2003年出版的《文学与人类学：知识全球化时代的文学研究》一书中，谨慎地考虑到时机尚未成熟，没有直接使用文学人类学作为书名。今年夏天，你的《文学人类学教程》出版，是国内第一本文学人类学研究生教材，也标志着这一新兴交叉学科的逐渐走向成熟。最后请对我国的文学人类学作一展望。

叶：文学人类学不仅仅是对一个新研究领域的整合与汇通，它还带来一种反思现有知识格局的视角。如今不论是国家教育部的课题指南，还是社科基金的课题导向，都一再强调知识的创新。因为我们已经意识到高等教育大扩招，质量整体下降，没有知识的创新不行。到哪里创新？陈寅恪先生早就讲过，一个时代有一个时代的学术。人类学是20世纪发展最快和影响最大的一门新学问，现代的人文学科几乎没有一个不与人类学形成交叉学科的。文学人类学作为一个新兴领域，尚处在探索之中，所面临的阻力和困难还是很大的。所以，脚踏实地，拿出具有跨学科创新性的研究成果，才是最重要的。

从现代主义创作流行以来，以爱德华·泰勒和弗雷泽的著作为代表的文化人类学知识不胫而走，广为传播，至今已经成为村上春树、大江健三郎、丹·布朗和卡梅隆一类最流行的当代创作者取材和构思的灵感宝库。这一现象足以给传统的文学批评和文学理论提出范式的挑战。如何适应从民族文学到文学人类学的想象范式之转换，打通文明和原始、传统西方经典与边缘性、少数族裔文学的界限，在后殖民批判的知识格局中，消解殖民时代遗传下来的欧洲中心主义价值观及其贵族文学经典观，重建一种开放的文学观，使当下的文学研究能够更加有效地面对现实和未来，成为这一代理论工作者义不容辞的探索目标。

（原载《民族艺术》2010年第4期）

从申报非物质文化遗产名录走向
"后申报非物质文化遗产名录时期"

高小康　廖明君

高小康，南京大学文学院二级教授、博士生导师。兼任教育部人文社会科学重点研究基地中山大学中国非物质文化遗产研究中心学术委员、上海交通大学城市科学研究院学术委员会副主任、汕头大学特聘教授。研究方向为中国文艺思想史、文艺美学、城市文化研究和非物质文化遗产等。

　　主持教育部重大课题攻关项目、基地重大项目以及国家和省部级研究项目10余项。曾获《文学评论》优秀论文奖、广东省和江苏省社会科学优秀成果二等奖等多项奖项。论文多次被《中国社会科学文摘》《高等院校人文社会科学文摘》《新华文摘》《红旗文摘》《求是》等刊物转载。

　　廖明君（以下简称"廖"）：我注意到你到中山大学非物质文化遗产研究中心后，对非物质文化遗产保护问题进行了持续深入的关注和研究，并已产生较大影响。我更注意到，在你的非物质文化遗产保护问题研究中，是以对当下非物质文化遗产保护发展动态为中心的。2011年6月1日，《中华人民共和国非物质文化遗产法》开始实施，你怎么看？

　　高小康（以下简称"高"）：《中华人民共和国非物质文化遗产法》的颁布在中国非物质文化遗产保护的历程中应当说是一个重要的里程碑。之所以说它是里程碑，不仅因为立法对于非物质文化遗产保护走向法制化的进程是一个重要的阶段性标志，而且从非物质文化遗产保护的整个发展过程来说，非物质文化遗产法颁布的这个时机也是整个非物质文化遗产保护事业发展的一个重要时间节点。

　　如果从昆曲——第一个进入联合国教科文组织非物质文化遗产代表作名录算起，中国的非物质文化遗产保护工作已经开展十年了。此后，2004年，中国签约加入《保护非物质文化遗产公约》；

2006年，国家设立"文化遗产日"，直到现在人大常委会通过非物质文化遗产法，这些阶段性的标志表明非物质文化遗产保护工作在中国日益受到重视；而从国家到地方数万项代表作名录的建立更显示出全国上下对非物质文化遗产保护的热情。

记得在我国刚刚加入《保护非物质文化遗产公约》时，许多学者都对"非物质文化遗产"这个概念感到困惑，几乎每次学术研讨会或在地方政府、文化机构举办的会议上，总有人提出诸如"古琴怎么会不是物质呢？"这样的非专业问题。而仅仅数年之后，"非物质文化遗产"便成为妇孺皆知的一个热门词汇了，我们甚至可以在街头的凉茶铺和烧饼的包装纸上看到"国家非物质文化遗产"的赫赫名号。这好像是一种极富中国文化特色的社会现象：一个本来很生僻的文化事件，由于国家的重视、政府的介入和支持而迅速地膨胀放大，变成了轰轰烈烈争相申报非物质文化遗产项目的群众运动。时至今日，数万个非物质文化遗产项目进入了各级非物质文化遗产名录，随之而来的是无数保护规划已经或即将开始实施，而各地仍然在继续不断地申报新的项目、策划新的保护规划。有人推测，《中华人民共和国非物质文化遗产法》获得批准生效后，可能会迎来新一轮更加高涨的申报非物质文化遗产热。

然而，我想强调的是：如果说几年前刚刚开始的申报非物质文化遗产热有助于社会提高对保护非物质文化遗产的认识和积极性的话，那么，持续十年还高烧不退就未必是一种健康的体征了。去年年底我去贵州这个非物质文化遗产大省考察，一位地方官员谈及非物质文化遗产保护的现状时认为，从资金和人力资源状况来看，现在已有的代表性项目数量、规模已近饱和了。尽管可能还有无数遗珠在外，但非物质文化遗产保护项目的无限制扩容肯定是不现实的。更重要的是，这种轰轰烈烈的景象是否真的意味着传统文化保护和传承事业的大繁荣大发展？追求政绩、追求商业利益的冲动导致行政决策的非理性化，已经对非物质文化遗产保护带来了种种问题：从申报假非物质文化遗产、"死"非物质文化遗产到有名无实甚至弄真成假的假保护，还有因政绩表现和商业性开发的需要而造成的破坏性"保护",等等。显然,现在需要从盲目追求上名录、上项目转向更加科学地评估保护的效果和可持续性。换句话说,非物质文化遗产保护工作从观念到策略应当超越前十年以调查和申报项目为中心的状态而进入"后申报非物质文化遗产项目时期"了。

廖:"后申报非物质文化遗产名录时期"倒是一个新鲜的提法,能不能请你详细谈谈?先请你从提出这一概念的背景谈起吧。

高:我提出"后申报非物质文化遗产名录时期"的概念,不仅仅是指非物质文化遗产保护工作的阶段性特征,更意味着对前一阶段"非物质文化遗产热"的重新审视和反思。轰轰烈烈的"非物质文化遗产热"唤起了人们重新认识和传承传统文化的热情,但大量兴趣集中到了申报非物质文化遗产名录和借非物质文化遗产名头获取资源方面。人们一方面通过大量代表性项目名录的建立开始知道"非物质文化遗产"这个概念,另一方面因为非物质文化遗产名录的影响产生的政绩和商业效益而激发了各阶层人们的投入热情。可以说这个以申报非物质文化遗产项目为中心的时期是一个非物质文化遗产保护的启蒙和普及时期。

但是,当非物质文化遗产保护从启蒙普及变成轰轰烈烈的文化运动乃至大规模的产业开发运动时,关于非物质文化遗产以及整个传统文化的保护与传承发展的认识和实践也显现出了多误读和片面性——究竟应该保护什么?如何保护?特别是在申报非物质文化遗产的轰动效应过后非物质文化遗产保护的可持续性等方面出现的问题,都成为文化发展现实中亟待解决的问题和困难。

可以说,前期非物质文化遗产保护中产生的这些问题以及谋求解决之道,是我提"后申报非物质文化遗产时期"的背景所在。然而,"后申报非物质文化遗产时期"当然并不意味着申报非物质文化遗产活动从此结束,但这个概念意味着非物质文化遗产保护在观念和实践上都必须更新升级了。在大量非物质文化遗产代表性项目被认定和制定保护规划后,在继续实施保护的过程中正在产生无数新情况。非物质文化遗产项目的调查、申报、评审认定工作都遵循着规定的程序,具体的保护规划和基本工作路线也根据项目的分类而形成大致相似的模式,然而保护规划实施的效果却可能千差万别。比如同样是位列国家非物质文化遗产名录的刺绣,苏绣如今有数万绣娘从事这项非物质文化遗产的传承与发展事业,可说是一片兴旺景象;而粤绣却在为后继乏人担忧,甚至连找人补绣都有困难。在这个案例中,显然不可能简单地借鉴前者成功的保护传承经验来解决后者存在的问题,否则问题早该解决了。这样的情况在非物质文化遗产保护中并不罕见。还有一些案例更复杂,比如许多地方以"生产性保护"的名义进行的民俗旅游产业开发项目,有的开发得很成功而有的却不成功。这种情况下很难确定应该怎样评价这种开发的效果,因为在这类案例中甚至不能简单地判定产业开发的成功究竟能否算作是非物质文化遗产保护的成功。申报非物质文化遗产以来保护工作状况与效果的复杂性表明,一般的保护理念不能够真正解决实际发生的保护工作中的问题。每一个具体保护项目都必须作为特殊个案研究和应对,非物质文化遗产保护工作必然是面向特殊性的对策。

廖: 你说得不错。从我自己多年从事非物质文化遗产保护的工作实践来看,当下中国的非物质文化遗产保护的确到了一个转折拐角处:前期的非物质文化遗产保护多来自政府方面的催促和产业主体的拉动,非物质文化遗产保护完全是被动前行的,这种被动的非物质文化遗产保护一方面产生了非物质文化遗产保护的启蒙,另一方面的确产生了粗放式的非物质文化遗产保护实践。在较长的时间里,非物质文化遗产保护的粗放效果是被忽略不计的,但随着非物质文化遗产保护的粗放性所产生的消极后果日益显著,以及非物质文化遗产持有主体的相关意识的日渐提高,就在这一两年,来自非物质文化遗产持有主体自身的、要求以尊重而非凌越的态度对待非物质文化遗产的呼声越来越高。我想,这就是"后申报非物质文化遗产名录时期"得以发生的背景吧。

高: 廖兄说得极是。从某种意义上讲,从申报非物质文化遗产走向后申报非物质文化遗产时期就是从一般的非物质文化遗产保护观念走向面向特殊性的对策研究。面向特殊性不仅是具体的对策，也是非物质文化遗产保护的基本精神，即保护文化多样性。

短短几年的时间，全国已评审通过了八万多个非物质文化遗产代表性项目。这个庞大的数字背后是不同文化群体不同类型的文化形态。这些形形色色的文化形态构成了历史和地域的生态多样性。以不同的方式保护不同的非物质文化遗产项目，使各个文化群体不同的文化传统及其个性得以在当代文化环境中继续传承、传播和发展，是推动当代文化发展走向生态文明建设的重要途径。以传统戏曲保护为例，我国的传统戏曲中影响最大的当然是京剧，以及在戏曲史上地位不亚于京剧而以典雅著称的昆曲。这两个剧种先后进入了世界非物质文化遗产名录，理所当然地受到政府和民间的支持，传承、传播和教育都开展得蓬蓬勃勃。但如果以为京剧和昆曲的繁荣就是传统戏曲保护的成功，那可能就是对非物质文化遗产保护的误解。事实是，在中国的辽阔地域和众多族群中产生了无数各具特色而又相互影响的民间戏曲，这些民间戏曲既携带着不同地域、民族文化群体的文化个性基因，同时又是数百年乡民和市民公众艺术趣味传承、传播和共享化的结晶。在当代大众娱乐文化的冲击下，这些传统文化活动的大部分处于没落甚至濒危状态中。几个大剧种的保护不但不能代替对各种地方戏的保护，搞不好还会影响到对中国戏曲文化多样性的保护。20世纪50年代虽然被认为是地方戏繁荣的时代，但已经出现许多地方戏京剧化的倾向，即用京剧行当、曲牌、剧目改造地方戏，削弱了地方戏的地方特色。这种大一统趋势在普及"样板戏"的运动中达到了高潮，结果是有地方戏曲而无地方特色。如今的戏曲保护工作如果仍然重大剧种而轻民间濒危剧种，这种保护仍然可能会导致传统戏曲生态的破坏。

廖："后申报非物质文化遗产名录时期"的主旨在于保护非物质文化遗产的文化多样性。然而，我的疑问是，你所谓的"保护文化多样性"的非物质文化遗产保护观与其他的非物质文化遗产保护观有什么本质不同呢？比如说，与当下讨论得比较热烈的"生产性保护非物质文化遗产"相比。

高：嗯，首先让我框定下定义。"生产性保护非物质文化遗产"其实是个有歧义的概念。如果从广义的角度理解"生产"和"生产性"，那么可以说只要是文化活动，就都可以视为"生产"——马克思主义所研究的物质生产、精神生产，乃至人的再生产，就把一切人类发展活动都包括了进去。用这个意义上的"生产"来解释的话，任何一种保护活动都可以说成是生产性保护。实际上人们在这里谈到"生产性"时，指的是商业性生产，即具有赢利性质的生产活动。因此"生产性保护非物质文化遗产"的含义是指通过商业活动使一些传统艺术、技艺和活动获得传承、教育、传播的资源和发展空间。

对于非物质文化遗产进行生产性保护，意味着为一些传统文化产品开拓市场，从而使这些文化遗产进入今天的文化消费活动，促进传统文化在当代文化环境中的传承和发展。这种保护方式从理念上讲没有什么不可以。但在实际的保护工作中，生产性保护却变成了对非物质文化遗产的产业化开发，使得传统文化在商品化的过程中被抽离、分解和仿造，在获得商业利益的同时却失去了自身的文化价值，保护变成了破坏。

原因在哪里呢？其实关于"生产性保护非物质文化遗产"的争议与其他许多关于非物质文化遗产的争议都存在一个共同的问题，就是在争论中有意无意地把"非物质文化遗产"视为一个确定的对象。实际上"非物质文化遗产"这个概念所涉及的对象是相互之间差异很大的许多文化活动的集合。以国家划分的10个类型而言，除了都具有历史传承性和被相关群体视为自己的文化遗产这两个抽象概念之外，很难找到涵盖所有类型的共同特征。

关于生产性保护非物质文化遗产问题所发生的争论也跌入了这种概念的陷阱。有些非物质文化遗产类型如戏曲、曲艺、杂技、手工艺等，传统上就具有商业特征；从某种意义上讲，只有当产生了一定的社会需要和形成了合理的市场运行机制时，这类文化形态才能说得到了活态传承保护，否则充其量只能算是被围护供养起来的活化石。但对另外一些非物质文化遗产类型而言，商业化可能造成毁灭性的破坏。如一些民俗活动尤其是民间信仰活动，一旦变成商业性行为，其中的传统文化内涵就可能被彻底剔除而成为似是而非的伪民俗。鉴于这种复杂性，我们谈论非物质文化遗产的生产性保护问题时必须确定自己的对象：是哪一类非物质文化遗产的保护问题。当然，问题并不仅止于此。即使是传统上具有商业性的非物质文化遗产类型，在今天采用市场经营的方式进行保护时仍然存在问题：用今天的商业模式经营传统文化产品是否合适？比如用大规模复制技术代替传统手工操作生产"物美价廉"的仿工艺品，用现代声光技术和时尚元素改造传统艺术表演而创作的新编传统戏曲，是否还能算作非物质文化遗产？有的学者提出生产性保护非物质文化遗产不等于非物质文化遗产的产业化，就是虑及现代产业经营模式可能对非物质文化遗产的文化形态造成的畸变和破坏。的确，旅游景点随处可见大量的粗制滥造的赝品已经对传统工艺的形象和价值造成了不小的损害；婉转优雅的"水磨腔"和水袖表演如果改造成流行歌曲和街舞的时尚趣味，那对传统戏曲来说也是一场灾难。保护非物质文化遗产的本意就是保护文化多样性，也就是保护不同文化形态背后各个文化群体自己的传统和个性。如果把对文化个性的保护变成产业化的大规模生产和普及，岂不是反而在消灭文化的多样性？

所以，你看：当我们以普世眼光将一切非物质文化遗产视为同一性质的同质文化时，"生产性保护非物质文化遗产"本身就是一个文不对题的说法，你无法说它是对还是错。其实，从非物质文化遗产保护的现实来看，"生产性保护非物质文化遗产"是非物质文化遗产同质化的例子之一，其他像"政策性保护""想象性保护"等都不是从非物质文化遗产同质化的错误角度出发吗？事实上，当我们取消了非物质文化遗产本身的多样性而加以保护时，同时也就取消了非物质文化遗产保护本身的传承与可持续性。"后申报非物质文化遗产名录"的观念所提倡的，是从多样化、差别化的角度进行非物质文化遗产保护，将保护的目的从保护非物质文化遗产的特定利益转向保护非物质文化遗产的传承与可持续发展。

在此意义上，刚刚实施的《中华人民共和国非物质文化遗产法》就有所不足。它关于保护的要求做了比较明确的规定，简单概括就是"三性"（真实性、整体性、传承性）和三个"有利于"（有利于增强中华民族的文化认同，有利于维护国家统一和民族团结，有利于促进社会和谐和可持续发展）。如果严格按照这几个标准实施保护，非物质文化遗产是否产业化的问题似乎比较简单了。但其实还存在着一些边缘情况，就是在严格的非物质文化遗产保护范围之外，与非物质文化遗产的文化特征相关或利用非物质文化遗产的宣传效应而进行的商业性开发应该如何对待？比如广东凉茶，作为非物质文化遗产代表性项目所要保护的技艺传承涉及许多店家的不同配方和制作技术，难以简单确定符合"三性"的标准，实际上变成了对相关老字号的品牌保护。这种保护属于商业性保护，由此产生的问题是对于老字号品牌的衍生产品以及非老字号品牌凉茶利用非物质文化遗产名录进行商业性宣传应该如何判定其合法性，如果保护的目的是纯粹商业性的品牌权益，问题就比较简单了——专利法、商标法和知识产权保护法等相关法律都可以适用于这种保护目的。但非物质文化遗产保护的目的恰恰不是纯粹的商业权益，而是为了保护一种文化的传承与可持续发展。如果保护老字号的结果是使得一种文化遗产走向衰微——这在传统的民间技艺传承中是很常见的现象——那么这种保护岂不是南辕北辙了？如果把传承非物质文化遗产的权利简单归结为代表性传承人的个人权益，这种传承悖论就难以避免。

廖：你所提的"保护文化的多样性"的确是与当下非物质文化遗产保护形成了本质的差异，在观念创新上很有启发性。然而，仔细想想，将非物质文化遗产处理成同质文化进而加以保护的思路之所以提出来并能普泛流行，是因为"同质化"的非物质文化遗产处理方式与"保护"的要求之间具有天然的亲缘性，两者都倾向于保守。如果是这样的话，"保护文化的多样性"的问题就来了，"文化的多样性"强调对非物质文化遗产对象本身开放的把握方式，这与"保护"的保守姿态之间是不是会形成冲突？也就是说，非物质文化遗产的文化多样性的保护究竟如何成为可能？

高: 这的确是把握了问题的关键。首先应当确定的文化观念是，无论从传统还是当下的文化发展状况来看，一种具有代表性的优秀的传统文化表现形式，都可能伴生着大量不同价值的共生或衍生文化形态。法国艺术史家丹纳说每个优秀的艺术家只是海潮中的浪花或合唱中最高的声部，可以说非物质文化遗产代表性项目也只是整个传统文化遗产中的浪花。保护优质文化显然不可能靠驱逐低级产品实现，充其量只能通过差异化竞争为优秀的代表性非物质文化遗产产品创造高层次的文化消费空间。如果是一个完善有序的文化市场，那么大量的低层次非物质文化遗产衍生品恰恰可以成为整个传统文化消费生态环境的基础。这里需要解决的问题是如何使高端文化产品与低级衍生品在市场结构中区分开来，各自获得相应的生存空间和社会价值判断尺度，而不至于形成劣币驱逐良币效应。

其次，非物质文化遗产保护要"保护文化多样性"其实就是非物质文化遗产的生态保护问题。早在非物质文化遗产概念产生之前，在研究保护传统民俗民间文化时，许多学者就提出了生态保护的问题，而且在一些地区还建立了文化生态博物馆。1995年中国和挪威合作在贵州六枝梭戛兴建了第一座生态博物馆。这是对传统文化进行生态保护的一个范本，至今还被作为重要的旅游资源推广，也是后来非物质文化遗产保护中建设文化生态保护区的滥觞。但有的学者在对这一生态博物馆进行跟踪考察后却发现其中存在问题。一位研究者在2000年和2004年两度考察这个生态博物馆，第一次的感觉是充满希望，但第二次却完全不同了："资料信息中心的每个房间基本上大都紧锁着，既看不到博物馆的工作人员，也没有见到本土的管理人员，只有一个彝族妇女在负责看守和接待……和四年前相比，博物馆资料信息中心的各项工作已基本停止了……处处显示出衰败景象……当初生态博物馆强调要保护的传统文化艺术事实上并没能有效地保护下来：在这儿，你再也听不到古歌和情歌的自然演唱，再也看不到自发的歌舞欢爱，你也看不到原生艺术的展示和民族的自尊，虽然还能看见有中年和老年妇女把木角戴在头上，蜡染的衣服也还没有被那些所谓'扶贫济困'的汉装所完全取代,但是,和四年前相比,我不得不说,真正原生的长角苗民的文化符号已所见不多了……'生态博物馆'在这里实际上已经严重变形,那就是说,梭戛生态博物馆的发展在今天已经严重偏离了当初吉斯特龙们所设计的方向,而演变成了一种在今日中国最为常见的普遍存在的民俗旅游村。"①为什么会出现这种情况?值得注意的是作者关于这种生态保护的一种批评性看法:他认为"生态博物馆"这一概念的核心和运作的最终目的是保护传统文化,但这些保护行为本身并不是来自当地居民自发的内在要求和自觉意愿,而是一种纯粹的外在行为,因而对当地居民来说,整个保护的过程都是被强加的,也是被动接受的。

梭戛生态博物馆是不是真的已经一团糟?其他后来建的类似生态保护馆区是不是也是如此?对于这些生态保护措施效果的评价也许会有不同意见,但有一点很重要:非物质文化遗产的生态不是纯生物学或环境科学意义上的生态,而是有主体的文化生态。如果像环境保护那样由外在的保护者强制进行肯定是行不通的。

我的意见是,非物质文化遗产保护保护的不是由外在的保护者所定义的"原生态",而是由非物质文化遗产持有主体遭遇"他者"、产生应对而自发产生的"新生态"。在传统的乡民社会中,人们的认同建立在集体传承的传统基础上。如果把外界介入前的传统民间文化形态称作"原生态"的话,可以说那是一种自然形态的文化,或者说是"无我"的文化。生态问题的发生,或者说所谓生态破坏的问题,是在"他者"介入原生态文化后发生的问题。

文化生态保护观念的发生是与20世纪中期以来的生态主义思潮一脉相承的。生态主义是外在于自然的人类对自身行为的反思,是从人的角度保护自然生态的努力。同样,文化生态保护的观念也是从外在于乡民社会的人类学角度对文明社会行为的反思,是从当代文化的角度保护传统文化生态的努力。与保护自然生态不同的是文化生态是有主体的,当他者介入乡民社会后,原来处于"无

---

① 潘年英:《梭戛生态博物馆再考察》,《理论与当代》2005 年第 3 期。——编者注

我"状态的乡民社会因为与"他者"的对立而成为"我"或者说文化主体。在游客凝视下的乡民成为乡民生活的展演者而不再是原生态的乡民,因为他们越来越意识到自己作为与"他者"行为、态度相关的存在。文化生态保护与民俗文化旅游一样在塑造着乡民与外来的"他者"之间的相对关系,使他们成为文化生态主体。在这种情况下,文化生态保护离开了文化主体的需要和态度就会变成一厢情愿的想象。

生态博物馆虽然不同于剥离生态环境的传统博物馆,但既然还是博物馆,就摆脱不了将文化生态作为被凝视对象的他者身份特征。梭戛长角苗民对生态博物馆的冷漠和对于商业表演的热情正表明他们在与他者的关系中自我意识的逐渐产生。贵州有位文化部门的官员在谈到唱侗族大歌的少女组合时多少有点抱怨地说,当初她们还没有出名时喜欢和政府官员们合影,而出了名之后和她们合拍张照片还要几百块钱。商业演出提高了她们的身价,也意味着她们与文化部门官员们之间的关系起了变化:原先她们是一种不自觉地被保护的对象,而此时她们则意识到自己的身份因文化生态保护而产生了价值,而且可以通过这种身份价值获得利益。当乡民们作为文化生态主体的自我意识觉醒后,由他者主导的保护工作遇到了麻烦,这是文化生态保护中出现的悖论。

廖: 嗯,保护的是"新生态"而非"原生态",这个归纳非常有启发性。既然你将非物质文化遗产保护的落脚点放在了非物质文化遗产持有主体身上,那么,当下非物质文化遗产保护中的"传承人制度"与"非物质文化遗产教育"在你的"后申报非物质文化遗产时期"观念中应当是有特别重要的意义了。

高: "后申报非物质文化遗产名录时期"观念主张一种有始有终、有头有尾的非物质文化遗产保护态度。从申报非物质文化遗产开始,非物质文化遗产的传承、教育和传播就作为保护的重点内容受到强调。在申报非物质文化遗产时,所有的申报报告和保护规划都无一例外地要制定切实可行的这一类保护措施。现在需要追问的是,在申报非物质文化遗产过后,非物质文化遗产的传承、教育和保护工作究竟进行得怎么样了?

传承措施似乎不应该有太大问题,因为有硬性的代表性传承人制度,而且有政府的财政支持,但真正实施中效果却并不都那么如意。有的非物质文化遗产项目传承已经岌岌可危,代表性传承人靠这种传统技艺维持生活都有问题。在这种情况下,政府资助的那点生活补贴对于传承人的保护还是有意义的。但有些影响较大的工艺品制作,制作者一旦有了被公认的地位身价立刻暴涨,制作者就可能因此而脱离传承人保护体系而谋求商业性发展。还有一些代表性传承人的选择不是根据非物质文化遗产传承的实际状况,而是因为其他方面的理由,使非物质文化遗产传承人变成了一种与传承未必有关的奖励或优惠。从日本、韩国等国家对代表性传承人保护的经验来看,保护传承人并非仅限于提供一点资助和补贴,更重要的是作为一种荣誉提高传承人的社会地位和文化影响力。此外,在我国的非物质文化遗产代表性传承人评审中还存在一种默认的概念,认为非物质文化遗产代表性传承人都是个人,一些必须由集体合作进行的非物质文化遗产只指定其中一人为代表性传承人。这样一来,有些集体合作项目的非物质文化遗产的传承可能会逐渐个人化而改变原来的形态与意义。日本在指定"人间国宝"(类似我国的非物质文化遗产代表性传承人)时注意到这种情况而作了关于集体传承的规定,我国的代表性传承人制度或许有必要参考日本的经验。

关于非物质文化遗产的教育,这在联合国教科文组织颁布的《保护非物质文化遗产公约》就已经明确提出了。非物质文化遗产的传承和教育是密切相关的,没有某种形式的教育,实际上也就不可能有传承了,所以在每个非物质文化遗产项目的申报书中都会明确提出非物质文化遗产教育的方法和规划。有的地方的确下了很大功夫展开这种教育。当然,这方面最极端的例子可以举出教育部三年前开始的"京剧进校园"试点。但经过几年的工作,现在的情况如何? 教育部的试点想当然不会有大问题,但下面的各种非物质文化遗产教育状况就比较复杂了。大理学院青年学者李刚几年来跟踪调查了云南弥渡县的一项非物质文化遗产教育工程"花灯进校园"。这是弥渡县从2008年开始,在全县中小学实施的工程。县人民政府在弥渡花灯入选第二批国家级非物质文化遗产名录之后就制定了《弥渡花灯进校园工程实施方案》，方案包括具体规划、成立领导机构、编写中小学教材并由县财政投资制作免费发放给全县中小学生、组织全县中小学音乐教师进行培训等一系列系统而实际的操作内容。2008年秋季开学时，全县中小学在课间操及每周专门安排的一节乡土音乐课上开始了花灯文化的教学活动，县教育局和文体局还于2009年1月对花灯进校园工程进行了展演节目的评比。整个教育方案可以说是切实可操作的。然而，这个看起来轰轰烈烈的非物质文化遗产教育工程实施了不过一年就悄无声息了。

一个"看上去很美"的非物质文化遗产教育方案为什么实施不下去？李刚认为这个方案所依据的常规教育思路有问题：花灯主要是在汉族群众中比较流行，而且每种流派的艺术形式和表演内容都有差别，让全县的中小学生都依据教材学习同一种花灯音乐、花灯舞蹈，会不会抹杀弥渡花灯艺术的多样性？他在调查的过程中发现一些彝族、回族、白族和傈僳族的学生就明确表示他们根本不愿意学习花灯歌舞，只是学校强制要求，他们才不得不学。非物质文化遗产保护的目的是保护文化多样性，而统一规划的教育内容和方法恰恰与非物质文化遗产保护的根本精神有矛盾。

问题可能就在这里：非物质文化遗产教育的目的是为了保护被各个群体视为自己传统的民俗民间文化，而不是一般意义上的文化普及。因此在这种教育中，与特定非物质文化遗产项目相关的文化群体的认同感与文化主体意识的培养是最基本的教育。统一实施的常规化教育的结果可能会使非物质文化遗产变成抹去了特定传承的无主体的空心文化，而抹杀了非物质文化遗产的多样性文化特征就等于从文化内涵的层面上消灭了非物质文化遗产。站在后申报非物质文化遗产时期的立场重新审视申报非物质文化遗产以来的传承、教育和传播活动，就会注意到轰轰烈烈之后逐渐暴露出的问题，其中最关键的就是非物质文化遗产主体的缺席现象正在发生和蔓延，这会对非物质文化遗产保护的价值和可持续发展带来影响。

廖：你的"后申报非物质文化遗产名录时期"观念在今天访谈中限于时间没有办法全面展开，但可以看得出，你所提出的"后申报非物质文化遗产名录时期"观念的确是从当下中国申报非物质文化遗产的问题出发，以非物质文化遗产持有者的文化多样性为核心，推演周详，不仅有很高的理论原创性，而且切实可行，希望能引起学界及相关部门的注意。

高：多谢你的肯定。从申报非物质文化遗产的轰轰烈烈到后申报非物质文化遗产时期的反思，对非物质文化遗产保护和中国当代文化建设来说，是一个重要的转折发展。能够认真反思和研究后申报非物质文化遗产时期的非物质文化遗产保护状况与发展趋势，中国的文化传承和建设中华民族共同家园的工作才会有可持续发展的前景。

（原载《民族艺术》2011年第3期）

学术研究是自戴脚镣的体力活

施爱东　廖明君

施爱东,中国社会科学院文学研究所研究员、中国社会科学院大学文学系教授。兼任中国民俗学会副会长兼秘书长、中国俗文学学会理事、中国大众文学学会理事。

主要研究方向为民俗学学术史、故事学、谣言学。著有《中国龙的发明:16—19世纪的龙政治与中国形象》《倡立一门新学科——中国现代民俗学的鼓吹、经营与中落》《中国现代民俗学检讨》《学术与生活不可通约》等。

廖明君(以下简称"廖"):"传说中国"专栏在《民族艺术》开设之后,很受学术界关注和好评。记得你曾在信中说过,"传说中国"系列论文写得非常痛苦。真是辛苦你了!但我认为这样的辛苦是非常值得的。你在写作中一定还有许多意犹未尽的话,或者说在论文中不适合表达的意思,能不能借这个访谈,进一步谈谈你的感受和心得?

施爱东(以下简称"施"):我的痛苦不仅是身体的劳累,更痛苦的是心理煎熬。这一系列文章,主要是我在东京大学东洋文化研究所访问期间完成的。我在申请去东大的时候,给菅丰教授提交的合作题目是故事学方面的,到了东大之后,发现这一方面的材料不足,但是,近现代史方面的中日文资料,他们搜罗得非常齐全,有关中国的西文资料也很丰富,所以,我就顺势将合作课题改成了"16—20世纪的龙与中国形象"。就是这个课题给我带来了极大的精神煎熬。当你认真进入晚清的历史细节之后,你会发现,原来我们历史书上的那些宏大叙事,只是告诉了我们一个"落后"和"挨打"

的基本事实。可是，为什么落后？为什么挨打？仅仅是因为落后才挨打？或者是因为挨打才落后？一百多年来，我们的历史教科书把责任全推给了帝国主义侵略者，从来没有认真反思过这个民族自己的问题。鸦片战争、甲午战争、庚子事变，中国根本不是被侵略者打败的，而是被中国人自己的顽固、贪腐、瞒骗、窝里斗给打败的。那些尘封百年的旧材料，对我来说，全是新体验，是我在过去的历史书上从来没有读到过的。看着那些材料，对照历史，看看今天，我深刻地品味着鲁迅曾经痛苦过的痛苦。

廖：你说的这种情绪是在写作《拿破仑睡狮论》和《从Pigtail到"豚尾奴"》期间的情绪吧？我收到你稿子的时候，就看出你是憋着一股"气"在写作的。在你的论文中，有时流露出一些民族主义的情绪，有时又对民族主义冷嘲热讽，看得出来，你的内心也很矛盾。清末的革命派和改良派，本质上都想为了中国好，可是，彼此视若寇仇，常常不分青红皂白打得乌天黑地。一些革命志士，不杀贪官污吏，反而专杀那些主张改革的立宪派大臣，目的只是为了加速清王朝的腐烂，让大清朝早点沦丧。这确实有点造化弄人，是是非非，黑白难辨。

施：是的，我很矛盾。一方面，我认为自己是个坚定的爱国主义者，可另一方面，当时身在日本，对比日本人的清静自律、彬彬有礼、细致认真，我总是不自觉地在每个方面都拿他们与中国人进行比较，这种比较让我非常痛苦。然后，我发现我越来越"恨"自己的民族，我"恨"这个民族的帝王将相，"恨"这个民族的贪官污吏，也"恨"这个民族的市井小人。有时候我的内心突然会闪过一丝危险的念头：如果让我穿越到晚清，我会变成一个叛国者吗？我会是那个手拿小三角旗站在街边欢迎英法联军的小市民吗？这个念头让我直冒冷汗。那段时间，我常常整夜整夜地看材料，睡不着。两个月后，我就开始掉头发，鬼剃头，一块一块地掉，后脑勺出现三块光滑的头皮，整个精神都快崩溃了。历史学者是最痛苦的，知道越多，精神越痛苦。像我这种心理素质弱的，更是不堪其苦。

廖：也许正因为爱，才会有怒、有恨吧。如果你真的不爱这个民族，你就应该是事不关己，高高挂起。你痛苦，恰恰是因为你挂不起来，所以才将关于清朝龙旗那篇文章标题取成《哀旗不幸，怒旗不争》吧？

施：虽然我试图在《龙与图腾的耦合》中拆解闻一多的"龙图腾说"，但我敬仰他的伟大人格。从他的《家庭主义与民族主义》可以看出，闻一多的民族主义不是保守狭隘的民族主义，而是广义的民族主义，包含了民主主义的内涵。闻一多和顾颉刚都是我最敬仰的学者，闻一多求是，顾颉刚求真；闻一多激情澎湃，顾颉刚固执冷静。他们不是同一类学者，但我两者都爱，闻一多的《伏羲考》和顾颉刚的《孟姜女故事研究》是我最喜爱的两部经典。正因为爱，所以读得细，想得透，我才更有把握拆解它们。

廖：虽然你是带着情绪进行写作，但我觉得你在对待具体问题的时候还是努力地保持着冷静客观，除了一些带着感情色彩的用语的习惯，你很认真地遵循了学术写作的规范。我看你每篇文章都在尝试用一些新的方法，尤其是在材料的搜集和取舍方面。比如你在《龙的政治》一文中，主干部分的材料基本上只使用了二十四史，而且集中使用了其中的"舆服志"。你自己解释说："这样做的好处是，可以用相对均质的帝王对于龙的态度，来说明龙形象的历史变迁，避免使用各个不同阶层的混乱的龙观念来分析帝王生活中的龙形象，尽量减少张冠李戴。"我觉得这段话还可以再展开谈一谈。

施：谢谢给我解释的机会。其实任何写作，都必须有明确的"边界"，不仅叙事要有边界，取材也要有边界。20世纪以前的西方人类学和民俗学最大的问题就是滥用"普遍联系"的观点来解释各种社会"遗俗"。只要是具有类似结构的人类行为，不管是古代的还是现代的，也不管是南半球的还是北半球的，都被跨时间跨地域地穿越在一起，互相印证，互为说明。我们用美洲印第安人的图腾制度来解释中国上古时代人与动物的关系，虽然可以取得貌似丰硕的成果，可是，建立在类似普遍联系基础之上的理论和观点，充其量只能是一些假说，不仅无法从逻辑上得到论证，而且还可以从现实和文献中找到大量反例。学者们在学术写作中之所以选用这则材料而不选用那则材料，不是基于材料来源的性质，而是基于预设观点的需要。有些文章表面上看起来旁征博引，可是由于其结论乃是建立在异质论据的基础之上，这就像把楼建立在沙滩基础之上，根本立不住。

廖：你所谓"材料来源的性质"，是不是类似于我们通常所说的"语境"？你的意思是不是说，观点以及所有用来论证观点的材料必须基于同样的语境才是有效的，取自不同语境的"互为异质"的材料，不能用来解释同一个现象？

施：是的，可以这么理解。举个例子，就说龙吧，中国古代关于龙的叙述多如牛毛，各种史志小说，杂说纷呈，根本就找不到一种可以放之四海而皆准的关于龙的定义的描述。说龙是祥瑞的，说龙是祸害的，说龙有无限神通的，说龙是供人斩杀的，说龙是专淫人间妇女的，只要你愿意费点时间，东鳞西爪，拼拼凑凑，哪种说法都可以凑出一两本书来，但是，所有建立在如此拼凑基础上的论证都是不可信的。

廖：围绕特定主题，找出同类材料，用归纳推理的方法得出相应的观点，这是学术写作的常用手法。如果这种常规写作不可信，你认为如何写作才是可信的呢？

施：这个世界根本就不存在放之四海而皆准的普遍规律，不存在能够超越时空的学术理论，自然科学尚且如此，人文社会科学就更不用说了。所有的规律，都只是特定条件下的有限规律。在这个条件下适用的规律，放到另一个条件下可能就会出错。用近十年来民俗学界的一个时髦用语，就是"语境中的民俗"。任何问题，都只能从特定的语境出发；任何结论，也只有在特定语境下成立。由于民俗学者的主要素材来源是田野作业，所以每当涉及语境问题时，民俗学者往往首先强调田野作业中的语境。其实，文献资料中的语境问题一样重要。文献的语境既包括该文献的上下文，也包括该文献所涉及的社会背景、文化背景、地理背景、心理背景等各种制约因素。这一点，已经有许多学者从理论上作过详细论述。可是，一旦落实在具体操作中，许多学者并不知道如何处理文献的语境问题。

廖：对文献语境的关注，旨在将文献所描述的民俗生活还原到特定的时空环境之中。在学术写作中，一般表现为对引证文献的背景交待。套用一下新闻学术语，不外五个W一个H：When（何时）、Where（何地）、Who（何人）、What（何事）、Why（何故）、How（怎么样）。对于一则文献来说，这样做似乎也差不多了。可是，许多学者做文章时，虽然将材料的语境呈现出来了，却只是单纯地呈现了语境，自己都不知道这种语境的呈现有什么作用。我看过许多硕博士论文，开篇总是有很长的篇幅交待背景信息，比如村落的地理位置、人口构成、经济状况、社会结构等，可是，大多数论文的背景信息是独立存在的，并没有与正文内容形成功能性互动。

施：你说的这种现象非常普遍。许多人以为，所谓语境，就是把对象的背景信息交待一下，交待完了就完了，根本不知道这种交待有什么功能。对于某一则文献来说，能做到五个W一个H的交待就很不错了。可是，对于一批分散的文献来说，如果各有不同的W不同的H，彼此完全不重合，事实上就等于泯灭了所有的W和所有的H，因为没有一则W或者H是有用的，你交待得再清楚，都是白费力气。举个具体的例子，在同一篇龙文化的引证文献中，这一则材料来自先秦文人，那一则材料来自清末艺人，或者这一则材料来自宫廷太监，那一则材料来自乡村妇女，虽然每则材料都有具体的背景交待，可是，把它们放在一起，能说明什么问题呢？牛头对马嘴，什么也说明不了。因为所有的材料都是根据学者预设观点的需要从大量文献中抽取出来的，它不是随机抽样，而是按图索骥。先确定了要引用哪一则材料，然后再确定应该交待这则材料的具体语境，这样的语境交待没有任何意义。而且在这种一带一的语境交待中，我们只看到了这一则材料和它的语境，我们没有看到同一语境下的其他材料，因此无法确定是否存在同一语境下的反面例证。

廖：你的意思是说，必须将材料和语境的关系颠倒过来，应该先确定该项研究的语境，然后呈现这一语境下的所有同类现象吗？你认为这样是可操作的吗？

施：理论上说，一、只有完整地呈现了同一语境下的所有同类现象，我们才能通过某一特定现象的出现频率，对该现象作出基于该语境的正确判断；二、只有基于同类语境，才能对这类语境中某一特定现象进行有效的比较研究，从而作出变迁规律的说明。所以说，语境最本质的功能，其实是制约现象（具体材料）在学术讨论中的适用范围。在论文的写作中，我们不应该将语境视为现象（具体材料）的支持者和辅助者，而应该视之为现象（具体材料）的监督者和制约者。当然，这只是一种学术理想，事实上很难严格执行，但我们必须朝着这个方向努力，至少必须树立这样一种理念，把它看作一个最基本的常识。

廖：能不能谈谈你是如何将之应用于学术写作的？

施：很遗憾，我也无法完全做到。在大部分学术写作中，理想的材料都是不充分的，为了凑起文章，或者为了让文章好看，我也常常将一些无法证明为同类语境的材料凑在一起，虽然自己心里明白这种"旁征博引"是不可靠的，但为了"多快好省"地完成论文，有时就放松了对自己的严格要求。"传说中国"的系列文章算是我朝着理想方向的一种努力吧。许多读者可能会觉得我的论文比较烦琐，一些与中心论点没有直接关系的间接材料也在论文中呈现出来了。但我认为这是必不可少的，也就是我前面所说的，尽可能完整地呈现同一语境下的所有同类现象。那些间接材料虽然并不直接用来佐证我的中心论点，但它们可以帮助读者更全面地了解那些直接材料在该语境下的出现频率，用以支撑直接材料的可信度，从而间接支撑起中心论点的可信度。举个例子说，有些龙学家认为自古以来，龙就是天子的图腾，最直接的证据就是，通过文献和考古可以证明，早在《诗经》时代，天子已经标龙旗、饰龙纹、用龙器。找出这样的例证，再辅以语境的说明并不难，当今电子信息时代，敲敲键盘就能找出一大堆。可是，这样的结论可靠吗？当然不可靠。因为你没有告诉我，除了天子，诸侯士大夫以及一般贵族是否也能标龙旗、饰龙纹、用龙器；你也没有告诉我，天子除了标龙旗，是否也标其他动物旗，除了饰龙纹，是否也饰其他动物纹，除了用龙器，是否还用凤器虎器牛器。也就是说，你没有把同一语境下的其他信息呈现给我，我不能相信你的结论。而我所努力做到的，是把同一语境下的同类现象都交待清楚，在一大堆的动物纹饰中，你可以从中清晰地看到龙纹在其中的地位变化。这就像我们看一个学生的成绩单，上学期平均95，下学期平均90，表面上看，这个学生退步了，可事实未必如此，我们只有把全班学生的各科成绩都列出来，才能判断这个学生哪科进步了哪科退步了。

廖：既然呈现给读者的信息要如此尽可能地全面，那么，需要作者提供的资料就成了无底洞，你如何来控制写作的篇幅呢？

施：基于"普遍联系"的观点，只要我们顺藤摸瓜，每一个小问题都可以不断延伸，每一则材料都可以从不同的角度加以分析，若此洪水泛滥，必将漫无边际。为了控制篇幅，我们一定要将自己的研究对象限定在一个可操作的范围之内，设定一条严格的"边界"。边界之内，理应"上穷碧落下黄泉，动手动脚找东西"，理应将与话题相关的各个侧面的信息都尽量呈现出来；而在此边界之外的信息，不仅不必呈现，反而应该严格限制。在一个真正具有科学素养的学者眼中，"旁征博引"即使不是贬义词，也绝不是一个褒义词。因为边界外的材料是我们按照预设观点的需要从各种五花八门的文献中摘引出来的，既没有完整呈现该材料语境中其他侧面的同类材料，也不能保证该材料语境与其他材料语境的"同类"性质，所以说，这样的材料信息是局部的、片面的，不能作为有效的论据使用。当然，这是理想化的状态，要严格做到非常困难。有时我也会习惯性地从边界外挪用一些相关信息来支撑自己的论点。比如在《龙的政治》一文中，我前面已经强调了"用相对均质的帝王对于龙的态度，来说明龙形象的历史变迁"，可是，后面又多次使用了王充《论衡》所提供的信息用以佐证自己的观点，严格地说，这样做是不合适的。理由很简单，既然引用了《论衡》中这个侧面的信息，为什么不引用《论衡》中与此相左的另一侧面的信息；既然用了《论衡》，为什么不用《搜神记》，不用《博异志》，不用《西游记》？从学理上说，我们若要使用一种材料，就应该将这种材料语境下的相关侧面都呈现给读者，至少应该明确说明这种材料的适用范围。正因为有这么多的条件限制，所以说一篇严格的学术文章其实只能讨论一个很小的问题。只有当这些互相关联的小问题都得到解决之后，才能将之作为进一步讨论的基础，进入更宏大或者更深入一点的话题。

廖：这样的要求是否过于苛刻？对我们编杂志的人来说，过于烦琐的资料堆砌，不仅给版面造成巨大压力，也影响读者的阅读。从作者、编者、读者三方面来说，都是一种沉重的负担。

施：学术研究和写作，本来就是最枯燥无趣的事，如果没有严格的学术规范，学术成果没有较高的可信度，这样的工作做了也是白做，还不如不做。既然做了，就应该尽最大的努力让研究成果信得过、立得住。即使限于发表篇幅，无法将这些信息全盘呈现给读者，至少也应该在幕后做好这份工作，然后将你的工作程序以及数据处理的结果知会读者，让读者对你的研究成果有个起码的信任。

廖：可以用你前面发表的几篇文章来举例说明一下吗？大家都谈谈自己学术写作的幕后工作，或许是一个有趣的话题。

施：《16—18世纪欧洲人理解的中国龙》基本上是按照这个设想做出来的，我在文章开头交待了："笔者力所能及地搜集已经汉译的所有早期欧洲汉学典籍，以及尚未汉译但在汉学史上具有深远影响的英法文原典，然后，不做主观选择地全部列出每本书中涉及中国龙形象的文摘，力求用'准统计学'的方式来垒砌本文的论据之塔。"我的工作流程是：第一，从网上搜索汉学书目，我在豆瓣网找到一份"海外汉学研究参考书目"，从中勾出了18世纪前的所有书目。第二，用这份书目作引子，在东京大学图书总馆的网页上查出它们的索书号，找到这些图书所在的书库和书架，再将书架上的同类图书一本一本地翻过去，找到有用的就搬回办公室。这种操作方法虽然笨拙，但东京大学各书库所藏的相关图书，大致能扫个七七八八。第三，从中挑出有用的著作，如果有中译本的，尽量找到中译本。第四，东京大学找不到的，再到东洋文库去找。第五，从网络下载电子图书。

廖：就算你一网打尽了东京大学和东洋文库的相关资料，以及汉译的全部早期欧洲汉学典籍，你如何能保证找齐了这一时期的全部同类文献呢？

施：前面说的"全部同类文献"只是一种理想状态，在实际操作中，不可能也不需要找齐全部同类文献。我们可以借助随机抽样的方式进入实际操作，只要样本数量足够大且有代表性，那么，通过对部分文献的使用即可实现对全体文献性质的有效判断。用我前面所说的资料搜集方法，基本上已经将较重要的早期汉学典籍都囊括进来了，这就够了。这里我得简单解释一下随机抽样中"整群抽样"的概念。首先，我们可以将18世纪以前的所有汉学原著当作一个集合，然后，我将那些自己没有能力阅读的德文、俄文、西班牙文、葡萄牙文书目剔出去，再分别依据该集合内其余书目在"Google books"上的被引频次，从高到低列出一份能被一篇论文篇幅所容纳的图书目录，这就是本文所交待的"具有深远影响的英法文汉学原典"，我们可以把这部分图书视作一个抽样单位——群。这个群就是一个完整的样本单位。这部分样本，再加上所有已经汉译的18世纪前的欧洲汉学典籍，合并其中不同语种重叠的部分，就构成了我所依据的全部样本。这个样本群，本质上也是一种随机抽样。该群所传达的信息，可以有效地代表所有欧洲早期汉学著作的中国观念。

廖：仅仅是选取材料，就要有这么多讲究。这对一般的学术写作来说，会不会太复杂了一点？

施：解释起来有点费事，但如果你真有了这种理念，操作起来并不复杂。这中间没有什么很费脑筋的事，全都是非常简单的体力活。接下来的工作，依旧是体力活。

廖: 接下来的工作应该是对样本的具体操作了吧? 我注意到你有一条注释中作了些说明:"本文所采用的图书, 除少部分可以使用电子检索功能之外, 大部分涉龙的文字系笔者逐行逐句阅读所摘取或翻译。但因个人目力有限, 难免粗疏眼花, 加上中译本也有译者漏译的可能, 因此遗漏部分涉龙的文字在所难免, 但此类遗漏决非'选择性忽略', 从统计学的角度来说, 总体上无损于本文列表的统计意义。"

施: 是的。这段话对于正文观点的论述并没有多少实质性意义, 但为了防止有内行人读了原著之后, 找出我遗漏的样本, 指责我引用材料不完整, 从而质疑本文论述的可靠性, 所以专此说明, 把它放在注释中, 以防后患。这段文字的重心在于"非选择性忽略", 意思是说, 即便遗漏部分样本, 也是属于"随机遗漏", 与未被遗漏的样本是同质的, 因而此类遗漏只是损失了一定的样本数量, 而不会损害整体样本的有效性。总之, 所有这些啰唆的交待, 都是为了强调本文所使用的材料(样本)的可靠性。

廖: 人文学科尤其是涉及观念形态的问题, 是无法使用演绎推理进行论证的。我们通常使用的都是归纳推理, 是从个别知识的前提推论一般知识的结论。你所谈论的其实就是一个用什么方法进行归纳才是"可信"或者有效的问题。我理解你说的整群抽样, 应该是与逻辑学上的典型归纳推理相对应吧。我们知道, 典型归纳推理是一种不完全归纳推理, 因此也只能是一种或然性推理, 其结论不具有必然性。那么, 你又如何保证你的结论可信或者有效呢?

施: 我不敢说我的结论"绝对可信", 我只能努力追求"更可信"。传统人文科学的研究, 多数学者都是使用古典的列举式归纳, 即全称归纳, 这种归纳法表面上看起来古今中外旁征博引, 好像很有说服力, 事实上作为样本的事例, 全都是研究者根据自己的主观设定从文献中精心挑选出来的, 如此抽取的样本并不具有统计学意义上的代表性, 其结论的有效性非常低。而我使用的是随机抽样, 这在理论上是相对可靠的。虽然我也将样本群设定为"具有深远影响的英法文汉学原典",但这个设定与我要讨论的话题 "16—18世纪欧洲人理解的中国龙" 没有直接的因果关系,不会对该话题的结论形成干扰,因此可以将这种设定结果视作有效的整群抽样。反之,如果我将样本群设定为 "对中国持赞赏态度的汉学作品" 或者 "对中国持批判态度的汉学作品",那就不一样了,这样的设定一定会对 "16—18世纪欧洲人理解的中国龙" 形成直接干扰。当然,我也可以将样本群设定为 "影响不大的英法文汉学原典",理论上来说,这个样本群的有效性与 "具有深远影响的英法文汉学原典" 样本群的有效性是一样的,都不会对该话题的结论形成干扰,可是,实际上我在图书馆很难找到这些 "影响不大的英法文汉学原典",现实中没有可操作性。所以,对样本群的选择,并没有特别的针对性,主要是基于现实条件的许可,哪条途径有利于操作,就走哪条途径。

廖:你说的样本群的确定,其实也是你前面提到的 "边界" 的划定吧?

施:是的。所谓 "边界" 是一个通俗的说法。统计规律只适用于同类的随机事件,就像对美国总统候选人的民意调查一样,只有调查美国民意才是有效的,调查中国民意、日本民意、韩国民意都是无效的;同样,只有随机抽样才是有效的,只调查支持者或者只调查反对者都是无效的。所以说,统计规律的有效性包含两个基本条件,一是 "同类事件",二是 "随机事件"。我所说的 "边界",既包括对于同类的限定,也包括对随机样本群的选定。

廖:《龙的政治》一文将资料来源限定在二十四史的 "礼仪志" 和 "舆服志",就是为了将样本限定在 "同类事件" 的范畴内吗?

施:是的。不仅统计分析必须基于同类事件,比较研究也必须基于同类事件。尤其是历史观念变迁的研究,我们只能用同类事件进行比较,才能画出它的变迁轨迹,得出相对可靠的结论。中国古代的龙观念过于复杂多样,所以,后代皇宫中的龙纹只能和前代皇宫中的龙纹比,不能和前代龙王庙中的龙王塑像比,也不能和民间传说中的山水龙王比。许多龙学家一写起文章来,就各取所需地将来自不同渠道、代表不同阶层的龙观念煮成一锅粥，粥是不能成型的。

　　廖：那么你所据以分析问题的样本的"同类"标准是什么？

　　施：龙形象话题是文化观念的问题，观念形态"类"的基础主要是基于观念主体的类别。龙形象的变迁，归根结底是人的观念的变化，把人的类别划分出来了，相应的样本类别也就大致划分出来了。以《龙的政治》为例，此文所采样本即官史"舆服志"的观念主体包含两个方面，一是行为主体——帝王，二是书写主体——史官。虽然许多野史笔记、民间传说也记录了帝王与龙的关系，但由于记录者身份不统一，我们无法对他们提供的材料作出"同类"的判断，所以我将目光集中在官修正史上。即使在官修正史中，与龙相关的事例也极其复杂，数量庞大，一篇文章无法承载整个二十四史龙观念变迁这么大的话题，于是，我将目光进一步缩小到帝王的舆服制度上，这是一个相对封闭的资料集合，在这个集合内可以较充分地进行比较研究，勾画龙纹在历代帝王生活中的变迁史。

　　廖：既然有关龙的资料如此庞大，那么所谓的"类"肯定也很多，你为什么选择这一类材料而不选择那一类材料，这中间有什么特别的考虑吗？

　　施：主要是考虑可操作性。理论上说，可以用来做变迁史研究的龙话题非常多，比如历代民间传说中龙形象的变迁、历代祭祀活动中龙形象的功能变迁、历代龙王庙建庙史、历代龙瑞与帝王态度，诸如此类，每一个话题都很有意思。可是，话题虽好，材料难找，而且就算找来了大量的材料，如果材料分布不均匀，时间不连贯，内容丰俭不一，支离破碎，种种问题都可能让比较研究陷入困境，需要仰赖作者的历史想象去弥补和填充，如此，可信度也就大大降低了。二十四史的材料好就好在记录对象相对稳定、写作体例相对稳定、记录者的身份和学识相对稳定，而且年代没有中断、内容具有稳定性、时间具有连续性。如此完整而统一的材料，在整个世界史上都是独一无二的，因而自然形成了一个相对封闭自足的"类比链"，没有比这更好、更方便的类比史料了。所以，我很自然就想到了要利用二十四史来做变迁史的研究。说到这里，我想再补充谈谈曾经有过的一个设想，本来我计划做一篇1949年以后的龙观念变迁史，由于这一时期的龙文化资料过于庞杂，很难归纳，我计划将1950—2000年的《人民日报》作为取样边界，采集其中所有涉及龙文化或者龙观念的文章。可是一进入具体操作，发现这条边界划得太宽，工作量太大了，所以我又将边界缩小到龙年的报纸上，即1952、1964、1976、1988、2000五年的报纸，可是这样一来，样本数量似乎又嫌不足了。于是，我再次将取样边界调整为《人民日报》《光明日报》和《文汇报》三大报五个龙年的报纸。这项工作进行了一段时间之后，因为自己的学术兴趣发生转移，未能将之继续下去。为了补足1949年后龙文化史的叙述，只好改为利用《中国期刊全文数据库》，通过检索"龙图腾"的被引频次，对龙图腾的接受史做了一个非常简单的数据分析，写成一节"龙图腾在1980年代的勃兴"，将之归入《龙与图腾的耦合》一文中。文章虽然没做成，但我认为这种思路和方法是可取的，因此说出来与朋友们分享。

廖：还是以《龙的政治》为例吧，既然你从取材上就已经将自己限定在一个窄小的范畴内，既没有关注到民间文化，也没有关注到精英文化，只是从皇宫那么一小块天地来看龙纹的变迁，甚至宫廷内部的口头传统都没有涉及。据我所知，溥仪在《我的前半生》中就曾提及一些宫廷内部流传的龙传说，可是你都没有加以关注。从这么单一的材料中得出的结论，会不会过于片面？

施：当然存在片面性，但我认为这是目前最好的办法。首先，龙与帝王的关系是龙文化中最重要的矛盾关系，理清了这对主要矛盾，对于理解其他矛盾具有纲举目张的作用。其次，设定了严格样本边界的研究，其结果虽然具有片面性，但是更具可信性，我自认为比那些面面俱到却胡说八道的龙文化研究强得多。就如盲人摸象，我虽然只摸到了一条尾巴，可是，我会明确告诉读者我摸到的只是尾巴，我如实地向读者描述了一条实在的尾巴。至于为什么不使用溥仪提供的样本，是因为回忆录不属于官修正史，不在《龙的政治》所设定的样本边界之内，而且口头传统中的龙形象与舆服制度中的龙形象，是互为异质的材料，无法归入同一类别，因而不能作为比较研究的样本。事实上，我手头还有许多难得的文献资料，都没能在"传说中国"的写作中派上用场，尤其吴真博士和彭伟文博士为我搜集了许多港台和日本的学术资料，可是几乎全都没能用到写作中，很对不起她们的好意。资料虽然难得，可是，每篇文章所设定的样本边界都无情地限制了我对这些材料的使用。是我自己心目中的科学理念限制了我的取样自由。借用闻一多先生一句名言，学术研究是"戴着脚镣跳舞"，不过，这脚镣不是"别个诗人的脚镣"，是自己给自己戴上的脚镣。

廖：还有一个问题，在《龙与图腾的耦合》中，你的中心话题是"龙图腾"，可是，你却用了大量的笔墨去介绍那些与龙图腾关系不大的泛图腾研究，如果我是语文老师，我会判你中心不突出、行文啰唆累赘。你是怎样考虑的呢？

施：这一点，要和《16—18世纪欧洲人理解的中国龙》结合起来看，在这篇文章中，我将每本书中所有涉及龙文化的文摘都罗列成表，通过对这些列表的简单分析，我们很容易就会发现，龙与皇帝的关系虽然不是龙与中国人的唯一关系，却是最重要的关系。借助这些图表，我们知道在早期欧洲人的眼中，龙就是中华帝国的皇帝纹章、至高无上的权力象征。如果我只是单项地列举欧洲人眼中龙与皇帝的关系数据，龙学者们就可以举出大量与帝王无关的有关龙象、龙脉、龙王、龙舟的个案来反驳我，指责我以偏概全。所以，我自己主动将同一语境下的正反面信息全都呈现出来，先将反驳者的嘴堵上，然后让读者通过统计数据来作出和我一致的判断。这个判断是我进一步论述的前提，我必须先将这个前提夯实了，才能让读者相信我后面的其他论述。同样的道理，在《龙与图腾的耦合》中，我不惜在"图腾主义的泛滥"，以及"被忽视的龙图腾"等问题上花费大量笔墨，逐一介绍诸多图腾学者各不相同的图腾学成果，指出龙图腾在这些学者笔下的图腾家族中，分别排在什么位置，占据什么地位。目的是为了向读者呈现20世纪30—40年代抗日救亡语境下中国图腾学的整体面貌，说明龙图腾并不是当时图腾学界的主要选择对象，以破除读者心目中的"龙迷信"。

廖：在《龙与图腾的耦合》中，虽然你已经列举了大量的一手文献，但是，当时关于图腾主义的论述似乎远不止你所列举的样本，比如，凌纯声、马学良、杨堃、陈志良等人都有过图腾主义的介绍和相关研究，可是在你的论文中并没有提及他们的研究成果。请问你如何保证样本的可靠性？

施：这是我论文交待不够的地方。因为这篇论文的中心是围绕着龙图腾来写作的，所以，我只梳理了学者们对汉族图腾的讨论，这种讨论主要集中在历史学者的上古史研究当中。你提及的这些基本都是人类学家，当时他们多以西南地区为依托，采用实地调查与文献考证相结合的方式展开研究，成果虽然很丰硕，但由于蛙、盘瓠等西南少数民族图腾与所谓的汉族龙图腾并没有构成直接竞争关系，为了节省篇幅起见，我将这部分内容排斥在这篇文章的样本边界之外。关于1930年代的图腾研究，我的数据来源主要有四：东京大学图书馆、中国社会科学院图书馆、新浪网爱问频道共享资料（这里的资料非常多，几乎相当于一个中型图书馆，可以免费下载，顺便在此向朋友们推荐使用）、超星网读书频道（可以免费在线阅读）。我基本上将这四个书库所藏20世纪30年代的上古史资料都搜罗了一遍。具体程序是：一、先将图书馆能找到的有关纸本图书读完，根据这些著述在头脑中形成的印象，拟出一份简单的写作提纲，然后将相关材料分门别类地镶入写作提纲。二、图书馆没有的图书，从网上搜罗下载、阅读，一边读，一边调整提纲，并将相关资料镶入提纲。三、围绕阅读过程中形成的观点，对已经镶入提纲的材料进行解读。四、从期刊网下载其他学者的相关文章，与同行展开对话。五、补充部分参考资料，收官。其实写作进行到第三部分的时候，论文的基本雏形已经形成，这时，如果发现即使增加新的材料也不会影响文章的主要观点和结构了，那么，大致可以判断既有的样本数量已经达到饱和，具有了较高的可靠性。反之，如果增加新的材料还能继续动摇文章的主要观点，那就说明样本数量还远远不够，当然是样本数越大越好,但在实际操作中,够用就行。

廖: 你的每篇文章看起来都是长篇大论,而且还有那么多"可信度"的讲究,但听你讲述写作过程,似乎并不复杂。

施: 一点也不复杂,真正干起来,全是体力活,关键是舍得花时间泡图书馆。我前面提到的类别划分、样本边界、随机抽样等,都只是一些从事学术研究必须掌握的基本理念,并不需要很复杂的操作程序,更没有什么复杂的操作技巧。恰恰相反,在各种可供选择的研究进路中,这种理念会促使你利用既有条件,有目的地选择最便利、最简单的操作方案。剩下的工作主要就是找材料,这全是体力活。东京大学几个院部书库的管理员,无人不识我这个从来不开口(我不会说日语)、天天去搬书的中国人。综合书库的管理员还连续两天抓到我在书库偷拍资料,后来每次我进库时他们都会检查我是否携带相机。写《16—18世纪欧洲人理解的中国龙》的时候,每天在办公室坐十多个小时,连续两个月下来,眼睛里的血丝都连成块了。常规研究其实并不需要多高的智商,但一定要有充足的时间、旺盛的精力、能连续作战的体力。对于一个负责任的学者来说,最关键的工作是花力气找材料,材料是第一位的,有了可靠的材料,问题和结果很容易就会自然呈现。傅斯年就曾反复向属下强调一个原则:有新材料才有新问题,有了新问题必须找解决问题的方法;为了解决新问题必须再找新材料,新材料又生新问题,如此连环不绝,才有现代科学的发生。

廖: "传说中国"系列尚未结束,你为龙形象的话题付出了许多辛苦的努力,相信你的工作一定会有一个令人满意的结果。

施: 就我目前的条件和能力来说,我也只能做到这一步了。这份工作其实并不是我所擅长和胜任的。我原本只想做一篇文章,说说龙这个符号在19世纪末20世纪初如何由帝王的权力象征转化成了民族国家的象征符号,可是一旦钻进书山文海中，就知道一篇文章根本没法说清楚，一步步就陷进去了，结果弄出一堆又枯燥又长的文章。这个话题涉及太多的外文资料，而我的外语水平本来就不太好，所以特别害怕译错了被人笑话，每个地方都小心翼翼，特别累。如果不是吴真博士和彭伟文博士帮着挑选、阅读和校核外语文献，我根本完成不了这个课题。早期的汉学著作，多数都是用拉丁文、意大利文、法文发表的，所以更加伤人，至于其他语种的文献，因为没人能帮助我阅读，只能放弃。最近这两年，Google books将大量18世纪以前的欧洲图书资料都挂到了互联网上，可以供读者全文下载，有些图书还能进行关键词的在线"书内搜索"。最近还有消息说："大英图书馆与Google签订了一项里程碑式的协议，有史以来第一次，使其所拥有的全世界最丰富的藏书可以在互联网上被搜索和下载。"这一天也许真的不会太远。当今世界，不学习、不掌握、不使用电子资源，想做好学问已经是不可能的事了。"传说中国"所讨论的这几个话题，所用到的资料还非常有限，可以预期很快就会有更多更好的资料出现在各类互联网上。将来只要有个具备基本科学素养、外语水平比较好的学者愿意重启这个话题，就一定能做得比我好得多。有时候一想到自己辛辛苦苦在图书馆、办公室熬了两年才熬出来的这点东西，后人只要坐在家里倒腾倒腾电子资源就能把你的成果扫进学术垃圾堆，心里感觉挺凄凉的。学术研究是一种"自戴脚镣"的体力活，也是一份长江后浪推前浪、前浪死在沙滩上的痛苦职业。

（原载《民族艺术》2011年第4期）

中华文明探源的神话学研究

叶舒宪 廖明君

叶舒宪,上海交通大学文科资深教授、博士生导师,神话学研究院首席专家,中国社会科学院文学研究所研究员。兼任文学人类学研究会荣誉会长、中国神话学学会会长、中国民间文艺家协会副主席、中国比较文学学会副会长。

主要著作有《中国神话哲学》《比较神话学在中国》《图说中华文明发生史》《玉石神话信仰与华夏精神》《玉石之路踏查记》《诗经的文化阐释》《现代性危机与文化寻根》《四重证据法研究》等五十余部,译著有《好吃:食物与文化之谜》《萨满之声》等七部。

一、神话学功能:神话研究与文明探源

廖明君(以下简称"廖"):你在本刊开辟"神话与图像"栏目至今已有三年,每期的文章研究内容不同,却贯穿着一个共同的研究宗旨,就是打破过去那种纯文学式的神话研究,开辟文学人类学式的研究,将神话作为某种古代历史信息的储存库,从中找出重要的实证研究线索。不论是对商周青铜器的神秘纹饰图像解读还是对玉石神话信仰支配下的早期文明礼制建构分析,都能在研究境界上推陈出新,发前人所未发。从目前已经发表的十多篇论文情况看,神话研究的格局似乎正在悄然变化。

叶舒宪(以下简称"叶"):我在贵刊设立栏目的意图,始于2009年正式获得立项的中国社会科学院重大项目A类"中华文明探源的神话学研究"。这是中国社科院文学研究所比较文学研究室第一次获得的院重大项目,也是文学研究者主动参与到1949年以来国家最重要的文科实证项目的尝试。本课题立项的初衷是要解答如下问题:第一,由文学

理论和文学批评所代表的人文阐释性研究，能否对以考古实证和历史编年为客观性指标的文明探源工程提供必要的学术支持？如果可以，那又是怎样的一种参与和支持？第二，在尝试这种重大攻坚问题的学术参与过程中，能否给一个世纪以来的文学性的神话研究格局带来某种范式的变革？对此即可用"文学人类学"变革来称呼，或者叫人文研究的"人类学转向"。

廖：我注意到你们研究团队近期的学术动向，明确要求"走出文学本位的神话观"，在媒体上公开叫板传统的文学本位神话观，这似乎是要向20世纪初向中国学界引进神话学的先驱学者茅盾、鲁迅等建立的神话观念提出挑战和明确的超越性目标。如2009年第6期《江西社会科学》上你们课题组的栏目"比较神话学与文明探源"，还有2011年5月30日《海南日报》刊登的专访，都提示这种"走出"和越界的必要性。那么，在何种意义上，神话研究能够发挥出类似于历史实证性的学术作用呢？

叶：文学视野的神话学研究当然有其巨大的成绩，从茅盾、周作人、鲁迅、谢六逸、黄石、闻一多到袁珂、王孝廉、萧兵等，大家有目共睹。但神话毕竟不光属于文学，法兰西学院院士杜梅齐尔教授研究的印欧神话就属于历史研究，而不是文学作品研究；克劳德·列维–斯特劳斯的结构主义神话学则应视为哲学研究的开宗立派式创新，也不属于文学研究。他们二位属于20世纪最优秀的神话学家行列，其跨学科的影响力是巨大而广泛的。但是此类独创性的神话研究实践超出学科本位的示范性意义，却没有得到国内神话学界的充分注意和自觉。问题的关键在于国内神话研究者队伍基本上是以中文系出身的专业人士为主，学科本位主义成为阻碍神话研究创新的主要知识屏障。那种把神话当作虚构作品的研究风气依然占据着学术出版物的主流地位，这势必造成学科的自我封闭和中国神话学术资源的巨大浪费。中国的大部分省区都存在女娲庙，可是光顾的研究者寥寥。神话学家大都热衷于少数文献资料（如《山海经》和《淮南子》）中的女娲形象和女娲故事，神话背后的信仰背景基本被忽略掉了。信仰中的真实，乃是神话研究能够发挥实证性作用的重要着眼点。

廖：的确，在中国大学中讲神话和神话学内容课程的，似乎只有中文系或外文系，神话属于文学的观念已经深入人心，积重难返。为什么历史系、考古系、政治系、哲学系、美术系都不讲述神话课程呢？理由就像这些院系都不会讲述《离骚》和《红楼梦》的课程一样。而我们需要做的是，如何在研究中将古文献中的女娲或西王母形象与各地娲皇宫和王母娘娘庙中供奉的女神偶像重新联系起来。

叶：大学中现有的学术分科制度是西方现代性的知识产物，西学东渐以来没有经历过多少本土立场的审核或论证过程，就完全照搬到中国来了。旧的观念成为束缚学人思路的严重枷锁，不得不借助各种场合给予反复批判和提示，希望能够在教学内容方面启发本土文化自觉，而不是简单地搬用西方范式[①]。按照现有的学科体制培养出来的专业人士，习以为常地用学科划分的眼光看待对象，很容易忽视一个基本的现实：对象事物的存在本来就是不分学科的！当你到田野中真实地面对康藏地区最流行的活态作品《格萨尔王传》时，其民间传承和展演的盛况，自然会打破你在学院课堂上划分得壁垒森严的界线——文学、历史、政治、宗教、民俗、艺术。在当地藏民心目中的《格萨尔王传》肯定是不分什么学科的，而研究它的学者则各有各的学科视角。为避免盲人摸象式的偏颇，每一学科都需要反思和超越本位主义，突破人为设置的屏障，重新找到对象间的联系。

廖：一旦学科本位的视野和研究路径得到推广流行，就会给人造成一种天经地义的错觉。好像《诗经》国风、《格萨尔王传》这样的作品是为文学批评家准备的专属个案似的。这样的成见也就阻碍着历史学等其他学科人士对神话或《格萨尔王传》的研究。"史诗"这个来自西方诗学的概念，本来就分别指向历史与文学。

---

① 参看叶舒宪：《文学人类学教程》，中国社会科学出版社，2010，第二章。——编者注

后现代史学更是大张旗鼓地要求打破这二者的划分界线，甚至提出"文学如历史"的著名命题①。当然，学界对此尚存争议。

叶："文学如历史"命题是新历史主义学派对文史分家制度的挑战。除了文学专业惯用的"史诗"概念，史学专业近年来还有"神话历史"概念，引发了相关学者的热烈讨论②。本人为《百色学院学报》2011年专栏"神话历史：从神话中寻找历史"撰写的栏目导言中提出："把神话当作文学或民间文学的一种类型来研究，在中国已经有一个多世纪的历史。而把神话当作古老文明的历史信息最早的源头来看，情况会完全不同：重新打通文史哲的现代学科划分之人为界限，从神话叙事、神话意象和神话思维的多学科研究中探寻和解读出重要的历史信息和思想史信息，这是中国的文学人类学研究者三十年来的一个重要探索方向。从20世纪末尝试运用'三重证据法'考察'神话哲学'，拓展到新世纪以来的'四重证据法'，充分利用考古发现及田野考察的实物叙事和图像叙事的巨大信息能量，使得'神话历史'研究获得有效的方法论支持，呈现出纯粹书本知识研究所无法想象的认识创新，是本栏的宗旨所在。"在《百色学院学报》开设这个栏目之前，正是《民族艺术》的"神话与图像"栏目在探索着图像叙事的神话研究范式。这方面的西方先驱学者有马丁·尼尔森，其代表作为《希腊神话的迈锡尼

---

① 新历史主义代表人物海登·怀特对此命题的解释是："我把历史作品看成是⋯⋯以叙事性散文话语为形式的一种言辞结构。"见海登·怀特：《元史学：十九世纪欧洲的历史想象》，陈新译，译林出版社，2004，第2页。——编者注

② 相关的探讨可参阅英文文献：1.William H. McNeill. "Mythistory, or Truth, Myth, History, and Historians，" The American Historical Review, Vol.91, No.1（Feb., 1986），pp.1–10. American Historical Association.

2.Peter Heehs "Myth, History, and Theory，" History and Theory, p.3.Vol.33, No.1（Feb., 1994），pp.1–19. Blackwell Publishing for Wesleyan University.

3.Claude Calame. *Myth and History in Ancient Greece: the Symbolic creation of a Colony, Translated by Daniel W.Berman*. Princeton: Princeton University Press, 2003.

4.Joseph Mali. *Mythistory*. Chicago and London: the University of Chicago Press, 2003.

中译文献参看弗朗西斯·麦克唐纳·康福德：《修昔底德：神话与历史之间》，孙艳萍译，上海三联书店，2006；彼得·赫斯：《神话、历史和理论》，李宇靖译，陈启能等主编《书写历史》，上海三联书店，2003，第115—131页。唐纳德·R.凯利：《多面的历史》，陈恒等译，三联书店，2003。——编者注

起源》①。最近的新探索有美国的南诺·马瑞那托斯（Nanno Marinatos）新著《米诺王权与太阳女神》②，主要通过图像资料探寻希腊文明发生的背景，重建出"地中海文明共同体"的大致轮廓。

二、文化文本：物的叙事与图像叙事

廖：你们近年来尤其强调"第四重证据"的作用，借用并改造文学研究的"叙事"概念，为"物的叙事"（实物叙事）和"图像叙事"③。这对于超越文学本位的神话观具有视界拓展的积极作用。

叶：物的叙事和图像叙事作为文化文本的组成部分，完全突破了文字文本叙事的局限性，在重新贯通神话学研究与历史、艺术、考古研究方面，其结果具有双赢的意义。一方面给神话学研究带来科学实证的目标转向，不再仅仅纠缠于文学想象的虚构世界，而是向神话中寻觅曾经发生过的历史现实信息。另一方面，历史叙事与考古文物的神话学解读给历史学和考古学带来人文意义阐释的新契机与新空间。以《西王母神话：女神文明的中国遗产》一文为例：以多重证据法发掘神话背后的历史信息，探考西王母神话中两大要素与华夏史前文化大传统的渊源关系，即女神崇拜和美玉崇拜（拜物教），还原欧亚大陆史前"女神文明"大背景，解析夏商周三代以来地域文化兴衰更替的线索，根据出土文物来说明玉山与玉胜形象发生的考古实物原型，揭示后起的儒家河图洛书新神话系统如何继承和改造美玉崇拜、排斥和遮蔽女神崇拜，使西王母形象被道教接纳

① Martin P. Nilsson. *The Mycenaean Origin of Greek Mythology*. Berkeley: University of California Press, 1972.——编者注

② Nanno Marinatos. *Minoan Kingshipand the Solar Goddess*. Chicago: University of Illinois Press, 2010.——编者注

③ 叶舒宪：《物的叙事：中华文明探源的四重证据法》摘要，《社会科学报》2010 年 6 月 17 日；全文见《兰州大学学报》2010 年第 6 期。《四重证据法：符号学视野重建中国文化观》，《光明日报》理论版 2010 年 7 月 17 日。《从"太初有熊"到"太一生水"——四重证据探索儒道思想的神话起源》，《兴大中文学报》第二十七期增刊《新世纪神话研究之反思》2010 年 12 月版。——编者注

和再造,削弱其独立女神的地位,匹配男性神东王公或玉皇大帝。这样的神话个案研究充分利用物的叙事给出的参照指标,辨析出后起的儒家系与道教系神话对原初西王母形象的改造作用。除此之外,我看《民族艺术》曾经访谈过的汪小洋、何志国、黄厚明、朱存明诸位教授的研究经验,都有如何利用图像叙事的心得,虽然他们未必使用这个术语。

廖: 华夏史前的玉石崇拜现象,通过考古实物的"物的叙事"作用,突破西王母神话的文学性、故事性研究限制,可以实际地进入中华文明探源的实证领域。华夏上古神话的三位重要女神,依次为女娲、西王母和嫦娥,三女神的神话事迹分别是女娲补天、西王母掌不死药和嫦娥奔月。从比较的视角看,中国女神的这三大母题有共同的信仰背景,即玉石崇拜与玉石神话观。你在本刊发表的《女娲补天和玉石为天神话观》一文表明,华夏玉石神话观即以美玉为神圣性和永生不死的象征。女娲补天所用"五色石"属于古人信仰中的美丽玉石;西王母所居之昆仑"玉山",在《山海经》中又称"群玉之山";还有嫦娥化为月仙的象征物为白玉盘和玉兔等。很显然,华夏上古的女神想象都与神圣玉石信仰有着密切的联系。这本身又应该与中国文化大传统有关。

叶: 是的。因为"玉器时代"正是中华大传统的精神根脉所在。玉石神话观源于新石器时代数千年的琢磨玉器实践经验,以及在此基础上形成的一整套"玉教"意识形态。[①]探讨女娲神话和西王母神话中潜含的历史性因素,不仅找到华夏女神形象与整个欧亚大陆的史前"女神文明"的关联,还要解析出源远流长的女神信仰传统与华夏特有的玉石崇拜传统合流的情况。我用新改造过的"大传统"术语,特指产生于文字记录之前的传统。物的叙事和图像叙事给当今学人以极大的便利,能够看到有文字记载之前的"大历史"之容貌。这种认识对文明探源研究具有十足的重要意义,可充分发挥查源而知流的解码作用。再

---

① 叶舒宪:《玉教与儒道思想的神话根源》,《民族艺术》2010 年第 3 期。——编者注

以史前女神崇拜的普遍形态——地母信仰为例，发展到父权制文明以后，地母神的性别发生男性中心的转化，一般称作土地爷或土地公公。可是在河北省南部流行神码（木版年画的祖型）的内丘县民间，却广泛流传着"后土奶奶"的信仰和相关民间称说。如内丘鹊山的扁鹊庙内，有69岁的农民宁和柱讲述的《大玉皇、小玉皇》："据说后土奶奶受玉皇大帝教化，消除了思凡的心思。奶奶就想法点化人类，让天下人安居乐业。哪知民间还有一些横行霸道、争权夺势的恶人，常常搅得芸芸众生不得安生。奶奶就借用玉皇大帝的兵马，派天上的神仙下凡来做人间的皇帝或做重要的官宦。后来民间出现什么'文曲星下凡''灯笼神下凡'，等等，都是奶奶从玉皇大帝那儿请来的兵。奶奶为了让人们知道玉皇大帝派了神仙下凡，好让人们弃恶从善，遇事先为别人着想，犯了错不但要承认还要自觉改正，就点化人间有罪恶的人来修玉皇殿。奶奶和玉皇走过三府九县十三省，这一带做过亏心事的人经过点化，都不远千里到玉皇殿来捐钱修庙。"[①]

在这个民间传说中依然保留着文化大传统的两大要素：女神信仰和玉石崇拜，分别体现为后土奶奶的信仰和天界的玉皇大帝崇拜。民间信仰在父权制社会中不免遭遇男性中心价值的制约和改造，但是却明确保留着让天神下凡来做好皇帝和清官的政治理想。玉皇殿的建造以神圣空间的物化符号，无言地讲述着神话意识的社会整合功能和心理功能。令人遗憾的是很少有学院派人士对此类活态的神话遗产做专门研究。用当地的学者韩秋长的话说："国内有不少关于神的专著，所论都是广义上的神，诸如儒释道的神，而对内丘神码中大量的民间诸神，这些著作也没有专门的论述。木版年画界虽公认神码为木刻版画之祖，全国十几处木版年画产地也有一部分产神码，但很少涉及对神码的探讨及研究。古代资料中，对神码、纸马只有片言只语的记载，无助于我们的研究。"[②]一个普通的北方小县里居然蕴藏着如此丰富的神话遗产，中国数以千计的县里总共存

---

① 冯骥才主编《中国木版年画集成·内丘神码卷》，中华书局，2009，第346—347页。——编者注
② 韩秋长：《农耕社会人类的精神家园》，冯骥才主编《中国木版年画集成·内丘神码卷》，中华书局，2009，第8页。——编者注

在多少我们完全陌生的神话资源呢? 研究者又怎么能够自我限制在文学专业视角而固步自封呢?

三、神话观的变革与"神话中国"再认识

廖: 是的, 中国神话犹如汪洋大海。文化源流的情况不清楚, 就难以做出有效的研究和判断。文字记载的历史只不过是"小传统"; 文字产生和使用之前的口传文化才是"大传统"。这在一定程度上要颠覆人类学家雷德菲尔德提出的大小传统概念。

叶: 颠覆不敢说, 只是希望再造这一对张力强大的人类学术语, 更有效地应用于中国文化的重新认识。雷德菲尔德把口传的民间活态文化当作小传统, 把城市知识阶级掌控的书写文化传统当作大传统自有他的学术侧重(共时性的社会结构分析)和划界理由。当我们面对中国文化的现实, 用历时性的年代学尺度作标准来看大与小的传统区分时, 就会将有数万年历史的口传文化当作大传统, 将仅有几千年历史的文字记载传统当作小传统。就此而言, 一切民族民间的活态文化, 虽然在当下依然延续着传承, 却联通着深远的大传统的脉络, 不应视为下里巴人的小传统。书面文字产生较晚, 无法和大传统相提并论。尽管文字的传统后来居上, 成为文明史以来的统治性文化, 但是其母胎却是口传文化和图像文化的大传统。[①] 从因果关系看, 是大传统的神话信仰决定小传统的价值观和原型编码, 而不是相反。这就意味着, 重新认识前文字时代的大传统, 正是神话学在21世纪获得大发展的广阔用武之地, 也将是文学人类学视角的神话研究为文明探源研究提供的重要支持。从学术史的视角看, 对大小传统的重新划分和深入认识, 体现的是正统文化观和文明观在文化人类学研究范式冲击下的重要转向。

---

① 叶舒宪:《探寻中国文化的大传统》,《社会科学家》2011 年第 11 期。——编者注

廖："玉器时代"作为华夏大传统的再认识，会给小传统的文学和文化现象带来足够的启迪。从《山海经》记录的140座产玉之山到《红楼梦》前身《石头记》的玉石神话编码构思，儒家的"君子比德于玉"之人格理想和道教想象的天宫玉皇大帝之琼楼玉宇，史前玉教的"国教"原型作用何其深远！当你用合成词"玉石神话信仰"①来指称大传统的价值观及其原型编码作用时，似乎已经远远超出常人理解的文学性的神话观念。回顾20世纪后期的中国神话学复兴，主要的进展是民族的和民间的活态神话研究的大发现，考古学文物图像的大发现，终于迎来神话学境界的大拓展和研究角度的丰富多样。

叶：是的，文学人类学研究团队三年前在刊物上曾经发起一个研究转向的讨论：即从探寻"中国神话"到认识"神话中国"。记得20世纪末，美国汉学家柯文发表的一部名著题为《在中国发现历史》。如今我们在中国文化中看到的不是什么客观的历史，而是地地道道的"神话历史"。从《春秋》《史记》的"天人之际"感应思维，直到"太平天国"的历史，都是如此。"神话中国"的命题意味着，如果没有神话编码的解读技巧，中国文化的特质就是隐藏着的，中国历史的大门也将是紧紧闭锁的。更早些时候，在2006年，中国民间文艺家协会发文，恢复神话学专业委员会（简称"中国神话学会"）的建制和学术活动。2007年，学会协助中国社会科学院民族文学研究所在北京举办"中国创世神话国际研讨会"②。会上针对多民族创世神话的传承方式与文化功能提出一个讨论题：神话与文学的概念哪个大？关于二者关系：是神话隶属于文学还是文学隶属于神话？经过这几年的讨论，如今的基本答案已经明确：神话概念远大于文学概念。神话不仅是文学的源头，而且是文、史、哲、宗教、政治、法律等各个意识门类的共同源头。有了对"神话"观念的这一认识突破，作为文化编码的原型研究，神话学的范围将异常广阔。

---

① 叶舒宪：《玉石神话信仰与文明起源》，《政大中文学报》2011年第15期。——编者注
② 该会议的论文集英文版于2011年出版：Mineke Schipper, Ye Shuxian and Yin Hubined., *China's Creation and Origin Myths*.Leiden and Boston: Brill, 2011.——编者注

神话是人类生活的原初观念基础和范型，与神圣的信仰相联系，具有"拯救的力量"的原动力。神话代表着一种"时间深度"，具有"想象共同体"的性质。

神话不仅是初民的共同杰作，并且是制约社会运作和生活规范的根本性原典。神话的价值在于它描述的具体模式具有永恒性，它不仅解释了过去和现在，而且在某种意义上也预示着未来。神话在文明产生、发展的过程中，始终发挥着整合人心、组织社会、建构国家政权的重要范型作用。

人类学家和后现代历史学家共同关注无文字的原始社会，确认其历史即是口传的神话传说。这一事实让文学本位的神话观受到挑战，促使神话学理论朝向一种超学科的话语转变，并引发新的研究视角和命题。在中国文化中，无论发生了什么样的变化，以"天人关系"为核心，以"天人和谐"为最高追求的理念始终没有动摇。这就是中国文化不同于西方的最重要特点之一，也是中国文化中神话特性的内在机理。

神话研究包含着宗教现象学、宗教人类学、阐释学、文学批评、历史学、考古学、民俗学、古文字学等多学科的丰富理论资源。神话研究的作用和意义，在于针对历史叙事的起源与解释文化现象的编码，将产生于远古的传说尤其是古代经典文献，视为受神话思维和编码影响的结构性文本，是一种文化"元语言"。这种文化"元语言"不仅是大众传媒诉诸表达国家形象的根基，更是现代学术动用本土资源来审视和反思中国文化的潜在"磁场"。

廖：对"中国神话"的提法大家不会感到陌生，但是对于"神话中国"也许就感到费解了。简单来说，"中国神话"对应的是文学文本，"神话中国"对应的是文化文本，既有文字的，也有口传的和图像的，它是大于文学的综合性的多门类集合体的概念。从"社会建构现实"①（the social construction of reality）的意义上说，神话既是人类建构现实的原型，也是文化编码的支配性规则。

---

① 彼得·伯格等：《现实的社会构建》，汪涌译，北京大学出版社，2009。

叶："中国神话"概念因受制于汉字书写的历史，目前充其量仅能上溯到甲骨文时代，距今3000多年而已；"神话中国"概念则突破文字局限，在活态文化传承的民间叙事与仪式礼俗中，在禳灾和治病的讲唱表演活动中，在考古发现的图像叙事和实物叙事中，解读出神话思维，辨识出神话叙事，发现神话意象。它的时间，可以上溯到一万年前乃至更古远。兴隆洼文化出土的石雕女神像，距今足有八千年，而红山文化出土的玉雕动物形神像，也距今五六千年。"神话中国"指的是按照"天人合一"的神话式感知方式与思维方式建构起来的数千年的文化传统。

从初民的神话想象到先秦的文化典籍，从老子、孔子开启的儒道思想到屈原、曹雪芹的再造神话与原型叙事，一直到今天人们还怀念的圣人、贤君、明主，民间崇尚的巫、神、怪、傩等思维潜意识，以及礼仪性行为密码，都是"神话中国"的对象。"神话中国"的新视野，有助于我们在纯文学以外的古代经典中体认神话编码的逻辑。比如，《春秋》始于"元年春王正月"所隐含的创世神话观，终于"西狩获麟"的日落隐喻神话；《庄子》内七篇始于第一篇《逍遥游》鲲化鹏的神话；《周礼》始于天官地官，终于以春夏秋冬四季循环为完整周期的体系，全书结构潜含宇宙四方六合的时空运转大法，等等。

"神话中国"所要揭示的不但是单个作品的神话性，而是一种内在价值观和宇宙观所支配的文化编码逻辑。它将引领我们进入一部重新敞开的中华文化史，提示我们去认识那种从来没有经历过所谓"哲学的突破"的华夏文化本土传统。

四、神话历史

廖：神话观的这一次巨大变化，意味着学术创新的契机，尤其是对中国文化特性的重新审视。

叶：21世纪以来的神话观念扩大，先在学界的小范围内讨论，虽然尚未得到社会的广泛认同，却已经开始发展出标志新方向的探索实绩：2010年由广东省政府资助的文化强省出版项目"神话历史丛书"①，迄今已问世七种，旨在重新看待古典时期的华夏文化构成，揭示传承在中国历史与现实中的神话性。以下依次略作陈述。

第一种：《断裂中的神圣重构——〈春秋〉的神话隐喻》，在"神话历史"视野下解读《春秋》。在礼崩乐坏、"王制"断裂的春秋时期，巫史及王权阶层所做的"文化工程"恰恰不是突破"非理性"、形成所谓"理性化"的哲学，而是运用一切资源来重新沟通天人关系，重建王制的神圣和礼乐规范过程。《春秋》是对"王制"神圣性的重构，它既衔接并改造殷周王权意识形态，也为后世借此建构"大一统"政权、监督和克制皇权提供了基型。

第二种：《文化记忆与仪式叙事——〈仪礼〉的文化阐释》，运用文化人类学的神话仪式理论和四重证据法，对《仪礼》进行现代阐释，在仪式叙事、器物图像叙事、文本叙事的多重观照中挖掘隐藏在仪式背后的信仰、神话原型、巫术思维传统，探寻玉器代表的礼器文化象征意义，以及社会权力通过礼仪达到对社会民众的操控，在此基础上揭示其对当今社会的意义与符号价值。

第三种：《礼制文明与神话编码——〈礼记〉的文化阐释》，借助神话、仪式与"物化"符号三者间的内在关联，以四重证据法展开知识考古式研究，在"记"与"礼"的双向观照中，致力于冠礼仪式的象征探源、庙与明堂的原型解码，"五方之民"叙事的话语模式还原，"月令"仪式历法与危机仪式的生成机制，揭示被书写遮蔽的认知编码。

第四种：《神话叙事与集体记忆——〈淮南子〉的文化阐释》，通过对《淮南子》的文本结构、话语体系、文化语境及思想脉络的重审，寻找其内在的思想特质和渊源，挖掘《淮南子》建构话语权威，整合集体记忆，建构天人秩序的逻辑

---

① "神话历史丛书"以中国社会科学院博士后报告《断裂中的神圣重构——〈春秋〉的神话隐喻》（谭佳著）为首，由广州的南方日报出版社 2010 年出版四部，2011 年出版三部：《儒家神话》（叶舒宪主编）、《宝岛诸神》（叶舒宪、陈器文主编）、《韩国神话历史》（林炳僖著）。——编者注

线索；探究书中的女神群像并追根溯源。

第五种：《儒家神话》，突破一个世纪以来神话学研究的禁区，反驳儒家没有神话的成见，揭示中国文化史上最大的造神运动及其千古偶像生成——孔圣人崇拜。提示思考"不语怪力乱神"说断句问题与解读策略；以及"儒门内的庄子"，汉代谶纬思维中的神话资源大开发过程；宋明理学中的"智慧老人"原型等饶有趣味的问题。

第六种：《宝岛诸神——台湾神话历史的古层》，撩开祖国宝岛上簇拥着十万间神庙的奇异面纱，提供一部深入浅出地理解台湾人精神文化的读本。该书由台湾中兴大学中国文学系的教授和研究生们合作完成，内容包括岛上的矮黑人传说与祭典、原住民猎头礼俗、原住民史官制度、被神话化并供奉在庙宇中的人间英雄郑成功、明清以来先后传入台湾的玄天上帝信仰、西王母信仰、妈祖信仰、保生大帝信仰、黄帝信仰、孟姜女故事、安太岁习俗、乩童通神和断案现象等。

第七种：《韩国神话历史》，解析韩国文化中的民族起源和王权由来叙事、对于王朝合法性的论证及历史书写模式中贯穿的神话模式。包括檀君神话、朱蒙神话和建国神话的关系等。当代社会生活中的神话重演：如选举总统、议员、市长、区长、教育监等过程中的政治争斗及影像广告，既是对神话范式的利用，也是不自觉地再造神话。

"神话历史丛书"的后续各书，还将包括对《尚书》《周易》《左传》《史记》《穆天子传》《周礼》《吕氏春秋》等经典的解读，以及《苏美尔神话历史》《希腊神话历史》《印度神话历史》《日本神话历史》等。总汇起来，形成一个全面回应"古史辨派"学术挑战的新局面，希望说明现代疑古学者将神话当作"伪史"会有怎样的误导作用，如何用新的打通式研究业绩，扭转那种将神话与历史对立起来的不利局面。当然此类探索也不免有幼稚和失误之处，希望得到学界同人的批评指正。

廖：神话学与历史学、考古学的学科互动与知识整合，形成21世纪以来主要的研究新动向。你们在2009年立项的中国社会科学院重大项目"中华文明探源的神话学研究"，表明神话学研究正式走出文学本位的观念束缚，参与到重大攻坚项目"中华文明探源工程"中。2010年立项的国家社科基金项目——长江大学孙正国教授的"神话考古研究"也是这方面的研究实例。2010年新推出的"神话历史丛书"，与20世纪末你和萧兵先生、王建辉先生共同主持的"中国文化的人类学破译"系列丛书（湖北人民出版社），应该有一定的学理上的承继关系。

叶："中国文化的人类学破译"系列丛书在国内倡导对中华元典的文化解读，其中主要包括对上古经典的神话学和人类学解读。不过那时的方法论只达到"三重证据法"，即利用人类学、民族学和民俗学方面比较材料。考古资料没有规模性地进入新研究范式的整合之中。"神话历史丛书"则是自觉尝试四重证据法的应用实绩，希望发挥青年一代学子的聪明才智，让他们通过研究唤起本土文化自觉的意识。本丛书每册是对某一经典文本的研究性解读，会通起来，则是对中国神话资源的一次深度开发，对中国式神话思维、神话想象的一次再激活，是对追求科学发展的"当下"和追求圣人礼乐的"古代"的一个时空穿越性对话。本丛书旨在培养具有全球文化视野、掌握多学科知识、具备创新思维品格、勇于开创学术新局面的后备人才。

廖：要进入历史，首先面对的就是神话历史。神话是引领人们重新进入所有文明传统之根脉的有效门径。神话作为跨文化和跨学科的一种概念工具，具有贯通不同学科的便利。如法国历史学家米歇尔·德·赛特所说："历史可能是我们的神话。"

叶：不错。神话历史不宜简单理解为"神话"加"历史"。按照《神话历史》一书著者马里教授的判断，这个词在古代的对应称呼应是"历史的神话"

（historical myth）①。对于华夏文明而言，则是把经书神话、圣人神话、皇权神话等看作是"天人互动"范式支配下构成的历史神话（叙事）。"历史的神话"或"神话历史"概念的再提出，可以驱散"历史科学"说造成的假象，消解历史与神话的截然对立，将神话从狭小的文学本位的学科概念局限中释放出来，使它发挥文化编码和神圣叙事的方法论作用，成为探索中华文明本源的一把观念钥匙。华夏文化几千年传统并未像古希腊传统那样，让神话被哲学和科学代表的理性主义所取代。神话作为一种信仰和思维，从史前的口传时代穿越漫长的文字历史，早已作为文化根基和编码规则。希望"神话历史"的视域能有助于揭示中国文化传统的本土特质。

（原载《民族艺术》2012年第1期）

---

① Joseph Mali. *Mythistory*. Chicago and London: the University of Chicago Press, 2003, p.5.——编者注

现代性的都市民俗学

岳永逸 廖明君

岳永逸,中国人民大学社会与人口学院教授。兼任北京文艺评论家协会副主席。

著有《以无形入有间:民俗学跨界行脚》《朝山》《都市中国的乡土音声:民俗、曲艺与心性》《行好:乡土的逻辑与庙会》《忧郁的民俗学》《老北京杂吧地:天桥的记忆与诠释》《灵验·磕头·传说:民众信仰的阴面与阳面》等。荣获"第五届北京中青年文艺工作者德艺双馨奖"、"'腾讯·商报华文好书'2015年度社会科学类好书奖"、第十二届北京市哲学社会科学优秀成果奖二等奖和第十四届北京市哲学社会科学优秀成果奖一等奖。

一、嵌入:不合时宜的都市民俗学

廖明君(以下简称"廖"):近十年来,优秀的传统文化越来越受到重视。2011年,对于优秀传统文化的传承与发展有两件值得称贺的标志性事件:一是《中华人民共和国非物质文化遗产法》的颁布与实施,二是中共十七届六中全会审议通过的《中共中央关于深化文化体制改革、推动社会主义文化大发展大繁荣若干重大问题的决定》。这显然给主要进行传统文化尤其是传统的中下层文化为自己研究对象的民俗学提供了新的挑战与机遇。我注意到你近两年的不少文章都是围绕"都市民俗学"来展开的。

岳永逸(以下简称"岳"):是的。这两年我经常会提起"都市民俗学"这个话题,并有过相关的论述。这与本土文化尤其是优秀的传统文化近些年来受到上下一致的关注有关系,但绝对不是赶时髦。反而,如果细看我2010年发表在《思想战线》上的《反哺:民间文艺市场的经济学——兼论现代性的民俗学》一文的第五部分"公民与现代性的都市民俗学"以及2011年发表的《说与写：杂吧地北京——天桥的叙事学》《大春节观与年味浓淡的色素分析》两文，就会发现我的不合时宜。

廖： 不合时宜？此话怎讲？

岳： 原因很简单。在政治层面，党和政府对民俗文化或者民间文化的关注与重视其实并不是始于近些年，而是因为我们一些常识性的判断在相当意义和层面上掩盖、遮蔽了党和政府一以贯之的对民间文化重视的基本取向。在革命年代，左翼对木刻版画的提倡与实践；陕甘宁边区时期，秧歌、年画等的异彩纷呈；尤其是1942年毛泽东在延安文艺座谈会上的讲话，更是充分肯定了民间文艺在党的整个文艺领域的地位。在建设年代，新中国初期有目的有计划地对民间故事如长工斗地主、太平天国、义和团、老一辈无产阶级革命家故事的收集整理，尤其是改革开放后很快就开始的因民间文学集成而带动的民间文艺十套集成的收集、整理、编纂、出版这一延续近30年的功在千秋的宏伟工程。我不否认这些动作本身就有的不足，更不否认诸如"文革"那样的剧烈运动给我们这个民族的传统文化带来的巨大伤害，但是我也要指出：因为常识的局限，当然也受强势的英语写作的影响，我们通常会因为政治、经济对文化艺术的遮蔽、利用而过分诋毁上述实则具有一贯性的党关于民间文艺的方针和政策。如质疑革命时期陕甘宁边区是否有民间文艺，强调改革开放后的头二十年一切以经济发展为中心的对文化的漠视。同样，无论是褒还是贬，这些基于政治断代史的认知分割了鸦片战争以来，中国或明或暗地以西方文明为标杆，追寻和追求整个社会现代化的连续性，并进一步漠视甚或否定作为主体的民众其自身始终都有的文化判断、抉择与创造能力。

不论持怎样的异议或责难，经历风风雨雨、磕磕绊绊走到今天的中国，主导人们世界观、价值观和日常生活的不是遥远的过去，而是中国整个近现代化历程所追求的以西方为标杆的都市文明及其消费主义。如今，以抽水马桶、单元房为基本表征的都市生活方式是当下绝大多数中国人都在实践的生活方式，或者是向往并不遗余力背井离乡追逐的生活方式。我所倡导的都市民俗学要关注的正是这一基本转型，而非今天主流意识形态倡导的指向过去的物质的或非物质的文化遗产。显然，这一初衷是不合时宜的！

廖：原来如此。换言之，你的都市民俗学是一种姿态，它直指当下还在快速弥漫渗透的都市文明和人们享有或即将享有的都市生活方式，即当下已然发生与正在发生的现代性转型。如果是这样，我觉得这不仅仅是不合时宜，还可以说得上是"反动"与"背叛"！

岳：我比较喜欢"反动"这个词，尽管它长久以来因为被革命而成为一个贬义词。对我而言，反动至少是一种表明自己基本立场的体位与姿态。确实，就近十年来民俗学这门学科从业者的整体取态而言，我不仅仅是不合时宜的，更是"反动"的。21世纪初，随着民间文化遗产抢救工程口号的提出，以及此后成为政府日常工作的非物质文化遗产申报、评审的全面铺开，作为一种时尚，各地挂牌成立不少"非遗"的研究机构，很多杂志也风起云涌地开设了"非遗"专栏，"非遗"专家也批量出现。在"非遗"专家中，相当一批都是民俗学的从业者，而且不乏优秀的民俗学者。其实，民俗学者主动介入政府层面的"非遗"工作并无可厚非，相反应该是一件值得称贺的事情。我这里提出质疑与批判，也即反动的不是这种主动介入，学以致用、经世济民的宏伟抱负，而是作为学者基本立场和原创思想的缺失，乃至相当一部分人最终完全成为工具和帮闲还沾沾自喜的"御用"嘴脸，尤其是在他们自己充分享有优越的物质生活和便利的都市生活时，一本正经地要求他者坚守传统、乡土、原生态，将已经在地方生活之外的被命名为"传统""文化""民俗"之类的东西强加到这个地方，而忽视地方现在正在生存与生成的文化与生活。

无论是城市还是乡村，对当下民众生活及其文化的关注是我的都市民俗学最为简单的起点。这一起点，不是基于别的，正是基于对将已经远离人们日常生活的传统以遗产或优秀的名义，不合时宜地嵌入当下人们的生活这一荒诞的文化建设观念的反动。

廖：你知道的，《民族艺术》也较早地开辟了"非物质文化遗产保护"专栏。但我知道你并不是要批评哪个具体的专栏或者学者，而是批评潜存的一种忽视现实、缺乏真正关怀现实的倾向，尤其是要把已经断裂、老百姓主动扬弃的"文化"重新以行政的手段或者以文化建设的名义强力嵌入当下人们的日常生活中。这种忽视民众自身的文化判别能力、抉择能力的行为也是我所反对的。我很喜欢你的"嵌入"这个词。你的都市民俗学正是要"嵌入"到那种忽视民众主体能动性的高高在上、意在教化人的精英姿态中。嵌入这个动作正是你的反动，因而你自己觉得自己的都市民俗学不合时宜，没有底气却又底气十足！

岳：很感谢你精当而准确的解读与提升。当然，为了避免别人对我的误解，尤其是那种我自己都讨厌的桀骜不驯的姿态，我更愿意将我的反动称为"回归"。其实，作为民俗学界的一名后学，我如果有什么想法的话，那全都要归功于前人的思考和启迪。关注现实、关注民众当下生活、站在民众的立场发声一直是民俗学的基本取态，只不过在这个工具理性主导一切的风险社会、机会主义社会和金钱至上的消费主义社会，很多人心安理得地抛弃了。

二、回归：关于现实与现代的学问

廖：对民俗学稍微熟悉的人都知道，民俗学是关于现实的学问，这一点也早已写进了民俗学的教科书中，并不时被当下的学者所强调。

岳：你说得很对。关于民俗学的现实属性的表述，在中国，学界引用得最多的还是"中国民俗学之父"钟敬文先生的如下表述："民俗学研究的主要对象是现代生活中的民俗事象，所以今天我们研究者的重要任务，是对它进行实地采集并加以科学整理。在这基础上，用科学的观点与方法对它进行客观的研究，并应有辨别地采用现代那些有效的技术性方法，如比较法、统计法等。……从民俗学的一般性质来讲,它应当是现代学的,它的工作方法是对现存的民俗资料进行调查和搜集,也就是它的资料来源主要是现在的,研究的目的当然也是为了现代。这一点是需要明确的。……民俗学的研究是现代学,它的研究资料主要是从现代社会中采集来的。"

钟先生的这些高屋建瓴的表述实际上涉及三个层面的问题:一是民俗学的研究对象是活态的,是现实生活中存有的,包括旧有的与新生的;二是民俗学的研究方法必须是基于实地调查、采集后的整理、归纳、比较与分析;三是对这些实地调查而来的活态的生活事象的解读、阐释的目的是为了现代。

虽然当下的民俗学有被工具化和帮闲的痕迹,但经过近百年的发展,中国民俗学的主流既不乏实地调查,也不乏对这些调查的诠释,缺乏的是作为一门学科的民俗学有效地对社会、对民众的回报。正是因为这一缺乏,才使得在非物质文化遗产语境下,滋生了要嵌入式的进行文化重构的怪相与乱象。这些怪相与乱象,表面上是结合了特定社区文化、特定人群的文化,但实则与这些社区、人群的日常生活少有关联,这在今天的城市中的表现尤为突出,层出不穷的民族风情园、官办节日、祭典等都是典型代表。

在北京,在一些民俗专家的热情参与下,建国门街道近些年来倾力打造的"鞭春牛"活动也是如此。北京今天是建于钢筋混凝土之上的一座城市,是被悬置在土地之上的城市,是利奥塔所言的与"农舍"对立的"大都市"。基于农耕生产、鼓励农耕的鞭春牛仪式在今天位于市中心的建国门突然被嵌入进来,显然就成了官方主导的精英表演秀,更不要说活动中真的掺杂了不伦不类的"金宝牛童"的海选。这些在令小区居民们愕然的同时,也滑稽怪诞。作为一种文化展示与文化记忆,这无可厚非,但是要想与当下社区的日常生活有机融为一体,将其视为当下社区的标志性文化,显然是掩耳盗铃。最终,这些有民俗专家积极参与甚至现场主导的"民俗"仪式似乎是为了当下的社区文化建设,却成为名实不符的两张皮。令人担忧的是,这不是个别现象。这些以民俗为名的活动、建设是对上而不是对下,参与其中的"专家"并没有尽到自己实实在在调查民众当下生活后建言献策与劝讽的基本职责。

我本人更愿意把钟先生的上述表述放在当下的语境中来与时俱进地解读，也即我曾经强调过的："民俗学者应该关注被工业文明、信息文明和技术文明主宰的都市生活，而非永远固守基于农耕文明的、他者主观认为静态的乡土民俗。因为都市文明及其生活方式不但在大小城市安营扎寨，而且还主导也主宰着，至少深深地影响着人文地理学意义和社会形态学意义上的乡村生活、乡土社会。换言之，当代的中国民俗学不仅仅是关于现代的学问，还应该是关于现代性的学问，而无论是现代还是现代性，都市文明及其生活方式都应该是中国民俗学的基本研究对象。"

廖：其实，在《歌谣周刊》时期，周作人、刘半农等就倡导人们要将眼光投向当下的生活，大批杰出的学者都深入民间去采录，少有人在书本中去抄录歌谣。顾颉刚、刘半农在回江南的途中或居家期间，都有意识地向身边的人采集。在这个中国民俗学肇始阶段就崭露头角的钟敬文先生也将自己收录到的客家歌谣投寄给了《歌谣周刊》。今天看来，这些收集记录本身的意义是无穷的。确实，今天的民俗学界对现实生活大规模、系统的记述、整理不多，而实际参与到地方或社区文化建设的民俗专家又主要是从书本中找民俗，听基层官员汇报民俗，再将其传统化、资本化、产业化、旅游化，从而使被称之为"民俗"的东西游离在当下人们的日常生活之外。

岳：不仅仅是《歌谣周刊》时期的前辈践行着民俗学是关于现实的学问的理念，稍后的中大时期同样如此。在顾颉刚等人的倡导下，中大时期的民俗学从业者们将调查收集的范围扩大到了所有的生活领域，不仅有"妙峰山进香调查"等专号，还涉及民众日常生活中的细小物件。署名若水的作者就在《民俗》第廿七、廿八期合刊上发表了《鸡蛋的伟大——潮州民俗谈之二》一文。该文从礼尚往来、初赴戚家、慰病、慰跌四个方面描述鸡蛋在潮州人生活中的重要性。这是我眼里中国较早的"物的民俗学"。

就是在艰难的抗战时期的沦陷区北平，在杨堃先生等人的指导下，燕京大学的一大批师生都将民俗的调查与研究坚持到了太平洋战争爆发。如果说此前的调查主要是个体的行为，随意性强些，那么燕大时期关于北平民俗的调查记录则是成体系的，有了明确的方法论意识，涉及了人生仪礼、岁时节日、精神生活、群体民俗各个方面。避免了先入为主的主观价值判断，采用"局内观察法"，调查者都要在燕大的试验区进行为期三到六个月的实地调查，然后再在此基础上运用"裸写"的方式撰写层次清楚、逻辑分明又蕴含着学理思考的论文。仅以杨堃教授在1940、1941两年指导的学士学位论文目次，我们就可以窥知这种系统性：《一个村庄之死亡礼俗》（陈封雄，1940）、《北平婚姻礼俗》（周恩慈，1940）、《北平年节风俗》（权国英，1940）、《北平北郊某村妇女地位》（陈涵芬，1940）、《北平儿童生活礼俗》（王纯厚，1940）、《北平妇女生活的禁忌礼俗》（郭兴业，1941）、《平郊村的庙宇宗教》（陈永龄，1941）、《四大门》（李慰祖，1941）、《一个农村的性生活》（石埒壬，1941）、《平郊村的住宅设备与家庭生活》（虞权，1941）。

廖：对燕大的这段时期我还真的陌生些。但如你所言，仅从上述十篇论文的标题我们就可知晓这些论文调查、记录了当时北平市区以及郊区民众生活的众多层面。

岳：除《一个农村的性生活》我没找到之外，其他九篇的原件都保存在北京大学图书馆。《四大门》一文当时就被翻译成英文，1947年全文发表在辅仁大学的外文刊 *Folklor Studies* 第七卷上，从那时起就对海外内学界产生了广泛影响。去年，这篇本科毕业论文被北京大学出版社出版。如现在一般读者都能看到的《四大门》那样，上述十篇直接以北京民俗为题的学位论文完全没有今天学位论文故意穿西方理论这个不一定合脚的鞋子的习惯，而是针对每一个民俗事象本身，文献梳理和田野调查结合，将文献中有的和当时现实生活中实存的现象系统的描述出来。这对今天的人们研究北平旧俗是重要的第一手资料。就记述方法而言，当时的作者们并没有将自己置身事外，而是将自己如何调查清楚地呈现出来，描述的对象是民与俗互现，人随事而动，事随人而行。不少论文末尾都还附有珍贵的照片资料。论文的每篇参考文献均有简短的摘要，且指明了与该论文之间的关系。

这里，我更想强调的是这批作者的当下意识、现代意识，对当时北平人现下的日常生活的关注和记录，而且这种关注和记录首先是基于去了解、认知，并非是要指手画脚地去改造、教育与提升。这些意识反而是当下许多频频在传媒出现的、以民俗专家自居的公共民俗学者所没有的。一提到某种民俗，情不自禁地就会说过去怎样。正是在这种基本思维方式的桎梏下，才有了一定要在今天的北京市中心复制鞭春牛的冲动与实践。今天关于北京民俗的书籍，绝大多数都是基本已经消失了的旧京的人和事，丧礼中的阴阳生、分娩礼中的收生姥姥、洗三时的添盆，仿佛今天的北京人都不会过日子，或者是还如同七八十年前一样没有任何变化。民俗属于传统、属于过去、属于边缘和边远这种简单的想法依旧大行其道，被奉为准则。其实，正是这批70年前当下意识、现实意识、现代意识和平民意识、平等意识浓厚的本科学位论文激发了我关于都市民俗学的基本想法。坦率地讲，虽然出版物很多，但70年后的人想从这众多的出版物了解今天的我们是怎样在过日子的显然存在困难。

我还要补充的是，除至今仍被学界不同程度地忽视以杨堃先生为中心的这个重镇之外，燕京大学的其他院系的师生也对当时的旧有行业和新生群体进行了调查研究：京城老旧的行当如梨园、棚行、街头小贩，新生的群体如女招待、乡村医生、基督教群体，等等。

廖：你这样具体一说，倒让我想起了大上海的状况。关于民俗的记述都是老上海、旧上海的，而当下诸如上海酒吧、咖啡屋、麦当劳等的观察、记述、研究都同样少有民俗学者关注，而是文化批评学者更关注这些当下已经是群体性的生活方式。何以如此？

岳： 何止是上海，广州、成都等这些一线城市大抵都是同一状况。无论是前文提及的公共民俗学者还是在高校、科研院所的专业民俗学者，人们似乎是心甘情愿地将自己与老、旧联系了起来，并以此为荣。在广州，民俗学者更喜欢宗族、祠堂、庙会、庙戏、黄大仙等话题，对年橘、利是这些已经是相当长久的年节习俗少有深入的调查研究。在成都，民俗学者们同样更感兴趣于对青羊宫庙会、文殊院庙会、成都小吃的复制，对成都市民和外来游客都有吸引力的宽窄巷子同样少有关注。

这或者与学科分类日益精细有关，但民俗学者在当下人生活现场的缺位更主要在于一种保守的观念，尤其是我刚才所言的对民俗的误解。当然，这也与在公共领域方志书写传统的强势影响有关。尽管经过近百年的发展，民俗学在中国已经有了不少的从业者，但其对社会、对现实的影响仍然是弱小的，甚至是微乎其微的。很简单，民俗学关注现实、指向现实，是一门关于现代和现实的学问这一基本观念不但离大众很远很远，也被不少经常言说的民俗学者无意识地拒斥。而不少民俗学者积极参与"非遗"大业中的盛况，更给公众造成一种民俗学就是与老、旧联系在一起的错觉。

廖： 这就是你强调的都市民俗学要"回归"传统的原因！这个传统是从民俗学在中国诞生之日起，就有的关注现实、记述现实的学科传统。以此来看，基于现实的中国民俗学的田野调查不是太多，而是很不够。

岳： 但如果我们在追溯更为久远的学科传统时，我们就会发现古已有之的，也是中国民俗学科诞生以来就一直被学者们念念不忘的都市民俗记述传统的另一面，那就是因感怀伤逝而有的怅然与忆旧。

三、凭吊：都市民俗记述的传统

廖： 你指的是《东京梦华录》《梦粱录》《武林旧事》这批佳作？

岳：正是。如同《荆楚岁时记》这样关于岁时的经典著作，这三本关于宋代都市生活的经典著作都是因为作者经历了时移物换、盛衰无常的荣枯之感后，感念故乡、故国，而对昔日自己熟悉的繁华生活的回忆。对昔日盛景叙写的越详尽、越逼真，作者那种昨日一去不复返的愁思就越浓烈，让人顿有南柯一梦或浮生如梦的唏嘘之感。《东京梦华录》和《梦粱录》两书名中的"梦"，既指过去，也指当下，还有无法预知的将来。

在《东京梦华录》的"序"中，孟元老自己有这样的呓语："仆数十年烂赏叠游，莫知厌足。一旦兵火，靖康丙午之明年，出京南来，避地江左。情绪牢落，渐入桑榆。暗想当年，节物风流，人情和美，但成怅恨。近与亲戚会面，谈及曩昔，后生往往妄生不然。仆恐浸久，论其风俗者失于事实，诚为可惜；谨省记编次成集，庶几开卷得睹当时之盛。古人有梦游华胥之国，其乐无涯者。仆今追念，回首怅然，岂非华胥之梦觉哉！目之曰《梦华录》。"

孟元老的"梦呓"不仅是他自己的心声，这实际上成为此后关于都市民俗叙写的主流情绪，并一直延续到近现代。清亡后，德龄公主的《清宫二年记》（*Two Years in the Forbidden City*），1927年北京成为"北平"后，陶亢德邀约大批文人撰写的忆北京生活的文字《北平一顾》，及至当代，红学专家邓云乡教授的《燕京乡土记》、大玩家王世襄的《忆往说趣》、中学教师邓海帆的《陋巷人物志》、诗人北岛的散文《城门开》、旅美华人维一的《我在故宫看大门》等，都是这一主流璀璨的浪花。这些浪花在警醒我们，都市民俗记述感怀、忆旧的必然性与必要性。

廖：我明白，你强调观察当下、关注现实的都市民俗学，并不是要与老、旧的民俗决裂，而是要在老、旧民俗的基础上，注意当下群体性日常生活习惯的演进。比如分娩礼，我们不应该忘记曾经有的收生姥姥，但更应该关注当下在医院的生养习俗，还有价格不菲的月嫂。而且，你的都市民俗学实际上对民俗的记述、写作提出了极高的要求：作者不但要有将自己置身于历史长河中的深远的理论关怀、人文关怀，其文字还应该是易读易记并有着感染力的，而感染力正来源于叙写者对生活、对人、对事的热爱或者说深深眷恋的真情实感。其实，你前面在提及燕大论文时用的"裸写"两个字已经指涉到这个层面。当然，这两个字还有对当下学位论文削足适履的套用西方理论甚至张冠李戴的八股风格的婉讽。

岳: 换言之，我想要说的是，如果我们在关注、调查、观察并叙写分析当下都市人民的日常生活时，有那种我们是写下来给将来我们的后代子孙或者是想了解我们当下生活的后来人看的基本意识，那么我刚才提及的似乎更应归类于文学创作的忆旧之作就具有明显的典范意义。我们自然会认真细致地观察、体验并描写，自然会将自己的情感熔铸其中，而不是将自己置身在观察叙写的对象之外，仿佛我们自己真的是高高在上或者说冷漠、客观的研究者。但我也要指明，找老人访谈话古仅仅是民俗学调查研究的具体方法之一，所谓的口述史同样仅仅是民俗学关注的因当下而指涉过去的一个对象而已。

廖: 除你刚才提及的那些著述，关于你熟悉的北京，对北京都市民俗的写作似乎还有民俗学学科意识相对浓烈的一类?

岳: 当然! 但我首先要声明的是，作为一个"外省人"，我对北京其实是陌生的，在北京我没有发小儿，没有胡同生活的感受，连地道的北京话也不会说，只不过因为自己对前门外老北京杂吧地——天桥的研究，进行了一些调查、访谈、观察，读了些相关的著作，进行了些思考而已。

关于北京这座古老都市的民俗，除了历朝历代的方志中相关的著述外，早就有一些"民俗"分量很重的书，如《帝京景物略》《日下旧闻考》等。当然，还有外国人眼中的北京，除《马可波罗游记》外，当年朝鲜使节写下的《燕行录》也越来越受到人们的重视、青睐，而两个美国人L.C.Arlington和Wm.Lewisohn出版于1935年的《搜寻旧京》（*In Search of Old Peking*）这本带有旅行指南性质的著作同样重要。

就民国时期而言，金受申和张次溪是我要特别提及的两位。作为旗人后裔，20世纪30年代，金受申在《立言画刊》开辟了"北京通"专栏，前后写下了约三百篇当年北京四季风光、节庆习俗、衣食住行、行业作坊等方方面面的美文；20世纪50年代，他将多年收集整理的北京的传说公开出版。无论是前者还是后者，都是今天的人们了解认知旧京重要的入口。尤其是后者，20世纪80年代重新收集整理的北京的传说很多明显都是金版北京传说的翻版，或者说是金版传说再次口头化传播的结果。与金受申的博闻不同，张次溪相对要专门化一些，除对梨园行、旧京古籍的类钞、汇编之外，他毕生都致力于对北京杂吧地——天桥的记述，使得天桥作为认知"另一个"北京的窗口和在我这里作为一种认知范式的天桥才有可能。其实，在相同的历史时期，在中国的都市，诸如天桥这样的杂吧地遍布全国，奉天（沈阳）的北市场，天津的三不管，济南的大观园，上海的徐家汇、城隍庙，南京的夫子庙，开封的相国寺，成都的青羊宫、文殊院，等等。但是，只有北京的天桥还在被当下不同的人念想、书写，还活在当下的北京，显然这得归功于天桥有张次溪这样的学者。

另外，我还不得不提及的是刘半农的高足李家瑞默默无闻的工作，那就是《北平风俗类征》和《北平俗曲略》两本专书。前者几乎将20世纪30年代前所有关于记述北京风俗的文字一网打尽，并分类编辑。作为一本认知旧京市井生活百态的入门书、资料书和工具书，这本书应该是独步古今。当然，能耗时数年、潜心将之抄录、整理出版，既有传统国学的影响，也与很早就倡导民俗学的刘半农的影响是分不开的。李家瑞的抄录不是为抄录而抄录，他有着浓厚的现实关怀，是要为现在活着的人所用。在该书序言的尾端，他说："最后我有一个希望，希望这书永远不要成为《梦华录》、《梦粱录》等供人凭吊的书，只要它永久当为类书或游行指南等书应用就好了。"为人所用、借古识今这一谦卑的心愿正是当代学者与古代凭栏独望的恋旧文人本质上的分野。

廖：我想你是想以你相对熟悉的北京来说明，在中国做当下都市民俗的调查研究，需要广泛的阅读，因为中国是个文献大国。这种阅读既是要了解过去民众生活的细微之处，也是为了理解当下的生活为什么成了现在这个样子。这种阅读不是为了守旧的"读"，也不是完全为了搜寻相关资料的"读"，而是获得一种历史感的"读"。之所以要读，因为当下的城市生活与不久的过去相差太大，是一种断裂式、跃进式的前行与发展。不借助于文字，就无从获得历史感，亦无从了解潜伏有过去影子的当下。你所强调的读实际已经超越了具体方法，也非简单意义上的文献梳理与现实调查的结合，其本身就是一种方法论。换言之，你所谓的都市民俗学既有对关注现实的学科传统的回归，也有对民俗本身传承与变迁的回归；同时，它还是指向自我体验与情感的，在此意义上，它又是对中国古已有之的都市民俗记述主流的"凭吊"的回归与超越。这也让我想起早在2005年，你就在乡村庙会与传说、娃娃亲的研究中提倡过的在"过程"中研究民俗以及"作为一种过程的民俗"的命题。事实上，如果我理解得没错，你的都市民俗学就是你没有过多阐释的"过程民俗学"当下表述。

能否在此解释一下你在2006年就提出的"城市生理学"的命题？它与我们这里所谈的都市民俗学是一种怎样的关系？

岳：感谢你看到了我自己不同研究之间的关联性。确实，我一直想写篇过程民俗学的专文，但终究未果。2006年12月，我在台北王秋桂先生主编的《民俗曲艺》上发表了《城市生理学与杂吧地的"下体"特征：以近代北京天桥为例》的长文，正式提出了"城市生理学"这个命题。随后，作为核心篇目，全面扩充、修订后的这篇文章收录进了我去年在生活·读书·新知三联书店出版的专著《老北京杂吧地：天桥的记忆与诠释》一书中。

正如该文在进行学术梳理时表明的那样，城市生理学这个命题是在与社会学、人类学、建筑学、文化批评以及政治学、汉学研究等多学科关于中国城市研究对话基础上提出的。我的基本立意是将北京这样有着悠久历史和文化生命的城市隐喻为人，这实际上应该是解读城市可能行之有效的一条路径。我记得其中有这样的表述："一座历史悠久的城市就如同人体一样，不仅仅是一个客体，她同时也是一个主体，有着她自己的生理学特征，即有着她自己的肌理、脉搏、呼吸与生命。"显然,能有此认知、突破(算得上的话),那是因为我情感的投入。在十多年来对天桥的调查研究中,我感受到了我当下生活的这座城市的肌理、脉搏与她或轻盈或沉重的喘息,以及她看似健康却不时胸闷憋气的感觉。当然,这种情绪在谢阁兰、老舍、张恨水、史铁生、西川、王朔等中外作家的创作中时常都有所流露。与他们不同,我试图相对理性、客观地把这种情绪借杂吧地——天桥这个实体与意象呈现出来。于是,城市生理学与作为下体的杂吧地之间是一种互文的关系。说到这个层面,就又与我所谓的都市民俗学连结一处了。我试图在解释清楚作为下体的杂吧地天桥的同时,向人们回答作为一种认知论与方法论的民俗学的可能。如果说我的"杂吧地"一书没有能完全证明这一点,但它至少向公众揭示出了"另一个北京"。那个北京不是帝王将相的,不是文物古迹的,也不是顽主与发小儿的,与他们有着或远或近的关系,但更是生活在北京的名不见经传的芸芸众生自己的。我更愿意相信,北京是因为他们才存在的,他们不是北京的经线就是北京的纬线。

简言之,民俗学也好,都市民俗学也好,它绝对不仅仅是关于资料搜集、记录、整理的学问,它同样是一种有着参照意义并可资借鉴的认知范式,是从民众当下有的日常生活来认知这个世界及其走势。

四、作为一种可能的都市民俗学

廖:其实,都市民俗学既不是一个新词,更非一门新学科,但你显然赋予了这个词全新的含义,尤其是你强调它是一门关注现实、关注现代性,同时更是一门认知范式并有益于其他学科的科学。

岳:我没有考证过在中国"都市民俗学"这个语词最早是谁使用的,语出何处。就我的涉猎范围,1992年,上海民间文艺家协会编辑出版的《中国民间文化》第八集就是"都市民俗学发凡"专辑;2004年,前辈学者陶思炎教授也出版了专著《中国都市民俗学》,陶立璠教授也有都市民俗学相关精当的表述。"都市民俗学发凡"专辑侧重的是消失的都市民俗的记述。与此不同,《中国都市民俗学》是要建构中国都市民俗学学科的有益尝试,涉及都市民俗学的体系、都市民俗资源保护、民俗中心转移论、主体与空间流动论、传统与现代磨合论等多方面的议题。

在近邻日本,都市民俗学的提出和阐释要早于中国。1982年和1990年,宫田登和仓石忠彦分别先后出版了各自的专著《都市民俗论的课题》《都市民俗论序说》。在美国,对都市幽灵传说的研究《消失的搭车客》已经在中国产生深远影响,张敦福、王杰文等人都有专文研究当代中国都市类似的传说。

在此,我要再次申明,我倡导的都市民俗学不是要建立一门学科,而是一种观念的转变,它直接指向的是中国民俗学因研究对象的整体性转型而有的转型问题。这也是我与上述个案、专题研究或在民俗学的架构下建设一门新的分支学科的诉求的根本不同。此前的中国民俗学的主流是指向过去、传统、乡村、边缘的乡土民俗学,这与以农耕文明主导的"乡土中国"的生产方式和生活习惯在近百年来的中国仍然具有巨大惯性的基本情势吻合,也与中国在现代化历程的外在压力和内在需求张力下促生的精神困境吻合。但是,从鸦片战争至今,在洋务派、维新派、革命派等各色精英前赴后继的努力下,包括港澳台在内的中国广大版图当下的生活方式已经被都市文明主导的都市生活方式所引领。就是发展一度相对滞后的大陆,改革开放后的乡村城镇化建设、农民工的流动、城乡一体化等大政方针已经导致了乡土社会被压缩、被整体性向后推移的社会事实。在这样的社会情景下,如果再固守乡土民俗学"向后看""向下看"的基本姿态与体位,那么必然陷入一种狭隘的文化保守主义和褊狭自私的高高在上的精英主义的怪圈之中。

廖:在访谈之初,你就已经表明了这样的意思,但这里说得更为清楚。按照我的理解,你大致是将中国民俗学分为乡土民俗学和都市民俗学两个阶段,并没有否定乡土民俗学的正当性、合理性,而是在肯定乡土民俗学向下、向后的基本定位的同时，倡导其向都市民俗学的转型。如此一来，你所倡导的都市民俗学与学界已有的都市民俗学及其研究也就有了本质的分野，至少你的都市民俗学研究对象的范围不仅仅是都市，还包括受都市不同程度影响的乡村。在你这里，都市民俗学是用民俗学从民众日常生活出发来反思、反观整个社会及其发展，并试图回答何以至此。换言之，都市民俗学既是中国民俗学发展前行的一个应该有的阶段，也是对既有的中国民俗学的继承与"反动"，是民俗学对当下中国的一种描述、记录，更是为了让整个社会良性发展、民众生活幸福而参与进中国当下社会进程的一种不偏不倚的批判。我相信，你喜欢"批判"这两字。因为唯其如此，作为一种认知范式、一种方法论的都市民俗学在有效参与社会建设与和谐发展的同时，也才有可能扮演自己旁观或默观的基本角色。

岳：你说得很对！我要说明的是，刚才我借用了费孝通先生"乡土中国"这个概念。这个在学界已经有了很多的阐释和升华。在此，我仅想指明一点：即使是在费老撰写同题小册子的当年，指向以往的老态、老套，一副悠然自得却又满肚子不合时宜也潜存生机的乡土中国既是费老"恋旧"的表现，也是对他写作时中国现实的焦虑与隐性批判，是费老成功创设与解读中国的一个意象与镜像，其中有很多想象的成分，表达的是一种理想，甚至可以用马克斯·韦伯的"理想类型"来指代。与别人的解读阐释不同，我更愿意将费老的"乡土中国"与鲁迅的孔乙己、阿Q和钱锺书的"围城"置于同一平台来读，因为这些都是中国这个复杂"文类"的异文而已。

还是要回到都市民俗学这个问题上来。如果说乡土民俗学是近现代化历程中的以农耕文明及其生活方式为中心，以乡土中国为本位、原点，那么都市民俗学则是以工业文明、科技文明支配的当下都市生活方式为中心、重心，以现实中国为本位，波及开去。

廖：那究竟有没有可以到达你所言的都市民俗学的途径呢？

岳：因为是认知范式的基本转型或者说定位，我所谓的都市民俗学并没有任何具体的途径，也不想建构什么路径。还是要借用费老的"文化自觉"这个词，当更多的人意识到了这点，并在自己的调查研究中身体力行地去再现、反思，那么所有的实践都是通往都市民俗学的途径。

当然，我也愿意谈谈它在操作层面可能涉及的范畴。针对当下的城市而言，有两件事情同等重要：一是如同前文提及的《北平风俗类征》那样，系统搜集整理已有文献中关于都市民俗的记述；二是如同燕大师生所做的那样，实实在在地调查记录当下的城市人民的生活。前者的重要性不容置喙，就后者，一个从业者显然应该有敏锐的意识。我要特别指出的是，当咖啡、可乐、茶叶被我们共饮时，馒头、面包、蛋糕被我们共食时，尤其是当电视、手机、电脑、网络等电子传媒在快速改变我们生活时，与这些电子相关的民俗——"电子民俗"，诸如拇指一族、宅男宅女、网恋、网络犯罪、网购、层出不穷的选秀等，都是我们需要主动关注的对象。当然，还有不断膨胀的巨型城市中滋生的多样的异质群体，如群众演员、导游、同性恋、同妻、网络写手、会越来越大的老龄群体，等等。

就当下人文地理学和社会形态学意义上的乡下、乡村同样包含前面两个范畴：文献中有的关于过去记述的整理，当下的现实生活。发达地区农村外在景观的城市化，中西部落后地区农村的"3689部队"，这些显然不仅仅是经济学、教育学、社会学才能去关注的问题，都市民俗学都需要主动介入，尤其应该关注都市文明及其生活方式如何步步为营地在发展幻象的呼召下，蚕食着"乡土"。

在基于过去对现下的经验事实有了相对深入了解的基础上，我们就需要去尝试分析为何如此之类的问题，进而指向众说纷纭的"现代性"。当然，针对每个具体的事象或个案，不同的人肯定有不同的解答，但最终的指向都是一样的：我们是谁？我们为何这样活着？我们该往何处去？

廖：虽然你说没有具体的途径，但如你所言，只要有了这个基本意识，它又是每个人都可以实践的。这其中的关键在于一个民俗学者如何给自己定位的问题。如此一来，我不但更加理解你直接指向城市的研究，也多少明白了你关于乡村研究看似旁逸斜出的写作方式。基于民众本位，对现代性、发展、自我的拷问应该是你每项具体研究的潜在写作策略。这让我想起了你在"杂吧地"一书绪论中的那段情感色彩浓厚的写作自白："作为一项具体而微的'小研究'，本研究既非'眼睛向下'的俯视，也非意在教育、改造、提升民众的'到民间去'的有些一相情愿地亲民，而是下层、下体不卑不亢的'眼睛向上看'的平视，是地平线一端的杂吧地天桥对地平线另一端的紫禁城、天安门的对视和呢喃细语。这或者是我所理解的民俗学的本色。"

岳： 作为回应与补充，我要再啰唆地提及在《灵验·磕头·传说：民众信仰的阴面与阳面》"导言"中，我关于民俗学的一段话："它是一门向后看也必然充满怀旧与伤感的学问，并自然而然地与民族主义、浪漫主义纠缠一处，但它也是从下往上看，天然有着批判性、反思性，从而谨慎甚至不合时宜的学问，因此也是最容易被边缘化和工具化的学问。"

就我新近的兴趣，一方面，我尝试摒除东西、文明落后、神圣世俗、官民等二元话语架构下的民众信仰、民间宗教固有的贬斥心态，提出了"乡土宗教"；另一方面，基于二人转的红火、相声的中落、当下小剧场在都市成为时尚和典范这些事实，我尝试对一直惯用的因人的分类、层级而有的"民间文艺"以"城墙"这个具有象征意义的界碑进行重新定义、分类与阐释。这些初步成形的想法，均来自我所谓的都市民俗学意识。

（原载《民族艺术》2012年第2期）

走向全球与回归本土的"生活美学"

刘悦笛 廖明君

刘悦笛,中国社会科学院哲学所研究员、博士生导师,美国富布莱特访问学者,中华文化促进会主席团荣誉委员,北京大学博士后,辽宁大学生活美学研究院院长。曾任国际美学协会(IAA)五位总执委之一与中华美学学会副秘书长、纽约城市大学和韩国成均馆大学客座教授。

著有《生活美学》、《分析美学史》、《当代艺术理论》、《生活中的美学》、《艺术终结之后》、《生活美学与当代艺术》、《视觉美学史》、*Subversive Strategies in Contemporary Chinese Art*、*The Aesthetics of Everyday Life: East and West*等多部作品,《生活美学与艺术经验》获"三个一百"原创出版工程奖。翻译维特根斯坦等外文著作六部,发表英文论文十余篇。在中国美术馆等策划多次艺术展,并组织多次国际会议。

廖明君(以下简称"廖"):非常高兴与你做这个学术交流,能与广大的读者分享生活美学在中国乃至全球的发展情况。自从2005年你出版《生活美学》一书之后,国内学界以及众多读者开始对于"生活美学"关注有加,"生活论转向"已经成为"实践论转向"之后中国美学又一次重要的转向了。

刘悦笛(以下简称"刘"):作为学界的晚辈,我非常愿意向大家介绍一下"生活美学"究竟是如何兴起与发展的。目前,无论是在国内还是全球的美学界,"生活美学"都被视为一种主流的美学思潮了,全球美学正在经历一种"生活美学转向"。

一、"生活美学"的缘起与起源

廖:的确,这种最新的美学转向在当今中国的兴起,似乎也与国内学界2003年开始的"日常生活审美化"论争是相关的,日常生活审美化成为生活美学得以勃兴的社会背景。作为"生活美学"的主要倡导者之一,你最初是如何想起构建这种美学思想的?理应是处于这个整体历史背景之下吧。换句话说，21世纪以来，日常生活审美化开其端，而"生活美学"则承其绪，这是其内在的发展逻辑吧。

刘：初步完成"生活美学"的思想建构，我记得基本上是在2001年底，此后两年，就借调到中国文联老《美术》杂志从事视觉艺术编辑工作了，那是一段与艺术家们交游的日子，也多次拜会了名誉主编、美学家王朝闻先生。所以说，21世纪以来，看似是日常生活审美化开其端，而"生活美学"承其绪，逻辑上这样更说得通，但实际上"生活美学"产生在先、论争发生其后。掐指算来，"生活美学"的提出距今已十多年了，但许多以《生活美学》为题的论著仍将之理解为门类美学或实用美学，根本没将"生活美学"视为一种哲学美学上的本体论建构。你说得很对，后来"生活美学"的全方位出场，的确搭上了日常生活审美化论争的快车，我也以《哲学研究》2005年第1期的《日常生活审美化与审美日常生活化：试论"生活美学"何以可能》等文参与到这场学术论争当中。国内学界也曾经争论过——究竟是谁最早将日常生活审美化的话语引介到国内的呢？

实际上，早在2002年，我与王南湜合著的由河北人民出版社出版的《复调时代的来临——市场社会下中国文化的走势》当中，就已明确写道："传统美学的超越性也被大众文化的世俗性、生活化所消解。传统美学的趣味分层，造成了雅俗分圈即高级文化与日常文化的绝对分殊。……但大众文化则带来了'日常生活的审美化'（the aestheticization of everyday life）的现实趋势，这已为社会学家费德斯通所充分关注。这种趋势就总体而言，主要就是大众审美文化的泛化，特别是'类像'的生产对大众日常生活的包围，从而形成了一种艺术化的现实生活。此外，先锋艺术和精英文化品也积极介入大众文化，如波普艺术对现实生活的照搬便是如此；同时，大众文化也吸纳着精英文化，如许多世界名画经过复制再绘而出现在大众文化产品上，我们可称这一趋向为'艺术生活化'。相反，还有一种'生活艺术化'趋向，这表现在大众对自身与周遭生活越来越趋于美化的装扮。可见，'审美与日常生活同一'的趋向，同传统美学的孑然超验、拒绝俗化并不相同。"

廖: 这就意味着, 你可能在国内最早论述了"日常生活审美化"的问题了, 国内学术界的确也曾出现过谁最先提出日常生活审美化的论辩, 但无论怎样, 这个话题都是从西方援引来的, 而且是从文化研究领域那里来的。而且, 日常生活审美化的论争, 一方面带来了文艺学的扩容与改造, 另一方面又带来了美学的更新, 二者之间还是存在根本区别的。

刘: 从首倡的角度来看大概如此吧, 那本书是我被保送博士之后、尚未正式攻读之前完成的, 完成时间甚至更早些, 应该是在1999年的秋天, 但是出版得晚了些。当时我所引用的还是费德斯通《消费社会与后现代主义》的英文版, 有书为证。但有趣的是, 我的博士论文《回归生活世界的审美解放——现代审美精神的重构》的基本构想, 更多是一种现象学意义上的美学本体论建构, 当时并没有将日常生活审美化的思考纳入其中。直到2005年在安徽文艺出版社出版《生活美学——现代性批判与重构审美精神》一书, 我才在里面增加了第二章《当代审美泛化: 后现代的美学特质》, 其中的重要两节分别是《当代文化的"超美学"转向: "日常生活审美化"》与《当代艺术的"反美学"取向: "审美日常生活化"》。

从这本书开始, 我才将当代审美泛化当作"生活美学"得以出场的历史语境。但我始终认为, 当代审美泛化包括两个逆向的运动过程, 日常生活审美化就是生活艺术化, 是指我们衣食住行用的日渐审美化进程, 而审美日常生活化则是艺术生活化, 当代艺术始终逡巡在艺术与生活的模糊边界上作出探索。其实, 日常生活审美化最初只是文化研究与社会学问题, 它给文艺学与美学所带来的是不同的后果, 但是给文艺学带来的更多是研究领域的扩容, 我也参与了《文学理论基本问题》这部创新性著作的撰写, 但这类革新却未将对生活本质的反思带入文艺学的深层。这也就是说, 日常生活审美化并未给文艺学带来本体论的变化, 但却对"生活美学"而言构成了转向的历史契机。日常生活审美化被视为美学问题更为合理, 它给美学带来的转向, 是远远重于给文艺学带来的扩容的。

二、"生活美学"的本土化建构

廖：应该说，你所说的"生活美学"更多是从哲学美学的意义上来说的，它并不是社会上用这个词所指的那种实用美学，台湾学者使用"生活美学"这个话语也是指要将美学下降到生活当中，但无论怎样说，"生活美学"都是一种本土化的美学建构。

刘："生活美学"从理论来源上讲，就我个人而言，最初是来自晚期胡塞尔的"生活世界"理论的直接启示。因为国内的美学研究太过海德格尔化了，而这种趋势恰恰与当代中国美学的生命论与存在论是相通的。其实，更早期的海德格尔在并未形成高蹈在上的"此在论"之前，关注的是"实际的生活经验"的问题。这样，在我看来，这位存在主义大师的雏形思想，就与分析哲学的大师维特根斯坦的"生活形式"理论、美国实用主义大师杜威的"完整经验"理论具有异曲同工之妙了，还有包括马克思本人的"生活实践"思想都构成了"生活美学"的西方资源。然而，对于中国学者而言，西方资源只是以资借鉴的思想来源的一面，在《生活美学》的建构当中，我还自觉使用了原始道家思想来论述——美的活动乃人类"本真生活"的直观方式，因为我们必须在中西"视界融合"当中来建构自己的美学思想。

其中，日常生活与非日常生活的区分，这本是西方学界的创建，而在我看来，美的活动恰恰是介入日常生活与非日常生活之间的，并在二者之间形成了一种张力结构，在中国传统智慧里面所强调的恰恰是二者之间"不即不离"的状态，这是西方美学观念所把握不到的。所以说，《生活美学》既关注了美与生活的"日常连续性"，又关注了美与生活的"非日常张力"，并对这两方面都进行了现象学的解说。追其本源，美的活动本乃"本真生活"的原生状态与原发方式，只不过后来被日常生活的平日绵延所遮蔽，被非日常生活的制度化所压制，所以才终成"介于日常与非日常之间"的基本状态。我们所要建构的"生活美学"，恰恰是一种植根于日常生活的崭新的生活化理论，而传统的美学却只将审美当作非日常生活, 这恰恰是生活美学所反对的。所以说, 以康德为代表的审美非功利思想, 与艺术自律论的西化思想一道, 都要在"生活美学"那里得到解构。然而, 康德的美学原则在当今中国美学界仍被坚持与维护, 殊不知, 在西方当今的美学界, 康德只是被当作美学史上的人物而被研究而已, 而我们坚守"康德原则"已经超过一百余年了。

廖: "生活美学"作为一种崭新的美学本体论建构, 正是一种中国化的"生活美学", 它的基本理论来源既有来自西方的, 也有来自本土的。实际上, 从本土资源出发, 来构建自身的"生活美学"这个路数无疑是正确的选择, 当代中国学术也应该走进向全球推销自己这个历史阶段了。

刘: 我认为, 中国传统美学从本根的意义上来说, 就是一种活生生的"生活美学", 这恰恰不同于自古希腊时代以来的那种形而上学的美学传统。"生活美学"的思考, 对于"中国哲学合法性"的论争也有所启示, 因为中国哲学思想也并不能仅用西方的思维框架来加以框定, 感性思维模式恰恰是中国思想的自本生根的智慧。在中国美学史研究当中, 我们看到了"冯友兰哲学范式"的深刻影响, 以至于美学史往往成了范畴与概念的发展史。当中国学者希望用审美文化与审美风尚的概念来改造中国美学史的时候, 恰恰也是在逃脱传统美学史的研究范式。但在我看来, 回到文化, 不若回到生活, 因为文化本身就是一种生活方式, 由"生活史"来重构美学史, 似乎才能解决形而上之"道"与形而下之"器"的两分问题, 而只有解决了道器之间的平衡难题, 中国美学本身才能更活生生地得以呈现出来。

我目前的主要工作, 仍是聚焦于能否与国内的同人们共同撰写出一部"中国古典生活美学史"之类的著作。我们都知道, 实践美学是很难还原回中国历史当中的, 我们不能说, 我们拥有了一部"中国实践美学史", 而"中国生命美学史"研究倒是可能的, 但生命维度往往是高蹈于玄虚而难逃虚妄之嫌, 而"生活美学史"才可能是实实在在的美学史建构。我已经与三位友人大致做了个分工, 试图将整个"中国生活美学史"分为四段加以描述，这四段当中都有一段历史时期构成了中国"生活美学"的高潮期：从春秋到战国的转型，从魏晋到六朝的转型，从北宋到南宋的转型，从明末到清初的转型，在中国古典生活美学史当中都是至关重要的几次转型时期。但是究竟该如何加以梳理，对我个人与同人们来讲都是个难题，好在目前国内的硕士与博士论文以此为选题的在逐渐增多，我们就需要这样的学术积淀。

廖：你说得很对，中国古典美学并不能从西方的形而上学的角度来加以研究，或者说，这种西方式的研究只能代表一种传统的研究方式，无论是从中国古典的各种美学流派而言，还是诸位美学家来说，中国学者都要建构的是一种本土化的"生活美学"，这里包括儒家生活美学、道家生活美学、禅宗生活美学等各个美学流派。

刘：我就以儒家生活美学为例吧。我们耳熟能详的一段《论语·先进》篇，曾点对答孔子曰："暮春者，春服既成，冠者五六人，童子六七人，浴乎沂，风乎舞雩，咏而归。"中国美学史大都解为这是一种"审美境界"。但其实，这种解法恰恰是现代性的阐释，后来勘定为王国维所撰写的《孔子的美育主义》才第一次给出如此的解说。而王国维之前，从"孔颜乐处"意义上的"乐"再到那种圣人的"气象"，理学化的解读代表了更为传统的方向。但当我们试图"还原"这段论述的历史语境，与古本《论语》成书年代最为接近的两种说法最有说服力：一种是"盥濯祓除"之说，而另一种说法则是"主持雩祭"之说。如此看来，曾点之为可能与当时在鲁国兴盛的祭祀之"礼"直接相关，而非仅仅是一场"春游"抑或"授业"活动。

尽管我们无法真正回到历史现场，但根据"祓除"与"雩祭"的记载，曾点志在于进行关乎"礼"的崇高化活动似乎更接近原意。我们体会，先进篇所说的"咏而归"更像是"咏而馈"，据《释文》解："而归，郑本作馈，馈酒食也。"馈应为进食之意，王国维也考证《阳货篇》曰："归孔子豚，郑本作'馈'，鲁读

'馈'为'归',今从古。"如取"归"义,"侍坐"所描述的就是一场乘兴而来、尽兴而归的审美过程;如取"馈"义,那活动的着眼点恐怕就落在"祭礼"之上,祭的内涵虽然未被积沉下来,但是礼的外壳却存留了下来。这种解读可能更符合古本《论语》的原意,曾皙由于"明古礼"而被孔子所赞赏,而其他诸位则因"无志于礼"而不被认可。换句话说,曾点所向往的乃是"崇礼之美","美"附庸于"礼"而并不独立于"礼",这就形成了儒家生活美学的一种本意。

当然,说儒家美学原本就是"生活美学"还是远远不够的,道家美学本身也是一种"生活美学",那是一种崇尚"法天贵真"的自然化生活的"生活美学"。从西方哲学的角度谈论儒道两家美学,前者以"仁"为核心,后者以"道"为鹄的,只有步入回归生活之路,才能摆脱这种依于"仁"与志于"道"的美学老路。禅宗生活美学也是如此,"禅悦"本身是最切近于生活本身的,所谓"担水砍柴,无非妙道"。此外,还有实用化的"墨法生活美学"一直为我们所忽视,墨家美学思想已浸渍到中国传统"民文化"的深层里面去了,从而形成了不同于大传统的"小传统"。中国古典生活美学也并不只是包括"文人生活"的一脉,还有"民间生活"作为现实的依托,"官文化""士文化"与"民文化"形成了一种基本的文化三角结构。

廖:任何一种美学的建构,提出基本思想还远远不够,更需要将这种美学理论加以系统化。我们看到,在中国美学界,实践美学这一流派是得以系统化最为充分的美学流派,后实践美学尽管提出了以生存来取代,但是这种美学却始终没有将自身体系化,这也是反对者批判后实践美学的地方。

刘:应该说,一直在做将"生活美学"系统化这方面的基础性努力,但形成基本架构的工作,不知是否能最终完成,还都处于"现在进行时"吧!我目前关于"生活美学"的基本建构是这样的:《生活美学》构成了"生活美学"思想建构的哲学核心建构;2007年由南京出版社出版的《生活美学与艺术经验:审美即生活，艺术即经验》则是由这个核心思想拓展出的美学体系，该书曾获得国家新闻出版总署所颁"三个一百"原创出版工程奖。正如每章之后的述评所示，该书分别梳理的美学基本问题是：美学与语言、美学与学科、美学与历史、美学与中国、美学与生活、美学与哲学、美学与自然、美学与心理、美学与价值、美学与形态、美学与文化、美学与现代、艺术与定义、艺术与经验，这种重构美学原理的方式，可能真有一定原创性的贡献吧！李修建在2011年我们两人合著的由中国社会科学出版社出版的《当代中国美学研究（1949—2009）》当中，认为这本书是"一部具有原创性的美学原理著作，它立足于全球化时代和大众文化时代这一新的历史语境，贯穿以丰富的中西方艺术经验，建构了一个力图超越实践美学和后实践美学的理论形态——生活美学，在新世纪中国美学理论中可谓自成一家，特别是在美学领域及其他学术领域出现生活论转向的背景下，生活美学就更为值得关注"。但无论如何评价，这本书都是将"生活美学"加以体系化的第一部专著，尽管我本人并不十分满意，待日后再来修订吧。

总体来看，"生活美学"的整个的架构，是由我的四本书《生活美学》《生活美学与艺术经验》《生活中的美学》与《艺术终结之后》所组构而成的。前面说到过，"生活美学"得以成立有双重的背景，"日常生活审美化"的方面是通过2011年清华大学出版社出版的全套彩色专著《生活中的美学》来深描出来的，而作为"审美日常生活化"的方面，则是通过2006年南京出版社出版的《艺术终结之后：艺术绵延的美学之思》而描述出来的，这两方面构成了"生活美学"的两翼。如此看来，我所设想的中国化的"生活美学"的整个系统，希望通过这四本书接近体系上的相对完整与自洽。当然，目前这只是我的基本想法，生活美学的各个方面都需要继续深入地加以研究与探索。补充一下，《生活中的美学》所描述的日常生活审美化的八章是这样构成的："审美哲学"、"语言美学"、"心理美学"、"身体美学"及"体育美学"、"自然美学"与"环境美学"、"艺术美学"、"设计美学"、"文化美学"及"商业美学"。

三、"生活美学"的全球化贡献

廖： 当前的国际美学界又逐渐火热了起来，这不同于以往国际美学所出现的沉寂局面，中国美学也是如此，在80年代的"美学热"之后，我们也在逐渐迎来美学在新世纪的复兴。作为国际美学协会的五位总执委之一，你应该非常了解西方美学界的最新动向，听说"生活美学"在国际美学的最新发展当中占据了相当重要的地位。

刘： 国际美学界在新世纪以来，终于变得"一分为三"了，分为了"艺术哲学""环境美学"与"生活美学"三个美学分支，"生活美学"已与前两者"三分天下"了。从20世纪中叶开始，艺术哲学就占据了美学的主导地位，这显然是由于"分析美学"在西方美学界成为了绝对主导的原由，我在2009年北京大学出版社出版的《分析美学史》就致力于这种美学思潮的系统研究。分析美学研究在中国是最缺乏研究的西方美学流派，但它却是在西方唯一占据主导的美学思潮，值得学者们继续深入探讨下去。但分析美学的问题在于，它仅仅以纯粹的艺术与审美作为研究对象，所以从"自然环境美学"到"人类环境美学"，就又经过了三十多年的新拓展，目前也处于落潮之势。但在以艺术与自然作为研究对象之外，还有生活这个领域尚未被整体探索，所以说，"生活美学"的出场，使得全球美学的研究对象终被扩展为艺术、环境与生活。直到2005年，哥伦比亚大学出版社才出版了由安德鲁·莱特与乔纳森·史密斯共同主编的《生活的美学》，这是西方狭义的"生活美学"第一本书，我的《生活美学》也出版于同一年，这也说明，"生活美学"的开局是东西方学者们所共同创造的。

廖： 看来，我们的确面临着全球的"生活美学转向"了。西方美学界从2005年到2012年出版了多部"生活美学"的代表性著作，这是对于西方"生活美学"研究非常重要的八年，而从新实用主义美学到文化研究都有类似的取向，都可以被视为广义的"生活美学"。

刘: 的确如此, 自从2005年《生活的美学》那部文集率先出版之后, 斋藤百合子2007年的《日常美学》、凯蒂亚·曼多奇2007年的《日常美学》、查克瑞·辛普森2012年的《人生作为艺术: 美学与自我创造》和托马斯·莱迪2012年的《日常中的超日常: 生活的美学》, 这些都是西方"生活美学"的代表作, "生活美学"在西方可谓方兴未艾, 从而形成了最新的"美学运动"。而且, 这种最新的"生活美学"研究, 还形成了以2009年出版的《功能之美》为代表的认知方法论与其他五种非认知方法论——"形式主义法""审美化或仪式化法""家庭壁炉法""现象主义法"与"介入法"。上面我所提到的都是狭义的"生活美学", 它们是从"后分析美学"的语境当中生发出来的, 被直接命名为"日常生活美学"或"日常美学", 而我们国内对于外来思潮的借鉴, 主要是广义的"生活美学"思潮, 诸如新实用主义与文化研究之类都属于此类, 狭义与广义之间还是有严格区分的。

廖: 当代中国学者要懂得, 他们的肩头其实肩负着凭借"生活美学"参与国际美学建设的重任。这也就是说, 当代中国美学要以"生活美学"作为契机, 积极参与到美学的全球对话当中去。

刘: 在牛津大学出版社、哥伦比亚大学出版社等国际知名出版社出版了《生活美学》专著之后, 剑桥学者出版社也随之规划出版相关的英文文集。该社编辑卡罗找到了我, 我便欣然接受了这个邀请, 进而邀请了国际美学协会现任主席柯提斯·卡特与我共同主编一本英文文集《生活美学: 东方与西方》, 英文书名是 *Aesthetics of Everyday Life: East and West*, 它即将由剑桥大学出版社出版。该书的不同于以往西方生活美学专著的重要特点, 就在于将生活美学置于东西方的文化对话当中加以重新建构, 从而试图熔铸出一种具有"全球性"的生活美学新形态。在接受《中国社会科学报》采访的时候, 我就曾说过, 到了"生活美学"方兴未艾这个新的时期, 当今中国美学界才能摆脱"西方美学本土化"的一百多年的历史状态, 进而将"中国美学全球化", 因为中国美学本身就蕴含着最为丰富的"生活审美化"的历史传统, 这种传统在"文化间性"的视野当中理应得到一种创造性的转化。

廖： 当然，尽管中国化的"生活美学"已经参与全球对话了，但是，国际上的生活美学与本土化的生活美学还是有内在差异。但无论怎样，当代中国的"生活美学"都绝对不是也绝不应成为西方的"生活美学"在中国的翻版与变体，我们应该有我们自己的美学声音。

刘： 的确，东西美学之间有某种差异，但也有更多的相通之处，真的是"和而不同"。在对外交流当中，我个人最初将中国化的"生活美学"翻译成performing life aesthetics或performing live aesthetics，后来，我则将living aesthetics作为定译，意思在于强调，中国式的"生活美学"就是一种"活生生"的美学，更为强调一种生活本真的存在状态。与西方比较，西方相关著作一般用everyday aesthetics或aesthetics of everyday life来命名，西方生活美学家们似乎更为强调生活是一个全新的美学研究领域。但无论怎样说，"生活美学"在东西方都已经同时兴起，并共同使生活成为美学的研究对象，这个新的美学学科已成为不同文化之间平等对话的全球平台。"生活美学"需要东西方学者继续努力工作，找到我们共同的交集与互补之处。2012年夏秋之交，承东北师范大学的好意承办，我们组织国际美学界在中国举办了"新世纪生活美学转向：东方与西方对话"国际会议，这次会议成为全球学界首次举办的"美学回归生活"的国际盛会。在这个文化间性转向的时代，我们的确应该积极参与全球对话当中，我在2010年主编的由中国社会科学出版社出版的《美学国际：当代美学家访谈录》就致力于这种"文化间性"的对话，还有我主译的《全球化的美学与艺术》与《环境与艺术：环境美学的多维视角》都在做这方面的工作。

四、"生活美学"与艺术文化问题

廖： 既然"生活美学"是超出以艺术为研究对象的美学的，那么，我就会有一点担忧，这种最新的美学研究可能会驱逐艺术哲学的研究，应该进一步梳理好"生活美学"与艺术哲学之间的崭新关联。

刘： 这个问题非常重要，生活美学并不是取代艺术研究，而反过来会推展艺术研究，包括艺术哲学研究。有趣的是，在英美学界并没有艺术学，其"艺术理论"指以视觉艺术为主要对象，相当于艺术学的就是"艺术哲学"。为何说"生活美学"的出现有助于反思艺术呢？因为"生活美学"有个互看的基本原则，就是从艺术的视角中看生活，从生活的视角看艺术。在2006年南京出版社出版的那本汉语学界第一本关于艺术终结的书《艺术终结之后》，这本书之所以能与国际美学界进行积极对话的关键就在于，它提出了艺术在未来可能终结的路数：其一是以观念艺术为代表的"艺术终结于观念"之途，其二是以行为艺术为代表的"艺术终结于身体"之途，其三是以大地艺术为代表的"艺术终结于自然"之途，这三种途径是统一在"艺术终结于生活"的。所以说，艺术终结之日，也许就是"生活美学"成为绝对主流之时，因为艺术最终要回归到生活当中去了。

廖： "艺术哲学"或者"艺术学"研究，在中国本土尽管获得新的进展，但必须承认，我们与欧美艺术研究的基本水平还是存在一定距离的，特别是向欧美分析美学家们的艺术哲学研究还要学习许多东西，所谓"他山之石，可以攻玉"。

刘： 在国内"艺术学"变为一级学科之后，"艺术学原理"之类的专著如雨后春笋般得以出现，但是，在西方占据主流的分析传统的艺术哲学研究的基本成果，还基本没有得到我们的借鉴。在《分析美学史》当中，我们已经描述了分析美学史上的维特根斯坦、比尔兹利、沃尔海姆、古德曼、丹托、迪基等重要代表人物的思想，还曾在北京大学出版社翻译出版了沃尔海姆的分析美学名作《艺术及其对象》，其余几位重要美学家的东西诸如维特根斯坦与迪基我也都在译。无论我在北京大学出版社主编的"北京大学美学与艺术"丛书，还是在中国社会科学出版社主编的"美学艺术学译文"丛书，都是对80年代李泽厚先生主编的"美学译文"丛书的延续。这两套丛书出版的一个重要的目的，都是推动分析美学在中国的推展,推动我们的美学艺术学研究直接与国际前沿接轨。我们需要建构自身的艺术哲学与艺术学体系,但是,必须放眼国外,看到艺术研究在国际上已经发展到了何种程度。

廖: 你说得很对,分析美学的研究在艺术上面的确取得了非常重要的贡献,特别是在整个20世纪的后半叶都占据了绝对主导,中国学界一定要补上"分析美学"这一课程,经历过真正的"语言转向"之后,中国美学可能开辟出崭新的发展空间。

刘: 我已经完成了国家社科基金的"20世纪分析美学研究"的项目,但是完成后,我希望花两到三年将之细化与深入,希望今后能写出一本《今日美学与艺术哲学——分析美学导论》的专著。目前,我先是试图把握到分析美学的五对主要问题:第一,"艺术本质—艺术本体";第二,"艺术再现—艺术表现";第三,"审美经验—审美属性";第四,"艺术评价—艺术价值";第五,"艺术起源—艺术终结"。前三对问题相对而言对分析美学是更重要的,分析美学在这些贡献最为突出。目前只能先做到这个程度,随着研究的深入继续完善吧,还有许许多多的分析美学问题需要总结与深入,比如视觉再现、音乐表现、意图与阐释、隐喻与象征、门类艺术哲学,如此等等。此外,当前国际分析美学界还有两个热点问题需要探索,一个就是艺术与伦理的关联,另一个则是艺术与政治的关联,这两种外部研究似乎能提出审美伦理学或伦理美学、审美政治学或政治美学等一系列的新生点。

廖: 在你的研究里面,"生活美学"也与当代中国艺术的发展息息相关,这也是你从"生活美学"反过来对于艺术史研究的拓展。听说你还曾在海外编辑出版过一本关于当代中国艺术史的文集《当代中国艺术激进策略》,得到了国际美学界与艺术界的普遍关注。

刘: 是的,这是个非常重要的研究成果,它的影响主要在海外,最近国内美术界也开始关注它，那就是我与美国纽约城市大学的魏斯曼2011年主编的 *Subversive Strategies in Chinese Contemporary Art*，由欧洲著名的布里尔出版社出版。这本书邀请了美国与中国的美学家、艺术史家与艺术批评家共同撰写。美国布林茅尔学院迈克尔·克劳兹认为，该书是"对于当代中国文化的重要贡献，对于当代中国文化的跨文化影响的重要贡献，对于中国文化意义的哲学理解的重要贡献。作者既包括中国也包括美国的哲学家与艺术史家们，这是他们关于当代中国前卫艺术研究的第一次合作"！这本书在海外得到了相当的肯定，因为它是第一部从理论上反思当代中国艺术的著作，我在其中提出了建立具有"新的中国性"的艺术观念与实践的问题。在亚洲艺术学会的京都年会与国家图书馆的讲座当中，我都梳理了"生活美学"发展与当代中国艺术史之间的关联问题。当然，我本人也参与了一些艺术策展与批评活动，所策的第一个展览就是在中国美术馆一层举办的。视觉理论研究对于艺术学而言是非常重要的，我的2008年由山东文艺出版社出版的《视觉美学史：从前现代、现代到后现代》就致力于这种理论研究，国内许多美术院校包括中央美院都将这本书作为研究生参考书目。

廖："生活美学"不仅与艺术相关，而且还与当代文化研究是内在相通的。然而，需要反思的是，我们的文化研究都是从西方那里舶来的，特别是各种方法论都是西方制造的，但是从"生活美学"这种本土来分析文化可能更为贴切吧。

刘：这些文化研究都属于我主要研究之外的兴趣点吧，也还是采取了"生活美学"的视角。2005年在中国文联出版社出版的《夜半歌声》属于"都市场景文化研究"丛书，这本得以再版的书主要研究的是"中国卡拉OK文化"。2013年最新由四川人民出版社出版的《新青年新文化》则是更新的文化研究，我提出所谓的"新青年"就是指以80、90后为代表的拥有新文化取向的青年群体，"新文化"则特指先锋戏剧、现代诗人与新诗、前卫艺术、追星族与粉丝聚落、恶搞文化与山寨风潮、青年写作与网络码字、新摇滚、网络社区、超女·达人·选秀、微电影与小视频等文化现象。我总觉得，我们不能再走"西方出理论，中国出实证"老路了，文化研究理论有哪些是由我们"发明"的呢，也许从"生活美学"出发可以走出坚实的一步。

最后，非常感谢你的访谈，也使得我本人得以反思自己以往的研究过程与可能存在的缺憾，为在学术道路上坚定继续走下去奠定了坚实基础，真的非常感激你！

（原载《民族艺术》2013年第3期）

建构中国神话美学研究的基本范式

王怀义　廖明君

　　王怀义，武汉大学文学院教授。主持国家社会科学基金项目2项，在《文学评论》《文艺研究》《文艺理论研究》《民族艺术》《人文杂志》等刊物发表论文50余篇，著有《红楼梦与传统诗学》《红楼梦诗学精神》《中国审美意识通史·秦汉卷》《中国史前神话意象》《道境与诗艺》等，相关成果获得省市社会科学成果奖一等奖、二等奖、三等奖。

　　廖明君（以下简称"廖"）：近年来，你陆续发表了一些关于中国神话与美学之间关系的研究文章。应该说，中国神话研究从1903年蒋观云首次将"神话"一词引入中国以来就一直比较兴盛，中间虽有间歇，但总体上呈现出不断前进和发展的趋势，积累的成果十分丰富，而且在这一领域无论是现代还是当代一直不乏大家，你为何会选择这样一个相对比较成熟的学术领域作为自己的研究重点呢？

　　王怀义（以下简称"王"）：非常感谢你和《民族艺术》给我这样一个机会来谈谈自己近些年来对中国神话研究的一些心得和教训，我也很想借此机会听听学界各位前辈和学友的意见，毕竟我在这个领域研究的时间还不长，只能算是一个刚入门者，离"登堂入室"还有很长一段距离。

　　说起我对中国神话的研究有些偶然，但也有必然。我对神话一直有浓厚兴趣，小时候我是读着中外神话故事长大的；2003年我在撰写《民俗思维》一书时也用专章讨论过神话思维的性质与结构等问题，一直以来也没有中断对中国神话相关问题的思考。近年来我发表的关于中国神话的研究论文是我的博士论文选题。当时我的导师朱志荣教授申报了一个国家社会科学基金项目"中国史前审美意识研究",神话作为史前文化的重要载体是这个课题的重要组成部分,鉴于上述原因,当朱老师提出这部分内容由我负责完成时,我很高兴地答应了。如你所言,一个多世纪以来,中国神话研究领域大家辈出、高手云集,优秀成果很多,要想出新成果确实有难度,所以在阅读了相关资料之后,我深感这一课题的艰巨性。

廖:由于课题本身要通过神话来研究史前时期华夏先民的审美意识问题,因此对中国史前神话进行美学研究是你要做的工作,因而你不能采用民俗学、文化学、宗教学、文学甚至哲学的研究方法,但这些成果又是不能回避的。就我所知,研究神话与审美之间的关系,虽然从王国维和鲁迅时代即已开始,20世纪八九十年代也兴盛过一段时间,但随后又逐渐消歇了。而且,对神话进行美学研究,神话思维是一个必须面对和解决的问题。你是从什么角度切入这一论题的呢?

王:这个问题很重要。神话是各门学科的根,中国古代神话对华夏美学的贡献理应得到系统的整理与研究。可惜,囿于各种原因,这方面工作一直未受重视。王国维1906年发表在《教育世界》第23期总第139号上的《屈子文学之精神》和鲁迅1908年发表于在日本东京出版的《河南月刊》第8期上的《破恶声论》,应该被看作是中国神话美学研究的先声。我觉得,王国维在论述神话想象力的问题时将想象力在文学创作过程中的位置提高到情感之上,是对中国传统的"诗缘情"观念的反拨和补充,值得注意;鲁迅在论述神话的超越性和形上价值的同时,提出了他的"神思说",是从神话的角度对刘勰《文心雕龙·神思》的补充和发展,亦值得重视。尤其是鲁迅对"神思"的论述具有更尖锐的理论锋芒和批判精神,在研究方法上也具有范导性意义,启发了闻一多等人对相关问题的研究。

20世纪八九十年代确实兴起过对神话与美学之间关系研究的热潮,这应该是对鲁迅、闻一多等开创的神话研究传统的接续。1949年以后, 神话被看作封建的东西而加以批判, 因而这方面的研究有些停滞, 袁珂先生晚年还回忆过这段艰难的经历。在新时期以来的神话研究领域, 神话思维是大家研究的重点, 一些学者(如武世珍、萧兵、叶舒宪、杨文虎、邓启耀、刘文英、方克强等)对神话与审美关系的研究也主要是从神话思维与审美的思维方式之间的相似性角度入手的。我觉得, 20世纪80年代兴起神话美学研究与当时的时代环境有关: 一是形象思维讨论。毛泽东在1965年给陈毅谈诗的一封信中提出了"形象思维"的概念, 这封信在1977年底发表后立即引起学界关于形象思维的讨论, 神话思维作为形象思维的类型之一被广泛讨论。二是文化人类学的重兴。文化人类学在20世纪初由周作人、黄石、林惠祥等引入中国后兴盛过一段时间, 但后来由于各种原因又逐渐消歇了。继1975年神话-原型批评被台湾学者徐进夫引入后, 黑格尔的《美学》(1979)、列维-布留尔的《原始思维》(1981)、列维-斯特劳斯的《野性的思维》(1987)、弗雷泽的《金枝》(1987)、叶舒宪教授编选的《神话-原型批评》(1987)、博厄斯的《原始艺术》(1989)以及卡西尔的《神话思维》(1992)等一系列著作被相继引入学界, 在这些著作影响下, 神话思维再次成为大家讨论的重点问题。三是当时兴起的"美学热"和"方法论热"。当时各种美学研究层出不穷, 无限泛化, 各种"方法"被运用到各个领域, 神话研究领域也受到了这方面的影响。总体上看, 在论述神话思维基本特征的时候, 大家一般将其置于原始思维和形象思维的范围中进行讨论, 所依托的思想资源多为国外著作, 因而不同程度地带有以西例中的倾向。

廖: 是的, 这段中国神话研究的学术进程我是比较熟悉的。经过几十年的讨论, 对神话思维的特征大家已基本达成共识, 即神话思维是原始人类以主客浑融为基础、以形象为核心、以情感为特质、以集体性和整体性为表征的原型心理的体现或反映, 是一种原逻辑或前逻辑的思维形态。

王: 确实如此。从这个概括可以看出, 前辈学者对神话思维特征的界定在力求揭示神话思维的普遍性结构特征，并且认为这些特征不仅适用于中国神话，而且适用于世界各个民族、地区和国家的神话。但从大家所使用较多的概念如隐喻、集体无意识、原型心理、原逻辑等看，上述对神话思维特征的概括比较适合印欧神话，这与中国神话的思维方式虽有联接但总觉稍有隔膜。将神话思维研究纳入神话美学研究的范围，原因在于神话思维与审美的思维方式之间的相似性、统一性或同质性。神话思维的混沌性、具象性、情感性和以主体为中心等特征都与审美的思维方式极为相似，是人类审美思维得以形成的重要基础。需要说明的是，神话思维与审美的思维方式尽管十分相像，但仍不能等同。神话思维在其发展演变过程中，有向认知思维、经验思维、逻辑思维等方向发展的可能性，当然也有向审美思维发展的可能性。只不过，在这些思维形式中，神话思维与审美思维之间的距离最近。

需要指出，以往学者过多强调神话思维与审美思维之间的一致性而忽视了两者之间的差异性。这种思路需要改变。我们应从强调两者之间的趋同性向突出两者之间的差异性方向转变，重点研究文艺审美思维对神话思维的改造和再创造等问题，这样可以拓展神话思维的研究维度。此外，以往人们多将神话思维作为一个整体进行研究，这种研究的好处是有利于从宏观上概括神话思维的特征，不好之处在于有静止化和封闭化倾向，不利于研究神话思维本身的发展问题，也不利于揭示各民族神话思维之间的不同点等问题。我主张在整体性的基础上从动态发展的角度对神话思维进行分段研究，考察神话思维本身发展演进的过程和规律，及其对神话意象体系的制约和影响。这方面，袁珂、方克强、魏善浩、邓启耀等前辈已做过一些工作，但还需要进一步深入。

廖：是的，回归中国神话本身的特点，还其以本来面目，是客观研究中国神话的基础和关键。即使如此，国外神话学理论应该不能被排除在中国神话美学研究之外，而且卡西尔的《人论》《语言与神话》等经典著作对我们研究神话与审美之间的关系还是很有启发性的，应该借鉴过来为我所用。问题在于，我们如何在尊重中国神话本身的基础上将两者融会贯通。我想这也应该是中国神话美学研究的题中应有之义。

王：国外神话研究历史悠久，无论是研究方法还是理论思想都值得我们消化、吸收和借鉴，并结合中国神话的实际而加以更新、转换和创造。要有效实现两者之间的融会贯通，还有很长的路要走。你提到的卡西尔的系列著作，在对神话审美价值进行的研究的论著中比较突出，他从现象学角度对神话进行的阐释深刻独到，尤其值得我们吸收和借鉴，此外还有布鲁门伯格《神话研究》等著作对神话所进行存在论阐释也很重要。由于受到特定历史时代的影响，中国神话研究一开始就有被工具化的倾向。直到20世纪末，才有一批学者努力摆脱西方神话学理论的束缚，从中国神话本身的特点出发进行研究，取得了一些成果。就国外的情况看，神话概念的内涵也是随着时代的发展不断变动的。受当下正在进行的现象学运动的影响，存在论和生存论思想正逐步渗入神话概念。有些学者开始将存在主义和现象学思想引入对神话概念的讨论，将神话看作是人类生存的精神家园，开启了神话研究的存在论转向，这方面英、美、德等国的学者做得较多，已有学者（如户晓辉、谢国先、张文安、王倩等）对这方面的研究历史和进展情况进行过评述。

我在研究过程中还注意到美国学者盖雷的神话分类法，他明确将"审美性神话"作为神话的两大基本类型之一。我觉得这种划分在神话分类研究方面具有新意。盖雷主要是从人类生存的角度对神话进行分类的。盖雷认为，神话是人类社会发展到一定阶段的产物，因而必然体现、蕴含着人类的生存经验；人类的生存经验是神话得以存在的现实基础。盖雷认为认知欲望和娱乐欲望是人类生存的两种基础诉求，因而他将神话分为知解性（Explanatory）神话和审美性（Aesthetic）神话两大类型。第一类神话通常被人们称为解释性神话。此外，他还认为，"审美性神话源于人类普遍的娱乐欲望，那是因为人的心灵厌恶单调乏味的现实生活。这类神话提供的可能是一些并非实在但令人愉悦的信息。它们会引发情绪——同情、眼泪和笑声——因为神话中的人物和事物都远离我们的日常生活经验，而贴近对事物的感受，所以使我们感到亲切、有意味、有吸引力"①。应该说这两种神话均具有丰富的想象力和宗教信仰等内容，是人类各种情感积淀的结果。与其他学者将神话作为一种纯客观的研究对象而对之进行分类的机械做法不同，盖雷的分法显然更能贴近神话的本原特性，也更能彰显神话的审美价值，因为神话本就是人类生存经验和生命体验的结晶，它并不外在于人类的精神世界。

廖：盖雷的思路与卡西尔有接近之处，可惜在这本书中，他没有对这一思路进行更多的学理阐述。他的兴趣是研究具体文学艺术作品与古典神话之间的关系问题。

王：确实如此，因此我们还须对这一思路进行细化。对神话进行美学研究，除了盖雷的思路外，还要充分重视这样两个条件：一是神话的综合性。神话是史前社会宗教、政治和审美等信息的统一体，因而我们可以充分发掘神话所包蕴的丰富的审美价值。这是对神话进行美学研究的现实基础。二是神话的思维方式。以主客浑融为基本特质的神话思维，与主客一体、天人合一、虚静自然的审美的思维方式在形成过程、本质属性和主客关系等方面均具有同质性。这是对神话进行美学研究的思维基础。离开这两个条件，神话的美学研究无从谈起。还有两个问题需要搞清楚：一是将神话作为审美对象进行研究，二是将神话作为审美活动的结晶进行研究。第一个问题研究的是主体与神话之间的关系问题，讨论神话所蕴含的审美内容对后世文艺审美活动所具有的审美价值。这时，神话是作为与主体组成审美关系的客体的面貌出现的，神话往往会受到主体情感意志的影响或改造，后世文学艺术家以神话为基础进行的再创造大多属于这种情况。这时候，神话的审美价值被高度发扬，这是神话美学研究的重要内容之一。第二个问题研究的是神话所反映的神话产生时代人类审美活动的情况，与

---

① 盖雷：《英美文学和艺术中的古典神话》，北塔译，上海人民出版社，2005，第542页。——编者注

之相关的是神话本身所蕴含的当时人类的审美趣味、审美理想等内容。这两个问题侧重点不同，属于一个问题的两个方面，不能分开研究，我们可以根据研究的需要有所侧重，但不能有所偏废。

廖：你将神话与人类的生存经验和生命体验结合起来讨论神话的审美属性是有道理的，而且人类最早的生存经验和生命体验也是以神话的方式保存和流传下来的，这应该成为神话美学研究的基础或逻辑起点。那么针对中国古代神话和华夏民族审美传统之间的关系，这些内容还应该进一步细化，比如两者在思维方式之间的融合度及其对中国神话表现形式的影响等问题。

王：这个问题须具体研究，而且要找准切入点。中国神话的美学研究有其独特性，应结合中国神话产生的具体历史情境和中华民族本身特有的思维方式来看。脱离了这些具体情境，中国神话将不再是中国神话，而是某些神话概念或理论的注脚。中华民族的思维方式是一种注重整体性、感悟性和具象性的诗性思维，"观物取象"的尚象思维传统至今仍是中国人思维方式的主要形式。中国神话既孕育了这种思维方式的形成，也在这种思维方式的影响下而被孕育着，两者之间是一种我中有你、你中有我，彼此融合而互为因果的缘构性关系。在这个层面上，我们说，意象性是中国神话的根本属性，"意象化存在"是中国神话根本的存在方式。比如，在存在方式上，中国神话保持着较为朴拙的原始面貌，以片段性方式见载于各种典籍和图像资料中，这些神话片段多是对神话核心情节的简短概述；在表现形式上，中国神话多与巫术祭祀活动结合在一起，自然意象在神话意象体系中占主导地位，神性压倒人性；在记述方式上，中国神话多是对神灵和神物的特征和功能等进行描述，神话意象在神话叙事中占核心位置，神话情节占次要地位，等等。中国神话的片段性、非情节性、原始性、现实性以及与之相关的礼仪性、仪式化等特点无不与此有关。形成中国神话这些特征的原因是多样的。这与中国神话的记述方式、汉字的形态特点、礼仪制度的影响以及尚象思维传统等都有密切关系。鉴于以上原因，我觉得应该以中国古代尚象的思维传统为视点，充分尊重中国神话的意象化存在方式，以神话意象为核心，研究中国神话与华夏民族审美传统之间的关系。

廖： 但是，有些学者反对用意象思想研究中国神话，原因是这一概念最早出现于东汉王充的论文中，后来被刘勰加以改造，将之作为文艺审美活动中的"心象"，"意象"开始具有审美意义；后经过魏晋隋唐时期的漫长发展，"意象"才开始成为真正意义上文学批评和审美鉴赏中的专门词汇，因而使用这样一个晚出的概念来讨论神话问题是不可行的。

王： 这种看法是不妥当的。就像中国本无"美学"一词但后来学者却可以撰写《中国美学史》一样，王充以前虽没有"意象"一词不代表古人对意象没有讨论或不加关注。《周易》提出的"观物取象""制器尚象"等思想就是对意象创构过程的精要概括，而《周易》这一思想的形成也是奠定在原始先民对自然万象观察、认识、体验的实践活动的基础上的，两者之间并不矛盾。各种迹象表明，中华民族的尚象思维传统不是凭空产生的，而是有其深厚的史前文化基础的。作为史前文化重要组成部分的神话，与中华民族的尚象思维传统之间具有一种互为因果的关系，两者之间相互促进，最终形成了这种思维方式。

廖： 按照这种观点，那么，对中国神话的原始性、历史化、伦理化、政治化等问题，我们都需要有一个重新的认识了。

王： 我们应从中国神话产生的历史情境角度看待中国神话。我反对用西方神话的标准对中国神话用"缺点"或"优点"之类的词进行评价。中国神话就是中国神话，不是其他国家、民族或地区的神话，它有自己的特点。由于历史原因，有些学者对中国神话的某些特点误解比较严重，这需要澄清。经过一个多世纪的研究，人们一般认为，中国神话比较零散、情节性不强、缺乏系统性、历史化现象严重等，以至于有些西方学者和日本学者认为中国根本不存在神话，同时也不存在以神话为基础的英雄史诗等。在研究过程中，我遇到不少文学博士、教授,他们现在仍认为中国神话零散、不成系统,研究价值不大等。可见这种误解影响之深。这些特征有些是存在的,有些是不存在的,不能笼统地将其作为缺陷看而应具体分析。中国神话的零散固然有历史化等因素的影响,但也不全是如此。世界上所有民族、国家和地区的神话在最初阶段都是以零散、片段的面貌出现的,都不具有曲折的故事情节,而只是对神灵形貌和事迹的简短描述。只有那些经过后人删改、整理的神话才具有严密的系统性、情节的完整性和丰富性。这是后世人为神话的典型特征。中国神话的零散和不系统,说明它尚未经过人为加工,因而比较原始纯朴。这是中国神话的特点,但多年来一直被人看作缺点而加以批评。再如,中国神话的历史化问题。神话历史化在中国确实开始较早,因而历史化的程度也较严重,但被历史化的神话只是中国神话的一部分而不是全部。凡事有两面性。正因为中国神话历史化开始时间较早,而那些没有被历史化的神话只能以其他途径流传下来,因而也很少受到主流意识形态的改造。这些神话主要集中在《山海经》等著作中。刘秀在《上〈山海经〉表》中称自己献《山海经》是"昧死谨上",这体现出正统阶层对这些神话的排斥,同时也说明这些神话很少受到官方意识形态的改造,在一定程度上保持了原貌。

廖: 从意象角度研究中国神话有悠久的历史传统。在当代学者中,叶舒宪教授的《神话意象》和汪裕雄教授的《意象探源》等著作也曾就这方面问题进行过系统探索。我觉得,如果从美学角度看,对神话意象审美价值的发掘工作似乎还应进一步加强。

王: 是的,他们的神话意象研究为我们的进一步研究奠定了非常好的基础。汪裕雄教授的神话意象研究注重从历史演变的角度,探讨神话意象向审美意象演变、转化的历史过程;叶舒宪教授的神话意象研究具有更鲜明的现代色彩。他在后现代的批判性视野之下,力求将中国传统美学意象观与神话图像文本相结合,讨论神话意象在当代神话研究乃至文化研究中的重要作用和角色转换,从而实现神话研究的跨学科性。此外,王锺陵教授提出的神话意象图式理论也值得我们注意。从迄今所发表的有关中国神话意象的八九十篇研究论文和相关著作看，对于经典的、有代表性的神话意象个案的研究成为主流趋势，而对神话意象进行理论上的探索和建构的论著相对较少，如何在以往研究的基础上从学理上对中国神话意象的基本类型、构象方式、演变过程和基本特点等问题进行系统提炼和理论归纳，是我们今后要做的一项工作。

我们应该对神话意象的审美价值进行充分发掘。中国神话中令人目不暇接的诸神形象形成了庞大的神话意象群，体现出华夏先民崇尚怪诞、野性和简约、原始的生命精神，以及崇爱崇高、天真和朴拙的审美趣味，具有极强的生命活力。因此，在我看来，神话时代天然是审美时代，神话世界就是意象世界。这个世界是主客浑然、心物一体的精神世界。在这个世界里，自然万物对于主体来说都是新鲜、新奇的，都会引发人们对之进行凝神观照。因而，在这种情况下应运而生的神话意象，同时也是独立而纯净的精神世界。这个世界既包括主体对客观世界的认识、理解和体验，也是主体精神、意志和情感等得以凝聚的产物。在神话的创造和接受过程中，主客是浑然一体的有机整体。神话的真正魅力即在于接受者在与神话进行交流时所产生的独一无二的精神氛围。这种氛围对于各种人群来说，其本质是相同的。在此基础上，我反对以机械进化论思想对中国神话进行研究，倡导破除本质主义神话观，真正重视神话的包容性和开放性，从体验论的角度来考察中国神话的审美价值。神话应是主体在与之进行情感和想象双重交流过程中能够引起主体精神无限自由的叙述空间。在这个意义上，神话学应是关于主体生存和精神自由的科学，而不是关于预先设定思维方式的实证科学。这意味着神话学是并且如它所述的是关于神话的科学。

廖：还有一个问题，就像叶舒宪教授所倡导的那样，神话研究不仅要破除狭隘的神话观念、打破学科之间的森严壁垒，而且还应充分重视考古出土的图像资料的价值和作用。这对神话美学研究的价值体现在哪些方面呢？

王：叶舒宪教授对神话与图像关系的研究具有鲜明的当代意识和开阔的学

术视野。他的思想资源主要有三个：一是中国传统美学意象观，二是受佛教东传影响而形成的"象教"传统，三是当下正在进行的后现代主义对"文字—文本—权利"进行批判的图像学理论。抛开现代性批判因素不谈，图像在神话传承方面的重要作用是不言而喻的。这是因为在早期阶段，由于文字还不成熟，许多神话只能通过口耳相传和图像的方式进行传承。其中，图像所传承的神话稳定性更高，值得我们珍视。在早期阶段，依靠图像进行保存、流传是神话基本的存在方式。而且，就中国的情况看，即使进入文明时代后，神话这种依靠图像进行传承的方式也一直是存在的。这种情况在先秦诸子和《史记》《汉书》等文献的记述中可经常看到，近年来大量出土的史前文化遗址也证明了这些记载的可靠性。这方面，闻一多、常任侠、萧兵、叶舒宪、陆思贤、马倡仪、朱存明等前辈学者都做出了很多卓有成效的工作，值得我们学习、吸收和借鉴。就世界神话学的发展历程看，卡彭特、伍德福德、金芭塔丝、包华石和巫鸿等人在这方面的研究成果比较成熟，其理论性和体系性建构值得我们学习和借鉴。相对于西方学者利用图像资料研究神话的历史，中国学者在这方面的历史虽然要晚一百多年，但也积累了丰厚的研究成果，现在到了对这些成果进行总结的时候，建立一门图像神话学的时机也基本成熟了。

从神话美学研究的角度看，图像资料以其形象性、直观性和直接性更容易使主体在与其交流过程中通达自我精神领域的最深层。在这个世界里，世界和自我实现了完美的结合和张扬。作为叙述方式和思考方式，神话图像本身可以构成一个完整自足而丰富多样的意义和情感空间，是形象与主体之间真正的圆融和统一。因此，利用图像对神话进行美学研究，应从传承方式和主体接受的角度讨论图像传承对神话的影响，从审美心理的角度探讨主体在与图像建立完整的主客关系后直击神灵图像时所获得的心灵感受，以此揭示神话意象对我们的生存所具有的独特精神价值。

廖：我也注意到，无论是国外还是国内，利用图像资料研究神话问题都有悠久的学术传统，《民族艺术》也开有"神话与图像"的专栏，但现在还没有像"图像神话学"之类的理论著作。你将来是否想写一部类似的著作？未来是否还有相关的研究计划？

王：呵呵，这个工作对我来说有些难度，毕竟我才刚涉足神话研究，相关积累还有很多欠缺，学力尚浅，这样一本著作应由前辈学者来完成。我在未来十多年想做的事情是对从史前到两汉时期的中国神话意象演进过程进行系统研究。因为这个过程同时是华夏民族的形成过程，也是中国古代文明和文化体系的形成过程，同样是华夏民族审美传统的形成过程，我想对后一个问题进行探索，力求将中国神话与华夏美学之间的关系搞清楚。我想这个问题已经够我研究很长一段时间了，我也愿意为此付出努力。

廖：这是一项有意义的研究课题，难度也很大，希望你能坚持下去。

王：谢谢廖老师的支持和鼓励！我会努力的。再次感谢你给我这样一个难得的机会对以往研究进行反思，并得以有机会与更多的前辈学者和同道学友交流。

（原载《民族艺术》2013年第5期）

作为宗教文本和文化写本的
古代小说

黄景春　廖明君

黄景春，上海大学文学院教授、博士生导师、中文系主任。兼任中国民俗学会常务理事、上海民间文艺家协会副主席等。主要研究中国民间信仰、民间文学、古代小说、丧葬民俗、道教等。

主持完成国家社会科学基金项目2项、省部级科研项目3项，2015年、2019年两度获得中国民间文艺山花奖·学术著作奖，代表作《中国古代小说与民间信仰》《中国宗教性随葬文书研究：以买地券、镇墓文、衣物疏为主》等。

廖明君（以下简称"廖"）： 就我对你的了解，你主要是做民俗学，特别是民间信仰方面的研究，近年你似乎转向了对中国古代小说的研究。如果不是从纯粹的文学研究的视角，而是从社会史、文化史的视角来看古代小说，你看到的古代小说与别人有什么不同？

黄景春（以下简称"黄"）： 感谢你和《民族艺术》给我这样一个机会来介绍我近年的研究工作。事实上，我的研究兴趣一直没有离开过民俗学和民间文学，近年研究古代小说，恰如你所说，并不是做纯粹的文学研究，只不过利用了古代小说的文献资料来研究中国的道教、民间信仰、民间传说。此前我更多利用历史文献和出土材料，譬如我的博士论文就是做出土的买地券、镇墓文的研究。转向对古代小说的开掘和利用，得益于上海城隍庙资助的"现代视野中的道教"出版计划，我应邀对历代小说中的神仙道士人物做一次系统性清理，并出版了《道心人情——中国小说中的神仙道士》一书。后来我一直在上海大学中文系古代文学教研室工作, 对古代小说的研究契合我的工作岗位, 不至于游离于我们的研究团队之外。2007年我和程蔷教授一起做"中国古代小说与民间信仰"这个国家哲社项目, 因为程老师已经退休了, 且眼睛不太好, 研究工作主要由我和我的研究生来承担。尽管我的研究取向是宗教学、民间信仰, 但研究对象是古代小说。当然, 我的研究取向也决定了我并非把古代小说当作审美对象来审视, 而是主要把它当作社会史、文化史的写本来看待。小说是历史上形成的故事文本, 不仅其文本内有社会史和社会结构, 就连文本本身也是当时的思想观念、宗教信仰和社会活动的见证物。从这个角度来说, 小说作者是谁固然重要, 但更重要的是他何时、何地、在何种情况下完成小说。

廖: 从民俗学、民间信仰乃至道教的角度研究古代小说, 主要不是分析小说的情节、主题和人物形象, 而是发掘其中的社会史、文化史和宗教史的内涵。过去就有文史不分家之说, 不少学者提倡文史互证, 你这样的研究思路和研究取向也应属于此类吧?

黄: 文史互证源自传统的训诂学、考据学, 在我国可谓源远流长, 不是一种新思路、新方法, 但当代运用似乎遇到了困难。古人本来文史不分, 也没有精细的学科划分。《世说新语》在文学属于小说, 《隋书·经籍志》也把它列在"小说家"之下; 但在史学它也是一部重要著作, 治魏晋史无法离开这部书。这种情况在中国古代比比皆是, 所以梁启超、陈寅恪、钱锺书等大学者都提倡并践行文史互证的方法。梁启超在《中国历史研究法》中指出: "善为史者, 偏能于非事实中觅出事实。《水浒传》中'鲁智深醉打山门', 固非事实也, 然元、明间犯罪之人得一度牒即可以借佛门作逋逃薮, 此却为一事实。《儒林外史》中'胡屠户奉承新举人女婿', 固非事实也, 然明、清间乡曲之人一登科第, 便成为社会上特别阶级, 此却为一事实。此类事实, 往往在他书中不能得, 而于小说中得之。须知作小说者无论骋其冥想至何程度, 而一涉笔叙事, 总不能脱离其所处之环境, 不知不觉, 遂将当时社会背景写出一部分以供后世史家之取材。"对于民俗学者而言，自上古迄于清末，文学性"小说家言"汗牛充栋，其中包含了丰富的社会史、文化史、宗教史的内容，无视这些文献，或者没有能力利用这些文献，是很可惜、很不应该的。问题是，当代学者确实有很多人无视或无能力利用这些文献了。

廖： 这里你可能首先要遇到一个大问题，就是古代版本目录学的"小说"，与现代学科的"小说"好像还是有很大差异的，你如何处理二者的差异问题？

黄： 中国古代"小说"一词的含义较多，《庄子·外物》中的"饰小说以干县令"，"小说"就是小道，即琐碎而无关宏旨的言论。《汉书·艺文志》说："小说家者流，盖出于稗官。街谈巷语、道听途说者之所造也。"强调小说具有民间传闻的性质，题材和文体都未见限定。《隋书·经籍志》也说："小说者，街说巷语之说也。……道听途说，靡不毕纪。"在这样的观念下，包括图说类、考订类、箴规类、谱录类的作品，都被归在"小说家"名下。所以有学者说：从汉迄唐，小说都是收容其他部类不入流之作和无类可归的驳杂之作的"垃圾桶"。[①]到清代四库馆臣编撰的《四库全书总目提要》，称小说有三种，"其一叙述杂事，其一记录异闻，其一缀辑琐语也"，内容仍很驳杂，仍类似于"垃圾桶"。可以看出，从先秦到清中期的两千多年里，古典目录学家所谓的"小说"一直都是琐言、杂录之类，是不入流的驳杂之作的代名词，介于子部与史部之间，有观点却没有子部深刻，有史料却没有史部确凿。此"小说"不具有独立的文体意义。然而，在古代的文学活动中，"小说"作为叙事文学之一体，其文体特性逐渐形成。孟元老在《东京梦华录》中说东京的瓦肆勾栏有"小说"艺人，当时小说又称"银字儿"，是口头讲唱故事，类似于说书。关于"银字儿"的题材和内容，吴自牧《梦粱录》说，"且小说名'银字儿'，如烟粉、灵怪、传奇、公案、朴刀、杆棒、发发踪参之事"。宋代讲经、讲史还自成一类，不包括在小说内。但到明代，无论章回小说还是话本

---

① 邵毅平、周峨：《论古典目录学的"小说"概念的非文体性质》，《复旦大学学报（社会科学版）》2008年第3期。——编者注

小说，都已把讲经、讲史包含在内了。这种文学性的小说，与古典目录学家的"小说"虽有交叉重叠，但不是同一个概念。

近代西学东渐，日本人首先用"小说"翻译英语的"story""novel""fiction"等概念，后来这也为中国学者所接受。至此，小说"虚构的散文体的叙事文学"的文体特性得到确立，而它接榫的正是唐传奇、宋元话本、明清章回小说等文学性小说。我所讨论的也是这种文学性的"小说"，而非古典目录学家无家可归的驳杂之作的"小说"。

廖： 从研究方法上说，似乎还有别的问题，譬如有的民俗学者更喜欢田野调查，认为访谈方法、语境分析是民俗学研究的正宗。也有人喜欢作先验的理论探讨，譬如吕微、户晓辉最近提倡借鉴康德哲学、胡塞尔现象学等理论成果解决中国民俗学遭遇的问题。有人不承认利用历史文献进行的研究为民俗学研究，而称之为历史研究；当然也有人提出"历史民俗学"的概念，认为它是民俗学的一个重要组成部分。在你自己看来，你和程蔷老师的《中国古代小说与民间信仰》算是民俗学的成果吗？

黄： 我和程蔷老师合出的《中国古代小说与民间信仰》这部书，肯定不是纯粹的、正统的民俗学研究，而是古代文学与民俗学、宗教学交叉研究的成果。这方面程蔷老师所做探索更早也更多，她与董乃斌老师合著的《唐帝国的精神文明——民俗与文学》，就很好地体现了这种研究特色。他们还合著了长篇论文《民间叙事论纲》，对民间文学与作家文学、民间叙事与文人叙事的交互作用做了深入研究。民俗学面对庞杂的研究对象，是一个内涵十分丰富的学科，研究方法也应该是多样化的。当然，对学科理念的不断反思，对研究方法的自觉追求，是一个学科富有生命力的表现。但是，不管怎样强调民俗学的当代性，学术研究如果缺乏对历史文献的解读能力，缺少对历史发展脉络的整体性把握，都是没有深度的，苍白无力的。《中国古代小说与民间信仰》主要是对小说文本的研究，取历时的视角，主要采用历史文献，也注意采纳出土文献，同时对当代民俗生活和民间信仰的调查也是我们研究的有机组成部分。就拿我们对《封神演义》的研究来说，厘清小说文本形成过程、小说人物的构成、小说改编和流布等，需要梳理大量的历史文献，但考察小说对道教和民间信仰的影响和渗透，就不能只依靠文献，还需要对当今道观、祠庙以及民间庙会的调查。

廖：小说与宗教（包括民间信仰）的关系确实非常密切。民间口头讲述的宗教故事，文人听到了，记载下来了，今天我们就称它是志怪小说。有些传奇小说也是这样来的。这些小说在历史上经过说书艺人敷衍、戏曲作家改编、被反复讲述和表演，对某些宗教信仰的传播起到了推动作用。像《封神演义》这样的小说，诚如你们在《中国古代小说与民间信仰》一书中所揭示的那样，几百年来一直被奉为"造神宝典"。这样的小说岂不就充当了民间信仰的经卷了吗？

黄：一点都不错，古代小说确实在某种程度上发挥着宗教经卷的功能，成了民众信仰的文本依据。宗教（包括民间信仰）对古代小说的影响早已为学界所重视，可是，古代小说对民间信仰巨大的反作用，学界一直估计不足。其实，小说通过塑造人物形象反映社会生活，人物的能力会被夸大，还会被附会上某些超自然的能力，具备一定的神格特性，在多神崇拜的宗教观念作用下，这样的人物会被转化为信仰对象。以唐传奇《柳毅传》为例，小说中柳毅的结局被暗示成了洞庭水仙，这样的人物结局显然发生了奇妙的作用，后世就出现了柳毅信仰。宋代有官本杂剧《柳毅大圣乐》，把柳毅称作"大圣"，即可见其端倪。南宋杭州有艺人说《柳毅传书遇洞庭水仙女》，罗烨《醉翁谈录》把它归在"神仙嘉会类"，可见当时已经把柳毅当作神仙了。实际上，这种宗教化趋势在柳毅传书的起点泾河流域，传书的终点洞庭湖流域，自认为是柳毅故里的山东潍坊，还有河南卫辉、江苏苏州等地，一直都在悄然进行着。各地还出现了祭祀柳毅的庙宇，还举行庙会。在洞庭湖地区，柳毅被当作洞庭王爷，庙会期间王爷出巡声势十分壮观。现在君山上的洞庭庙重建于1995年，是一座二进的大庙，前殿塑柳毅像，后殿"凝碧宫"为寝殿，正是小说中洞庭君设宴款待柳毅的地方，在一、二进之间的屏墙上刻有《柳毅传》全文。在这里《柳毅传》就充当了柳毅信仰的经卷。

古代小说大多有民间故事或艺人说唱的根底，人物和故事有其原型，但经过作家的创作，人物形象得到充实和丰富。小说塑造出精彩的人物形象，而这些人物形象经过民众的宗教观念的改造，就转变成了信仰对象。于是，小说不期然而然地承担起了创造、传承民间神灵信仰这个额外的文化功能。《西游记》塑造神通广大的孙悟空形象，我国多个地方都有大圣庙、猴王庙，主祀的都是孙悟空。特别是闽台地区，很多大圣庙正殿塑手持金箍棒的孙悟空，猪八戒、沙和尚分立两侧。很显然，《西游记》是孙悟空信仰的文本依据。当然，这部小说更大的影响在于对玉皇大帝朝廷格局、神仙国度整体秩序的描写，它模塑了民众基本的天国认知和想象。对民间信仰影响最大的古代小说，还数被奉为"民间神谱"的《封神演义》。这部小说通篇描写神仙征战，最后姜子牙奉元始天尊敕命，分封了三百七十多位"正神"。过去民间的行业神崇拜喜欢从这些人物当中筛选，民间祠庙和道观塑立神像时也多以此书描写为依据。当然，还有一些古神被"封神"人物取代了名号，如民间把财神称作赵公明，把东岳大帝称作黄飞虎，把灵宝天尊称作通天教主，乃至于道教把观音菩萨称作慈航道人，都源于此书。直到当代，民间崇拜"封神"人物的现象仍普遍存在。河北赵县豆腐庄每年农历七月一日举行的皇醮会，在神棚内摆出"千佛万祖"神码，标出名目的共146位，其中姜太公、黄飞虎、黄天化、雷震子、陆压、杨任等22位来自"封神"。

廖：你说的情况确实普遍存在，在很多大庙里我们都能见到通天教主、黄飞虎、哪吒的塑像。赵公明虽然来历复杂，不止"封神"一书，可他的四位手下经常是按照"封神"描写来塑的。太上老君信仰虽然历史悠久，但他的形象在小说中被篡改，宋代以前的太上老君没有炼丹之事，与天帝也没有关系，但经过明清小说的描写，他成了善于炼丹的神仙，跻身灵霄宝殿充作玉帝的首辅大臣。现在道观里塑的太上老君像，都是白发白须、手持芭蕉扇的形象。他手里拿一柄芭蕉扇干什么用？炼丹时用来煽火啊。

黄： 是啊。这说明古代小说（还有戏曲）对道教和民间信仰的影响是巨大的，也是全方位的。神灵被小说改变的不仅是外形、名讳，还有背后的履历、职司和神格，以及神灵之间的关系——父子关系、夫妻关系、师徒关系、兄弟关系、结拜关系、君臣关系、僚属关系等。一些佛教神祇也被改造成中国的神仙。托塔天王原本是佛教的护法神毗沙门天王，受到《西游记》《封神演义》等作品的影响，他的名字变成了李靖，而且成了玉帝殿前的兵马大元帅。哪吒、观世音、弥勒佛、韦陀也都经过了小说的改造。小说是一种叙事文学，生动的故事总比宗教教义更有吸引力，因而小说对民众宗教信仰的影响十分广泛。

在古代中国，小说人物不是个别的，而是系统性地被神灵化；有的在小说中已经被塑造成神仙，有的则是被读者或听众再加工而成为神仙的。可以举个例子来说明这种现象的普遍性。清末罗惇曧《拳变余闻》记载义和团在出征前要念请神咒，请各路神仙降临保佑，其咒云："天灵灵，地灵灵，奉请祖师来显灵。一请唐僧猪八戒，二请沙僧孙悟空，三请二郎来显圣，四请马超黄汉升，五请济颠我佛祖，六请江湖柳树精，七请飞镖黄三太，八请前朝冷于冰，九请华佗来治病，十请托塔天王，金咤木咤哪咤三太子，率领天上十万神兵。"义和团所请之神都来自《西游记》《封神演义》《三国演义》《济公全传》《吕祖全传》《三侠五义》《绿野仙踪》等小说。他们对小说人物的信仰应该是虔诚的，因为团民出征打仗，面对八国联军的洋枪洋炮，随时有丧命的危险，如果不是真的信奉，是不会请这些神灵降坛的。

廖： 小说人物成为神灵，在道教似乎没有受到什么阻挡。民间信奉的神灵只要香火旺盛，道教很快就接纳进来，并在道观里塑立神像，在神谱中也给安置一席之地。可是，封建国家对神灵祭祀有一套制度，难道小说人物得到民间信奉，国家就不干涉吗？

黄： 古代小说是造就民间乃至道教神灵的重要途径。这些神灵既能为道教所接纳，也就能够进入国家祀典，手续不尽相同，时间有先有后而已。道士在制作的经书中给予神灵爵号（即"道封"），就可以让它转变为教内正神，但这不一定能得到国家的承认。国家祀典排斥那些不合礼制的祭祀行为，所以有些神灵被宣布为"淫祠"。但只要灵异传说不断涌现，就会有人为神灵表功，向皇帝请求颁敕封号或匾额。民间神灵通过皇帝敕封（即"国封"）即可获得合法地位，乃至进入国家祀典。

古代小说塑造的人物形象，经常是忠孝节义、能力过人的正面形象，是比较容易得到主流社会承认的。何况有些小说已经描写了主人公修炼成神，获得皇帝、玉帝或其他宗教大神加封（即"文封"）的情节，其被加封的爵号往往会得到民众的承认。孙悟空被称作齐天大圣、斗战胜佛，哪吒被称作三坛元帅、海会大神，闻仲被称作雷祖，冷于冰被称作三界靖魔大使，都出自小说描写。"文封"不一定马上得到官方认可，但小说经过一段时间的传播后，民众广泛接受了位神灵，其合法性也早晚会得到确认。

廖：如此说来，小说人物与宗教神灵的互动是双向的。这是中国独有的文化现象呢，还是世界各国普遍存在的文化现象？

黄：文学与宗教的互渗互动，小说与民间信仰的互渗互动，不是中国独有的事情，也不是偶尔发生的个别事例，而是各民族普遍存在的文化现象。《圣经》是一部伟大的宗教经典，同时也是一部不朽的文学名著，是宗教与文学完美结合的典范。印度英雄史诗《罗摩衍那》对印度的宗教信仰也产生过巨大影响，其中的神猴哈奴曼是全民崇拜的对象，在印度的城市乡村到处可以看到他的雕像。印度的猕猴崇拜跟史诗对哈奴曼的精彩描写关系密切。宗教与文学在文化史上的密切关系甚至称得上是亲密无间，在世界各国都可以找到很多例子。费尔巴哈曾说：文学与宗教相互作用发生于人的幻想和想象，"因为幻想是诗的主要形式或工具，所以人们也可以说，宗教就是诗，神就是一个诗意的实体"[1]。

---

[1] 路德维希·安德列斯·费尔巴哈：《费尔巴哈哲学著作选集》下册，商务印书馆，1984，第 683 页。——编者注

宗教从文学当中汲取艺术形象，文学从宗教那里获得题材、情节和思想灵感，这也是很多宗教学家、文艺理论家都已经认识到的事情。就中国文化史而言，小说文本与宗教经籍，小说人物与宗教神灵，在很多情况下都是从不同视角、不同观点提出的不同称呼而已，在实际的功用和意义上是相互交叉和贯通的。

廖：就中国的小说人物与宗教神灵的互动而言，你是否总结出了一些普遍存在的互动模式出来呢？

黄：小说人物与民间神灵互为源流、互为宾主。我们把这种双向互渗互动的关系归纳为四种模式，就是西王母模式、老子模式、龙王模式、柳毅模式。西王母模式，即神话传说中的神仙，其口承故事经过文人辑录、加工转化为小说，小说流布又促进神仙信仰的传播，并衍生出更多传说。老子模式，即著名历史人物转化为传说人物，被神化以后成为民间神灵，相关传说经过文人记录、加工而成为小说，这些小说被视作宗教经籍，人物也得到帝王加封，从而不断扩大影响。龙王模式，即源自印度佛教等域外的神灵，传入中国以后，经过民间传说和小说的加工改造而与中国同类人物（或神仙）相融合，完成本土化改造，转变为具有中国文化特色的宗教人物，并得到民众的普遍信仰。柳毅模式，即纯属小说虚构的人物，也会被奉为地方或行业神，这些信仰活动又会产生出新的传说，并衍生出新的小说戏曲，从而扩大该神仙的影响范围。以上四种模式是民间神灵与小说人物相互转化的主要方式。当然，每一种模式都包含了复杂的转换关系，如口头文学与书面文学的相互转化，世俗叙事与神圣叙事的相互转化。经过这种口头与书面、俗与圣的双向交流与转变，小说与民间信仰紧密地结合到了一起。

廖：古代小说屡遭查禁，一部分民间信仰被划"淫祠"也屡遭禁绝，在统治者那里它们会被当作不利于教化、扰乱人心的歪门邪道。有时它们还被当作十分危险的对象加以防范。可是，小说和民间信仰却能潜滋暗长，共生共荣。我们如何评价小说、民间信仰对社会生活的影响？它是积极的，还是消极的？

黄：中国是世俗性社会，儒家的现世伦理思想牢牢占据意识形态的主流，不要说民间信仰，就连制度化的佛道二教也只能作为一种补充而存在。佛道二教都曾经被统治者毁禁过，民间信仰更加难以幸免了。民间信仰被贴上"淫祠"的标签，以妨害教化、扰乱人心的罪名遭禁绝，历代都有。小说的境遇也好不到哪里去，很多古代小说都曾是禁书。就以清末江苏巡抚丁日昌查禁"淫词小说"为例，《金瓶梅》《肉蒲团》《浓情快史》《红楼梦》成为禁书，连《三国演义》《水浒传》也在查禁之列。有趣的是，禁绝"淫祠"有同样的借口，即"妨害教化、扰乱人心"。

禁绝"淫祠"也好，查禁小说也好，看似一些官员的个人行为，实则是得到最高统治者认可的国家行为。国家采取此种剥夺民众宗教信仰和文学阅读自由的行动，得到了一些知识精英兼高级官僚的大儒的思想支持。其他朝代不说，仍以清朝为例，被称作"一代儒宗"的钱大昕，就把小说称作儒、释、道三教之外的第四教。他说："古有儒、释、道三教，自明以来，又多一教曰小说。小说演义之书，未尝自以为教也，而士大夫农工商贾，无不习闻之，以到儿童妇女不识字者，亦皆闻而如见之，是其教较之儒、释、道而更广也。"钱氏对小说专导人以淫邪之事深感忧虑，他对待小说的态度是"亟宜焚而弃之"[1]。按照他的见解，所有的小说都要"焚弃"。这虽然是不可能的事情，但他的主张为封建国家查禁"淫词小说"提供了思想上的支持。

古代小说和民间信仰都属于"小传统"，主要在社会中下层流传，但也会进入上流社会。它们并不是底层民众独占专享的文化。毋庸置疑，有些古代小说包含不健康的因素，有些民间信仰也被巫祝利用而成为达到某种目的的工具，由此而引发的不良社会影响也是毋容否认的。但古代小说和民间信仰都是民族文化的重要组成部分，它们有悠久的历史和驳杂的内容，社会影响也是多方面的，要具体事例具体分析，很难笼统地用积极、消极来评价。

---

[1] 〔清〕钱大昕：《潜研堂集》，吕友仁标校，上海古籍出版社，1989，卷十七"正俗"。——编者注

廖：是啊，对古代小说或民间信仰作笼统的判断是难以公允的。以小说为例，像《三国演义》这样的优秀小说，如果说它的社会影响是消极的、负面的，恐怕没有几人同意。仅仅因为它包含了某些封建统治者不喜欢的观念，就简单查禁，也是很笨的做法。后来梁启超等人就不一样了，他们也看到了小说影响很大，但他们不是打压小说，而是提出"小说界革命"，要改良小说，以此达到"移风易俗"的目的。但他似乎又赋予小说太多的功能。

黄：毫无疑问，小说可以发挥"移风易俗"的作用，用力是有限的，不必过度夸大。梁启超在《论小说与群治之关系》一文中提出："欲新一国之民，不可不先新一国之小说。"他想通过小说改造道德、改造宗教、改造政治、改造风俗、改造人心、改造国民性，就不单单是让小说"移风易俗"了，还要完成社会革命的任务，确实把小说的影响力夸大到了极致。梁启超说在支配人心方面"小说有不可思议之力"，我想这种力量来自小说的艺术感染力，来自小说对人的心灵的潜移默化的浸润作用。小说能够影响宗教，但无法取代它。小说更不可能取代社会革命。"小说界革命"是梁启超在清末开出的救国药方，也是当时众多救国药方中的一副。这副药方是否对症，在多大程度上能医治"国疾"，经过一百多年的观察和验证，恐怕大家都已经看得很清楚了。

廖：的确，文学与宗教关系如此密切，小说与民间信仰互动如此频繁，彼此也是无法相互取代的，何况让小说去承担社会革命的任务，寄寓于它的期待确实太高了。《中国古代小说与民间信仰》是你和程蔷老师前一阶段的研究成果，在宗教和民间信仰的视角下研究古代小说，还有很多问题你们触及了，好像还没有展开。今后你准备继续做这方面的研究吗？

黄：肯定还会继续。在宏观的文化视域下研究文学，包括在宗教和民间信仰的视角下研究古代小说，还有很多问题有待深化和延伸。就具体作品而言，宗教视角下的《水浒传》《三国演义》《西游记》《金瓶梅》《红楼梦》《聊斋志异》都斑斓多彩，异象纷呈，但这方面的研究还没有充分展开。当然，习惯于做纯粹的文学研究的人转过来做宗教文化视角下的研究并非易事，因为这就不仅要有良好的文学修养，还需要具有文化史、宗教史的知识储备，最好还要兼备宗教调查和宗教体验的经历。多个学科的交叉研究是未来学术发展的方向。我是希望能够在这个方面继续探索的。同时我也希望将来有更多学者，特别是青年学者，一起朝这个方向努力。

（原载《民族艺术》2014年第3期）

生生遗续 代代相承

彭兆荣　廖明君

彭兆荣，厦门大学文学院一级教授、博士生导师。兼任中国人类学学会副秘书长、中国文学人类学学会副会长、中国艺术人类学研究会副会长、四川美术学院"中国艺术遗产研究中心"首席专家、桂林旅游学院"南亚旅游战略研究中心"首席专家、国家社会科学基金重大项目"中国非物质文化遗产体系探索研究"首席专家。

主持国家艺术类重点课题"中国特色艺术学体系研究"。著有《重建中国乡土景观》《生生遗续 代代相承——中国非物质文化遗产体系研究》《中国艺术遗产论纲》《文学与仪式》《饮食人类学》《旅游人类学》《遗产：反思与阐释》《人类学仪式理论与实践》等。

廖明君（以下简称"廖"）：我注意到你近年来致力于文化遗产的人类学研究，取得了一系列的成果，请你就此话题谈谈你的看法。

彭兆荣（以下简称"彭"）：众所周知，"遗产事业"已成当今世界上最重大的国际政治和社会文化现象之一，成为全球化背景下各国参与文化、政治与经济角逐的新领域。"遗产战略"在不少国家制定国家战略方面起到无可代替的作用。表现上看，遗产是过去遗留和继承下来的"财产"，却又成为今天世界人民珍视的对象，因此，这是一个既"旧"且"新"的事业，需要我们在全球化背景下，对"旧的"遗产有"新的"发明。

"遗产是什么？"实在是一言难尽。不同的遗产是不同的所属对象在特定的历史语境生成、认同并传承下来的。由于当今世界的遗产事业与联合国教科文组织存在着密切的关系，所以，世界上最具权威性的定义、分类和规定当数1972年11月16日在巴黎举行的联合国教科文组织第十七届会议上通过的世界性公约，即《世界文化和自然遗产保护公约》。它的目标是为了按照具体的规定采取的保护行动。公约具有法律的性质，是一种公认的凭照。从概念形态上看，遗产概念除了融合西方历史上的相关价值，在当今的世界遗产体系中，使用概念除了羼入大量欧洲近代遗产，以工业遗产为主导价值的物质（material）和物质性（materiality）的基本内涵外，还受到某一种具体的遗产类型的影响，如由于受到美国"物质遗产"（physical heritage）概念的影响。

在1982年，联合国教科文组织内部便特设了一个"非物质遗产"（non-physical heritage）部门，专门处理相关的事务，从而出现了"物质–非物质遗产"的概念和分类。后来，受到日本无形文化财等遗产保持法的一些概念和分类——即"有形遗产/无形遗产"（tangible heritage/intangible heritage）的影响，联合国教科文组织于1992年正式将原来的"物质/非物质"分类名称改为"有形/无形"遗产，中国将这一组概念译为"物质/非物质"。1997年11月，联合国教科文组织在第29届会议上通过了《宣布人类口头与非物质遗产代表作申报书编写指南》。2003年10月17日，通过了《保护非物质文化遗产公约》，"非物质文化遗产"成为正式的官方用语和操作性概念。

廖："非物质文化遗产"原本就是一个超越了"物""非物"这些简单语义表述，而是将指向延伸到纵深而广阔的历史之中，同时，在特定的历史语境中呈现结构性的意义。人们在当下选择遗产话语，也因此具有政治学的浓重意味。

彭：是的。"非物质文化遗产"明显具有对西方"物质遗产"的一种批判性挑战，这就意味着"非物质文化遗产"不仅仅是一种遗产的分类，它甚至可以理解为一种批判的遗产学，批判的矛头直指西方遗产话语。所谓"非物质性"原本包含了强烈的政治性语义，因为它是根据"物质性"而言的。联合国教科文组织曾经在《人类口头与无形遗产公约》中有这样的一段话："非物质遗产保护是一项长期的斗争（The protection of intangible heritage is a long struggle）。"这里所说的"长期的斗争"包含着复杂的意思，但首先是政治话语范畴内的"斗争"，其中一个原因是非物质文化遗产事务使西方国家感到不舒服。毫无疑问，西方国家的这种"不舒服"来自以"东方文明"为代表的非物质文化遗产对西方近代工业、技术和以物质主义为主要表现的特质性遗产"话语"提出了挑战。从这个意义上，非物质文化遗产中"非物质性"的对立形态是以西方为中心的"物质性"（materiality）。其中包含着"物质/非物质"的区分，但已经不是遗产本身所具有的"物质性"，而是遗产所属本身与西方物质主义为中心的强势性遗产话语之间所形成的"对峙性分类"。当然，我们也应该看到，既然"非物质文化遗产"在政治学方面具有批判性，那么，它自身也就具有了"新话语"特征，被赋予新的"话语"语义。也就是说，它不仅拓延出一个新的话语表述领域，而且，也具有话语性的所有特征。

廖：遗产既然被当作一种"财产"，也就具备了明显和明确的价值利益归属性，从属于相对和特定的利益对象、团体和国家。

彭：完全正确。"非物质文化遗产"从概念、分类、命名、知识到实践，形成了一个具有"工具理性的整体性形制"，并在特定的历史语境中宣告诞生。所谓"工具理性整体形制"，首先表现在非物质文化遗产本身不仅具有完整的存在性表述文本，其语义与当世之特殊语境紧密相关，主要表现在：一方面，这些带有"工具"性质的概念的出现是为了适应社会发展的历史需求；同时，又具有明显的功利、功能等的"工具特性"。从现实层面看，我国近年来推动的"遗产运动"，主要对非物质文化遗产的强调，表现出我国的文化战略当下的重要需求。

廖：按照这样的逻辑，现代遗产并不是单一指示历史遗留的"财产"，也不是博物馆里陈列的文物，更不只是有形的物质，遗产被现代赋予了大量历史上从未有过的含义和意思。

彭：确实如此。现代遗产已经变成一个多义词。为此，学者总结了遗产在今日社会中的五种意义：一、遗产作为过去留下来的一切物质（physical）遗存。这一内涵说明了遗产的物体实在意义，主要包括博物馆的收藏、考古遗址和被指定的纪念性建筑等，还包括那些已经没有任何实体性的历史遗存。二、那些积淀、附着，并能够表示"过去"意义的非物质性（non-physical）遗留，也属于遗产，不仅"集体记忆"算作遗产，由于一些历史原因造成的现状也可被称为遗产。三、遗产除了指称过去遗留的物体或器物，还指一切由于历史累积而形成的文化和艺术的生产力及其产品，既包括过去制作的也包括现在生产的。从这个意义上来说，遗产便是社会文化活动，包括生产活动和消费活动。在族群层面上，尤其是对于原住性（indigenous）族群而言，包括口头文学、手工制作、歌舞表演、仪式活动及文化空间等在内的族群遗产，具有"世俗"中的"神圣性"，起到族群认同的作用。四、遗产概念不仅包括人类的社会历史性产物，还可以推而广之到自然环境，包括"遗产地景"（heritage landscapes），甚至还包括"动植物种群遗产"（heritage flora and fauna），即古代遗留的物种或是被认为具有原始或典型性的物种。五、遗产作为一种商业行为，尤其是当代的"遗产工业"（heritage industry），将遗产元素开发为商品或是服务，也构成了遗产的内涵之一。我们还可以在此基础上归纳出更多的意义。

廖：我知道你的研究领域还涉及旅游人类学，我国第一部《旅游人类学》专著就是由你撰写的。旅游与遗产的关系非常密切，请就二者谈谈你的看法。

彭：好。正如你所说，在全球范围内，遗产事业的兴起与大众旅游的出现几乎是同时的，虽然二者有着各自不同的历史理由和逻辑，但都与全球化的进程发生关系。也就是说，不管是当代的遗产事业还是大众旅游，在宽泛的意义上，都是全球化的产物。具体地说，遗产事业之所以在今天引起人们格外的关注，一个原因是全球化的"标准化"致使文化的"多样性"受到了空前的危机，而保护文化的多样性必然落实于文化遗产的保护工程。大众旅游的出现同样也得益于全球化的便捷，文化、技术、金融、观念、人群等的移动，以及交通、信息等的网络化，使旅游从传统的贵族旅游、小众旅游发展到今天的大众旅游。遗产与旅游的不期而遇，使之产生了更为宽广的结合空间和领域。对于游客而言，选择旅游目的地，遗产具有无可比拟的"品牌效益"，遗产旅游于是很自然地成为现代旅游的最重要的标识，是一种"自觉的"将自己的休闲活动"与记忆中的或是认定的过去联系起来"的行为，其中包括怀旧、记忆、真实性等的诉求。

廖：在这样的背景下，遗产事业除了政治含义、经济效益、政绩工程、申遗项目、旅游品牌等具体的"财产利益和资源化"以外，在研究领域形成了一个遗产学形制，现在我国的一些大学和研究机构纷纷成立了相关的研究基地、研究中心等，理论研究也越来越受到重视。

彭：从目前全世界的总体情况看，遗产研究已成为一门特殊的学问，但遗产学的研究构造较为独特，首先表现在遗产学不是单一的学科领域，不像人类学、历史学、文学、天文学、物理学等有相对明确的边界，对象确定，并有相应的方法。而遗产研究所涉及的领域很广泛，许多学科参与进来，比如人类学遗产研究、地理学遗产研究、遗产的民俗研究、遗产的政治学研究、遗产的历史学研究、遗产的艺术研究、遗产的文化研究、遗产的管理研究，等等。不同学科形成了具体学科的明显特点。同时，遗产作为一种特殊的财产具有资源性，人们可以根据不同社会和群体的需要进行发掘、开发、利用、交换和交易。遗产研究也因此具有非常明显的应用性特点。遗产研究出现了各种名目不同的遗产专属性概念，诸如所谓的"原真性"（anthenticity）、"整体性"（integrality）、"断代性"（dynasticity）、"实物性"（materiality）、"纪念碑性"（monumentality）等。当这些不同的属性呈现于某一种具体的遗产类型时，又使得特定的遗产类型因此有了相应的特性。比如世界著名的非物质文化遗产学家劳拉简·史密斯（Laurajane Smith）对"无形遗产"的特性进行总结，提出所谓的"无形性"（非物质性）（intangibility），并将其作为一种重要的理解路径，它包括四个相互关联的内容：一、现实是其核心，遗产只不过一种飘移性无形价值附着于地方和事件之上的意思和意义表述。这种形态只能通过"无形"加以理解和解释。二、遗产"无形性"也表现在受到社会和文化的影响。三、遗产"无形性"同时表现为一种现代建构,其中包括话语政治对遗产的各种作用和作为。四、遗产的"无形性"反映了遗产记忆中的各种关系。

遗产理论主要有"共谋理论"(conspiracy theory),其实是"话语理论"在不同领域和背景下的移植和变形。"延续说"(continuity),意在强调遗产的存续性理由。"资本说"(capital theory),可分为两个部分:遗产的"文化资本"(cultural capital)和遗产的"经济资本"(economic capital)。前者主要是对法国学者布迪厄"文化资本论"的移植和改造;后者则强调遗产在现代经济活动中的资本表现形式和形态。遗产的认同理论(identity)强调遗产的产生、创造与遗产的归属、认同的相互依存。没有任何一个民族、族群会创造他们不认同、不认可却能长久性传承下来的遗产。表述理论(representation),但遗产的表述并不简单,对遗产表述与被表述、解读与误读、诠释与过度诠释、包装与变形,都成了遗产表述理论关注的问题。遗产理论还有不少,这里就不一一详述了。

廖:你是我国重大课题"中国非物质文化遗产体系探索研究"的首席专家,请你简要介绍"中国遗产体系"这一概念。

彭:这一课题从设标、竞标到夺标都是由我和我的团队共同完成。我之所以设计这样一个标题,所根据的理由可用六个字概括,即我认为我国当下的轰轰烈烈的遗产运动,或称为遗产事业的情形是"有遗产,无体系"。所谓"有遗产",指我国历史悠久、文明灿烂、生态多样、民族多元,各种遗产非常多,进入联合国教科文组织遗产名录的数量也很多;"无体系",指我国目前所采用、使用、借用的遗产概念、分类、名目庞杂,甚至混乱,更为严重的是我们还未能从自己的文化传统中找到或整理、发掘、创新出与中华文明一脉相承的,实至名归的,属于自己的遗产体系。在这方面世界上不少国家的遗产实践和研究值得我们借鉴,如日本的无形文化财体系、韩国的"人间珍宝"遗产体系。

遗产体系之所以重要,是其与特定的民族文化传承和传统对应的系统相一致，如传统汉族的遗产继承以纪认亲法制度（即宗法制）为原则进行。在宗法制社会里，个人所有权表现为共同共有权，可分作两个层面来讨论：一、在一个家族、家庭里，每一个个人都隶属于一个特定的纪认宗亲法。纪认宗亲在《礼记·丧服小记》和《礼记·大传》中有详细记载。李安宅先生对此有过分析。在纪认宗亲法体系里，前辈遗留下来的财产，首先属于整个家族、家庭，即所谓"同居共财"，指在形式上属于亲属共同共有财产。如祖宅（厝），是整个家庭甚至家族的共同财产，甚至是所有同族、同宗人员的"共祖财产"，尽管在许多时候，它只是家族中的某一个家庭居住，却并不完全属于居住者（可能是长子）。汉民族传统的家庭结构，是父子二代或父子孙三代小家庭同居。《礼记·曲礼》云："大功同财。"《礼记·丧服小记》："同财而祭其祖祢为同居。"郑玄在注《仪礼·丧服篇》之"大功之亲"时，称"大功之亲，谓同财者也"。自唐至清的历代律例亦规定：父母在，子孙不得别籍异财。父母和子女组成一个财产共同体，共同生活。这种情况下，父母将财产转移给子辈的基本方式是继承。二、另外一种意义上的遗产，是指以宗族为基础的村落人群共同体，如汉人社会中的"族产"不仅其收入汇入整个共同体"公益"事业和活动之中，其继承也是在共同体乡规民约的规范中进行，不能作为个人的遗产。

"遗产"在我国的历史语义中从来就没有现在"财产"含义，"产"的本意是"生产"。我国传统意义上的"财产"意义非常丰富，以"财"为例，它有两个基本的意思。其一，参与、平衡与成就。在古代，"财"通"裁"，裁成、参与之意，杜预《左传注》卷四十："製（制），裁也。"今日之"制裁"即由此而出。尤为重要的是，"财"有"参"之意，"参"可意为"三"，天地人也。《周易·泰·象传》有："天地交泰，后以财成天地人道，辅相天地之宜，以左右民。"这里的"财"即剪裁、参与以合天地之道。荀子反复讲述天地人与"财"之关系。《荀子·天论》："天有其时，地有其财，人有其治，夫是谓能参。"《荀子·非十二子》有"一天下，财万物，长养人民，兼利天下"之说。《淮南子·要略》有："财制礼义之宜。"这与传统意义上的"中和""中庸"可通融。其二，珍宝。《说文》释"财，人所宝也"。"宝"就是财，但意义比"财"丰富。《说文》释"宝，珍也"。甲骨文宝（寶）的字形，即"宀"（房屋）、"贝"（珠贝）、"朋"（玉串），造字本意：藏在家里的珠贝玉石等奇珍。有的甲骨文将玉串"朋"简化为"玉"。金文加"缶"（瓦罐），表示将玉贝等藏在家里的瓦罐中。篆文基本承续金文字形。形声，声符为"缶"，"宀"为祭祀祖先之灵的庙宇房顶之形。庙中贡献玉、贝（子安贝，属于财宝）、缶（陶制酒具、容器），谓"寶"，意味着贡献之物均为宝物。《说文解字》释：寶，珍也。从宀从王从贝，缶声。㝐，古文寶省贝。"宝"中有玉，玉器泛指珍贵的东西，泛指宝贝、宝物、国宝、珍宝，因而成为传继之物。玉在古代泛指珍贵之物，"宝"原指"家中有玉"，即"家宝"，并延伸到了各种不同价值。

需要特别阐释，"传家宝"中的"家"包含着"家–国"意义。我国自古"家国天下"的体性，即"家、国、天下"这个政治/文化单位体系，从整体上说是"家"的隐喻；所以，"家、国、天下"贯穿着家庭性原则而形成三位一体的结构。由于"家–国"一体，所以，自古就没有西方历史上"私产"与"公产"的概念，更不会有从"私产"到"公产"的演化轨迹；只有到了近代引进西式国家体性后（我国采借的国体是共和制），才有真正意义上公民社会中的"公产"（遗产）概念。而我国自古以来的"传家宝"多少包含一些"家传"的遗产意味。因此，传家宝的传承方式大抵属于我国自己的表述概念。越往后，"传家宝"的含义也越多，清代学者石成金编撰《传家宝》一书，专以传教人如何处世、生活，从修身齐家到待人处世，从读书到娱乐，从人生儿育女到怡神养性的奇方妙法，到士、农、工、商各行各业的经营诀窍等博采兼收，所及范畴尽属"非物质文化遗产"之列。事实上，韩国的"人间珍宝"与我国古代的"传家宝"存在着文化上的连带痕迹。

廖：那你认为我国的遗产体系包括哪些部分？

彭：我认为，我国的遗产体系应包括：一、遗产的概念系统，中国的遗产体系首先要有自己的概念系统。二、遗产的分类系统，我国的遗产有自己的分类，上述的所谓"三才（财）"与西方的二分法有重大的区别。三、遗产的命名系统，所谓"命名"，就是给某一个特定的对象予名称。四、遗产的知识系统，概念、分类、命名的独特性，都来自知识体系的独特性。五、遗产的实践系统，世界上大多数文化遗产、非物质文化遗产都来自人民的生产生活方式，是广大人民生活实践有机结合在一起，是活生生的，所以称之为"活态文化"，它们都还活在民间。六、遗产的保护系统，中国传统对自然的理解与实践自成一体，其中也包含了"自然保护"的理念和实践，此类例证无数，都表达了保护和合理利用自然资源、与自然和谐相处的观点。至于民间信仰体系中的神木、风水林、神山、圣境等，在今天已经成为自然保护界最新支持的保护方式。

我将中国非物质文化遗产体系总的名称取名为"生生遗续"。"生生"出典于《易》："生生之谓易。"基本思想是中华传统生生不息。

廖：我注意到，你与你的团队近年来发表了一批课题阶段性成果，引起学界的注意，你能否就此简要介绍相关的情况。

彭：我主持的重大课题迄今已经有三年，国际一些学术机构、学者给予了极大的关注和兴趣。美国、澳大利亚、德国、日本等国家的一些学者都对我主持的课题发表了看法和建议，包括澳大利亚国立大学的劳拉简·史密斯教授、朱煜杰博士，美国哈佛大学的赫茨菲尔德教授，日本人类学学会前任会长杜边欣雄教授、饭田卓教授，德国的海克·霍宾教授、马克思·克丽丝博士等。

（原载《民族艺术》2014年第6期）

跨学科研究的行与思

廖明君

　　《民族艺术》主编许晓明女士希望我为《学界名家》专栏写点东西。我不敢马上答应下来，除了不知道自己的所作所为是否与专栏的名称相称之外，也是因为自己从学生时代开始，无论是学习、阅读还是研究都比较杂，缺乏所谓的学科归属。因此，虽然万般思绪，却还是难以下笔。后来，许晓明女士提醒我，那干吗不就从杂切入——跨学科啊！

　　想想也是，这么多年来，如果硬要给自己的学术生涯归纳一点高大上的特色，也只能大着胆子往跨学科靠一靠了。不过，虽然在主编《民族艺术》的时候就"悍然"把"跨学科研究"作为刊物的特色来推动，但真的要把"跨学科"往自己身上套，还的确有点底气不足呢。尽管如此，也不能用"杂的研究的行与思"作为文章的题目吧，于是，还是硬着头皮壮起胆子以"跨学科研究的行与思"为题，姑妄写写试试。

我理解的跨学科，就是研究对象的跨学科、研究视角的跨学科、研究理念的跨学科以及研究方法的跨学科。统而言之，我这里所说的"跨学科"，是为了装点门面往高大上去靠一靠的，其实所要讲的还是"杂而有序、多而有理"的学术研究。因此，读者诸君如果觉得不妥，就直接往"杂"去想就好。

一、古代文学：跨学科的学习与研究

古代文学是我接触的比较明确学科属性的对象。对于中文系的学生来说，古代文学自然是重中之重的课程。鉴于内容比较丰富且传统比较悠久，古代文学的课程多是分段由不同的老师来上的。因此，古代文学的课程不但内容非常丰富，不同的老师讲授的风格以及观点也都不尽相同，确实是杂而有序、多而有理，让我们受益匪浅。但真正能够帮助自己打通学科分界的，还是课外阅读到的一些论著，印象比较深的有两本，一本是罗宗强先生的《隋唐五代文学思想史》，一本就是李泽厚先生的《美的历程》。

《隋唐五代文学思想史》从思想史的角度切入古代文学，把"文学创作倾向"与"士人心态"纳入古代文学研究领域，提出一整套的思想方法和认知模式，实际上已经具有跨学科研究的意义。《美的历程》以十多万字的篇幅来完成对中国古代"美的历程"的巡礼，高屋建瓴，势如破竹，丝丝入扣，顺理成章，"兼具历史意识、哲理深度、艺术敏感，还颇有美文气质"①。如果说《隋唐五代文学思想史》还只是借助于思想史的视角在隋唐五代文学中打通的话，《美的历程》则可以说是在中国古代文化艺术乃至哲学思想领域中的大打通。总之，这两本书是我大学本科的时候为数不多的曾经大段大段地抄录在笔记本上的著作。可以说，虽然这两部论著并没有直接作用于我的学术研究，但那种打通式的研究风格，还是产生了极大的奠基式的影响。此外，一位朋友特意赠送的钱锺书先

---

① 骆玉明编著《近二十年文化热点人物述评》，复旦大学出版社，2000，第5页。

生的《谈艺录》，也让我大开眼界，颇为受益，尤其是有关李贺诗歌的评点，对我的研究起到一定的直接帮助。

总之，本科时候的学习，无论是在把古代文学确定为报考研究生专业之前还是之后，我的阅读和思考都比较杂，并没有受到太多的学科束缚，说得上是"无事乱读书"。

在张明非先生的指导下，我以古代文学为重点，广泛阅读相关的书籍和报刊，为报考研究生做准备。选择本科毕业论文题目的时候，我与张明非先生再三讨论，最后定下以"李贺诗歌意象初探"为题。至此，我开始正式接触李贺诗歌。但由于毕业论文选题本身的限制，更由于自己能力的低下，使得这种接触还是仅仅停留在李贺诗歌的艺术层面。不过，这一次与李贺诗歌的接触，也可以说是无意之中为我以后对李贺诗歌的深入研究打下了一个伏笔。

1988年9月，我开始攻读中国古代文学专业唐宋文学方向硕士研究生。尽管在本科学习期间，我在张明非先生的指导下曾对古代文学研究下过一番功夫，但学士与硕士之间的距离并不是仅仅靠主观努力就可以逾越的。因此，大学学习成绩名列前茅的我，并不能很快地进行学术研究。当我把这一困惑告诉导师胡光舟先生时，先生并没有马上说什么，而先是会心一笑。之后，胡先生才对我细细开导，告诉我学士与硕士、量的积累与质的变化的关系，让我不必太过焦急，要沉住气，通过大量的阅读和思考来增加量的积累。胡先生明确指出，在广度和深度上，现在的阅读和思考必须超过本科时候；而且，中国传统学术一直是文、史、哲不分家，因此，阅读和思考固然要以中国古代文学为基础，同时还必须进入历史和哲学等领域，养成以大文化的视野来审视中国古代文学的良好习惯，并强调要敢于坚持"宁要精彩的错误，不要平庸的正确"。听了先生的开导，我才醒悟过来，从此开始静下心来进行大量的跨学科的阅读与思考。

1989年上半年，我的生活发生了一些变化，也正是在这个时候，李贺及其诗歌进入了我的研究视野，成为我思考人生的参照物。我开始沉浸到李贺奇特的人生经历及其诗歌所营造出的独特的哲学氛围之中。

李贺虽以"鬼"诗著名,但人们对其"鬼"诗的评价,由于常常是从意识形态、社会道德等角度出发进行评判,故多得出"消极、颓废"等结论。实际上,李贺的"鬼"诗逾越了当时的意识形态、社会道德等传统思维,是李贺借助于诗歌创作从哲学的层面来进行对生命最为重大的生死问题的思考的结晶。因此,以我当时的知识结构和心路历程,李贺的"鬼"诗最先吸引住了我。1989年底,拙文《死与生的探求——李贺"鬼"诗论》终于脱稿并很快得到刊发。①

很快地,我们到了撰写毕业论文的时候。尽管一些师友认为李贺诗歌已无多少东西可供研究,我还是坚持以李贺诗歌作为毕业论文的研究对象。这一想法得到了导师胡光舟先生的首肯。毕业论文答辩时,由知名唐诗研究专家陈允吉教授等五位专家组成的答辩委员会予以了较高的评价:"作者从哲学的视角切入,提出了李贺诗歌内在的哲学意蕴和精神实质乃在于生命哲学的诗化,见解独特,论述深入。文章具有较高的学术价值以及方法论上的创新意义,对李贺诗歌研究的拓展和深化具有一定的启发性。"

论文答辩结束后,我有机会陪同陈允吉先生参观兴安灵渠。一路上,陈先生和我谈论着我的毕业论文,认为我从生命哲学的视角出发,确实把握住了李贺诗歌的关键所在。陈先生还对我说,每个人一生,都会在某个时期(少年、中年或老年)面临着死亡的威胁,都会不由自主地去思考生与死等生命的种种问题。因此,李贺诗歌的价值,就在于李贺通过诗歌创作对生命进行了全方位的探索。最后,陈先生希望我在毕业后继续从生命哲学的诗化出发,完成对李贺诗歌的研究。

毕业后,走向了新的工作单位。工作之余,我继续从生命哲学的立场深化拓

---

① 廖明君:《死与生的探求——李贺"鬼"诗论》,《广西师范大学学报》1990年第2期(中国人大复印资料《中国古代、近代文学研究》第11期全文转载)。廖明君:《李贺诗歌意象初探》,《广西师范大学学报》1990年S1期。

展李贺诗歌研究,《生命·苦难·诗歌——李贺诗歌新论》等系列论文①陆续刊发于《暨南学报》等期刊,专著《生死攸关——李贺诗歌的哲学解读》②也由东方出版社收入"诗性智慧"丛书出版,并受到了学术界的关注。南通大学王志清教授在《潮平两岸阔 风正一帆悬——改革开放30年唐诗研究综述》中不但在第一节"唐诗研究30年的历程与分期"中提及拙著,并在第三节"唐诗研究30年的态势及走向"之"学科拓展 多元整合"中专门指出:"就研究层面而言,开始把关注的焦点由外向内,深入作家心灵世界。譬如廖明君的《生死攸关:李贺诗歌的哲学解读》,借鉴美学、社会学、宗教学等理论,从生命哲学的角度切入,全面而系统地展开对李贺诗歌的哲学解读,揭示出李贺诗歌内在的哲学意蕴和精神实质,求证李贺东方人的思维和中国人的诗性智慧,围绕人、鬼、仙三种生命不同的状态,通过过去、现在、未来以及尘世、鬼蜮、天国的构建来完成特定的时空转换,解密李贺诗歌的生命哲学和文化内蕴。"③由中国社会科学院文学研究所刘扬忠、马银琴、陈才智、王达敏撰稿的《人文社会科学前沿扫描·古代文学篇》也指出:"在唐代文学方面,廖明君的《生死攸关:李贺诗歌的哲学解读》从生命哲学的视角切入,借鉴心理学、美学、社会学、宗教学及神话学等理论,来全面而系统地展开对李贺诗歌的哲学解读和梳理,不仅以敏锐的学术体悟和饱满的诗意激情,抓住唐代著名'鬼才'诗人李贺对人类生命之功名、享乐、苦难、爱情、战争、历史、死亡、永恒等种种问题的追问这一关键,揭示出李贺诗歌内在的哲学意蕴和精神实质乃在于生命哲学的诗化,而且指出李贺以东方人的思维和中国人的诗性智慧,运用极富艺术魅力的诗化语言,围绕人、鬼、仙三种生命不同的状

---

① 《论李贺的爱情诗》,《学术论坛》1992 年第 1 期;《生命的渴望与理想——李贺游仙诗论》,《暨南学报(哲学社会科学版)》1993 年第 4 期,1994 年《唐代文学研究年鉴》摘要转载;《生命·功名·诗歌——李贺诗歌新论》,《贵州社会科学》1994 年第 5 期;《生命·哲学·诗歌——李贺诗歌研究导论》,《广西民族学院学报》1994 年第 3 期;《生命·苦难·诗歌——李贺诗歌新论》,《中国诗学》1995 年第 3 辑;《生命的有限与无限——李贺诗歌新论》,《贵州师范大学学报》1996 年第 1 期;《生命的诗意探询——李贺诗歌的哲学解读》,《江苏大学学报》2003 年第 4 期。

② 廖明君:《生死攸关——李贺诗歌的哲学解读》,东方出版社,2005。

③ 王志清:《潮平两岸阔 风正一帆悬——改革开放 30 年唐诗研究综述》,《深圳大学学报》2009 年第 2 期。

态,通过过去、现在、未来以及尘世、鬼蜮、天国的构建来完成特定的时空转换,试图破译出李贺诗歌的生命奥秘与文化内蕴之所在。"①此外,北京大学杜晓勤教授《二十世纪隋唐五代文学研究综述》一书多处评介我关于李贺诗歌研究的系列论文。②2006年《唐代文学研究年鉴》也刊发了上海交通大学刘士林教授对《生死攸关:李贺诗歌的哲学解读》的评介:"首先,本书具有鲜明的现代学术特征。其次,本书在研究方法上有重要的突破与创新。""全书文笔清新流畅,颇多独到见地,集原创性、学术性、思想性、可读性为一体,对于推动李贺、唐诗,乃至整个中国古典诗学的现代阐释,都具有相当重要的意义。"③

由此可见,我在古代文学特别是李贺诗歌研究中由于能够从跨学科的视角出发,通过借鉴心理学、美学、社会学、宗教学及神话学等理论来解读李贺诗歌,取得了一定的成效。

除了有关李贺诗歌的哲学解读,我还涉猎了唐传奇的研究④,并应邀撰写了《1997—1998年大陆地区唐代学术研究概况·文学》⑤、《广西社会科学要览》之第二节"中国古代文学研究"⑥。我之所以能够采用跨学科的方法来进行李贺诗歌研究,除了一些偶然的因素外,也与古代文学自身过于丰富与多样有关,与古代文学强调的考据、义理、辞章以及所谓的文史哲不分家更有关联,但最根本的,还是与我的老师们对我的包容有莫大关系。只有在学习与研究中可以不受学科限制的"开卷有益",不受学科影响的"无事乱读",不受学科制约的开

---

① 刘扬忠、马银琴、陈才智、王达敏整理《人文社会科学前沿扫描·古代文学篇》,《中国社会科学院院报》2006年5月16日第2版。

② 杜晓勤:《二十世纪隋唐五代文学研究综述》,北京出版社,2003。

③ 刘士林:《生死攸关——李贺诗歌的哲学解读(廖明君著)》,傅璇琮主编《唐代文学研究年鉴(2006)》,广西师范大学出版社,2007,第234、237页。

④ 廖明君:《〈霍小玉传〉赏析》,胡光舟《唐传奇赏析》,广西教育出版社,1993;廖明君:《个体生命的情感悲剧——唐传奇爱情故事新探》,《歌海》2011年第6期。

⑤ 廖明君:《1997—1998年大陆地区唐代学术研究概况·文学》,台湾唐代学会编《中国唐代学会会刊》第十辑,1999。

⑥ 廖子良主编,张永平、雷猛发、周健副主编《广西社会科学要览》,《社科与经济信息》1996年第7期。

放性思考,才能够实现所谓的跨学科研究。

二、民族文化艺术:跨学科研究的转型与拓展

1991年6月底,我从桂林来到南宁,开始了新的工作。

在新的工作岗位上,除了参与《民族艺术》的编辑工作,我还坚持自己的学术研究。只是,在李贺诗歌研究持续进行的过程中,我的研究重心,也开始转向民族文化艺术研究。这样的转型也可以说是早有预兆。在读研期间,除了李贺诗歌研究之外,我的学术兴趣也已经有所拓展,撰写了《生命·时间·生命——射日、逐日等太阳神话哲学内蕴初探》,从跨学科的视角解读中国古代太阳神话,认为远古先民,运用幻想、想象通过逐日等神话来表现他们对生命—时间—生命的思考。①

(一)戏剧研究

我所工作的广西艺术研究所,其前身是广西戏曲工作室②。很显然,对于戏剧的研究是其主要业务。因此,哪怕只是服从于单位工作的需要,我的研究对象也必须有所转变。就在我刚到单位不久,恰好碰上单位组织的一次考察观摩活动——到南宁郊区陈东村考察傩仪活动,当晚观看了平话师公《大酬雷》和《仙姬送子》。后来才慢慢知道,这次的傩仪考察并非偶然。20世纪80年代,台湾清华大学王秋桂教授从蒋经国基金会弄到了一笔资助,用于对大陆传统仪式活动的考察与研究。鉴于当时国内的社会环境,王秋桂教授找到了中国艺术研究院作为该项目的合作伙伴,并以傩戏学的名义来开展。广西艺术研究所与中国艺

① 廖明君:《生命·时间·生命——射日、逐日等太阳神话哲学内蕴初探》,《东方丛刊》1993 年第 1 辑,广西师范大学出版社,1993,第 54—67 页。
② 即广西壮族自治区戏曲研究室,前身为 1951 年 3 月建立的广西省戏曲改进委员会,1962 年 1 月改组为广西壮族自治区戏剧研究室,1985 年 1 月改为广西艺术研究所。

术研究院同属文化系统的研究机构，有许多的业务往来。因此，广西艺术研究所时任所长顾建国先生也就带领相关研究人员参与到这项活动中来。而那次到南宁郊区陈东村考察平话师公活动，直接的原因就是陪同日本学者。

观看了南宁平话师公《大酬雷》和《仙姬送子》的展演，我对《大酬雷》产生了浓厚的兴趣，将之放在中华传统文化特别是岭南地区人文传统之中来进行思考，并动笔写成了《师公〈大酬雷〉文化内蕴初探》一文。论文完成之后，我送交顾建国先生请他指正后，就根据广西文化厅的安排离开南宁前往桂林永福县罗锦镇林村参加农村社会主义教育活动。过了一段时间，我接到《民族艺术》编辑部的通知，说《师公〈大酬雷〉文化内蕴初探》即将在《民族艺术》刊发。年底回到单位，才得知是顾建国先生将此文推荐给了《民族艺术》，收入为迎接"中国傩戏学国际学术研讨会"召开的专栏刊发。①1992年3月26日至4月1日，由中国艺术研究院、中国艺术研究院祭祀戏剧研究中心、中国戏曲学会、中国傩戏学研究会、广西文化厅、广西艺术研究所在南宁、柳州、桂林联合举办了"广西傩戏国际学术研讨会"，我也因为《师公〈大酬雷〉文化内蕴初探》得以请假从乡下回到南宁参加1/3的会议（南宁段），除了有幸认识薛若琳、覃圣敏等知名学者，也趁机结识了刘祯、王廷信等同辈学人。

如果说《死与生的探求——李贺"鬼"诗论》既激励了我走上学术研究之路，也奠定了我以跨学科的视角来从事学术研究的基本立场的话，《师公〈大酬雷〉文化内蕴初探》则同样激励了我进行学术研究的转型——在坚持跨学科研究的基础上，把研究对象拓展到民族文化艺术。

就这样，关注戏剧也成了我学术研究的一个领域，陆续完成了《粤西的傩、傩戏与傩文化》②、《肯定·批判·沉思——试论王志梧剧作中的道德意识》③、

---

① 廖明君：《师公〈大酬雷〉文化内蕴初探》，《民族艺术》1992 年第 1 期。

② 廖明君：《粤西的傩、傩戏与傩文化》，胡大雷主编《粤西文化与中华文化研究》，广西师范大学出版社，1993。

③ 廖明君：《肯定·批判·沉思——试论王志梧剧作中的道德意识》，《民族艺术》1994 年第 3 期。

《生存的痛苦与人性的异化》①、《广西民族民间戏剧调查研究》②、《乡土情民族义时代音——第八届广西剧展大型剧目展演述评》③、《民族的内核，世界的形式——评音舞诗剧〈铜鼓〉的叙事艺术》④、《2012年广西戏剧生产成就与发展思考》⑤、《泰国乌汶潮剧扮仙戏研究》⑥、《彩调艺术空间体验与表达研究》⑦、《广西壮剧概说》⑧、《壮剧艺术及其保护传承》⑨等论文，并围绕传统戏剧以《重视"中国经验"》《性别文化学视野中的东方戏曲研究》《民间戏剧、戏剧文化的研究及意义》《中华戏剧与宗教文化》《宗教、民俗与戏剧形态研究》《戏剧的发生、形成与传播》《从中西戏剧的发生看文化的时代性与民族性》《戏曲研究的学术思考》《古剧研究的空间、视野和方法》《禁忌、信仰与伶人精神生活史》为题分别与相关学者进行了跨学科的学术对话，⑩2008年主编《壮剧艺术与非物质文化遗产保护》，2013年出版《壮剧》一书，收入"广西国家

① 廖明君：《生存的痛苦与人性的异化》，《影剧艺术》1994年第2期。

② 廖明君、韩德明：《广西民族民间戏剧调查研究》，《歌海》2009年第3期。

③ 廖明君、何荣智：《乡土情民族义时代音——第八届广西剧展大型剧目展演述评》，《歌海》2013年第1期。

④ 廖明君、黄文富：《民族的内核，世界的形式——评音舞诗剧〈铜鼓〉的叙事艺术》，《歌海》2013年第1期。

⑤ 廖明君、黎学锐：《2012年广西戏剧生产成就与发展思考》，广西社会科学院编《广西文化发展报告》，广西人民出版社，2013。

⑥ 廖明君、梁怡：《泰国乌汶潮剧扮仙戏研究》，《戏曲艺术》2020年第3期。

⑦ 廖明君、程文凤：《彩调艺术空间体验与表达研究》，《南方文坛》2020年第4期。

⑧ 廖明君、韩德明：《广西壮剧概说》，廖明君主编《壮剧艺术与非物质文化遗产保护》，广西人民出版社，2008。

⑨ 廖明君：《壮剧艺术及其保护传承》，廖明君主编《壮剧艺术与非物质文化遗产保护》，广西人民出版社，2008。

⑩ 廖明君、傅谨：《重视"中国经验"》，《民族艺术》2000年第1期；廖明君、李祥林：《性别文化学视野中的东方戏曲研究》，《民族艺术》2000年第2期；廖明君、刘祯：《民间戏剧、戏剧文化的研究及意义》，《民族艺术》2001年第3期；廖明君、张耀杰：《中华戏剧与宗教文化》，《民族艺术》2003年第2期；廖明君、康保成：《宗教、民俗与戏剧形态研究》，《民族艺术》2004年第2期；廖明君、王廷信：《戏剧的发生、形成与传播》，《民族艺术》2005年第2期；廖明君、汪晓云：《从中西戏剧的发生看文化的时代性与民族性》，《民族艺术》2006年第1期；廖明君、陈友峰：《戏曲研究的学术思考》，《民族艺术》2011年第1期；廖明君、黎国韬：《古剧研究的空间、视野和方法》，《民族艺术》2012年第3期；廖明君、陈志勇：《禁忌、信仰与伶人精神生活史》，《民族艺术》2013年第4期。

级非物质文化遗产系列丛书"①, 所指导的硕士、博士研究生也有不少是以传统戏剧为毕业论文选题的。

　　（二）生殖崇拜与自然崇拜文化研究

　　参加工作之后，除了正常的编辑工作，也除了上面所提到的戏剧研究，我的学术热情和重心，更多地放在了对于岭南地区尤其是对于壮族文化的研究。

　　还是在读研期间的那段无事乱读书的日子里，我无意中读到了赵国华先生的《生殖崇拜文化论》，当时倒也没有产生太多想法。参加工作之后，一方面是为了提高编辑《民族艺术》的能力，需要去学习和思考有关民族文化艺术的相关问题，另一方面就是我身边的师长们都提醒我作为壮民族的后裔，应该为民族文化研究多做一些事情。于是，我的阅读对象也就开始在区域上延伸到了岭南地区传统文化，在民族上延伸到了以壮族文化艺术为主。随着阅读量的不断增大，我对民族文化的学术兴趣也越来越高。当阅读的量积累到了一定的时候，我开始运用一些之前接触的理论从跨学科的视角来审视壮族文化。恰好在这个时候，我的一位朋友出差北京时帮我买到了《生殖崇拜文化论》一书，我也就得以有针对性地细细琢磨起书中的相关理论和分析。很快，我就发现，尽管《生殖崇拜文化论》没有过多涉及壮族文化，但壮族文化中却同样具有生殖崇拜的文化内涵。这激起了我极大的学术兴趣，于是投入更多的时间和精力去寻找、分析壮族文化与生殖崇拜文化的关联。也正是在这个时候，推荐我到《民族艺术》工作的广西社会科学院文学研究所所长丘振声先生了解到上述情况后，就邀请我为他主编的"广西各族民间文艺研究"丛书写一本著作，我马上答应了，并更加加快相关研究工作。1994年，《壮族生殖崇拜文化》一书收入"广西各族民间文艺研究"丛书出版。②尽管有人对我的壮族生殖崇拜文化研究不太以为然，但《壮

---

① 廖明君、何荣智：《壮剧》，北京科学技术出版社，2013。

② 廖明君：《壮族生殖崇拜文化》，广西人民出版社，1994；获 1993—1996 年度广西社会科学优秀成果二等奖。

族生殖崇拜文化》还是得到了学术界的好评。之后，我继续拓展生殖崇拜文化的研究，发表了相关论文①，完成了《生殖崇拜的文化解读》②一书。

实际上，我有关壮族生殖崇拜文化的理论源自恩格斯"两种生产的理论"："根据唯物主义观点，历史中的决定性因素，归根结底是直接生活的生产和再生产。但是，生产本身又有两种：一方面是生活资料即食物、衣服、住房以及为此所必需的工具的生产；另一方面是人自身的生产，即种的繁衍。"③其实，就在研究壮族生殖崇拜文化的过程中，我已经开始注意到除了"种的繁衍"，壮族文化中也呈现出"物的生产"的内涵，并且又都集中到了对人与自然的关联之上。因此，我在恩格斯"两种生产的理论"的指导下，深入研究壮族自然崇拜文化，指出壮民族将人视为自然界的一个有机组成部分，认为自然万物不但都是具有生命的，在自然万物之间存在着相互联系的关系，并且在需要的时候在一定的条件下，自然万物包括人类生命在内都可以实现相互间的生命转换。这种具有"物我合一"特点的自然观，构成了壮族自然崇拜文化的哲学内核。因此，壮族先民不但把植物、动物等生物与人类相等同，而且把石、水、土等无生物也一样与人类相等同，认为石、水、土等无生物可以给予人类极大的帮助，特别是在人口繁衍和农作物丰饶方面。这样就产生了出于天体崇拜文化群、无生物崇拜文化群、植物崇拜文化群和动物崇拜文化群，并提出了自然崇拜文化与现代生态文明的思考，研究成果先是陆续发表④，最后形成专著出版⑤，并由此成功申报国家社

---

① 廖明君：《性器崇拜与生殖崇拜》《植物崇拜与生殖崇拜》《动物崇拜与生殖崇拜》，分别刊发于《广西民族学院学报》1995 年第 1—3 期。

② 廖明君：《生殖崇拜的文化解读》，广西人民出版社，2006；获第十次广西社会科学优秀成果二等奖。

③ 恩格斯：《家庭、私有制和国家的起源》，《马克思恩格斯选集》第四卷，人民出版社，1972，第 2 页。

④ 相关成果包括：《壮族土崇拜文化》，《广西民族研究》1997 年第 1 期；《壮族石崇拜文化》，《广西民族研究》1997 年第 2 期；《壮族火崇拜文化》，《广西民族研究》1998 年第 1 期；《壮族水崇拜文化》，《学术论坛》2000 年第 2 期；《壮族水崇拜与生殖崇拜》，《民族文学研究》2001 年第 2 期；《壮族自然崇拜文化与现代生态文明》，王文章主编《非物质文化遗产保护国际学术研讨会论文集》，文化艺术出版社，2005；《壮泰民族自然崇拜文化比较》，容本镇主编《书香花艳四月天》，广西人民出版社，2006。

⑤ 廖明君：《壮族自然崇拜文化》，广西人民出版社，2002；获第五届中国民间文艺山花奖、文化部文化艺术科学优秀成果二等奖、第八次广西社科研究优秀成果二等奖。

科基金①。这些研究受到了学术界的关注，有学者即认为，"在正确理论指导下，《壮族生殖崇拜文化》一书运用了多种的科学的研究方法，以科学的态度进行艰苦细致的探索。将问题置于传统文化背景上，放在历史天平上进行全方位的透视，深入分析，升华出结论"②。"壮族生殖崇拜研究的最具成就者，是……廖明君研究员。""在20万字的著作中，以壮族神话、民间传说、民俗、考古资料为依托，展开了对性器、植物、动物与生殖崇拜的关系的论述，诠释了这些神话、传说、民俗、文物等文化现象背后隐含的壮族生殖崇拜。同时著作在最后一章还进一步探讨壮族生殖崇拜文化在铜鼓、岩画、傩戏、歌圩等艺术载体中的体现。""廖明君在《壮族自然崇拜文化》一书对壮族自然崇拜文化体系进行了系统的阐释，概括出壮族自然崇拜文化大体有四种主要类型：以雷崇拜文化丛为主体的天体崇拜文化群、以水崇拜文化丛为主体的无生物崇拜文化群、以花崇拜文化丛为主体的植物崇拜文化群、以蛙崇拜文化丛为主体的动物崇拜文化群。在揭示了四种崇拜群之间的互动循环关系基础上，廖明君提出了壮族传统的自然观是'物我合一'的观点，并认为壮族许多自然崇拜文化现象都蕴藏着生殖崇拜和'那'稻作文化的内蕴。"③

很显然，如果没有跨学科的资料、跨学科的理念，是比较难以解读壮族生殖崇拜文化和壮族自然崇拜文化的。如果说有关古代文学特别是从跨学科的视角对李贺诗歌所进行的哲学解读，为我的跨学科研究打下了比较厚实的基础，那么关于壮族生殖崇拜文化特别是壮族自然崇拜文化的跨学科研究，则奠定了我继续从跨学科视角来对岭南地区最具代表性的专题性民族文化研究的坚实基础。而正是从事民族文化艺术的研究，使我能够实现跨学科研究的转型与拓展。

---

① "珠江流域中上游地区自然崇拜文化与生态保护"（04BMZ031）。
② 黄燕熙：《贵在创新 贵在突破——读〈壮族生殖崇拜文化〉》，《广西民族研究》1995年第4期。
③ 覃琼：《壮族民间信仰研究的成果、独特价值及未来趋势》，《广西民族研究》2011年第1期。

（三）相关专题文化研究

不止一次地有人问过我：广西最具影响的民族文化事象有哪些，并且限定选项不超过五个。这样的问题当然蛮有意思的，也促使我从跨学科的视野进行思考。依托于自己多年的研究，我的答案是：一群山、一种鼓、两个人。

这里所谓的一群山，指的是左江花山岩画；一种鼓，指的是铜鼓及其文化；两个人，指的则是壮族创世始祖布洛陀和壮族歌仙刘三姐。

1.左江花山岩画与铜鼓文化研究

左江花山岩画是壮族先民骆越人在两千多年前开始，前后持续七百多年（战国至东汉），克服艰难险阻，在绵延两百多公里的左江两岸的悬崖绝壁上绘制的规模宏大的岩画。由于种种原因，有关左江花山岩画的绘制技术、绘制方式、绘制目的等一直难有确切的答案。从20世纪50年代开始，就不断有学者探究左江花山岩画的文化之谜。我自己之所以也介入左江花山岩画的研究之中，与那篇《师公〈大酬雷〉文化内蕴初探》有关。在撰写《师公〈大酬雷〉文化内蕴初探》的过程中，我注意到了"雷"这一自然现象在岭南地区壮族文化中的特殊而重要的作用，雷神可以说是至高无上的自然神。因此，经过查找各种各类各学科的资料，再经过艺术、神话、信仰、民俗等多学科的思考，我完成了第二篇从事民族文化研究的论文《也论左江流域崖壁画的文化内蕴》，认为左江花山岩画的祭祀主神是雷神。只是，这篇论文的运气没有《师公〈大酬雷〉文化内蕴初探》好，投了稿却未能够在《民族艺术》上刊发。后经左江花山岩画研究专家覃圣敏先生推荐给广西民族研究所所长覃乃昌先生，得以收入由其主编的《壮学论集》[①]。借助于这篇论文，我开始进入壮学研究团队之中。之后，左江花山岩画继续成为我关注的对象[②]，也因此而在"左江花山岩画文化景观"申报世界文化遗产过程中参与相关评审工作，并在"左江花山岩画文化景观"成为世界文化遗产之后策

---

① 廖明君：《也论左江流域崖壁画的文化内蕴》，覃乃昌主编《壮学论集》，广西民族出版社，1995。

② 相关成果包括：《左江流域崖壁画的祭祀对象及文化意蕴》，潘琦主编《广西环北部湾文化研究》，广西人民出版社，2002；《左江流域崖壁画与壮族雷崇拜》，于瑮主编《中越边境民族文化艺术考察研究》，广西人民出版社，2007。

划主编了《左江花山岩画文化景观读本丛书》①，参与策划编写《左江花山岩画文化景观图典》，参加了广西壮族自治区政协"挖掘广西民族文化资源，打造花山骆越文化品牌"的专题调研工作。

左江花山岩画尚存的圆形图像多达376个，数量仅次于人物图像。对于这些圆形图像，学术界多认为其主要是铜鼓图像。于是，借助于对左江花山岩画的思考，铜鼓也就进入了我的研究视野，铜鼓文化成为我的一个非常重要的研究领域。

铜鼓文化是一种历史悠久的跨民族跨区域的综合性文化，铜鼓文化以稻作生产为背景，以铜鼓为载体，以音乐与舞蹈为基本形式，具有神人沟通、财富权势象征、民族文化象征的社会功能，以及民族多样性、区域广阔性等艺术特点。鉴于从考古学和科技史研究铜鼓文化已经取得较多的成果，我就把自己研究铜鼓文化的重心放在其活态性上，也就是从跨学科的视角来研究铜鼓在各民族特别是红水河流域各民族中的传承与影响，以及在非物质文化遗产保护语境中铜鼓文化的保护传承。

2003年10月27日，文化部在贵阳召开中国民族民间文化保护工程试点工作会议，会上确定了首批10个民族民间文化保护工程试点单位，我负责组织申报的《广西红水河流域铜鼓艺术》有幸入列。同年，我参加万辅彬教授组织申报的国家社科基金项目"铜鼓文化的发展、传承与保护研究"获得成功，我主持申报的国家社科基金艺术学项目"珠江流域少数民族铜鼓艺术与非物质文化遗产保护"获得批准，《铜鼓文化与稻作文化》等相关成果陆续发表②。2007年，我和

---

① 《左江花山岩画文化景观读本丛书》编委会编，廖明君主编《左江花山岩画文化景观读本丛书》，广西教育出版社，2018；廖明君编著《人与自然的亘古对话》，广西教育出版社，2018。

② 相关成果包括：《红水河流域民族民间铜鼓艺术保护与发展》，张庆善主编《中国少数民族艺术遗产保护及当代艺术发展国际学术研讨会论文集》，文化艺术出版社，2004；《铜鼓文化与稻作文化》，陶立璠主编《亚细亚民俗研究 第6辑 国际亚细亚民俗学会学术会议论文集》，学苑出版社，2006；《铜鼓艺术与人类文化多样性》，中国艺术人类学学会主编《艺术人类学的理论与田野》，上海音乐学院出版社，2008；《铜鼓艺术与生殖崇拜文化》，苏州大学非物质文化遗产研究中心编《东吴文化遗产》第3辑，上海三联书店，2010；《红水河流域少数民族铜鼓艺术的保护传承》，廖迪生主编《非物质文化遗产与东亚地方社会》，香港科技大学华南研究中心、香港文化博物馆印行，2011；《珠江流域少数民族铜鼓艺术及其保护传承》，中国艺术人类学学会编《非物质文化遗产与艺术人类学》，学苑出版社，2012；《铜鼓艺术的文化多样性》，吴为山、阮荣春主编《中国美术研究第4辑非物质文化遗产保护与研究、公共艺术研究》，东南大学出版社，2013。

蒋廷瑜先生合作的《铜鼓文化》收入"中国非物质文化遗产代表作"丛书出版[1]，此后，著作《广西铜鼓文化》《壮族铜鼓习俗》[2]也相继出版。

2009年，根据文化部要求，各省区组织申报人类非物质文化遗产代表作名录候选项目的预备名单，我牵头申报的"铜鼓习俗"因具有极强的专业性而受到评审专家的高度肯定而获得入选。2020年，我作为主编牵头申报的《红水河流域少数民族铜鼓文化》入选国家出版基金资助名单，获得94万元的资助。

2.布洛陀文化与刘三姐文化研究

2002年7月13日，《南宁日报》发表了"田阳发现壮族始祖布洛陀遗址，专家称如果遗址得到确认将揭开壮族族源的千古之谜"的消息，很快引起社会各界的关注，却也产生了极大的争议。

2003年，受田阳县委、县政府邀请，广西壮学学会组织覃乃昌等八位专家前往田阳一带进行学术考察，我亦有幸同行。

实际上，关于布洛陀文化，并不是像社会上一些人士所认为的是当代人为了发展文化产业炮制出来的。从20世纪50年代开始，学界就已经对布洛陀神话及其史诗开始进行搜集整理，1991年出版了《布洛陀经诗译注》，2004年出版了《壮族麽经布洛陀影印译注》。如果说此前关于布洛陀文化的工作更多侧重于资料的搜集与整理，从2003年开始则更多地立足于跨学科的立场来开展对布洛陀文化的立体性多维度的研究。2003年2月，我和覃乃昌、潘其旭、岑贤安、郑超雄、黄桂秋、蓝阳春等一起前往田阳进行布洛陀文化考察。2004年，由广西壮学学会会长覃乃昌主编的《布洛陀寻踪——广西田阳敢壮山布洛陀文化考察与研究》正式出版，集中呈现了上述八位学者关于布洛陀文化研究的成果，得出了布洛陀是壮族乃至珠江流域原住民族的人文始祖、田阳敢壮山是壮族民众长期以

① 蒋廷瑜、廖明君：《铜鼓文化》，浙江人民出版社，2007；文化艺术出版社2012年再版，2015年该书的英文版 Bronze Drums in China 在美国出版。

② 蒋廷瑜、廖明君：《广西铜鼓文化》，广西人民出版社，2012；廖明君、黄文富：《壮族铜鼓习俗》，北京科学技术出版社，2013。

来祭拜创世始祖布洛陀的文化遗址的结论，较好地回答了学术界特别是社会各界对于布洛陀文化的关注。①

实际上，这样的考察与研究也可以算是一种跨学科研究的模式，八位学者不但来自不同的单位，研究的重点也各有不同——比如覃乃昌先生是广西壮学学会的会长，也是广西民族研究所所长、《广西民族研究》主编，大学读的是政治专业，毕业后跨专业从事民族理论研究，后来也关注民族文化特别是壮族稻作文化研究，出版有《壮族稻作农业史》等著作，成为壮学界的领军人物；潘其旭先生是广西社科院的资深研究员、广西壮学学会副会长，也是大家公认的壮学界的"发言人"，经历丰富，大学读的是戏剧理论，先后在文化部门、剧团、文联和学术期刊工作，最后专注于壮族文化研究，出版有《壮族歌圩研究》等著作，并主持了《壮族麽经布洛陀影印译注》；覃彩銮先生是广西民族研究所副所长、广西壮学学会副会长，毕业于北京大学考古系，早年从事广西考古工作，后转型从事民族文化研究，出版有《壮族干栏文化》等著作。学术背景不同的学者，站在各自的学术立场来共同考察与研究布洛陀文化，在跨学科的背景下碰撞出智慧的火花。此前曾有2001年9月对那坡黑衣壮文化的专题考察与研究②，此后也还有对平果壮族嘹歌、来宾盘古文化的考察与研究，都取得了极好的成效。

不可否认的是，这些本民族的学者在心理上是有一定的民族感情的，也常常抱有极强的民族大义。在进行民族文化特别是本民族文化研究的时候，研究者是否可以有或者是应该有一定的民族情感呢？就我自己的经历来说，除了编辑工作的需要，我之所以乐于从古代文学转型到民族文化研究，确实与学界前辈们提倡的民族大义有关联，也为他们身上体现出来的民族情感所感动。我知道一些青年学者不太认同更不主张在研究者身上出现"民族大义"、拥有"民族情感"。他们之所以产生这样的想法，一方面是与那些令他们深恶痛绝的"民

①覃乃昌主编《布洛陀寻踪——广西田阳敢壮山布洛陀文化考察与研究》，广西民族出版社，2004。
②廖明君：《大山里的黑衣壮——那坡黑衣壮文化考察札记》，广西人民出版社，2004。

科"有关，同时也是受到了所谓的"学术独立"的影响。就我自己的经历而言，这样的问题其实是一个伪问题。讲究民族大义、拥有民族情感并不意味着不讲究学术规范和学术独立，更不与"民科"有必然的关联。对于从事文化特别是传统文化或者民族文化研究的学者来说，在坚持研究原则、讲究学术规范的前提下，对所研究的文化以及创造了这样文化的人们有所敬重有所感动且抱有一定的民族情怀，又未尝不可呢？！在这次考察的基础上，我继续对布洛陀文化进行跨学科的研究①，又应邀主持"布洛陀"（民间文学·史诗）申报国家级非物质文化遗产代表性项目名录并获得成功，目前正在主编《中国民间文学大系·史诗·广西卷》。

说来也蛮有趣的，尽管布洛陀是壮族人文始祖，但由于种种原因，其知名度却不及壮族歌仙刘三姐。一方面，得益于20世纪60年代的彩调剧和歌舞剧《刘三姐》，特别是电影《刘三姐》，让壮族歌仙刘三姐成为广西的形象代言人，让世人提及广西，除了桂林山水就是刘三姐了。但另一方面，彩调剧、歌舞剧和电影《刘三姐》也让世人对刘三姐及其歌谣文化产生了一些误读，比如认为刘三姐歌谣主要是情歌、刘三姐唱歌不需要歌本、刘三姐唱的只是汉语歌谣，等等。因此，2005年，宜州市委、市政府邀请我主持"刘三姐歌谣"申报国家级非物质文化遗产代表性名录项目工作时，我并不敢马上答应。经协商，还是按照之前有效的模式，我和覃乃昌会长组织了多学科的专家前往宜州考察研究刘三姐歌谣，最终保证了"刘三姐歌谣"成功入选国家级非物质文化遗产代表性项目名录。之后，作为宜州人，我一直坚持从跨学科的视野来审视刘三姐文化，纠正了有关刘三姐文化的误读——刘三姐歌谣既有情歌，也有古歌、叙事歌和风俗歌；刘三

---

① 相关的成果包括：梁庭望、廖明君等著《布洛陀：百越僚人的始祖图腾》，外文出版社，2005；廖明君：《万古传扬创世歌：广西田阳布洛陀文化考察札记》，广西人民出版社，2006；廖明君：《布洛陀与壮族稻作文化》，覃乃昌、覃彩銮主编《壮学第四次学术研讨会论文集》，广西民族出版社，2008；廖明君：《壮族始祖：创世之神布洛陀》，广西人民出版社，2009；廖明君：《布洛陀文化研究的拓展与提升》，《广西民族研究》2011年第1期；陆晓芹、廖明君：《布洛陀》，北京科学技术出版社，2013。

姐歌谣既有汉语的，更有壮语的；刘三姐歌谣除了即兴对唱之外，更有根据世代传承的歌本来传唱的。①2013年，应宜州市政协邀请，我参与主编"刘三姐歌谣丛书"②。2018年，我撰写的《刘三姐》③一书收入"我们的广西丛书"由广西教育出版社出版，并参与了广西区党委宣传部、组织部在中国人民大学举办的"走近刘三姐，走进美丽广西"读书分享活动，获得了较高的评价；人民网、《光明日报》《南宁晚报》等媒体也进行了报道，反响强烈；《光明日报》发表了中国人民大学周蔚华教授撰写的书评《唱不尽的广西——读〈刘三姐〉有感》④。我主编的"刘三姐文化图志丛书"也将由广西教育出版社出版，包括《你歌哪有我歌多——刘三姐歌曲精选》（黄羽）、《三姐骑鱼上青天——刘三姐故事传说》（陆晓芹、戴秀敏）、《山歌好比春江水——刘三姐歌谣文化》（廖明君）、《三姐山歌天下传——刘三姐艺术集萃》（廖明君）、《歌飘山水间——刘三姐故乡名胜概览》（何珈阅）。

除了上述专题研究，在跨学科研究的基础上，我还申请到了国家社科基金艺术学项目的课题"壮族艺术的人类学研究"，承接了一些国家课题项目的子课题⑤，进而使得自己的研究对象更为丰富，有关跨学科研究的思考与实践也更为丰满。

---

① 廖明君、韦丽忠：《山歌好比春江水——刘三姐歌谣文化概论》，《刘三姐歌谣·古歌卷》，上海音乐出版社，2015；廖明君、胡小东：《刘三姐歌谣叙事长歌艺术特征考析》，《贵州民族大学学报》2017年第1期；廖明君、胡小东：《刘三姐歌谣创世古歌歌词本体初探》，《河池学院学报》2017年第1期。

② 廖明君、韦丽忠主编《刘三姐歌谣·情歌卷》，上海音乐学院出版社，2013；廖明君、韦丽忠主编《刘三姐歌谣·古歌卷》，上海音乐学院出版社，2015；廖明君、韦丽忠主编《刘三姐歌谣·风俗歌卷》，上海音乐学院出版社，2017。《刘三姐歌谣·风俗歌卷》获得第十三届中国民间文艺山花奖。

③ 廖明君：《刘三姐》，广西教育出版社，2018；第十四届中国民间文艺山花奖入围作品。

④ 周蔚华：《唱不尽的广西——读〈刘三姐〉有感》，《光明日报》2019年4月17日第12版。

⑤ 国家社科基金艺术学重点项目"中国少数民族剪纸艺术传统调查与研究"子课题"壮族、瑶族、侗族剪纸艺术传统调查与研究"；国家社科基金特别委托项目"中国节日志"子课题"壮族蚂䗥节"；国家社科基金重大项目"中国宗教美术史"子项目"中国少数民族宗教美术史"。

三、区域文化发展研究与"非遗"保护：跨学科研究的延伸与落地

对于传统文化考察与研究而言，除了需要进行点和线的考察与研究，有时候更需要在点和线的基础上进行面上的即某个区域的考察与研究。当然，这样的考察研究更需依托跨学科的视野和方法来进行。自1998年开始，我应邀参加广西区党委宣传部组织的"桂北文化考察专家组""红水河文化考察专家组""环北部湾文化考察专家组"，深入考察研究上述三个区域的传统文化和民族艺术。

2001年和2003年，为了完成文化部科研项目"西部开发与红水河流域民族文化艺术考察研究""中越边境民族文化艺术考察研究"，我先后组织了跨学科的课题组开展综合性考察研究，取得了系列成果。①2004—2006年，我还应广西人民出版社邀请主编包括《西部田野书系》《东部田野书系》《八桂风谣书系》《海外镜像书系》的大型系列丛书《文化田野图文系列丛书》，参与主编《广西现代文化史》，目前又应上海文艺出版社邀请主编"美民文库——文化百相系列"。

2008年，我参与主持广西重大课题研究招投标课题"广西特色文化发展研究"；2009年，国家出台了全面支持广西发展的战略决策性文件《国务院关于进一步促进广西经济社会发展的若干意见》，将广西划分为北部湾经济区、西江经济带和桂西资源富集区三大区域，我组织了来自上海交通大学、中国传媒大学、山东大学和广西民族文化艺术研究院的专家学者，就北部湾经济区、西江经济带和桂西资源富集区三大区域的文化发展进行跨学科研究。上述课题的成果问

---

① 廖明君：《穿越红水河：红水河民族文化艺术考察札记》，广西人民出版社，2004；于瑮、廖明君：《南行边关：中越边境民族文化艺术考察札记》，广西人民出版社，2007。

世后得到了政府部门的重视和学术界的好评。①

2003年，国家启动"中国民族民间文化保护工程"，标志着"我国的非物质文化遗产保护工作逐步走向全面的、整体性保护阶段"②。因为单位工作职责所在，我兼任广西非物质文化遗产研究中心主任，很早就参与了非物质文化遗产保护工作，在资源普查、名录申报、人才培训等方面做了一些工作，并主笔起草了《广西壮族自治区民族民间传统文化保护条例》《广西民族民间文化保护工程总体规划》《红水河民族文化生态保护区规划纲要》《百色壮族文化生态保护试验区规划纲要》《壮族歌圩（南宁）文化生态保护试验区规划纲要》《防城港市京族文化保护条例》，应邀主持申报的"壮族霜降节""刘三姐歌谣""京族哈节""壮族七十二巫调音乐""京族独弦琴艺术""钦州坭兴陶烧制技艺""田阳壮族舞狮""壮族铜鼓习俗""田林瑶族铜鼓舞""壮族歌圩""布洛陀""壮族嘹歌""宾阳炮龙节""密洛陀"等一批项目入选国家级非物质文化遗产代表性项目名录，代表广西民族大学牵头申报的中国非物质文化遗产传承人群研修研习培训计划也获得批准，发表过一些研究成果③，获得"全国非物质文化遗产保护工作先进个人"称号。

近20年过去了，非物质文化遗产保护工作已经深入人心，取得了较大的成效，但也正如文旅部领导所说的那样"起步晚、起点高、成绩大、问题多"。比如

---

① 刘士林、廖明君主编《广西北部湾经济区文化发展研究》，广西人民出版社，2009，获广西社会科学优秀成果二等奖。于瑮主编，廖明君、周鸿副主编《广西特色文化发展研究》，广西人民出版社，2011，获广西社会科学优秀成果二等奖。刘士林、廖明君主编《广西西江经济带文化发展研究》，广西人民出版社，2009，获广西社会科学优秀成果三等奖。刘士林、廖明君主编《广西桂西资源富集区文化发展研究》，广西人民出版社，2011。于瑮、廖明君主编《广西西江文化图典》，广西教育出版社，2017。

② 王文章主编《非物质文化遗产概论》，教育科学出版社，2008，序第 2 页。

③ 相关成果包括：《京族文化生态保护区建设刍议》，黄有第主编《京族文化的传承与发展：防城港市京族文化研讨会论文集》，广西人民出版社，2008；《民族文化生态保护区与民族民间传统文化保护》，《广西人大》2005 年第 11 期；《文化生态区建设与非物质文化遗产保护——以中国红水河民族文化生态保护建设为例》，苏州大学非物质文化遗产研究中心编《东吴文化遗产》第 2 辑，上海三联书店，2008；廖明君、左国华：《近十年中国少数民族非物质文化遗产研究述评》，《民族艺术研究》2019 年第 5 期；朱凤立主编，廖明君、田宇副主编《守护与传承——广西国家级非物质文化遗产项目代表性传承人》，广西教育出版社，2016。

人们喜欢用"非遗文化"来简称非物质文化遗产,殊不知这样一来却导致了画蛇添足的情况,即"非物质文化遗产"成为"非物质文化遗产文化";又比如人们常说"非遗传承保护",却并不知从学理或者逻辑来说,应该是"非遗保护传承",诸如此类,数不胜数。究其原因,很大程度上与非物质文化遗产自身的复杂性和多样性有关。因此,非物质文化遗产保护工作除了一般性地强调学术支撑,更需要从跨学科的理念出发,针对不同类型不同状况的非物质文化遗产进行调查和研究,才有可能提出较为合理的保护对策。①

我总觉得,作为一名人文学者特别是从事民族文化研究的学者,只是躲在学术的象牙塔中进行思考是不够的。立足于规范的学术研究,为特定的区域文化发展以及"非遗"保护之类的文化工作提供必要的学术支撑,不但很有必要,也是人文学者的一种责任。根据社会发展的需要,特别是开展区域文化发展研究,以及为"非遗"保护提供必要的学术支撑,促使我的跨学科研究得到了延伸,并使之接上了地气。

四、《民族艺术》与艺术人类学:跨学科研究的实践与思考

严格说起来,我研究生毕业后最初的工作并不是学术研究,而是编辑。1991年6月硕士研究生毕业后,我有幸入职《民族艺术》。我研究生学的专业是中国古代文学,从古代文学到民族艺术,不能说没有一点关联,但确实也是跨学科跨得有点大。

---

① 相关成果包括:廖明君:《薪火相传——广西非物质文化遗产保护与发展》,广西图书馆编《八桂讲坛录》,广西人民出版社,2008;廖明君:《瑶族非物质文化遗产保护》,张有隽、玉时阶主编《瑶学研究:非物质文化遗产保护与传承》第6辑,香港展望出版社,2008;廖明君、周星:《非物质文化遗产保护的日本经验》,《民族艺术》2007年第1期;廖明君:《靖江宝卷与非物质文化遗产保护》,《民族艺术》2007年第3期;廖明君、杨民康:《传统音乐与非物质文化遗产保护》,《民族艺术》2008年第1期;廖明君、萧放:《传统节日与非物质文化遗产保护》,《民族艺术》2009年第2期;廖明君、耿波:《相声艺术与非物质文化遗产保护》,《民族艺术》2009年第4期;廖明君、高小康:《从申报非物质文化遗产名录走向后申报非物质文化遗产名录时期》,《民族艺术》2011年第3期;廖明君、彭兆荣:《生生遗续 代代相承》,《民族艺术》2014年第6期。

从古代文学转型到民族文化研究特别是民族艺术研究之后，我才慢慢体会到，在少数民族的传统中，很难有所谓的"纯粹的艺术"存在。更多的时候，少数民族的所谓艺术，大多存在于少数民族的相关习俗之中。因此，对于少数民族艺术或者传统艺术，我们如果仅仅是从艺术的层面来审视的话显然是不够的。在此，我们需要将艺术视为人类的一种文化行为，也就是需要将艺术放在特定的人文传统和文化语境中进行研究。这样的话，仅仅是艺术学的理论与方法是解决不了问题的，立足于跨学科来进行研究也就是很正常的了。

1995年8月，我开始主持《民族艺术》的编务工作。基于个人跨学科研究的经历和所拥有的跨学科研究的理念，我在有机会主持《民族艺术》时也就非常注意倡导跨学科的学术风格，提出了"跨民族、大艺术、多学科"的办刊方针，既将之前的少数民族拓展为各民族、将艺术拓展为以传统为主的文化艺术，更通过"跨学科"来汇集相关学者，共同倡导跨学科的研究理念，一起构建跨学科研究的学术共同体。一方面，在栏目设置上努力打破国内学术期刊"论文集化"的格局，另一方面则试图通过特色专栏来推出相关研究成果。

鉴于个人跨学科的学术经历以及所倡导的跨学科的办刊风格，《民族艺术》很快聚集了一批具有跨学科研究风格的学者。在他们的支持下，《民族艺术》才能够从众多的学术期刊中脱颖而出，在国内外学界具有较大的影响力[1]，团结了一大批老、中、青专家学者，拥有了较为广泛的跨学科的读者群，被中国社会科学院、北京大学、南京大学、复旦大学、香港中文大学、台湾中研院、哈佛大学、东京大学、墨尔本大学、剑桥大学等国内外千余家高校和研究机构收藏，成为具有较大影响力的学术期刊。

2003年前后，我感觉到如果能够以《民族艺术》的作者群为核心申请成立一个国家级的学术平台，不但可以让《民族艺术》拥有更多的学术资源，也可以进一步推动跨学科研究的发展。因此，我便向中国艺术研究院的方李莉研究员

---

① 持续入选中文社会科学引文索引来源期刊（CSSCI）、全国中文核心期刊（北大）、中国权威学术期刊（RCCSE）和中国人文社会科学核心期刊，获得国家社科基金的资助。

倡议,请她牵头申请成立中国艺术人类学学会。经过方李莉研究员的多方努力,2006年,以《民族艺术》作者群和读者群为主体的中国艺术人类学学会经过国家批准得以成立。在全国性的学术团体总量严格控制的时候,中国艺术人类学学会能够获得批准成立,或许,提倡跨学科研究是最为重要的原因之一。

2014年,我到了广西民族大学工作,主要负责民族学专业中国少数民族艺术方向的教学与研究。虽然之前我已经在广西民族大学民社学院和文学院担任过硕士研究生导师,指导了一些学生撰写毕业论文,但真正加盟之后,才感受到跨学科研究的重要性。因此,在课程的设置和毕业论文选题以及研究方法的运用方面,我都继续强调跨学科研究,指导硕士与博士研究生学习运用跨学科,主要是艺术人类学的理念和方法来进行毕业论文的调查与研究。[1]

可以说,《民族艺术》的编辑工作以及民族艺术的教学工作,使得我的跨学科研究得以施于实践,相关思考也因之才得以提升。

结　语

从研究生到学术期刊编辑,从研究者到大学教师,从古代文学到民族文化,从民族艺术到艺术人类学,从"非遗"保护到区域文化发展,一圈走下来,才发现自己还真是蛮"跨学科"的了。不过,真要让我仔细阐释何谓"跨学科",也真是有些道不明讲不白。因为就我而言,在进行学术研究的时候,不管是最初的古代文学研究还是后来的民族文化、区域文化发展和"非遗"保护研究,并没有刻意的"跨学科研究"的观念,有的只是解决问题的需求。如果现在看来有一点跨学科研究的意味的话,那也是顺其自然的结果。

---

[1] "铜鼓艺术研究"(陈曦、黄文富、陆遥、陶磊、闫梅)、"少数民族服饰艺术研究"(许艳、杨素雯、孔涛、李妮、龙晓玲)、"壮族民间仪式剪纸艺术研究"(莫莉、梁小龙、段秀芳)、"少数民族音乐艺术研究"(韦玺、王荣美、胡小东)、"传统戏剧艺术研究"(李杰、程文凤、梁怡、黄心颖、郑海琪、刘远峰、孙妍琰)、"壮族乡村艺术研究"(丁盛旋)、"布洛陀文化研究"(胡艳)。

因此，在与研究生交流的时候，我曾经用上山打柴为例来讲解跨学科：一个人要上山打柴，由于山上都是自然林，物种丰富，大小不一，所以他就只好带上了"十八般武器"，遇到大的树木，就用斧子来砍；遇上不太大的树木，就用柴刀来砍；而遇到了较小的植物，就需要用镰刀来割了。出现在这里的山上的柴，就像是我们的研究对象，而斧子、柴刀、镰刀等"十八般武器"，就好像是各学科的理论和方法了。上山打柴之前，我们很难确认上山之后什么时候用到什么样的刀具。但我们却可以知道，要"多、快、好、省"地完成打柴工作，是需要准备多种刀具的。虽然比喻都是蹩脚的，但透过以上的比喻，我们是否也还是可以得出这样的答案：如果我们的研究对象不具有单一性而是呈现出丰富和多元性的话，唯有跨学科，才有可能帮助我们较好地解决问题。

需要指出的是，我们提倡跨学科，并不是一定要打碎学科，而是需要确定一定的学科立场，根据研究对象的需要来打通学科边际。或者说，我们需要立足于一到两个核心学科，同时也能够掌握相关学科的理论与方法，使自己的知识与理论形成一个学科群，才能保证实现真正的跨学科研究。正如宋代青源惟信大禅师说过的那样："老僧三十年前来参禅时，见山是山，见水是水；及至后来亲见知识，有个入处，见山不是山，见水不是水；而今得个休歇处，依然见山还是山，见水还是水。"[1]就学科和跨学科而言，未必不是如此。我们从学科出发，经过了跨学科的发展，最终又将回归到学科。当然，这个时候，此学科已经未必还是彼学科了。不过，这不也正是学科发展的真谛、学术研究的真髓所在吗？！

（原载《民族艺术》2020年第4期）

---

[1] 九戒居士编著《做人的佛法》，武汉出版社，2009，第40页。

/ 后 记 /

谁都没能料到，2020年的春节是一个新冠肺炎疫情肆虐的春节。

和往年一样，腊月二十九，我开着车与儿子从南宁赶回老家河池市宜州区北山镇过年。

大年三十，还没见太多异常，但到了年初一，随着电视、网络有关武汉、黄冈新冠肺炎信息的传播，我们的心也揪了起来。

我也开始挂念起黄冈，挂念"今楚有才"团队的老师和他们的家人。

大年初二，我和儿子自驾返回南宁。

随着新冠肺炎疫情的逐渐严峻，又因为没能买到口罩，我确实只能宅在家里了。

年前，上海文艺出版社副总编辑杨婷女士建议《文化探究：跨学科视域中的多元对话》一书用作者的最新简介。于是，我开始联系各位学者。可能是因为都宅在家里吧，各位学界朋友很快做出回应，几天内就陆续收到了大家的最新简介。

在新冠肺炎疫情肆虐黄冈的日子里，《文化探究：跨学科视域中的多元对话》能够收入黄冈师范学院美术学院组织的"艺术与人文丛书"，说起来也可算是一种特殊的缘分。只希望，在这特别的时候，《文化探究：跨学科视域中的多元对话》能够为黄冈师范学院美术学院的学科建设增添一点力量，同时也能够为历史留下一点点印痕。

与朋友分享郑绪岚演唱的老歌《白兰花》，朋友说："白兰花已盛开！这个春天注定要错过了！"我回应说："没关系。明年春还会来。何况，白兰花一直在心中绽放。"即便疫情肆虐，相信黄冈的白兰花，也依然在春风里开放，孤寂而静静地开放，一直开放……

考虑到"学术访谈"专栏从1998—2014年，时间跨度比较长，除了必要的校正之外，为保持相对一致，经与对话的学者协商，本书对文章的副标题、对话者之间的称谓、作者署名等都进行了统一的调整，作者简介也一律采用最新的信息。

在这特殊的日子里，再次真挚地感谢参与对话的各位学界朋友，感谢黄冈师范学院美术学院，感谢上海文艺出版社。

廖明君

2020.3.2 凌晨于南宁

图书在版编目（CIP）数据

文化探究：跨学科视域中的多元对话/廖明君等著. -- 上海：上海文艺出版社, 2020
（艺术与人文丛书）

ISBN 978-7-5321-7805-6

Ⅰ.①文… Ⅱ.①廖… Ⅲ.①学术交流－文化研究 Ⅳ.①G321.5

中国版本图书馆CIP数据核字 (2020)第184593号

发 行 人：毕　胜

策 划 人：杨　婷

责任编辑：李　平　孙晓芳

封面设计：姜　明

图文制作：张　峰

书　　名：文化探究：跨学科视域中的多元对话

作　　者：廖明君 等

出　　版：上海世纪出版集团　　上海文艺出版社

地　　址：上海市绍兴路7号　200020

发　　行：上海文艺出版社发行中心

　　　　　上海市绍兴路50号　200020　www.ewen.co

印　　刷：崇明裕安印刷厂

开　　本：710×1000　1/16

印　　张：30.5

字　　数：430,000

印　　次：2020年10月第1版 2020年10月第1次印刷

Ｉ Ｓ Ｂ Ｎ：978-7-5321-7805-6/G・0300

定　　价：108.00元

告 读 者：如发现本书有质量问题请与印刷厂质量科联系　T：021-59404766